斯特林热机回热器

Stirling Convertor Regenerators

[美]穆尼尔·易卜拉欣(Mounir B. Ibrahim)
罗伊·图(Roy C. Tew,Jr.) 著

黄玉平 刘祺 宋显成 陈靓 鲁玥 译

国防工業出版社

·北京·

著作权合同登记 图字:军-2016-060 号

图书在版编目(CIP)数据

斯特林热机回热器/(美)穆尼尔·易卜拉欣(Mounir B. Ibrahim),(美)罗伊·图(Roy C. Tew,Jr.)著;黄玉平等译. —北京:国防工业出版社,2018. 10

书名原文:Stirling Convertor Regenerators

ISBN 978-7-118-11573-4

Ⅰ. ①斯… Ⅱ. ①穆… ②罗… ③黄… Ⅲ. ①斯特林热机—回热器 Ⅳ. ①TK17

中国版本图书馆 CIP 数据核字(2018)第 231279 号

Translation from the English language editions:
Stirling Convertor Regenerators by Mounir B. Ibrahim and Roy C. Tew,Jr.;
ISBN 978-1-4398-3006-2

※

国防工业出版社出版发行
(北京市海淀区紫竹院南路 23 号 邮政编码 100048)
三河市众誉天成印务有限公司
新华书店经售

*

开本 710×1000 1/16 **印张** 23¼ **字数** 436 千字
2018 年 10 月第 1 版第 1 次印刷 **印数** 1—2000 册 **定价** 98.00 元

(本书如有印装错误,我社负责调换)

国防书店:(010)88540777 发行邮购:(010)88540776
发行传真:(010)88540755 发行业务:(010)88540717

译者序

斯特林发动机是一种历史悠久的热机。最早的斯特林发动机可追溯到17世纪晚期，到19世纪早期，斯特林发动机与往复式蒸汽机一样，已广泛用于各种类型的泵和工作机中，直到19世纪中叶，内燃机发明，随后电动机出现，斯特林发动机逐渐淡出公众视线，甚至大多数工程师也不知道斯特林发动机。然而，斯特林发动机的研发工作一直没有中断，到20世纪中叶，随着回热器的发明，斯特林发动机的热效率已可与内燃机媲美。这时，作为典型的外热式动力机械，斯特林发动机对热源无与伦比的适应性，使其成为内燃机的有力竞争者，迅速在机车、水下推进、电站和大型非道路车辆（矿山、森林、农业和建筑等）等领域得到推广应用，特别是自由活塞斯特林发动机和低温制冷机，已成为深空探测工程的必备装备。

回热器是影响斯特林热机性能的决定性因素。在斯特林发动机中，当来自加热器/膨胀腔中温度相对较高的气体流经回热器时，回热器的固体表面将气体中的部分热量存储起来；然后，当冷却器/压缩腔中温度相对较低的气体经回热器返回到加热器/膨胀腔中时，回热器的固体表面将存储的热量又释放到气体中。在一个循环周期内，回热器从气体中吸收、然后又释放到气体中的热量，典型情况下是从加热器中进入热机的热量的4倍量级。因此，可以说，没有回热器，就没有现代斯特林发动机；没有好的回热器，也不会有好的斯特林发动机。回热器的研发，是斯特林热机研发的关键之一。

自1980年代以来，美国国家航空航天局（the National Aeronautics and Space Administration，NASA）长期致力于斯特林发动机技术的开发。原版图书作者团队在NASA和美国能源部（the Department of Energy，DOE）的资助下，系统分析了斯特林热机对回热器的需求，比较了各种回热器方案，创新性地提出了适合空间电源应用的分段渐开线箔回热器构想，采用理论分析、仿真和实验的方法，全面、系统地研究了回热器的材料、结构、流动和传热，并解决了产品设计、制造工艺和实验验证问题。特别值得一提的是，为了准确理解回热器基质内的传热传质过程，作者团队开发了动力学相似的放大尺寸（30倍）的回热器实体模型和相应的实验设备，通过在放大的回热器内部安装传感器直接测量流动、热、力参数，取得了大量一手资料，修正了模型，改进了计算流体力学（CFD）算法，为下一代高效斯特林热机回热器建立了设计准则。因此，将原版图书翻译成中文，不仅有助于提高我国回热器、换热器的设计水平，对提高我国工程研究水平也会有所助益。

黄玉平统筹全书翻译工作，并翻译第 4 章、第 10~13 章及全部附录和术语，校对前言、作者简介和第 1~3 章；刘祺校对其他所有章节。参加翻译工作的还有：宋显成（第 5~7 章），陈靓（前言，作者简介，第 1~3 章、第 8.1~8.4 节），鲁玥（第 8.5~8.8 节、第 9 章）。

译者要感谢以下个人和单位：华中科技大学的张志国教授、中国科学院理化技术研究所的罗二仓教授、北京精密机电控制设备研究所的肖翀高级工程师，他们为译者提供了宝贵的建议和意见；国防工业出版社的肖姝编辑做了大量的出版工作，并对翻译工作提出了很好的建议；北京精密机电控制设备研究所科学技术委员会，为本书的出版提供了支持；科技委秘书原誉桐，为出版事务操劳，在此一并表示感谢。

本书专业性强，有相当一部分概念在国内的教科书、科技论文中没能找到对应的中文表述，因此，译文中肯定会有不足之处。译者诚挚地欢迎读者朋友来信研讨，共同提高。电子信箱：huangyp@2008.sina.com。

译者

2018 年 6 月

前言

斯特林发动机和冷却器是两种既有实用价值又有理论意义的设备。自 1980 年以来,美国国家航空航天局(the National Aeronautics and Space Administration, NASA)致力于斯特林发动机技术的开发,最初想用在汽车上,随后转向空间应用。作为空间辅助动力源产生装置的斯特林发动机的开发工作始自 1983 年以来,主承包商是美国机械技术公司(Mechanical Technology Inc. ,MTI)。这些斯特林空间发动机以氦气作为工质,驱动直线交流发电机产生电力,其所有部件装在一个完全密闭的壳体中。此后,面向地面和空间应用的斯特林发动机/发电机的开发工作都取得了显著的进展。NASA 有望在 2017 年前后发射一套斯特林发动机/发电机,作为深空应用的动力源。这种高效斯特林同位素发电机(the Stirling Radioisotope Generator, SRG)是由美国能源部(the Department of Energy, DOE)、洛克希德·马丁公司(Lockheed Martin,位于马里兰州的 Bethesda)、太阳能源公司(Sunpower Inc.,位于俄亥俄州的 Athens)和 NASA 所属的格伦研究中心(Glenn Research Center, GRC)联合开发的,拟用于 NASA 的空间科学任务,其潜在应用包括为深空探测航天器提供机载电源,或为无人火星漫游车提供能源。在这些任务中使用先进的斯特林热机,即发动机/发电机组合,不仅可满足性能需求,而且会减轻系统质量,还可以为电推进提供能源。基于高温热头的斯特林发动机与冷却器的组合可以延长金星表面探测任务的时间。因此,GRC 正在开发斯特林热机相关的先进技术,以提高热机和整个能源系统的比功率和效率,并已设定了下一代同位素斯特林能源系统的性能指标和减重目标。为达成这些目标,GRC 策划了一系列研发工作,包括:多维斯特林计算流体动力学(Computational Fluid Dynamics, CFD)模型的优化、验证和应用研究;高温材料、先进控制器、低振动技术、先进回热器和轻质化变换器等研发。这些工作中,一部分由 GRC 自己完成,另一部分通过赠款或签订合同的方式由承包商实施。

1988 年,本书作者 Mounir Ibrahim 以暑期研究员的身份进入 NASA-GRC(当时称 NASA Lewis Research Center)的斯特林发动机分部,与本书合著者 Roy Tew 配合工作。当时,NASA 斯特林团队为赠款受让人和合同承包商定期开办讲习班,以加深对斯特林发动机各种损耗的认识。几家公司和大学参与了这些活动。David Gedeon 是这些 NASA 项目和讲习班的参与者之一。他是 Gedeon Associates (Athens, Ohio)公司的独资老板,也是 Sage 程序的作者。目前,此程序仍然是斯特林发动机设计的必备工具。Terry Simon 来自明尼苏达大学机械工程系,是大学参与者之一。克利夫兰州立大学(Cleveland State University,CSU)的 Mounir Ibrahim 充分利用这些互动交流活动的成果,开发出了斯特林发动机加热器与冷却器管路非定常流动和传热的解析建模技术(Simon et al.,1992;Ibrahim et al.,1994),该技术是现今 Sage 一维(1-D)系统仿真程序(当时称为 GLIMPS)的一个组件。这次成功的合作将研究活动的三个方面整合到了一起:实验(Simon),多维 CFD 建模(Ibrahim),以及一维发动机的设计和建模(Gedeon)。多年来,正是这些参与者之间以及与 Gary Wood (Sunpower Inc.)、Songgang Qiu (Infinia Corporation, Kennewick, Washington)的深入合作,促使 DOE 和 NASA 授出了多个斯特林回热器的研发合约。还有来自 International Mezzo Technologies (Baton Rouge, Louisiana)公司的 Dean Guidry,Kevin Kelly 和 Jeffrey McLean 指导了本书报告的分段渐开线箔回热器的最终设计、研发和制造。

本书汇集了上述参与者的回热器研发成果,也包含了其他一些人(美国的 David Berchowitz, Matthew Mitchell, Scott Backhous;日本的 Noboro Kagawa)的研究成果,力图对本领域的研究者有所裨益。

作者要感谢下列人士,正是他们在 DOE 和 NASA 基金资助下完成的工作,构成了本书的主要内容:Gedeon Associates 公司的 David Gedeon,他做了很多支撑性的 Sage 仿真工作,使我们了解到适合于回热器开发的几种微加工结构,解决了渐开线箔设计的数学问题,并将他的成果和分析进行总结,为回热器的研究和团队的发展撰写了很多报告;明尼苏达大学的 Terry Simon,他支持放大尺寸回热器的测试工作,并与 Mounir Ibrahim 在测试与 CFD 仿真协同方面进行了紧密合作;太阳能源公司的 Gary Wood 是斯特林设计师,为测试渐开线箔回热器制定了本公司频率试验台(FTB)的修改方案,协调了在 NASA/Sunpower 交变流动测试台上进行毛毡和渐开线箔的测试。早些年,Gary Wood 设计研发了交变流动试验台;David Gedeon 开发了用 Sage 程序进行数据分析的技术,并且现在还在进行交变流动试验台数据分析工作。

在 NASA Research Award(NRA)回热器微加工合同的第一阶段,明尼苏达大学机械工程系的 Susan Mantell,就微加工技术和可能的制造厂商给了许多宝贵的指导;Infinia 公司的 Songgang Qiu(Simon 教授的博士生)提供了 NRA 第一、二阶段结构分析支持,Infinia 公司的结构分析结果已收录在本书中。International Mezzo Technologies 公司在微加工回热器开发阶段被选为回热器制造技术供应商后,该公司的 Dean Guidry,Kevin Kelly 和 Jeffrey McLean 负责指导分段渐开线箔开发,制造测试样品,并汇报他们的工作。

此外,还要感谢参加了回热器研发会议并为本书提供了支持的研究者。例如 Global Cooling (Athens, Ohio)公司的 David Berchowitz 提供了用于测试的聚酯材料,即斯特林发动机冷却器中使用的材料。

明尼苏达大学的几位研究生协助 Simon 完成了放大尺寸回热器的测试,他们是 Yi Niu, Nan Jiang,Liyong Sun,David Adolfson 和 Greg McFadden,这些研究丰富了本书的内容。Joerge Seume 在早些年设计了止转棒轭驱动机构,为放大尺寸回热器的测试提供了振荡流。

克利夫兰州立大学的一些学生协助 Ibrahim 完成了 CFD 技术研究和仿真,他们是 Zhiguo Zhang,Wei Rong,Daniel Danilla,Ashvin V. Mudalier,S. V. Veluri,Miyank Mittal 和 Mandeep Sahota。

为回热器研发提供支持的 NASA 员工有 Richard Shalten,Lanny Thieme,Jim Cairelli,Scott Wilson,Rodger Dyson 以及 Rikkako Demko。部门主任 Jim Dudenhoefer 在早期就支持着斯特林损耗方面的研究和讨论,Steven Geng 帮助组织和承办这些研讨会,材料部的 Randy Bowman 将各种基体扫描成电子显微镜照片。

感谢日本国家防务研究院(The National Defense Academy of Japan)的 Noboro Kagawa,本书在得到其本人许可后引用了他发表的丝网回热器论文中的材料,他还对本书第 10 章提出了修改意见。感谢以上提到的和由于疏漏没有提及的所有对本书做出贡献的人。

作者简介

Mounir Ibrahim 是克利夫兰州立大学(CSU)机械工程系的教授,学校位于俄亥俄州。Ibrahim 教授一直参与各应用领域的流体流动和传热研究,如燃气轮机、燃气轮机燃烧室、斯特林发动机和采用微制造技术的斯特林回热器的热传递等。他拥有超过 35 年的行政、学术、研发和工业经验。他是美国机械工程师协会(the American Society of Mechanical Engineers, ASME)会士(Fellow)、美国航空宇航研究所(the American Institute of Aeronautics Astronautics, AIAA)的副会士(Associate Fellow)。2006 年 7 月至 2008 年 6 月,他曾任职 ASME K-14(燃气轮机传热)委员会主席。1998 年 3 月至 2002 年 6 月,他任职克利夫兰州立大学机械工程系主任。他于 2008 年在英国的牛津大学做访问学者,2002 年在明尼阿波利斯的明尼苏达大学做访问学者。他获得了超过 500 万美元的校外研究资助,60 多名博士生和硕士生出自其门下。他在顶级期刊和会议文集上公开发表了 100 多篇论文。Ibrahim 拥有“高温,非催化及红外加热器”方面的两项专利,美国专利号分别为#6368102 和#6612835。

Roy Tew 是一名分析研究工程师,他在 NASA-GRC 工作了 46 年,直到 2009 年 1 月退休。他主要从事空间能源项目分析研究,侧重斯特林发动机的分析。在斯特林热动力损失机理研究、斯特林回热器研发与斯特林多维建模程序开发等领域,他还是经费和合同的监管者。他在 NASA 工作时,参与撰写了 29 篇 NASA 报告,并发表了论文。他获得了物理学学位(理学学士,阿拉巴马大学)、工程科学学位(理学硕士,托莱多大学,俄亥俄州)和机械工程学位(工学博士,克利夫兰州立大学)。他是 ASME 和 AIAA 的会员,并一直是俄亥俄州注册职业工程师。自退休后,Tew 一直与 Ibrahim 教授投身于本书的编写。2010 年秋季,他在克利夫兰州立大学教授能量转换的研究生课程。

目录

第1章 绪 论

在500W~5kW功率级别,斯特林发动机是最理想的太阳能热电转换器方案。至于空间应用方面,美国NASA最近开发的一个深空任务系统,就用到了斯特林发动机。预计这些发动机能一次性连续运转14年,既不需要补充燃料,也不需任何维护。斯特林发动机效率高,并且由于热量是由热力循环外部加入的,因而热源适应性好,成为上述地面和空间应用的不二选择。在斯特林循环中,当工质经过回热器从热端流向冷端时,回热器吸收工质的部分热量并储存起来;当工质从冷端流向热端时,回热器将储存的部分热量释放到工质中。因此,回热器是影响斯特林循环性能的关键,使用回热器可大幅度提高斯特林机的效率。许多设计师都认为,要达到下一代斯特林发动机(和制冷机)系统的改进目标,回热器是关键。一项关于小型斯特林发动机(<100W)的调查表明,回热器的热损耗仅占发动机热损耗的1.5%,但其压降损失却占发动机损耗的11%。

另一方面,低温制冷机是能产生温度低于100K的制冷设备。大量NASA任务里的红外传感器和低噪声放大器都是用这些设备来冷却的。一般斯特林制冷机的冷端温度比这要高,只能用于食品贮藏和电子制冷等方面。制冷需要电能,利用电能驱动动力活塞和配气活塞,使得热能在一端吸收、在另一端释放。相比斯特林动力热机,斯特林低温制冷机的回热器更为关键,其热损失直接来自于被冷却的有效载荷。根据运行在80K的典型斯特林低温制冷机的数字仿真(使用Sage计算机程序,Gedeon,2010)结果,改进的低温制冷机回热器可以将总体效率(即性能系数,COP)提高40%以上。

斯特林发动机回热器被称为斯特林循环发动机的“心脏”(Organ,2000)。回热器从热工质中吸收热量释放到冷工质中,这种内部循环利用能量的方式提高了斯特林循环的效率。回热器在放射性同位素斯特林发电机的位置如图1.1所示。

目前,回热器通常由丝网或毛毡等制成。丝网回热器具有相对较大的流动摩擦,丝网的制作时间较长,因此制作成本随之增加。毛毡回热器也具有较高的流动摩擦,但容易制造,因此价格便宜。图1.2示出了一个典型的毛毡回热器,图1.3是其基体的电子显微照片。

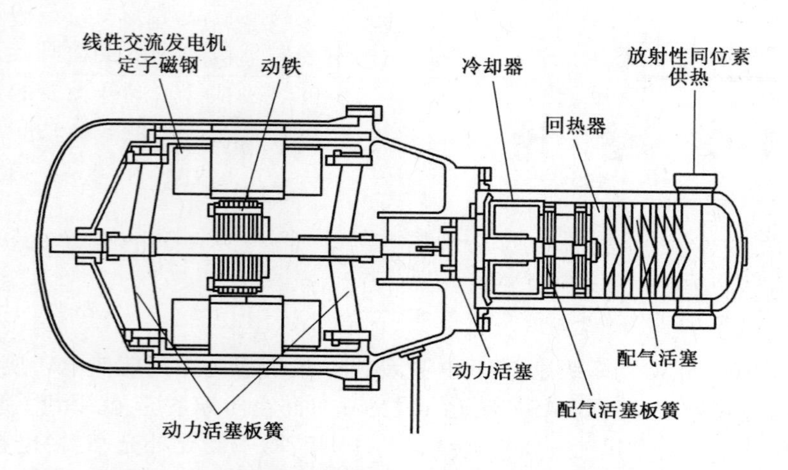

图 1.1　放射性同位素斯特林发电机中回热器的位置

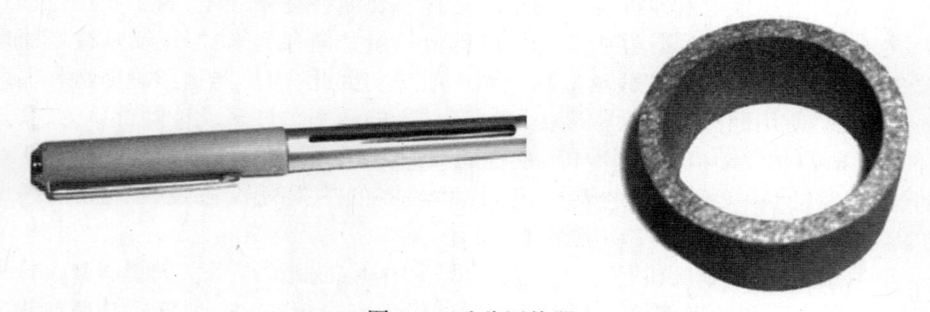

图 1.2　毛毡回热器

图 1.3　毛毡回热器基体的电子显微照片(NASA-GRC 许可使用)

毛毡的制作方法,决定了其中的纤维大部分随机排布在垂直于主流动路径的平面内。因此,丝网和毛毡回热器中的主要流动是跨过纤维(即横流模式中的圆柱体)。横流中的圆柱体将引起流动分离,导致较高的流动摩擦和显著的热扩散,引起表面轴向热传导增大。这就是热损失机制。对于空间应用发动机,还必须保证工作中基体中的纤维不会松脱以致损坏致命的热机部件。同样重要的是,毛毡回热器固有的局部孔隙率变化,不能引起局部流道失配,否则将导致轴向热输运。金属丝网堆叠时多少有些随机性,这就可能造成局部不均匀流动。毛毡制作比丝网编制便宜得多,而性能相差不大,而且都比卷绕箔强。根据理想化的一维理论,箔片回热器的性能最好(测量每单位流动阻力的传热量)。但实际上卷绕箔回热器难于制造,特别是难以保证箔层之间的间隔的一致性,流动不均匀,无法达到理论上好的性能。研究结果表明,要在低压降的条件下实现流体—基体之间的高热传导特性,基体本身必须具有以下特点:①平滑的导热表面;②流动加速度控制在合理范围内;③流动分离最小化;④具备径向通道,当入口流体或入口通道特征径向存在不一致时,通过这个通道进行物质输送能实现更均匀的分布。一般认为,正确设计、制造的规则形状的回热器,不仅能降低压降,提高传热,在需要时还能实现流动重新分布,而且能提高回热器的寿命,适应更长的任务周期。瞄准上述目标,人们设计、建造了一个采用微制造工艺的分段渐开线箔回热器,在交变流动测试台和发动机内进行了初步测试。实验相当成功。这种新的设计将在第 8 章中详细讨论。

本章简单介绍了本书的背景,本书剩余章节的概要如下。第 2 章研究非定常流体流动和传热理论。第 3 章回顾定常和非定常流体流动与传热之间的关系。第 4 章研究斯特林动力设备和制冷机的基本工作原理、类型和范围。第 5 ~ 10 章讨论不同类型的回热器和最新设计的发展情况:第 5 章研究不同类型的斯特林回热器(SER),第 6 章是实际尺寸毛毡回热器的实验、分析和 CFD,第 7 章研究放大尺寸毛毡回热器,第 8 章研究实际尺寸分段渐开线箔回热器,第 9 章研究放大尺寸分段渐开线箔回热器,第 10 章研究其他基体的回热器,如网板、平板式等。第 11 章给出几个在不同应用场合使用紧凑多孔介质设备(类似于斯特林回热器)作为高效热交换器和储热器的实例。最后,第 12 章和第 13 章分别给出结束语和未来工作的讨论。

第2章　非定常流动和传热理论

2.1　控制方程

现实生活中的大多数流体流动现象都可以用著名的纳维-斯托克斯(Navier-Stokes,N-S)方程进行数学描述。基于连续性假设,针对无限小控制体,运用质量守恒、动量守恒和能量守恒原理,处理进出控制体的质量、动量和能量,就得到一组非线性偏微分方程,统称为 N-S 方程。运用质量守恒定律得出的方程为连续方程。动量守恒定律也就是牛顿第二定律,若将该定律应用于流体,就产生矢量形式的动量方程。能量守恒定律就是热力学第一定律,其导出的流体动力学方程命名为能量方程。下面简要描述各个控制方程,其材料直接来自于 Tannehill 等(1997)的著作。另外,本章还给出了多孔介质的模型。

2.1.1　连续方程

把质量守恒定律应用于流过无限小固定控制体的流体,得到连续方程:

$$\frac{\partial \rho}{\partial t} + \nabla \cdot (\rho V) = 0 \tag{2.1}$$

式中:ρ 为流体密度;V 为流体速度。

式(2.1)第一项表示控制体内流体密度的变化率,第二项表示通过每单位体积的控制表面(控制体的边界)的质量流量变化率。引入物质导数(substantial derivative,又称随体导数)记号:

$$\frac{D(\ )}{Dt} \equiv \frac{\partial (\ )}{\partial t} + V \cdot \nabla (\ ) \tag{2.2}$$

将式(2.1)变为以下形式:

$$\frac{D\rho}{Dt} + \rho(\nabla \cdot V) = 0 \tag{2.3}$$

在笛卡儿坐标系中,u,v,w 表示速度矢量的 x,y,z 分量,式(2.1)可变为

$$\frac{\partial\rho}{\partial t} + \frac{\partial}{\partial x}(\rho u) + \frac{\partial}{\partial y}(\rho v) + \frac{\partial}{\partial z}(\rho w) = 0 \tag{2.4}$$

对于不可压缩流体,式(2.4)变为

$$\frac{\partial u}{\partial x} + \frac{\partial v}{\partial y} + \frac{\partial w}{\partial z} = 0 \tag{2.5}$$

2.1.2 动量方程

将牛顿第二定律应用于流过无限小固定控制体的流体,得到动量方程:

$$\frac{\partial}{\partial t}(\rho V) + \nabla \cdot \rho VV = \rho f + \nabla \cdot \Pi_{ij} \tag{2.6}$$

式(2.6)中的第一项表示控制体内每单位体积的动量增加率;第二项表示因为对流导致的通过控制表面的(每单位体积)动量减少率。因 ρVV 是一个张量,所以$\nabla \cdot \rho VV$ 不是一个简单的散度项,可扩展为

$$\nabla \cdot \rho VV = \rho V \cdot \nabla V + V(\nabla \cdot \rho V) \tag{2.7}$$

把式(2.7)代入式(2.6)中,并利用连续方程,将动量方程简化为

$$\rho \frac{DV}{Dt} = \rho f + \nabla \cdot \Pi_{ij} \tag{2.8}$$

式(2.8)右边第一项是每单位体积的体积力,第二项表示每单位体积的表面力,这些力是通过外力施加在流体元素上。这些应力包括法向应力和切向应力,由应力张量 Π_{ij}的分量表示。对于所有可看成连续体的气体和大多数液体,某点处的应力随流体形变率线性变化。符合这一规律的流体称为牛顿流体。采用这一假设,可推导出一般的形变规律,将应力张量与压力和速度分量联系起来。采用紧凑的张量记号,得到下面的公式:

$$\Pi_{ij} = -p\delta_{ij} + \mu\left(\frac{\partial u_i}{\partial x_j} + \frac{\partial u_j}{\partial x_i}\right) + \delta_{ij}\mu' \frac{\partial u_k}{\partial x_k}, \quad i,j,k = 1,2,3 \tag{2.9}$$

式中:δ_{ij}为 Kronecker 函数(若 $i = j, \delta_{ij} = 1$;反之 $i \neq j, \delta_{ij} = 0$);$u_1, u_2, u_3$分别表示速度矢量 $\boldsymbol{V}$ 的三个分量;x_1, x_2, x_3分别表示位置矢量的三个分量;μ 为黏度(动力黏度)系数,μ'为第二黏度系数。黏度的两个系数与体积黏度系数 κ 的关系如下:

$$\kappa = \frac{2}{3}\mu + \mu' \tag{2.10}$$

除了在研究冲击波的结构和声波的吸收或衰减的时候,一般情况下 κ 可以忽略不计,因此第二黏性系数变为

$$\mu' = -\frac{2}{3}\mu \tag{2.11}$$

应力张量变为

$$\Pi_{ij} = - p\delta_{ij} + \mu\left[\left(\frac{\partial u_i}{\partial x_j} + \frac{\partial u_j}{\partial u_i}\right) - \frac{2}{3}\delta_{ij}\frac{\partial u_k}{\partial x_k}\right], \quad i,j,k = 1,2,3 \tag{2.12}$$

将式(2.12)代入式(2.8)中,得出 N-S 方程:

$$\rho\frac{DV}{Dt} = \rho f - \nabla p + \frac{\partial}{\partial x_j}\left[\mu\left(\frac{\partial u_i}{\partial x_j} + \frac{\partial u_j}{\partial x_i}\right) - \frac{2}{3}\delta_{ij}\mu\frac{\partial u_k}{\partial x_k}\right] \tag{2.13}$$

在笛卡儿坐标系中,式(2.13)可以写成以下 3 个标量 N-S 方程:

$$\begin{aligned}
\rho\frac{Du}{Dt} &= \rho f_x - \frac{\partial p}{\partial x} + \frac{\partial}{\partial x}\left[\frac{2}{3}\mu\left(2\frac{\partial u}{\partial x} - \frac{\partial v}{\partial y} - \frac{\partial w}{\partial z}\right)\right] + \frac{\partial}{\partial y}\left[\mu\left(\frac{\partial u}{\partial y} + \frac{\partial v}{\partial x}\right)\right] + \frac{\partial}{\partial z}\left[\mu\left(\frac{\partial w}{\partial x} + \frac{\partial u}{\partial z}\right)\right] \\
\rho\frac{Dv}{Dt} &= \rho f_y - \frac{\partial p}{\partial y} + \frac{\partial}{\partial x}\left[\mu\left(\frac{\partial u}{\partial y} + \frac{\partial v}{\partial x}\right)\right] + \frac{\partial}{\partial y}\left[\frac{2}{3}\mu\left(2\frac{\partial v}{\partial y} - \frac{\partial u}{\partial x} - \frac{\partial w}{\partial z}\right)\right] + \frac{\partial}{\partial z}\left[\mu\left(\frac{\partial w}{\partial y} + \frac{\partial v}{\partial z}\right)\right] \\
\rho\frac{Dz}{Dt} &= \rho f_z - \frac{\partial p}{\partial z} + \frac{\partial}{\partial x}\left[\mu\left(\frac{\partial w}{\partial x} + \frac{\partial u}{\partial z}\right)\right] + \frac{\partial}{\partial y}\left[\mu\left(\frac{\partial w}{\partial y} + \frac{\partial v}{\partial z}\right)\right] + \frac{\partial}{\partial z}\left[\frac{2}{3}\mu\left(2\frac{\partial w}{\partial z} - \frac{\partial v}{\partial y} - \frac{\partial u}{\partial x}\right)\right]
\end{aligned} \tag{2.14}$$

上述等式可以写成守恒定律的形式:

$$\begin{aligned}
&\frac{\partial \rho u}{\partial t} + \frac{\partial}{\partial x}(\rho u^2 + p - \tau_{xx}) + \frac{\partial}{\partial y}(\rho uv - \tau_{xy}) + \frac{\partial}{\partial z}(\rho uw - \tau_{xz}) = \rho f_x \\
&\frac{\partial \rho v}{\partial t} + \frac{\partial}{\partial x}(\rho uv - \tau_{xy}) + \frac{\partial}{\partial y}(\rho v^2 + p - \tau_{yy}) + \frac{\partial}{\partial z}(\rho vw - \tau_{yz}) = \rho f_y \\
&\frac{\partial \rho w}{\partial t} + \frac{\partial}{\partial x}(\rho uw - \tau_{xz}) + \frac{\partial}{\partial y}(\rho vw - \tau_{yz}) + \frac{\partial}{\partial z}(\rho w^2 + p - \tau_{zz}) = \rho f_z
\end{aligned} \tag{2.15}$$

其中,黏性应力张量 τ_{ij}的分量如下:

$$\tau_{xx} = \frac{2}{3}\mu\left(2\frac{\partial u}{\partial x} - \frac{\partial v}{\partial y} - \frac{\partial w}{\partial z}\right)$$

$$\tau_{yy} = \frac{2}{3}\mu\left(2\frac{\partial v}{\partial y} - \frac{\partial u}{\partial x} - \frac{\partial w}{\partial z}\right)$$

$$\tau_{zz} = \frac{2}{3}\mu\left(2\frac{\partial w}{\partial z} - \frac{\partial v}{\partial y} - \frac{\partial u}{\partial x}\right)$$

$$\tau_{xy} = \mu\left(\frac{\partial u}{\partial y} + \frac{\partial v}{\partial x}\right) = \tau_{yx}$$

$$\tau_{xz} = \mu\left(\frac{\partial u}{\partial z} + \frac{\partial w}{\partial x}\right) = \tau_{zx}$$

$$\tau_{yz} = \mu\left(\frac{\partial w}{\partial y} + \frac{\partial v}{\partial z}\right) = \tau_{zy}$$

对于不可压缩流体和黏度(μ)为常系数的流体,式(2.13)可简化为

$$\rho\frac{DV}{Dt} = \rho f - \nabla p + \mu\nabla^2 V \tag{2.16}$$

2.1.3 能量方程

将热力学第一定律应用于通过无穷小固定控制体的流体,可以得到以下能量方程:

$$\frac{\partial E_t}{\partial t} + \nabla \cdot E_t V = \frac{\partial Q}{\partial t} - \nabla \cdot q + \rho f \cdot V + \nabla \cdot (\Pi_{ij} \cdot V) \tag{2.17}$$

式中:E_t是单位体积的总能量,且

$$E_t = \rho\left(e + \frac{V^2}{2} + 势能 + \cdots\right) \tag{2.18}$$

式中:e 为每单位质量的内能。

式(2.17)等号左边第一项表示控制体中 E_t的变化率,第二项表示通过控制表面由对流产生的每单位体积总能量的损失率。式(2.17)等号右边的第一项是由外部因素产生的每单位体积热变化率,第二项是通过控制表面由传导产生的每单位体积热量损失率。假设传导传热遵循傅里叶定律,则传导热通量 q 可表示为

$$q = - k \nabla T \tag{2.19}$$

式中:k 为热传导系数;T 表示温度。

式(2.17)等号右边第三项表示体力在每单位体积的控制体上作的功,第四项表示面力在每单位体积的控制体上作的功。

在笛卡儿坐标系中,式(2.17)可变为

$$\begin{aligned}
&\frac{\partial E_t}{\partial t} - \frac{\partial Q}{\partial t} - \rho(f_x u + f_y v + f_z w) + \frac{\partial}{\partial x}(E_t u + pu - u\tau_{xx} - v\tau_{xy} - w\tau_{xz} + q_x) \\
&+ \frac{\partial}{\partial y}(E_t v + pv - u\tau_{xy} - v\tau_{yy} - w\tau_{yz} + q_y) \\
&+ \frac{\partial}{\partial z}(E_t w + pw - u\tau_{xz} - v\tau_{yz} - w\tau_{zz} + q_z) = 0
\end{aligned} \tag{2.20}$$

式(2.20)是守恒定律的形式。利用连续方程,式(2.17)的等号左边可以由下面的表达式代替:

$$\frac{\partial E_t}{\partial t} + \nabla \cdot E_t V = \rho \frac{D(E_t/\rho)}{Dt} \tag{2.21}$$

如果在式(2.18)中仅考虑内能和动能,则

$$\rho \frac{D(E_t/\rho)}{Dt} = \rho \frac{De}{Dt} + \rho \frac{D(V^2/2)}{Dt} \tag{2.22}$$

式(2.8)两边与速度矢量 **V** 作标量点积,得

$$\rho \frac{DV}{Dt} \cdot V = \rho f \cdot V - \nabla p \cdot V + (\nabla \cdot \tau_{ij}) \cdot V \tag{2.23}$$

将式(2.21)~式(2.23)代入式(2.17)中，能量方程可变为

$$\rho \frac{De}{Dt} + p(\nabla \cdot V) = \frac{\partial Q}{\partial t} - \nabla \cdot q + \nabla \cdot (\tau_{ij} \cdot V) - (\nabla \cdot \tau_{ij}) \cdot V \tag{2.24}$$

式(2.24)的最后两项可合并成一项：

$$\tau_{ij} \frac{\partial u_i}{\partial x_j} = \nabla \cdot (\tau_{ij} \cdot V) - (\nabla \cdot \tau_{ij}) \cdot V \tag{2.25}$$

该项称为耗散函数 Φ，它表示该机械能在流体形变过程中由于黏度造成的损耗率。将耗散函数代入式(2.24)，即得

$$\rho \frac{De}{Dt} + p(\nabla \cdot V) = \frac{\partial Q}{\partial t} - \nabla \cdot q + \Phi \tag{2.26}$$

利用焓的定义：

$$h = e + \frac{p}{\rho} \tag{2.27}$$

再应用连续性方程，式(2.26)可以写为

$$\rho \frac{Dh}{Dt} = \frac{Dp}{Dt} + \frac{\partial Q}{\partial t} - \nabla \cdot q + \Phi \tag{2.28}$$

对于不可压缩流体和热传导系数为常数的流体，式(2.26)可简化为

$$\rho \frac{De}{Dt} = \frac{\partial Q}{\partial t} + k \nabla^2 T + \Phi \tag{2.29}$$

2.1.4 湍流模型

根据 Hinze(1975)的研究，湍流流体运动是一种不规则的流动状态，其不同参量随时间、空间随机变化，并存在明确的统计平均值。

本节简要说明了一些后续章节需用到的湍流模型，分别有标准 $k-\varepsilon$ 模型、标准 $k-\omega$ 模型和$\overline{\nu^2}-f$模型。

雷诺平均纳维-斯托克斯(RANS)方程可作为平均流动的传输方程。用笛卡儿张量形式表述的 RANS 方程分别为连续方程、动量方程和能量方程。

$$\frac{\partial \rho}{\partial t} + \frac{\partial}{\partial x_i}(\partial u_i) = 0 \tag{2.30}$$

$$\frac{\partial}{\partial t}(\rho u_i) + \frac{\partial}{\partial x_j}(\rho u_i u_j) = -\frac{\partial p}{\partial x_i} + \frac{\partial}{\partial x_j}\left[\mu\left(\frac{\partial u_i}{\partial x_j} + \frac{\partial u_j}{\partial x_i} - \frac{2}{3}\delta_{ij}\frac{\partial u_k}{\partial x_k}\right)\right] + \frac{\partial}{\partial x_j}(-\overline{u_i' u_j'}) \tag{2.31}$$

$$\frac{\partial}{\partial t}(\rho c_p T) + \frac{\partial}{\partial x_j}(\rho c_p \overline{T' u_j'}) = -\frac{\partial p}{\partial t} + \frac{\partial}{\partial x_j}\left(k \frac{\partial T}{\partial x_j} - \rho c_p \overline{T' u_j'}\right) \tag{2.32}$$

对于稳态流动，时间微分项最终会消失。为了使式(2.31)有意义，必须对雷

诺应力 $-\overline{u_i' u_j'}$ 建模。所有这三种湍流模型均使用了 Boussinesq 假设，这个假设建立了雷诺应力与平均流动速度梯度的关系：

$$-\overline{u_i' u_j'} = \mu_t \left(\frac{\partial u_i}{\partial x_j} + \frac{\partial u_j}{\partial x_i} \right) - \frac{2}{3} \left(\rho k + \mu_t \frac{\partial u_k}{\partial x} \right) \delta_{ij} \tag{2.33}$$

所有基于这个假设的模型的主要问题是如何计算湍流黏度 μ_t。Boussinesq 型近似可扩展用来估计能量方程中的 $-\rho c_p \overline{T' u_j'}$ 项：

$$-\rho c_p \overline{T' u_j'} = \frac{c_p \mu_t}{Pr_t} \frac{\partial T}{\partial y}$$

式中：Pr_t 为湍流普朗特数。这个数在 0.6~1.5 的范围内变化，在大多数工程应用中使用 0.95。

1. 标准 $k-\varepsilon$ 模型

标准 $k-\varepsilon$ 模型是由 Launder 和 Spalding（1974）提出的。在此模型中，Boussinesq 假设与壁函数一起使用。湍流黏度表达式为

$$\mu_t = \rho C_\mu \frac{k^2}{\varepsilon}$$

关于 k 和 ε 的传输方程为

$$\frac{\partial}{\partial t}(\rho k) + \frac{\partial}{\partial x_j}(\rho u_j k) = \rho P - \rho \varepsilon + \frac{\partial}{\partial x_j}\left[\left(\mu + \frac{\mu_t}{\sigma_k} \right) \frac{\partial k}{\partial x_j} \right] \tag{2.34}$$

$$\frac{\partial}{\partial t}(\rho \varepsilon) + \frac{\partial}{\partial x_j}(\rho u_j \varepsilon) = C_{\varepsilon 1} \frac{\rho P \varepsilon}{k} - C_{\varepsilon 2} \frac{\rho \varepsilon^2}{k} + \frac{\partial}{\partial x_j}\left[\left(\mu + \frac{\mu_t}{\sigma_\varepsilon} \right) \frac{\partial \varepsilon}{\partial x_j} \right] \tag{2.35}$$

生成项 P 定义为

$$P = \nu_t \left(\frac{\partial u_i}{\partial x_j} + \frac{\partial u_j}{\partial x_i} - \frac{2}{3} \frac{\partial u_m}{\partial x_m} \delta_{ij} \right) \frac{\partial u_i}{\partial x_j} - \frac{2}{3} k \frac{\partial u_m}{\partial x_m} \tag{2.36}$$

模型中使用的 5 个常数的数值分别为

$$C_\mu = 0.09,\ C_{\varepsilon 1} = 1.44, C_{\varepsilon 2} = 1.92, \sigma_k = 1.0, \sigma_\varepsilon = 1.3$$

该模型是一种高雷诺数模型，并不适用于受黏性效应影响的湍流近壁区域。相反，壁函数应用于临近壁区域的单元。近壁区域，无量纲的壁平行速度可以由下式得到：

$$u^+ = y^+ ; u^+ \leqslant y_\nu^+ \tag{2.37}$$

$$\begin{cases} u^+ = \dfrac{1}{k} \ln(E y^+) ; y^+ > y_\nu^+ \\ y^+ = y \dfrac{u_\tau}{V} ; u^+ = \dfrac{u}{u_\tau} ; u_\tau = C_\mu^{\frac{1}{4}} k^{\frac{1}{2}} ; \kappa = 0.4 \end{cases} \tag{2.38}$$

对于光滑壁 $E=9$，此时，联立式（2.37）和式（2.38）可以得到黏性子层厚度 y_ν^+。

类似地,可以得到热传递中无量纲温度的定义:

$$T^+ = \frac{T - T_w \rho C_p u_\tau}{q_w} \tag{2.39}$$

近壁区域的温度可表示为

$$T^+ = Pru^+ \quad y^+ \leqslant y_T^+ \tag{2.40}$$

$$T^+ = Pr_t(u^+ + P^+) y^+ > y_T^+ \tag{2.41}$$

式中:P^+为层流和湍流普朗特数(Pr 和 Pr_t)的函数,由 Launder 和 Spalding(1974)给出:

$$P^+ = \frac{\frac{\pi}{4}}{\sin\frac{\pi}{4}}\left(\frac{A}{K}\right)^{\frac{1}{2}}\left(\frac{Pr}{Pr_t} - 1\right)\left(\frac{Pr_t}{Pr}\right)^{\frac{1}{4}}$$

式中:y_T^+ 为根据式(2.40)和式(2.41)联立得到的热子层厚度。一旦求得 T^+,那么若壁温度是已知的,其值就可用于计算壁的热通量;如果壁的热通量是已知的,则可计算出壁的温度。

2. 标准 k-ω 模型

标准 k -ω 模型是由 Wilcox 于 1998 年提出的两方程模型,用于解出湍流动能的比耗散率 ω,而不是求解湍流动能的耗散量 ε。湍流黏度可表示为

$$\mu_t = \rho C_\mu \frac{k}{\omega}$$

式中

$$\omega = \frac{\varepsilon}{k}$$

关于 k 和 ω 的传输方程分别为

$$\frac{\partial}{\partial t}(\rho k) + \frac{\partial}{\partial x_j}(\rho u_j k) = \rho P - \rho\varepsilon + \frac{\partial}{\partial x_j}\left[\left(\mu + \frac{\mu_t}{\sigma_k}\right)\frac{\partial k}{\partial x_j}\right] \tag{2.42}$$

$$\frac{\partial}{\partial t}(\rho\omega) + \frac{\partial}{\partial x_j}(\rho u_j \omega) = C_{\omega 1}\frac{\rho P\omega}{k} - C_{\omega 2}\frac{\rho\omega^2}{k} + \frac{\partial}{\partial x_j}\left[\left(\mu + \frac{\mu_t}{\sigma_\omega}\right)\frac{\partial \omega}{\partial x_j}\right] \tag{2.43}$$

生成项 P 定义为

$$P = \nu_t\left(\frac{\partial u_i}{\partial x_j} + \frac{\partial u_j}{\partial x_i} - \frac{2}{3}\frac{\partial u_m}{\partial x_m}\delta_{ij}\right)\frac{\partial u_i}{\partial x_j} - \frac{2}{3}k\frac{\partial u_m}{\partial x_m} \tag{2.44}$$

在此模型中使用的 5 个常数为

$$C_\mu = 0.09, C_{\omega 1} = 0.555, C_{\omega 2} = 0.833, \sigma_k = 2.0, \sigma_\omega = 2$$

k 和 ω 在壁面边界的边界条件是

$$K = 0, \quad y = 0; \quad \omega = 7.2\frac{\nu}{y^2}, \quad y \leqslant y_1$$

式中：y_1 为从单元中心到靠近（固体）壁一侧单元壁的法向距离。

为得到最好的计算结果（$y^+ \sim 1$），单元中心最好处于层流子层内。因此，这种模型在固体壁面附近需要具有非常精细的网格。

3. $\overline{\nu^2}$-f 模型

按照 Launder（1986）的见解，垂直于壁面的法向应力 $\overline{\nu^2}$ 对于涡流黏度有着重要的影响。受此启发，Durbin（1995）提出了一个“四方程”模型，称为 $k-\varepsilon-\nu^2$ 模型或 $\overline{\nu^2}-f$ 模型。这种模型无需修补，即可用来预测壁现象，如传热或是流动分离。它通过引入近壁湍流的各向异性和非局域压力应变效应扩展了标准 k-ε 模型，并保留了线性涡流黏性的假设。湍流黏度可表示为

$$\mu_t = \rho C_\mu \overline{\nu^2} T$$

3 个传递方程分别为

$$\frac{\partial}{\partial t}(\rho k) + \frac{\partial}{\partial x_j}(\rho u_j k) = \rho P - \rho\varepsilon + \frac{\partial}{\partial x_j}\left[\left(\nu + \frac{\mu_t}{\sigma_k}\right)\frac{\partial k}{\partial x_j}\right] \tag{2.45}$$

$$\frac{\partial}{\partial t}(\rho\varepsilon) + \frac{\partial}{\partial x_j}(\rho u_j \varepsilon) = C_{\varepsilon 1}\frac{\rho P\varepsilon}{k} - C_{\varepsilon 2}\frac{\rho\varepsilon^2}{k} + \frac{\partial}{\partial x_j}\left[\left(\nu + \frac{\nu_t}{\sigma_\varepsilon}\right)\frac{\partial \varepsilon}{\partial x_j}\right] \tag{2.46}$$

$$\frac{\partial}{\partial t}(\overline{\nu^2}) + (u_j \overline{\nu^2}) = kf_{22} - \overline{\nu^2}\frac{\varepsilon}{k} + \frac{\partial}{\partial x_j}\left[\left(\nu + \frac{\nu_t}{\sigma_k}\right)\frac{\partial \overline{\nu^2}}{\partial x_j}\right] \tag{2.47}$$

描述近壁和非局部效应的椭圆方程为

$$L^2 \nabla^2 f_{22} - f_{22} = (1 - C_1)\frac{\left[\frac{2}{3} - \frac{\overline{\nu^2}}{k}\right]}{T} - C_2\frac{P}{k} \tag{2.48}$$

$$L = C_L l$$

式中

$$l^2 = \max\left[\frac{k^3}{\varepsilon^2}, C_\eta^2\left(\frac{\nu^3}{\varepsilon}\right)^{\frac{1}{2}}\right]$$

$$T = \max\left[\frac{k}{\varepsilon}, 6\left(\frac{\nu}{\varepsilon}\right)^{\frac{1}{2}}\right]$$

生成速率项 P 的方程由下式给出：

$$P = \nu_t\left(\frac{\partial u_i}{\partial x_j} + \frac{\partial u_j}{\partial x_i}\right)\frac{\partial u_i}{\partial x_j} \tag{2.49}$$

在该模型中使用的常数是

$C_\mu = 0.19, C_{\varepsilon 2} = 1.9, C_1 = 1.4, C_2 = 0.3, \sigma_k = 1.0, \sigma_\varepsilon = 1.3, C_L = 0.3, C_\eta = 70.0$

为了对近壁湍流非局部特性进行建模，$\overline{\nu^2}-f$ 模型采用了椭圆算子。此椭圆

项并不局限于壁，只要有显著不均匀性的区域，这一项的影响就很大。因此，$\overline{\nu^2}-f$ 模型在整个流体区域都是有效的，在靠近固体表面后就自动演变为近壁模型。

2.1.5 多孔介质模型

本节描述一个初步的非平衡多孔介质模型，回热器的仿真程序——多维斯特林程序（Dyson 等，2005a，2005b；Ibrahim 等，2005；Tew 等，2006）要用到该模型。本书第 7 章将多孔介质模型应用到了几个特定场景，更好地介绍了这个模型。模型中的参数是根据实验数据和研制经验确定的，实验数据主要来源于回热器研究补助金项目（Niu 等，2003a，2003b，2003c，2004，2005a，2005b，2006），经验公式则是从 NASA/Sunpower 公司（Athens，Ohio）交变流动实验台的测试数据（Gedeon，1999）推导出来的。这些工作由 NASA 资助、克利夫兰州立大学牵头，分包商包括明尼苏达大学、Gedeon Associates（Athens，Ohio）和 Sunpower 公司。基于 Infinia 公司（Kennewick，Washington）的斯特林技术演示热机（TDC）样机，确定了多孔介质模型的一些特有参数，该模型预定用于上述样机的计算流体动力学（CFD）模型。这里提出的非平衡多孔介质模型是初步的、也可以说是“草稿”，若将这一模型纳入商业 CFD 软件（目前只包含平衡多孔介质模型），一旦完成一次斯特林回热器的 CFD 计算和发动机性能分析，很可能需要进行软件升级。

1. 用于 CFD 的可压缩流体非平衡多孔介质模型

为了在 CFD 软件中对 TDC 回热器建模，需要定义非平衡多孔介质宏观模型参数的初始值。作为参数定义的参考，列出了流体连续性、动量、能量方程和固体能量方程。在定义初始参数集（即用于定义闭合模型）时，用到了 NASA 资助下克利夫兰州立大学获得的实验和计算数据，以及在 NASA/Sunpower 交变流动实验台得到的数据。

首先定义表面（或称 Darcian）或接近速度为 $U=\langle \boldsymbol{u}\rangle = ua/a_{\text{total}} = u\beta$，这也是通过固体加流体过渡区单位横截面积的体积流速。这个速度是平均速度，取平均的区域，要小于宏观流动的尺度，但要大于基体流道的尺度。在上述表面速度的表达式中，a 表示平均流体流动面积，a_{total} 表示固体流体过渡区的总截面积，在这个总截面上进行平均以确定表面速度 U。β 表示孔隙率，u 为平均流道流体流速（或称当地多孔介质速度），与表面速度相对应，$U=\langle\boldsymbol{u}\rangle$ 和 $u=\langle\boldsymbol{u}\rangle/\beta$。

2.2 非平衡多孔介质守恒方程

我们从多孔介质中处于非平衡状态的不可压缩流动方程（Ibrahim et al.，2004c）开始。这些方程本来是针对可压缩流的，包含了动力扩散项（Ayyaswamy，

2004)，现在将其写成基于表面速度(或者称趋近速度或 Darcy 速度)的形式，其连续方程、动量方程和能量方程分别为(尖括号<>表示体积平均)

$$\frac{\partial \langle\rho\rangle^f}{\partial t}+\frac{1}{\beta}\nabla\cdot[\langle\rho\rangle^f\langle\boldsymbol{u}\rangle]=0 \tag{2.50}$$

$$\frac{1}{\beta}\frac{\partial(\langle\rho\rangle^f\langle\boldsymbol{u}\rangle)}{\partial t}+\frac{1}{\beta^2}\nabla\cdot[\langle\rho\rangle^f\langle\boldsymbol{u}\rangle\langle\boldsymbol{u}\rangle]=-\nabla\langle p\rangle^f+\nabla\cdot\left(\frac{\langle v_{\mathrm{eff}}\rangle^f}{\beta}\langle\rho\rangle^f\nabla\langle\boldsymbol{u}\rangle-\frac{\langle\rho\rangle^f}{\beta}\langle\widetilde{\boldsymbol{u}}\widetilde{\boldsymbol{u}}\rangle\right)$$
$$-\frac{\langle\mu\rangle^f}{K}\langle\boldsymbol{u}\rangle-\langle\rho\rangle^f\frac{c_f}{\sqrt{K}}|\langle\boldsymbol{u}\rangle|\langle\boldsymbol{u}\rangle \tag{2.51}$$
[①]

$$\frac{\partial(\langle\rho\rangle^f\langle h\rangle^f)}{\partial t}+\frac{1}{\beta}\nabla\cdot[\langle\rho\rangle^f\langle\boldsymbol{u}\rangle\langle h\rangle^f]=\nabla\cdot[\bar{\bar{k}}_{fe}\cdot\nabla\langle T\rangle^f]+\left(\frac{\mu}{K}+\langle\rho\rangle^f\frac{c_f}{\sqrt{K}}|\boldsymbol{u}|\right)\boldsymbol{u}\cdot\boldsymbol{u}$$
$$+H_{sf}\frac{\mathrm{d}A_{sf}}{\mathrm{d}V_f}(\langle T\rangle^s-\langle T\rangle^f)+\frac{\mathrm{d}\langle p\rangle^f}{\mathrm{d}t} \tag{2.52}$$
[②③]

式中：每单位流体体积的浸润面积 $\frac{\mathrm{d}A_{sf}}{\mathrm{d}V_f}=\frac{1}{r_h}$，$r_h$ 为水力半径；$\frac{\mathrm{d}\langle p\rangle^f}{\mathrm{d}t}$ 为物质微分。

最后，固体能量方程是

$$\frac{\partial(\rho_s C_s\langle T\rangle^s)}{\partial t}=\nabla\cdot[\bar{\bar{k}}_{se}\cdot\nabla\langle T\rangle^s]-H_{sf}\frac{\mathrm{d}A_{sf}}{\mathrm{d}V_f}(\langle T\rangle^s-\langle T\rangle^f) \tag{2.53}$$

式中：每单位固体体积的浸润面积 $\frac{\mathrm{d}A_{sf}}{\mathrm{d}V_s}=\frac{1}{r_h}\frac{1}{1-\beta}$。

Kaviany(1995)提出了一个与式(2.51)类似的半启发式的动量方程，式中的大多数项都是根据基本原理推导出来的多维项。当然，式(2.51)的最后 2 项也是启发式地从一维动量方程扩展而来的，也就是说，这是从有实验支持的一维方程试探性地扩展，以指导多维问题的研究，而并未达到实验验证。因此，在这个初步的非平衡多孔介质模型中，我们假定渗透率是各向同性的(尽管我们知道明尼苏达大学

---

① 这个动量方程中 Brinkman 项的有效黏性不同于分子黏性，因为在基质内的固液界面上，会有液体从相邻的热交换通道喷射到基质上。Brinkman 项反映了流动中速度梯度引起的动量输运。

② 压力功表达式 $\frac{\mathrm{d}\langle p\rangle^f}{\mathrm{d}t}$ 是针对理想气体(氦)的。一般情况下，压力功应写为 $\beta_{\mathrm{cte}}T\frac{\mathrm{d}\langle p\rangle^f}{\mathrm{d}t}$。对于理想气体，其热膨胀系数 $\beta_{\mathrm{cte}}=\frac{1}{T}$。

③ Burmeister(1993)提议将流体黏性能量耗散项写为 $\left(\frac{\mu}{K}+\langle\rho\rangle^f\frac{c_f}{\sqrt{K}}|\boldsymbol{u}|\right)\boldsymbol{u}\cdot\boldsymbol{u}$，这与动量方程中的 Darcy-Forchheimer 项一致。

实验中的丝网不是各向同性的,并且由于毛毡材料的制造方法问题,大部分毛毡纤维还是会处于与流动方向垂直的平面内)。将来对这个多孔介质模型进行改进时,期望能采用各向异性渗透率参数。式(2.51)有一些变体(Ibrahim et al.,2005),其中的一些项与式(2.51)的最后2项类似,但其渗透率为张量,而式(2.51)的渗透率是标量,并且在所有方向上都是相同的。对式(2.51)的惯性项乘数$\left(\frac{C_f}{\sqrt{K}}\right)$也有类似的结论。

上述方程要用于斯特林回热器建模,其中的一些表达式和参数需要定义:液动力扩散,渗透率和惯性系数,有效流体固体热传导率,热扩散传导率,滞止流体和有效固体热导率,流体与固体基质单元之间的热传导系数。注意,在能量方程中热导率表达式是张量,虽然预期只在对角线上有非零值。在动量方程中速度矢量的乘积也是张量。这些参数在接下来的章节将详细讨论。

2.2.1 液动力扩散

在上述流体动量式(2.51)中,有一个液动力扩散项:

$$\frac{1}{\beta}\langle \widetilde{\boldsymbol{u}}\,\widetilde{\boldsymbol{u}} \rangle \cong \widetilde{\boldsymbol{u}}\,\widetilde{\boldsymbol{u}} \tag{2.54}$$

式中:β为孔隙率;$\boldsymbol{u}$为基质内平均通道流速,也称当地速度;$\widetilde{\boldsymbol{u}}$为基质内平均通道流速在空间上的变化。$\widetilde{\boldsymbol{uu}}$是一个张量,可写成

$$\widetilde{\boldsymbol{uu}} = \boldsymbol{ii}\widetilde{uu} + \boldsymbol{ij}\widetilde{uv} + \boldsymbol{ik}\widetilde{uw} + \boldsymbol{ji}\widetilde{vu} + \boldsymbol{jj}\widetilde{vv} + \boldsymbol{jk}\widetilde{vw} + \boldsymbol{ki}\widetilde{wu} + \boldsymbol{kj}\widetilde{wv} + \boldsymbol{kk}\widetilde{ww} \tag{2.55}$$

对于垂直于主流动方向(轴向,$\boldsymbol{i}$)的输运来说,有意义的速度梯度是在径向,$\boldsymbol{j}$,而感兴趣的项(或者说主要项)是$\widetilde{uv}$,这里v是这个方向的速度分量,为$|\boldsymbol{u}|\boldsymbol{j}$。因此,从上述表达式中得出的垂直于流动方向的输运项是$|\widetilde{uv}|$或$|\widetilde{vu}|$。由这一项表达的扩散是轴动量ρu,但其方向却是垂直于u的,即在v向。

文献(Niu等,2004)认为,当感兴趣的扩散不是发生在感兴趣的流动方向上的时候,液动力扩散应该等于湍流剪应力,即$\overline{\langle \widetilde{uv} \rangle} = \overline{\langle u'v' \rangle}$(式中,撇号代表对于时间平均的时域波动,上划线指时间平均,尖括号指空间平均),并且当$\varepsilon_M = \lambda d_h U$时可以建立模型$\overline{\langle u'v' \rangle} = -\varepsilon_M \frac{\partial U}{\partial r}$,其中,$\lambda \approx 0.02$,$d_h$是水力直径,$u$是基质内的平均速度,$U = \langle u \rangle$是表面速度(趋近速度,达西速度)。因此,在式(2.55)和动量方程式(2.51)中用到的量可表达为

$$\frac{\overline{\langle \widetilde{uv} \rangle}}{\beta^2} = \frac{\overline{\langle \widetilde{vu} \rangle}}{\beta^2} = \frac{\overline{\langle u'v' \rangle}}{\beta^2} = -\frac{1}{\beta^2}\varepsilon_M \frac{\partial U}{\partial r} = -\frac{1}{\beta^2}0.02 d_h U \frac{\partial U}{\partial r} = -\frac{1}{\beta^2}\lambda d_h U \frac{\partial U}{\partial r} \tag{2.56}$$

2.2.2 渗透率与惯性系数

针对每一种多孔介质,都需要求出流体动量方程(2.51)中的渗透率 K 和惯性系数 C_f这 2 个参数的值。对特定斯特林发动机回热器的多孔介质,使用来自 Sunpower/NASA 交变流动测试台(见附录 A)和 Gedeon(1999)的摩擦因子数据,并假定流动是近稳态的(Ibrahim et al.,2005;Wilson et al.,2005),可以求得这些系数。Darcy-Forchheimer 稳态流动形式的一维动量方程为

$$\frac{\nabla p}{L} = \frac{\mu}{K}u + \frac{C_f}{\sqrt{K}}\langle \rho \rangle^f u^2 \tag{2.57}$$

类似地,可写出压力降方程,只是使用 Darcy 摩擦因子:

$$\frac{\nabla p}{L} = \frac{f_{\mathrm{D}}}{d_h}\frac{1}{2}\langle \rho \rangle^f u^2 \tag{2.58}$$

采用来自 Sunpower/NASA 交变流动测试台的数据,按照 Sage 用户手册给出的关系(Gedeon,1999),针对毛毡和丝网,确定摩擦因子如下:

$$f_{\mathrm{D}} = \frac{\alpha}{Re} + \delta Re^{\gamma}\text{,雷诺数 } Re = \frac{\rho_f u d_h}{\mu} \tag{2.59}$$

式中:对于毛毡,$\alpha = 192$,$\delta = 4.53$,$\gamma = -0.067$;对于编织网,$\alpha = 129$,$\delta = 2.91$,$\gamma = -0.103$。

将式(2.59)的摩擦因子表达式和雷诺数的定义代入式(2.58),并使式(2.57)和式(2.58)的右边相等,则得

$$\frac{K}{d_h^2} = \frac{2}{\alpha} \text{ 和 } C_f = \frac{\delta \mathrm{Re}\gamma}{\sqrt{2\alpha}} \tag{2.60}$$

用孔隙率和线径表达的毛毡和丝网的水力直径的常用表达式是

$$d_h = \frac{\beta}{1-\beta}d_w \tag{2.61}$$

对于明尼苏达大学回热器测试模型使用的焊接网,$\beta = 0.9$,$d_w = 0.81\mathrm{mm}$,因此,$d_h = 7.29 \times 10^{-3}\mathrm{m}$。如果再假定雷诺数在 25~100 范围内,则式(2.60)可以用来计算明尼苏达大学测试模块中使用的 TDC 毛毡和大尺寸丝网的扩散率和惯性系数的数值。在表 2.1 中,斜体字是 TDC 毛毡的数值;最右边一列非斜体字也是 TDC 毛毡的数值,但这些数据是根据整个热头(包含加热器、回热器和制冷机)的单向流动测试得来的(Wilson et al.,2005);UMN 新、旧两组扩散率数据,是根据

Simon(2003)前后两次实验得到的扩散率和惯性系数数据确定的;"CSU 计算"数据是由克利夫兰州立大学通过 UMN 稳态流动测试模型的微观 CFD 模型计算出来的。

表 2.1 扩散率和惯性系数的比较

系数	UMN 放大尺寸丝网($d_w=8.1\times10^{-4}$m)					TDC 毛毡
	UMN 旧实验	UMN 新实验	CSU 计算	Sage 修正	Sage 修正	单向流测试
K/m^2	1.07×10^{-7}	1.86×10^{-7}	8.9×10^{-7}	$\mathbf{8.24\times10^{-7}}$	$\mathbf{4.08\times10^{-10}}$	3.52×10^{-10}
K/d_w^2	0.163	0.283	1.36	**1.26**	—	—
C_f	0.049	0.052	0.14	0.13~0.11	**0.19~0.17**	0.154~0.095
				$Re=$**25~100**	$Re=$**25~100**	$Re=25\sim100$

2.2.3 有效流体和固体热导率

在流体能量方程(2.52)中,$\bar{\bar{k}}_{fe}$定义为有效流体传导率张量,其每一个元素通常都是几个分量的和:分子传导率、热曲折传导率和热扩散传导率。按下述步骤可将其分解为各个分量。从式(2.52)得

$$\bar{\bar{k}}_{fe}\cdot\nabla\langle T\rangle^f=\bar{\bar{k}}_f\cdot\nabla\langle T\rangle^f+\frac{1}{V_f}\int_{Asf}\bar{\bar{k}}_f T\mathrm{d}A-\rho_f C_p\langle\widetilde{T}\widetilde{u}\rangle \tag{2.62}$$

式中

$$\frac{1}{V_f}\int_{Asf}\bar{\bar{k}}_f T\mathrm{d}A\equiv\bar{\bar{k}}_{\mathrm{tor}}\cdot\nabla\langle T\rangle^f \tag{2.63}$$

式(2.63)定义了热曲折热导率,$\bar{\bar{k}}_{\mathrm{tor}}$。

$$-\rho_f C_p\langle\widetilde{T}\widetilde{u}\rangle\equiv\bar{\bar{k}}_{\mathrm{dis}}\cdot\nabla\langle T\rangle^f \tag{2.64}$$

式(2.64)定义了热扩散热导率,$\bar{\bar{k}}_{\mathrm{dis}}$。

所以
$$\bar{\bar{k}}_{fe}\cdot\nabla\langle T\rangle^f=\bar{\bar{k}}_f\cdot\nabla\langle T\rangle^f+\bar{\bar{k}}_{f,\mathrm{tor}}\cdot\nabla\langle T\rangle^f+\bar{\bar{k}}_{\mathrm{dis}}\cdot\nabla\langle T\rangle^f \tag{2.65}$$

式(2.65)定义了有效流体热导率,$\bar{\bar{k}}_{fe}$。

$$\bar{\bar{k}}_{fe}=\bar{\bar{k}}_f+\bar{\bar{k}}_{f,\mathrm{tor}}+\bar{\bar{k}}_{\mathrm{dis}}=\bar{\bar{k}}_{f,\mathrm{stag}}+\bar{\bar{k}}_{\mathrm{dis}} \tag{2.66}$$

上述方程中,流体分子和热曲折传导率合在一起,称为流体滞止热导率。

假定在流体传导率张量中,只有对角元素是非零的,则采用适合斯特林发动机仿真的三维柱坐标系,可以进一步设定:

$$
\begin{aligned}
\bar{\bar{\boldsymbol{k}}}_{fe} &\equiv \begin{bmatrix} k_{fe,rr} & 0 & 0 \\ 0 & k_{fe,\vartheta\vartheta} & 0 \\ 0 & 0 & k_{fe,xx} \end{bmatrix} \\
&= \begin{bmatrix} k_f + k_{f,\mathrm{tor},rr} + k_{f,\mathrm{dis},rr} & 0 & 0 \\ 0 & k_f + k_{f,\mathrm{tor},\vartheta\vartheta} + k_{\mathrm{dis},\vartheta\vartheta} & 0 \\ 0 & 0 & k_f + k_{f,\mathrm{tor},xx} + k_{\mathrm{dis},xx} \end{bmatrix} \\
&= \begin{bmatrix} k_{f,\mathrm{stag},rr} + k_{\mathrm{dis},rr} & 0 & 0 \\ 0 & k_{f,\mathrm{stag},\vartheta\vartheta} + k_{\mathrm{dis},\vartheta\vartheta} & 0 \\ 0 & 0 & k_{f,\mathrm{stag},xx} + k_{\mathrm{dis},xx} \end{bmatrix}
\end{aligned} \tag{2.67}
$$

在上述有关有效流体热传导率的张量方程(2.67)中,分子传导是各向同性的,流体曲折和扩散传导假定是各向异性的。一般地,若在不同的方向上流/固交错结构不同,则其曲折传导率也是不同的。因此,当将分子传导率和热曲折传导率组合成滞止热传导率时,则一般情况下,在不同方向上的滞止热传导率也是不同的,其分布直接受基质结构的影响。热扩散传导率主要受对流和涡输运影响,在流体流动方向,这两种影响都存在,而在垂直于流动的方向,则只有涡输运。

在固体能量方程(2.53)中,有效固体传导系数定义为

$$
\bar{\bar{\boldsymbol{k}}}_{se} = \begin{bmatrix} k_{se,rr} & 0 & 0 \\ 0 & k_{se,\vartheta\vartheta} & 0 \\ 0 & 0 & k_{se,xx} \end{bmatrix} = \begin{bmatrix} f(k_s, k_{s,\mathrm{tor},rr}) & 0 & 0 \\ 0 & f(k_s, k_{s,\mathrm{tor},\vartheta\vartheta}) & 0 \\ 0 & 0 & f(k_s, k_{s,\mathrm{tor},xx}) \end{bmatrix} \tag{2.68}
$$

分子热传导率是比较清楚的,接下来需确定流体热扩散,以及流体滞止热传导率和固体有效传导率,它们都是分子传导率和热曲折传导率的函数,见式(2.68)的最后一个矩阵。

2.2.4 热扩散传导率

Niu 等(2004)和其他一些研究人员测量了多孔介质内或多孔介质附近的涡扩散(输运)。如果假定涡输运在雷诺数相似的意义上等效于由涡引起的热扩散,则表 2.2 列出的就是由涡输运引起的热扩散特性数据,这些数据都可表述为多孔介质水力直径 d_h 和 Darcy 速度 $U=\langle u\rangle$ 的函数。虽然通常认为由涡输运引起的热扩散是各向异性的,但对这个初步模型来说,用同样的关系式去计算各个方向的涡扩散也是可以的。当然也应该看到,在流动方向上,总的扩散包含了涡输运和对流,并且以对流为主。在垂直于流动的方向上,则只有涡输运。要进一步研究不同方向上涡扩散的差异,可参考 Niu 等(2003a,2003b,2003c,2004,2005a,2005b)和

McFadden(2005)的著作。

表 2.2 不同方法得出的热扩散系数比较

	估算的热扩散系数	多孔介质
直接测量,Niu 等(2004)	$\varepsilon_{M,\mathrm{eddy}} = \frac{k_{\mathrm{dis},yy}}{\rho_f c_p} = 0.02 d_h U$ 或 $\frac{k_{\mathrm{dis},yy}}{k_f} = 0.02 Pe$	焊接丝网
Hunt 和 Tien(1988)	$\frac{k_{\mathrm{dis},yy}}{k_f} = 0.0011 Pe$	纤维介质
Metzger 等(2004)	$\frac{k_{\mathrm{dis},yy}}{k_f} = (0.03 \sim 0.05) Pe$ 和 $\frac{k_{\mathrm{dis},xx}}{k_f} = 0.073 Pe^{1.59}$	堆积球
Gedeon(1999)	$\frac{k_{\mathrm{dis},xx}}{k_f} = 0.50 Pe^{0.62\beta^{-2.91}}$ 或 $\frac{k_{\mathrm{dis},xx}}{k_f} \approx 0.06 Pe$ 对于 $\beta = 0.9, Pe = 560$	编织丝网

数据来自:Niu,Y., Simon,T., Gedeon,D., and Ibrahim,M., 2004, On Experimental Evaluation of Eddy Transport and Thermal Dispersion in Stirling Regenerators, Proc. Of the Inter. Energy Conversion Engi. Conf., Paper No. AIAA-2004-5646, Providence, RI.

2.2.5 流体滞止热传导率和固体有效热传导率

流体滞止热传导率和固体有效热传导率都是分子传导率和热曲折传导率的适当的函数,要根据特定的基质结构对其进行估算。McFadden(2005)计算了一种丝网的径向滞止传导率,该丝网是为研究放大尺寸丝网结构的影响而开发的,当时正在明尼苏达大学的测试台上进行测试。Boomsma 和 Poulikakos(2001)对流体-饱和金属泡沫做了类似的计算。斯特林 TDC 项目的回热器使用了毛毡基质,由于基质结构的随机性,NASA 在建立 CFD 模型时做了一些假设。下面逐个讨论。

为了与上述计算结果(McFadden,2005)进行对比,先考虑分子热传导率(以空气和不锈钢为例),设:不锈钢 316 的 $k_s = 13.4\mathrm{W/mK}$,标准温度时空气的 $k_f = 0.026\mathrm{W/mK}$,在明尼苏达大学实验台上测试的基质的孔隙率 $\beta = 0.9$。

在毛毡基质中,纤维的大部分处于垂直于主流道轴线的平面内。因此,一开始就可以假定:在三维 CFD 模型中,径向和周向的有效固体加流体传导率(适合于用在平衡态多孔介质模型中)符合下面定义的并行模型,而轴向的有效固体加流体传导率符合下面定义的串行模型。

假定所有纤维都在同一个方向,则不包括流体热扩散的流体加固体有效传导系数的集总参数模型是

$$k_{\mathrm{eff},s+f} = k_f \beta + k_s (1 - \beta) \tag{2.69}$$

因此,对于空气和不锈钢组合、90%孔隙率的基质,其有效流体加固体传导率应该是

$$k_{\text{eff},s+f} = (26\times10^{-3}\text{W/mK})(0.90) + (13.4\text{W/mK})0.1$$
$$= 0.0234\text{W/mK} + 1.34\text{W/mK} = 1.36\text{W/mK}$$

正如已经说到的,对于平衡态多孔介质模型来说,上述有效固体加流体热传导率公式是适用的。当然,对于非平衡态多孔介质模型,则认定上述方程右边的两项分别代表流体滞止热传导率和固体有效传导率,即

$$k_{f,\text{stag}} = k_f\beta = (26\times10^{-3}\text{W/mK})(0.90) = 0.0234\text{W/mK}$$
$$k_{se} = k_s(1-\beta) = (13.4\text{W/mK})0.1 = 1.34\text{W/mK}$$

然而,根据 McFadden(2005),有

$$k_s/k_f = 13.4/26\times10^{-3} = 515, k_{\text{eff},s+f}/k_f = 1.36/26\times10^{-3} = 52$$

而 UMN 依据平均外形而不是平行模型估算出的丝网(McFadden,2005)的比值仅为 32.5,远小于 52。因为丝网和毛毡具有相近的热传导性质,或许平行模型的固体部分可以用 UMN 丝网数据来校正,即乘以校正因子:

$$k_{\text{correct}} = 32.5/52 = 0.625$$

于是,校正后平行模型(毛毡)的参数可以写为

$k_{\text{eff},s+f} = 0.0234 + 1.36\times0.625 = 0.873$(平衡态模型)

$k_{se} = k_s(1-\beta)0.625 = 1.34\text{W/mK}\times0.625 = 0.838$(非平衡态模型,径向、周向)

对于固体加流体有效热传导率 $k_{\text{eff},s+f}$(集总参数,包含热扩散)来说,其轴向值应该远小于径向和周向值。若采用 McFadden(2005)中提到的串行模型,则有

$$k_{\text{eff},s+f} = \frac{1}{\left(\dfrac{\beta}{k_f}+\dfrac{1-\beta}{k_s}\right)} = \frac{1}{\left(\dfrac{0.90}{26\times10^{-3}}+\dfrac{0.1}{13.4}\right)} = 0.0289\text{W/mK} \tag{2.70}$$

这个轴向固体加流体有效热导率(不包含热扩散)仅比空气的分子流体传导率 0.026W/mK 略大一点。因为在串行模型中,假定了在轴向纤维之间互不接触,因此把这个值估计得小了。Rong(2005)针对 UMN 回热器典型单元的三维 CFD 微观仿真表明,方程(2.70)中的数值应该乘以 2.157,即

$$k_{\text{eff},s+f} = \frac{2.157}{\left(\dfrac{\beta}{k_f}+\dfrac{1-\beta}{k_s}\right)} = \frac{2.157}{\left(\dfrac{0.90}{26\times10^{-3}}+\dfrac{0.1}{13.4}\right)} = (0.0289\text{W/mK})(2.157)$$
$$= 0.0623\text{W/mK}(\text{轴向}) \tag{2.71}$$

当然,这样得到的固体加流体轴向有效热导率对于平衡态模型应该是恰当的。由于没有明显的方法将基于串行模型的非平衡态宏观多孔介质模型中的固体和流体的热导率分离开,最初我们提出了滞止流体和固体采用同样的有效热导率值的方案,也希望整个轴向影响在一个合理的范围。

回顾一下,为了得到在不同方向(径向、周向和轴向)上总的有效流体热导率,应该将热扩散热导率加到滞止流体热导率上。另外,TDC 回热器建模时,需要用氦气的热传导率代替空气的热导率来重新计算有效热导率数据。

2.2.6 流体和固体基质单元之间的热传递系数

对于丝网和毛毡这两种斯特林回热器材料，Gedeon（1999）掌握了其热传递关系。这些关系是通过分析 NASA/Sunpower 交变流动测试台的实验数据得出的。这个测试台是特意研制的，其目的就是确定斯特林设备设计和建模时需要用到的摩擦因子和热传递关系。用努塞尔（Nusselt）数、佩克莱特（Peclet）数（$=Re\times Pr$）和孔隙率表示如下：

对丝网

$$Nu = (1. + 0.99Pe^{0.66})\beta^{1.79} \tag{2.72}$$

对毛毡

$$Nu = (1. + 1.16Pe^{0.66})\beta^{2.61} \tag{2.73}$$

式中

$$Nu = \frac{hd_h}{k}, Pe = RePr = \frac{\rho u d_h}{\mu}\frac{c_p\mu}{k}$$

Niu 等（2003b）的测量表明，在交变流动的弱加速段或减速段，以准稳态的方式应用上述关系式是合适的，但在强加速段，其测量值结果是非稳态的，表明准稳态流的假设已不再适用。测量结果还表明，在强加速段小孔中的流动明显没有充分混合，其瓦朗西（Valensi）数为 2.1，仅略高于发动机回热器的一般工作参数（单个发动机其值小于 0.23）。因此，非定常效应也许没有预期的严重。数据表明，在整个交变流动周期内，按准稳态流动假设用上述关系式估计初步模型的流动参数，不失为一个合理的方法。

2.3 小结

为了定义宏观非平衡态多孔介质模型中的参数，本章列出了一组可压缩流暂态过程的守恒方程。现有商业 CFD 软件如 CFD-ACE 和 Fluent 等只有平衡态多孔介质模型，为了建立更精确的斯特林发动机回热器热交换器的模型，需要上述非平衡态多孔介质模型。放大尺寸丝网测试的实验数据定义了动量方程中的液动力扩散项、渗透率和惯性系数，以及回热器流体的热扩散传导率，也给出了估算滞止流体和有效固体热导率的方法。有了这些数据，就可以建立初步的斯特林回热器非平衡态多孔介质 CFD 模型了。可以预料，一旦在 CFD 程序中使用了这个初步模型，就会立即发现，需要建立精细化的非平衡态多孔介质模型并确定其参数。

第3章　定常/非定常流动和传热的关系

3.1　引言

本章的目的是对现有的定常和非定常(包括零均值和非零均值两种情况)流动和传热的关系作一总结。这些工作是针对层流完成的,这些关系可用于计算零均值振荡流动中的传热系数、壁面热流等参数。有了这些信息,我们就能针对不同流动和传热条件下的传热和流动损失进行折中,以得到最优性能。

本章主要讨论基本几何结构间的相互关系,也会涉及将在第6章、第7章、第8章以及第10章中提到的类似关系。

3.2　内流和传热

将圆管和平行板这两个简单的结构作为研究内流的两个例子。在以下章节中,流动和传热的研究,既考虑完全发展流,也考虑入口区的不完全发展流;既考虑定常流,也考虑零均值振荡流。

3.2.1　内流

内流的摩擦因子,本质上就是无量纲的阻尼压力降。定常流动条件下,摩擦因子主要取决于雷诺数。对于振荡流动,从实验结果(如Taylor和Aghili,1984)看,摩擦因子与最大雷诺数($Re_{max}=u_{max}Dh/v$)和瓦朗西数($Va=\omega Dh^2/4v$)有关。对于充分发展的层流和很低频的振荡流(小瓦朗西数),其速度剖面与准稳态流动的双曲速度剖面类似,如图3.1(a)所示(Simon和Seume,1988)。随着频率升高,瓦朗西数变大,速度剖面变平,在一个周期中的某些部位,壁面附近的速度方向与平均流动方向相反,如图3.1(b)所示。若频率进一步升高,管子芯部的速度变得一样了,壁面附近的自由剪切层变得更薄了(也称Stokes层),如图3.1(c)所示。

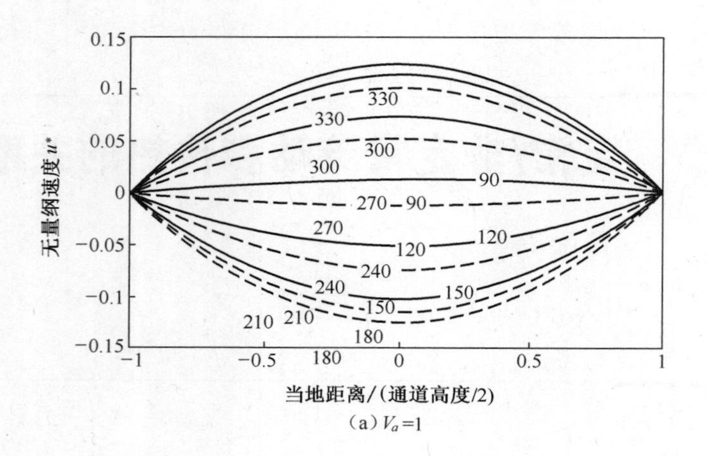

(a) $V_a=1$

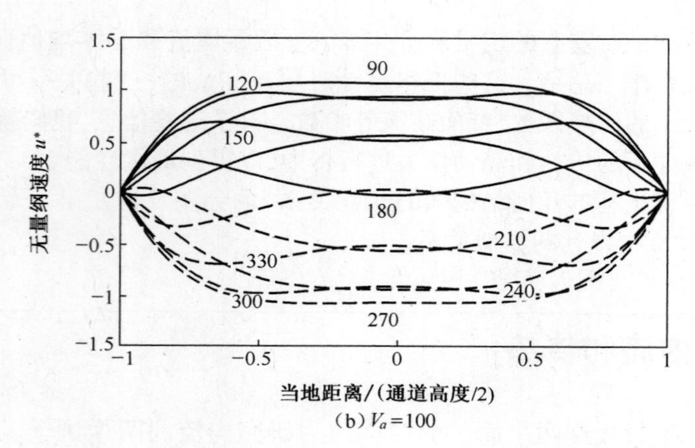

(b) $V_a=100$

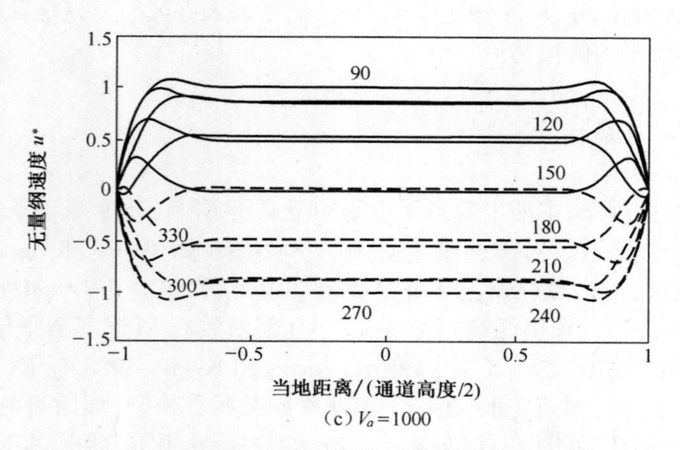

(c) $V_a=1000$

图 3.1　振荡流、层流、完全发展通道流的速度剖面
参数为曲柄转角/(°)

用图 3.2 中的控制体,能够把稳态流和振荡流的流体力学性质的差异解释得更清楚一些。在图 3.2(a) 中,压力降产生的力由壁面剪切力平衡。在振荡流动情形中,流体加速运动(Simon 和 Seume,1988)会产生附加力,见图 3.2(b)。极端情况下,瓦朗西数非常大,壁面剪切力超前平均速度 45°,压力降超前 90°。

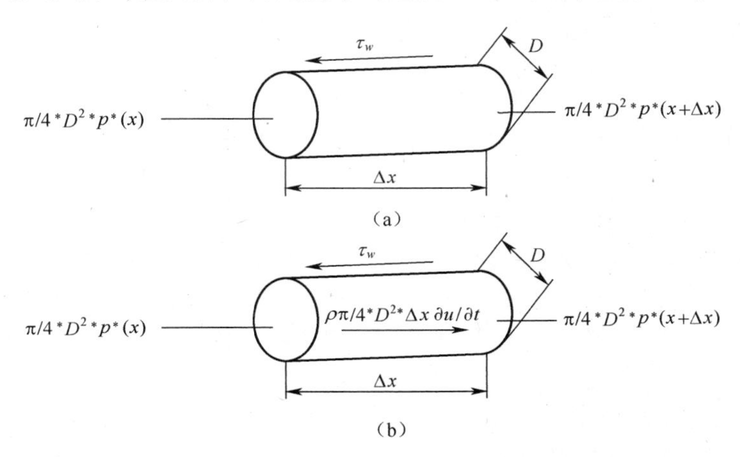

图 3.2 (a)定常流;(b)振荡流

3.2.2 摩擦因子

对于单方向流动的完全发展的层流,摩擦因子分别是:

管流

$$f = 64/Re \tag{3.1}$$

平行板流

$$f = 96/Re \tag{3.2}$$

对于振荡流动,摩擦因子分别是(Gedeon,1986;Fried and Idelchik,1989;Simon and Seume,1988):

管流

$$\begin{aligned} f &= \frac{64}{Re} \text{ 当 } Va \leqslant 12.6 \\ f &= \frac{64}{Re}(Va/12.6)^{0.45} \text{ 当 } Va > 12.6 \end{aligned} \tag{3.3}$$

平行板流

$$f = 96/Re \tag{3.4}$$

3.2.3 内部热传递

内流中的对流传热主要与速度剖面有关。因此,对于完全发展的层流来说,控制流动和热传递的参数是一样的，即最大雷诺数 Re_{max}、瓦朗西数 Va 和普朗特数 Pr。另外，壁面边界条件（如均匀热流，或均匀温度分布）对热传递过程也有影响。

Watson（1983）分析了完全发展层流振荡流动的热传递过程。图 3.3 是用绝热管连起来的 1 个热源和 1 个冷源，温度分别为 T_h、T_c。如果流动是滞止的，则热传递只能通过传导进行，其每单位横截面积的轴向热流可表达为

$$q'' = k_f(T_h - T_c)/L \tag{3.5}$$

Watson 的研究表明，对于不可压缩振荡层流，轴向热传递有类似的表达：

$$q'' = k_{eff}(T_h - T_c)/L \tag{3.6}$$

根据 Re_{max}、Va、Pr 及流体到壁面热传导率与热扩散之比（Watson，1983；Kurzweg，1985；Gedeon，1986；Ibrahim et al.，1989）等参数的不同，k_{eff}可以是 k_f的数千倍。在传热过程中出现这么一个大数，其物理意义在于：在大瓦朗西数情况下，靠近壁面陡峭的速度剖面，会强化从壁面到流体的热传导，同时振荡流动又通过对流机制将热量从热端传到冷端。注意，这个物理解释仅对层流有效。在湍流情况下，横流方向的对流涡输运会减小振荡流动横流方向的温度梯度，因而减小了轴向热传递（Simon 和 Seume，1988）。

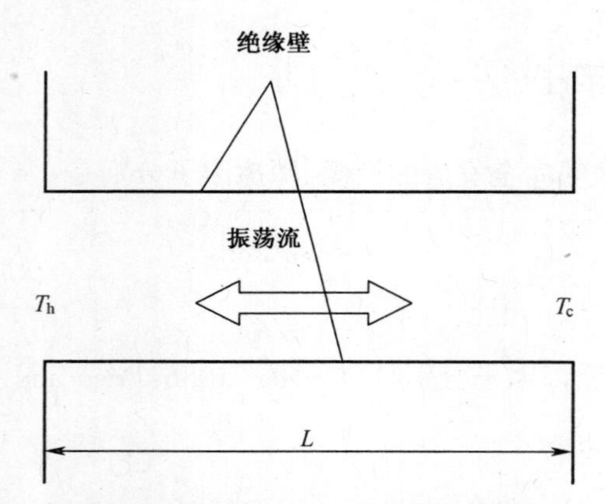

图 3.3　长导管内的振荡流动（其两端温度分别为 T_h 和 T_c）

3.2.4　努塞尔数关系式

对于完全发展的圆管和平行板单方向层流，努塞尔数 Nu 为

管流

$$\begin{cases} Nu_T = 3.66 & \text{（均匀壁温）} \quad (3.7a) \\ Nu_H = 4.35 & \text{（均匀壁热流）} \quad (3.7b) \end{cases}$$

平行板流

$$\begin{cases} Nu_T = 7.54 & \text{（均匀壁温）} \\ Nu_H = 8.23 & \text{（均匀壁热流）} \end{cases} \quad \begin{matrix}(3.8a)\\(3.8b)\end{matrix}$$

下面给出振荡流动条件下的努塞尔数(Gedeon,1992;Swift,1988)。这些数都是在均匀壁热流条件下求得的,并分解为3个独立的部分:Nuo 是实数,对应于定常分量;Nuc 和 Nua 是复数,分别对应于压缩分量和对流分量。

管流

$$Nuo = 6.0 \tag{3.9a}$$

$$\text{Real}(Nuc) = 6.0, \sqrt{2VaPr} < 6.0 \tag{3.9b}$$

$$= \sqrt{2VaPr}\text{,其他}$$

$$\text{Imag}(Nuc) = \frac{1}{5}VaPr, VaPr < \sqrt{2VaPr} \tag{3.9c}$$

$$= \sqrt{2VaPr}\text{,其他}$$

$$\text{Real}(Nua) = 4.2, \sqrt{2VaPr} < 8.4 \tag{3.9d}$$

$$= \frac{1}{2}\sqrt{VaPr}\text{, 其他}$$

$$\text{Imag}(Nua) = \frac{1}{10}VaPr, \quad \text{当 } VaPr < 5\sqrt{2VaPr} \tag{3.9e}$$

$$= \frac{1}{2}\sqrt{VaPr}\text{,其他}$$

对于平行板流:

$$Nu_H = 8.23 \tag{3.10}$$

3.2.5 入口效应

对于振荡流动时的入口长度问题,Peacock 和 Stairmand(1983)提出了一个假设,认为其长度比单向流动的入口长度要短,其依据是振荡流动入口处的速度不需要进行大的改变就会使速度剖面变得更平坦。但这个假设迄今还未得到实验的支持,因此,下面仅给出定常流动的数据。

1. 圆管

以前的讨论限于远离入口的充分发展的流动。对于有限长度导管,应该考虑入口和出口效应。

定常流动的液动力入口长度 L_{hy} 的定义,某种程度上说有一定的随意性。Shah 和 London(1978)的定义为“在入口流动均匀的情况下,管截面上最大流速达到相应的完全发展流动的截面最大流速的99%所需的管的长度”。Friedmann 等

(1968)针对圆管内均匀入口速度剖面完成了 N-S 方程求解,他们的结果与实验数据相符,并由 Chen(1973)总结成近似公式:

$$\frac{L_{hy}}{D_h}=\frac{0.6}{0.035Re+1}+0.056Re \tag{3.11}$$

入口区的流动处于发展过程中,其摩擦因子为(Shah,1978)

$$f_F=\frac{1}{Re}\left(\frac{3.44}{(x^+)^{1/2}}+\frac{16+\dfrac{1.25}{4x^+}-\dfrac{3.44}{(x^+)^{1/2}}}{1+0.00021(x^+)^{-2}}\right) \tag{3.12}$$

热入口长度与热边界条件(均匀热流,或均匀温度)有关,指的是热边界条件的起点到流动热特性完全发展的一点的距离。一般情况下,热入口长度用流动方向的无量纲温度剖面来定义,即温度剖面不再随距离变化而变化(偏离在5%以内,或更小)的一点。热入口长度不仅与壁面边界条件有关,还与流动发展情况有关。若在热入口区内,流动仍处于发展阶段,则将其定义为(热、流动)同步发展流。对于已完全发展的流动,存在以下关系。

热发展流,均匀壁面温度,Shah(1975):

$$\frac{L_{th,T}}{Pe^*D_h}=0.0334654 \tag{3.13}$$

热发展流,均匀壁面温度,Churchill 和 Ozoe(1973b):

$$\frac{Nu_{x,T}+1.7}{5.357}=\left[1+\left(\frac{388}{\pi}x^*\right)^{-8/9}\right]^{3/8} \tag{3.14}$$

热发展流,均匀壁面热流,Shah(1975):

$$\frac{L_{th,H}}{Pe^*D_h}=0.0430527 \tag{3.15}$$

热发展流,均匀壁面热流,Churchill 和 Ozoe(1973a):

$$\frac{Nu_{x,H}+1}{5.364}=\left[1+\left(\frac{220}{\pi}x^*\right)^{-10/9}\right]^{3/10} \tag{3.16}$$

同步发展流,均匀壁面温度,$Pr=0.7$,Shah 和 London(1978):

$$\frac{L_{th,T}}{Pe^*D_h}=0.037 \tag{3.17}$$

同步发展流,均匀壁面温度,$Pr=0.7$,Churchill 和 Ozoe(1973b):

$$Nu_{x,T}=1/2Nu_{m,T}=\frac{0.6366[(4/\pi)x^*]^{-1/2}}{[1+(Pr/0.0468)^{2/3}]^{1/4}} \tag{3.18}$$

同步发展流,均匀壁面热流,$Pr=0.7$,Hornbeck(1965):

$$\frac{L_{th,H}}{Pe^*D_h}=0.053 \tag{3.19}$$

同步发展流，均匀壁面热流，$Pr=0.7$，Churchill 和 Ozoe(1973a)：

$$Nu_{x,H}=\frac{[(4/\pi)x^{*}]^{-1/2}}{[1+(Pr/0.0207)^{2/3}]^{1/4}} \tag{3.20}$$

2. 平行板

Chen(1973)针对平行板结构提出了与式(3.11)类似的入口长度表达式：

$$\frac{L_{hy}}{D_h}=\frac{0.315}{0.0175\mathrm{Re}+1}+0.011\mathrm{Re} \tag{3.21}$$

入口区摩擦因子为(Shah,1978)

$$f_F=\frac{1}{Re}\left(\frac{3.44}{(x^{+})^{1/2}}+\frac{24+\dfrac{0.674}{4x^{+}}-\dfrac{3.44}{(x^{+})^{1/2}}}{1+0.000029(x^{+})^{-2}}\right) \tag{3.22}$$

热发展流，均匀壁面温度，Shah(1975)：

$$\frac{L_{th,T}}{Pe^{*}D_h}=0.0079735 \tag{3.23}$$

热发展流，均匀壁面温度，Shah(1975)：

$$Nu_{x,T}=\begin{cases}1.233\,(x^{*})^{-1/3}+0.4, x^{*}\leqslant 0.001\\ 7.541+6.874(10^{3}x^{*})^{-0.488}\mathrm{e}^{-245x^{*}}, x^{*}>0.001\end{cases} \tag{3.24}$$

热发展流，均匀壁面热流，Shah(1975)：

$$\frac{L_{th,H}}{Pe^{*}D_h}=0.0115439 \tag{3.25}$$

热发展流，均匀壁面热流，Shah(1975)：

$$Nu_{x,H}=\begin{cases}1.490\,(x^{*})^{-1/3}, x^{*}\leqslant 0.0002 & (3.26\mathrm{a})\\ 1.490\,(x^{*})^{-1/3}-0.4, 0.0002<x^{*}\leqslant 0.001 & (3.26\mathrm{b})\\ 8.235+8.68(10^{3}x^{*})^{-0.506}\mathrm{e}^{-164x^{*}}, x^{*}>0.001 & (3.26\mathrm{c})\end{cases}$$

对于平行板不同边界条件下同步发展流，可用结果有限(Shah 和 London，1978)，并且这些结果大部分都是关于 Nu_m(见式(8.26))的，而不是 Nu_x，而且还是湍流形式的。

3.3 外流和传热

横流中的单个柱体是研究外流最简单的结构。这种情况下，柱体不仅对其附近的流体产生扰动，而且对远处各个方向的流动均有影响。当 $Re=100$ 时，随着时间推移，涡会随着时间而扩张，直到尾流不再稳定。在这种高于临界雷诺数的流动中，阻尼耗散效应太小，不能保证流动稳定性。临界雷诺数就定义为涡开始从柱体上脱落时的雷诺数。圆柱体的临界雷诺数约等于46(Lange et al,1998),0°入射角的方柱体的临界雷诺数约等于51.2、45°入射角时约为42.2(Sohankar et al,1998)。脱落的涡在主流的旁边形成著名的冯卡门涡街。以下各节给出不同形状的柱体在横流中的流动和传热特性,更详细的CFD数据见6.5节。

3.3.1 流动结构

针对不同柱体结构(圆形,0°和45°入射角的方形、菱形,90°入射角的椭圆形)的定常流动和传热,Mudaliar(2003)完成了CFD仿真。椭圆柱的入射角指的是流动方向与柱体主轴的夹角,菱形柱的入射角指的是流动方向与菱形长轴的夹角。当特征长度(对圆柱来说就是其直径)增加时,柱后的尾流就会变得更加猛烈。在柱体从顶到底的等温线上涡会交替脱落,其脱落频率与等速线上的脱落频率并不一致。尽管在流场中有猛烈的尾流,其热传递却很有限,这主要是由于在尾流区流速很低,柱体壁附近的传热以分子传导为主。

3.3.2 阻力和升力系数

绕过柱体的流体的最重要的特征参数之一是阻力系数。物体在流体中运动产生的阻力是流体动力学的重要研究内容。这个力是由流体作业到柱体上的压力和剪切应力(有时也称为表面摩擦)组合产生的,可以分解成两个分量:流动方向的分量F_D称为阻力,垂直于流动方向的分量F_L称为升力。这些量用无量纲阻力系数和升力系数表达为

$$C_D = \frac{F_D}{0.5\rho U^2 L} \tag{3.27}$$

$$C_L = \frac{F_L}{0.5\rho U^2 L} \tag{3.28}$$

式中:C_D、C_L分别为阻力系数和升力系数。

当$Re=100$时,流动发生分离,在柱体的后面形成回流带并在尾流中沿流动方向逐次移动,压力和阻尼力的平衡被打破,压力成为阻力的主要来源。Mudaliar(2003)用CFD计算了阻力系数,其中,圆柱的阻力系数与Lange等(1998)、Zhang和Dalton(1998)及Franke等(1995)的结果吻合;0°和45°入射角的方柱与Sohankar等(1995,1996,1998)的结果吻合。还没有关于90°入射角椭圆和菱形柱的文献。不出所料,90°入射角菱形柱的阻力系数最大,紧随其后的是90°入射角椭圆柱、45°入射角方柱、0°入射角方柱,最小的是圆柱。表3.1列出了所有结构的阻力系数的时间平均值。

表 3.1　不同结构的时间平均阻力系数($Re=100$)

结构	阻力系数
圆柱	1.3667
0°入射角方柱	1.4540
45°入射角方柱	2.0028
90°入射角椭圆柱	2.7219
90°入射角菱形柱	3.8340

3.3.3　斯特劳哈尔数

斯特劳哈尔数正比于涡间隔的倒数，一般用于冯卡门涡街动量输运计算，有时也用于非定常流计算。一般定义为

$$St=\frac{L}{U\tau}\tag{3.29}$$

式中：τ 为涡脱落周期，单位为 s；L 为特征长度，单位为 m；U 为平均流速，单位为 m/s。在现在的研究工作中，用升力周期性波动来计算 Strouhal 数，因为涡脱落会导致升力变化。画出升力随时间变化的图形即可算出一个周期的时间，时间的倒数即是所求的涡脱落频率。斯特劳哈尔数也是描述柱体下游过渡流区流动的一个附加特征参数。根据 Williamson(1996)的实验数据，圆柱的斯特劳哈尔数为

$$St=-\frac{3.3265}{\mathrm{Re}}+0.1816+1.6\times10^{-4}Re\tag{3.30}$$

表 3.2 列出了 Mudaliar(2003)对于不同结构的 CFD 结果。对于圆柱，这些结果与式(3.30)的结果吻合。

表 3.2　不同结构的斯特劳哈尔数($Re=100$)

结构	斯特劳哈尔数
圆柱	0.1656
0°入射角方柱	0.1311
45°入射角方柱	0.1656
90°入射角椭圆柱	0.2266
90°入射角菱形柱	0.2098

3.3.4　努塞尔数

努塞尔数定义为

$$Nu = \frac{hL}{k} \tag{3.31}$$

式中:h 为传热系数,有

$$\dot{q}_w = h(T_w - T_\infty) \tag{3.32}$$

如果柱体表面没有什么特别感兴趣的局部效应,则一般只需要努塞尔数的平均值。这时,Nu 值在整个柱体表面取平均。以下章节中,只考虑整个柱体表面的平均 Nu。

表 3.3 列出了不同柱体表面的努塞尔数。

表 3.3　不同结构的努塞尔数($Re=100$)

结构	斯特劳哈尔数
圆柱	5.1904
0°入射角方柱	3.5133
45°入射角方柱	5.5949
90°入射角椭圆柱	6.9539
90°入射角菱形柱	6.8692

Mudaliar(2003)研究了圆柱,其 CFD 结果与 Lange 等(1998)的计算结果吻合。研究的雷诺数范围 $10^{-4} \leqslant Re \leqslant 200$,用雷诺数表达的 Nu 为

$$Nu = 0.082Re^{0.5} + 0.734Re^x, x = 0.05 + 0.226Re^{0.085} \tag{3.33}$$

表 3.3 指出,90°入射角的椭圆柱和菱形柱的平均 Nu 差不多,可能是因为其斯特劳哈尔数也差不多,这意味着 Nu 是涡脱落频率(Strouhal 数)的函数。与此类似,圆柱和 45°入射角方柱平均 Nu 相近,其 $Re=100$ 时的斯特劳哈尔数完全相同;0°入射角方柱的平均 Nu 最小,其斯特劳哈尔数也最小。这意味着,涡脱落频率(斯特劳哈尔数)会影响从柱体到流体的热传递。

3.3.5　压力系数

压力系数定义为

$$C_p = \frac{P}{0.5\rho U^2} \tag{3.34}$$

在公开文献中,没有数据可用来与 Mudaliar(2003)的 CFD 结果进行比较。表 3.4列出了所有结构压力系数的时间平均值,这些都是 Mudaliar(2003)的研究成果。表 3.4 指出,90°入射角椭圆柱的时间平均压力系数最小,为-0.58,其他结构的值在-0.29~-0.26 范围变化。

表 3.4　不同结构的压力系数($Re=100$)

结构	斯特劳哈尔数
圆柱	-0.29569
0°入射角方柱	-0.26671
45°入射角方柱	-0.2885
90°入射角椭圆柱	-0.58644
90°入射角菱形柱	-0.26587

3.4　回热器中的流动和传热

回热器结构很复杂,用作其基体的材料有:随机堆叠的金属丝、堆叠编织丝网、折叠金属片、金属海绵、烧结金属等。这些种类的基体也用于燃气透平、燃烧过程、催化反应器、填充层热交换器、电子制冷、热管、绝热工程、核废料储藏和迷你冰箱等。这些结构也可以按多孔介质建模。

上述基质(及其他基质)的详细情况在第 5 章讨论,新开发出的"分段渐开线箔回热器"在第 8 章详细讨论。Simon 和 Seume(1988)仔细审查了 11 种不同的斯特林发动机,针对加热器、制冷机和回热器用相似性参数(Re_{max}、Va、A_R)单独给出了这些发动机的运行条件。无量纲幅值比 A_R 描述热交换器中的流体位移,其定义为半周期内的流体位移除以管长。这个定义基于一个假设:流体就像一个以平均速度运动的梭子。$A_R \ll 1$ 说明流体就在管(热交换器)内来回运动而不溢出。$A_R \gg 1$说明流体在管内快速振动,并且在一个周期的大部分时间,该流体存在于该管子的上游和下游。图 3.4(a)示出了 $Re_{max}-Va$ 平面上可能存在的不同发动机运行条件,图 3.4(b)示出了 A_R-Va 平面上可能存在的不同发动机运行条件。这些图表明,大部分发动机运行在层流区,并且 $A_R<1$(轴向参数主导)。$A_R<1$ 说明,有一些流体并未离开回热器。

3.4.1　定常流

1. 摩擦因子

Kays 和 London(1984)提供了流过堆叠网的数据,Miyabe 等(1982)提供了附加的相关实验数据。Takahachi 等(1984)提供了泡沫金属相关数据。Finegold 和 Sterrett(1978)综述了定常流条件下回热器压力降和热传递关系。

2. 热传递

Kays 和 London(1984),Walker 和 Vasishta(1971),Finegold 和 Sterrett(1978),

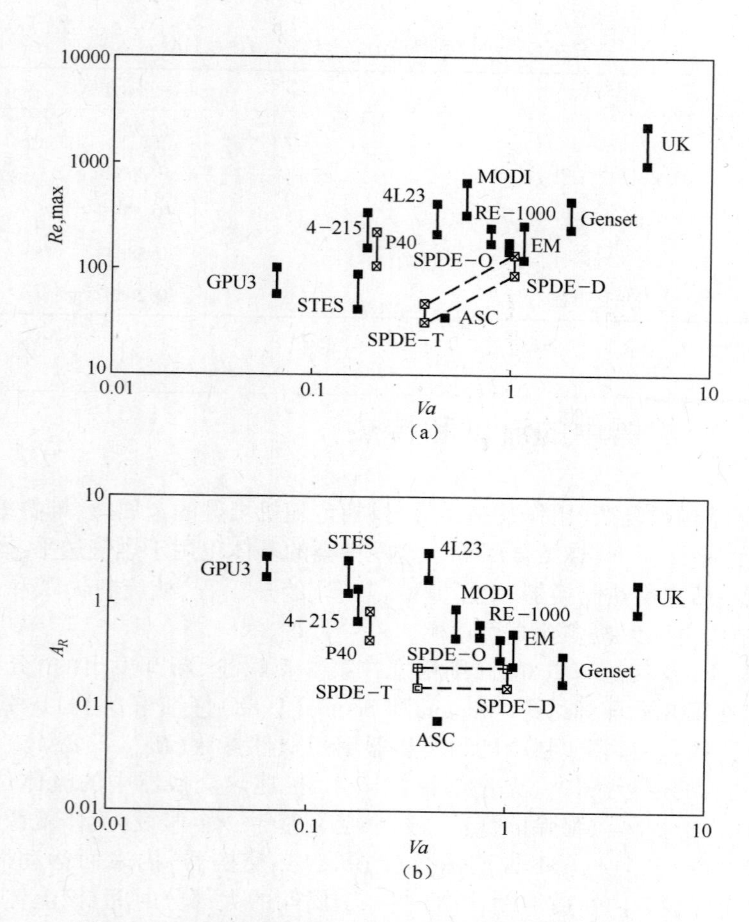

图 3.4 (a)回热器的 Re_{max}-Va 图;(b)回热器的 A_R-Va 图

Miyabe 等(1982)均给出了堆叠网的热传递关系。这些数据来自实验,实验采用了 Kays 和 London(1984)描述的单吹技术。另外,Takahachi 等(1984)从振荡流数据计算得到了热传递关系。

3.4.2 振荡流和传热

本节介绍不同结构的摩擦因子和努塞尔数(Gedeon,1999):编织网、毛毡、堆积球和矩形通道。第 5 章将进一步描述这些基质,有关毛毡基质的最新实验数据列在第 6 章的表 6.15 中,最新开发的分段渐开线箔回热器的更多数据在第 8 章给出。

1. 摩擦因子

编织网基质:

$$f = \frac{129}{Re} + 2.91Re^{-0.103} \tag{3.35}$$

毛毡基质：

$$f = \frac{192}{Re} + 4.53Re^{-0.067} \tag{3.36}$$

毛毡基质在斯特林发动机中用得更多，受到更多研究者的关注，第 6 章提供了更多最近的测试数据。

堆积球基质：

$$f = \left(\frac{79}{Re} + 1.1\right)\beta^{-0.6} \tag{3.37}$$

矩形通道：

$$f = \frac{64b}{Re},\ Va \leqslant 69.4 \tag{3.38a}$$

$$f = \frac{64b}{Re}(Va/69.4)^{0.5},\ Va > 69.4 \tag{3.38b}$$

式中：$b=1.47-1.48a+0.92a^2$，a 定义为矩形两边之比的较小值。

2. 努塞尔数

编织网基质：

$$Nu = (1 + 0.99P_e^{0.66})\beta^{1.79} \text{ 和 } Nk = 0.73 + 0.50P_e^{0.62}\beta^{-2.91} \tag{3.39}$$

毛毡基质：

$$Nu = (1 + 1.16P_e^{0.66})\beta^{2.61} \tag{3.40}$$

堆积球基质：

$$Nu = 0.1 + cRe^m,\ m = 0.85 - 0.43\beta,\ c = 0.537\beta \tag{3.41}$$

矩形通道：

Nuo、Nuc 和 Nua 的解释见 3.2.4 节（式（3.9））。

$$Nuo = 10.0c \tag{3.42a}$$

$$\begin{aligned}\mathrm{Real}(Nuc) &= 10.0c,\ \sqrt{2VaPr} < 10.0c \\ &= \sqrt{2VaPr},\ \text{其他}\end{aligned} \tag{3.42b}$$

$$\begin{aligned}\mathrm{Imag}(Nuc) &= \frac{1}{5}VaPr,\ VaPr < 5\sqrt{2VaPr} \\ &= \sqrt{2VaPr},\ \text{其他}\end{aligned} \tag{3.42c}$$

$$\begin{aligned}\mathrm{Real}(Nua) &= 8.1c,\ \sqrt{2VaPr} < 16.2c \\ &= \frac{1}{2}\sqrt{VaPr},\ \text{其他}\end{aligned} \tag{3.42d}$$

$$\mathrm{Imag}(Nua) = \frac{1}{10}VaPr,\ VaPr < 5\sqrt{2VaPr}$$

$$= \frac{1}{2}\sqrt{VaPr}\text{，其他} \tag{3.42e}$$

式中：a 为纵横比，即矩形两边比的较小值；$c = 0.438 + 0.562 \times (1 - a)^3$。

3.5 小结

见表 3.5 和表 3.6。

表 3.5 定常/振荡流动的 f 和 Nu，管和平行板内流

结构	关系	定常/振荡	入口/完全发展区	方程
圆管	摩擦因子	单向流	入口长度	3.11
			f，完全发展	3.1
			f，入口区	3.12
		振荡流	入口长度	无
			f，完全发展	3.3
			f，入口区	无
	努塞尔数	单向流	入口长度	3.13、3.15、3.17 和 19
			Nu，完全发展	3.7
			Nu，入口区	3.14、3.16、3.18 和 3.20
		振荡流	入口长度	无
			Nu，完全发展	3.9
			Nu，入口区	无
平行板	摩擦因子	单向流	入口长度	3.21
			f，完全发展	3.2
			f，入口区	3.22
		振荡流	入口长度	无
			f，完全发展	3.4
			f，入口区	无
	努塞尔数	单向流	入口长度	3.23、3.25
			Nu，完全发展	3.8
			Nu，入口区	3.24、3.26
		振荡流	入口长度	无
			Nu，完全发展	3.10
			Nu，入口区	无

表 3.6 振荡流动的 f 和 Nu,不同基质

结构	关系	方程
编织网	摩擦因子	3.35
毛毡		3.36
堆积球		3.37
矩形通道		3.38
编织网	努塞尔数	3.39
毛毡		3.40
堆积球		3.41
矩形通道		3.42

第4章 斯特林设备的类型和工作原理

4.1 引言

现在称为斯特林发动机的原型发动机是由斯特林兄弟(Robert 和 James)联合开发的,1816 年,Robert Stirling 牧师为这个发动机申请了专利。开发工作断断续续进行了很多年,如今,已有斯特林发动机及制冷机在空间和地面得到应用,新的装置也在开发中。

本章非常简要地描述了斯特林发动机、制冷机和热泵的工作原理,同时也给出了获取详细信息的参考文献,讨论了斯特林发动机的几种不同的结构布局形式。为说明斯特林发动机的实用范围,本章简要讨论了几种经历了设计、制造和测试全过程的斯特林样机。最后,本章讨论了斯特林制冷机,包括:斯特林制冷机的一般结构;斯特林低温制冷机,该制冷机正在向国际空间站要用的实验仪器上集成。如果能够识别这些斯特林设备中不同类型回热器的特性,我们会对它们也做一个简洁的描述。

4.2 斯特林发动机、制冷机和热泵的工作原理

图 4.1 和图 4.2 可以说明理想斯特林发动机及其冷却/加热循环(斯特林发动机和制冷机工作原理的一般论述在文献(Bowman,1993)中能找到)。图 4.1 包含两幅图:压力-体积图,即 $P-V$ 图;温度-熵图,即 $T-S$ 图。图 4.2 是斯特林设备原理框图,显示出斯特林循环中 4 个状态对应的配气活塞和动力活塞的位置。在图 4.2中有 3 个不同的热交换区域:配气活塞顶部缸壁是受热器,将外部热量引入循环中,其温度为 T_{ACCEPT};配气活塞和动力活塞之间的缸壁为放热器,将循环中的热量散发出去,其温度为 T_{REJECT};配气活塞和动力活塞之间的间隙及间隙的表面构成回热器;当相对温暖的气体从一个方向流过回热器时,回热器的固体表面会将部分热量贮存起来,当相对冷的气体从相反方向流过时,回热器会释放出部分热量

进入到循环中。注意,在这些理想循环中,缸壁部分就是热交换器,或是回热器热交换器的一部分(为了得到气体和固体之间合适的热传递表面积,大部分实用斯特林循环需要独立的热交换器气路,包含串行布置的受热器、回热器和放热器,气体在这个气路中振荡)。

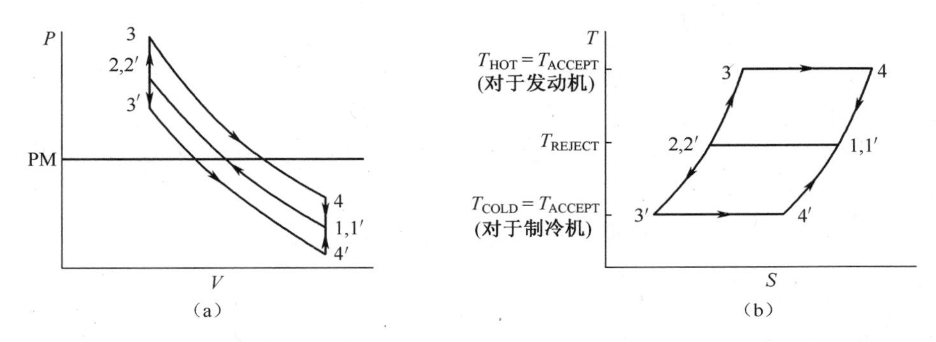

图 4.1　理想斯特林发动机和制冷机循环的 P–V 图(a)和 T–S 图(b)

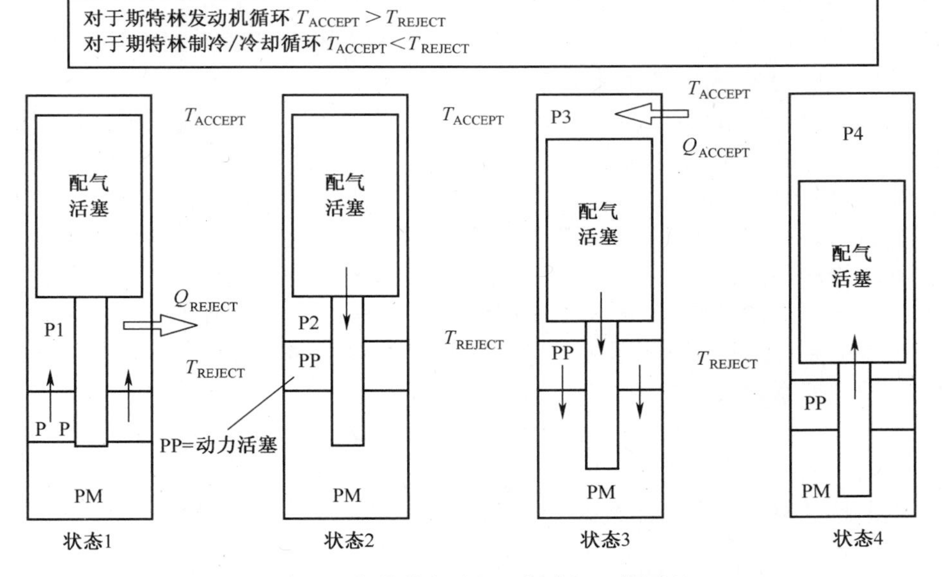

图 4.2　斯特林发动机和制冷机工作原理

温度 $T_{ACCEPT}>T_{REJECT}$ 为斯特林发动机循环;温度 $T_{ACCEPT}<T_{REJECT}$ 为斯特林制冷循环
4 幅图指明理想循环中的 4 个状态,P1 对应状态 1 和 1',P2 对应状态 2 和 2',依此类推。
动力活塞下方的回弹空间 PM 处于平均压力状态。

理想斯特林发动机工作原理说明如下:发动机工况 $T_{ACCEPT}>T_{REJECT}$。在图 4.2中的循环状态 1,所有工作空间的气体都处于动力活塞和配气活塞之间的压缩腔内,该处较冷。这个状态对应于图 4.1 中 $P-V$ 图和 $T-S$ 图的热力学状态点 1,此时体积最大、压力最小。在从状态 1 向状态 2 转换的过程中,配气活塞不动,动力活塞向上运动压缩气体工质,对气体作功。在从状态 2 向状态 3 转换过程中,动力活塞不动,配气活塞向下运动压缩气体工质,驱动气体从较冷的压缩腔经配气活塞和缸体之间的间隙运动到配气活塞上方较热的膨胀腔。在从状态 3 向状态 4 转换的过程中,动力活塞和配气活塞组合在一起向下运动,气体膨胀充满配气活塞上方的热膨胀腔。因为气体膨胀、温度降低,热量通过受热器壁从外部环境吸收进来。动力活塞保持不动,配气活塞从底部位置运动到顶部位置,推动热腔气体经配气活塞和缸体之间的间隙运动到动力活塞和配气活塞之间的冷腔,从状态 4 转换到状态 1,完成一个热力循环。$P-V$ 图形内部的面积代表一个循环中对动力活塞所作的净功。$T-S$ 图形内部的面积代表一个完整的发动机循环中从外部热源中引入的净热量。发动机循环中的废热必须通过散热器壁耗散到环境中。

理想斯特林制冷机工作原理如下:制冷机工况 $T_{ACCEPT}<T_{REJECT}$。制冷机热力状态转换(从 1 到 4,再回到 1)时活塞的运动与上述发动机的相同。但是,由于受热器和散热器的相对温差不同,发动机和制冷机的整个工作过程是不同的。在发动机模式中,通过引入外部热源将受热器端的温度提升到高于环境温度;而在制冷机模式中,由于热端与环境是隔热的,工质膨胀过程(相当于发动机循环中从状态 3 转换到状态 4)中从受热器端吸热,逐渐使受热器端的温度低于环境温度。因此,在稳态理想循环过程中,其状态转换是不同的,例如,在发动机模式,状态是从 2 转到 3,而在制冷模式,则是从 2′转到 3′。与此相一致,相对于状态 2,在发动机模式中,工质的压力和温度都升高,而在制冷模式中则都下降。

斯特林热泵的工作原理与制冷机类似,其受热器温度都比放热器温度低,主要差别在于用途不同:制冷机用于将一个隔离区域冷却到环境温度以下,其有用的参数是在受热器端的吸热量;而热泵的作用是将一个空间加热到外部环境温度以上,其有用参数是在散热器端散发的热量。因此,对于斯特林制冷机,其有用的性能指标是制冷性能系数(COP),定义如下:

$$\text{制冷 COP} = \frac{\text{吸收的热量}}{\text{输入的功}} = \frac{T_{ACCEPT}}{T_{ACCEPT} - T_{REJECT}}$$

而斯特林热泵合适的性能指标是

$$\text{加热 COP} = \frac{\text{散发的热量}}{\text{输入的功}} = \frac{T_{REJECT}}{T_{ACCEPT} - T_{REJECT}}$$

相反,理想斯特林发动机的有用的参数是每个循环产生的功,因此,其有用的性能指标为

$$\text{作功效率} = \frac{\text{输出的功}}{\text{输入的热量}} = \frac{T_{ACCEPT} - T_{REJECT}}{T_{ACCEPT}}$$

上述关于斯特林发动机原理的定义和讨论也可参见 Bowman(1993)。关于斯

特林发动机及其分析的好书还有：Walker（1980），Urieli 和 Berchowitz（1984），West（1986），Hargeaves（1991），Organ（1997）。

图 4.2 中示出的是 β 型斯特林机，是 4.3 节将要介绍的几种机型之一。

4.3 斯特林发动机的一般结构

图 4.3 示出了斯特林发动机的 4 种结构布局。在 α 型布局中，工作空间气体容腔（包括膨胀腔、加热器、回热器、冷却器和压缩腔）处于两个动力活塞之间，而两个动力活塞在两个独立的气缸中。β 型布局包含处于同一气缸中的配气活塞和动力活塞；配气活塞的功能是将热的膨胀腔和冷的压缩腔之间的气体排出，配气活塞两端的面积差一般设计成足以克服 3 个热交换器上的压力降（这一点对自由活塞发动机特别重要）；动力活塞是从这种斯特林发动机中抽取机械功的主要手段。γ 型布局也有一个配气活塞和动力活塞，但这两个活塞处于不同的气缸中。注意到在图 4.3（b）所示的 β 型布局中，如果动力活塞与其上面的配气活塞的直径不同，则这种布局就演变为 γ 型，而不再是 β 型。图 4.1（d）所示的双作用型布局，可以认为是 α 型的组合体，其共有 4 个双作用活塞，每个活塞都与 4 个工作空间中的 2 个发生相互作用。从每一个工作空间来看，其经历的都是 α 型的过程。采用双作用活塞的目的之一是减小斯特林发动机每单位功率的重量。如图 4.1（d）所示的 4 活塞、4 工作空间、双作用布局曾用在斯特林汽车发动机中（Nightingale，1986）。

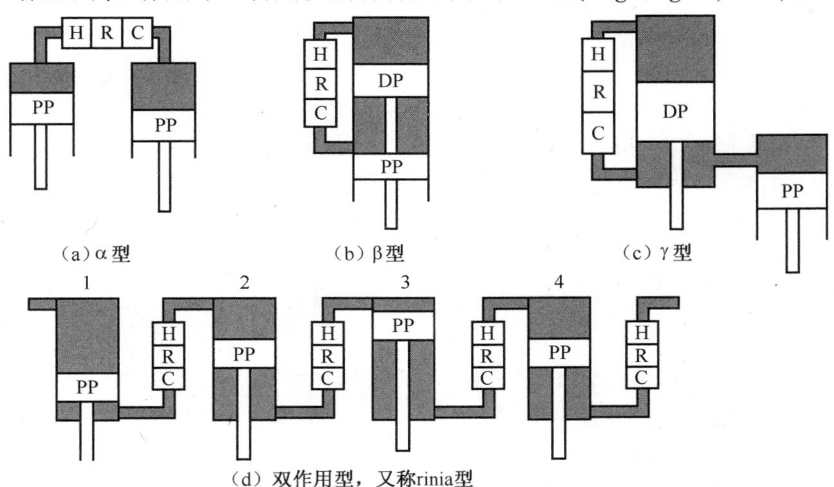

图 4.3 4 种斯特林发动机布局

DP—配气活塞；PP—动力活塞；H—加热器；R—回热器；C—冷却器。

4.4 斯特林发动机的动力输出方法

早期斯特林发动机采用活塞杆上的曲柄连杆机构引出机械动力，有些现代斯特林发动机也采用这种方式，如图 4.4 所示。这些发动机现在多半被称为运动斯特林发动机。一般来说，运动发动机需要润滑、机械密封和机械轴承，而它们将对产品的性能和寿命带来一些不希望的限制，特别是对某些类型的应用，如长周期的空间应用。

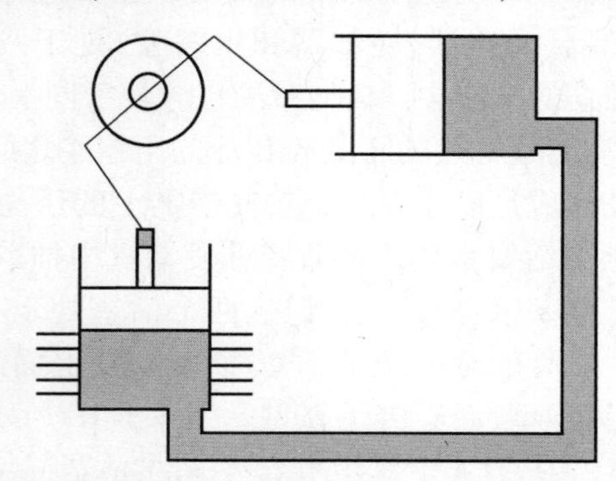

图 4.4 V 形曲轴布置 α 型布局运动斯特林发动机，又称曲柄驱动斯特林发动机

由于空间动力应用需要具备一二十年免维护运行的能力，因此，自由活塞斯特林发动机加直线发电机方案最适合用于发电（Chan et al.，2007）。这些发动机是完全封闭的，其工作空间的气体不会通过密封副泄漏。工作空间内部的活塞间隙密封是为了减小动力活塞和配气活塞的泄漏，这种工作空间内部不同部位的泄漏，不会影响发动机内气体的总量。为了防止正常工作时，动力活塞/配气活塞与气缸摩擦，开发了特种气体轴承。因此，这种自由活塞方案就避免了机械密封和轴承带来的对寿命的限制。

4.5 几种斯特林样机的动力输出

为实用目的开发的几种自由活塞斯特林发动机样机的功率范围从约每缸 88We（先进斯特林热机——发动机/发电机，Chan et al.，2007）到每缸 12.5kWe（元件测试动力热机，CTPC，Dhar，1999）。一些运动/曲柄驱动斯特林发动机也完成了制造和测试：①单缸约 7.5kW（10hp（英制马力，1hp = 746W），机械功率）菱形驱动 GPU-3（地面动力单元 3，Cairelli 等，1978；Tew et al，1979；Thieme，1979，1981；Thieme 和 Tew，1978）；②约 54kW（机械功率）4 缸、双作用 MOD II 汽车斯特林发动机（Nightingale，1986）；③25kWe 斯特林发动机，它用于蝶式斯特林系统（Stirling Engine System，

SES),也称太阳能斯特林系统。下面将讨论这些发动机。还有很多微小功率(小于1W)的斯特林发动机,它们的信息在因特网上可以搜索到。另外,瑞典公司 Kockums 制造的 75kW 斯特林(运动型,双作用)AIP(Air Independent Propusion)系统,已在几艘瑞典潜艇上服役(见 www. stirlingengines. org. uk/manufact/manf/misc/subm. html)。

4.5.1 自由活塞先进斯特林热机(发动机/发电机)

自由活塞先进斯特林热机(ASC)的原理图见图 4.5(Chan et al,2007)。这些发动机是为空间应用开发的,使用 90%孔隙率的毛毡制造回热器。

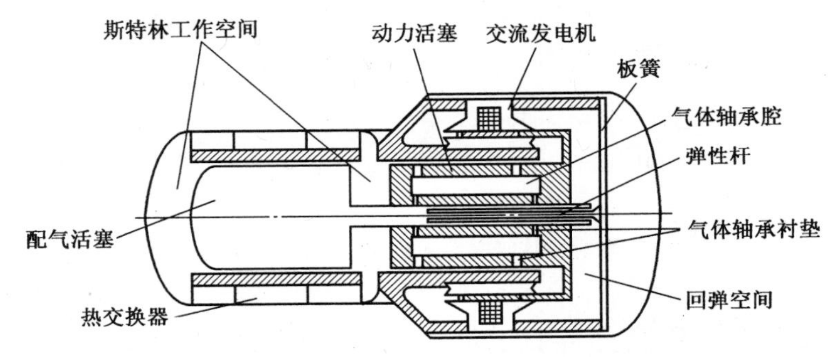

图 4.5 Sunpower 公司 88We 自由活塞先进斯特林热机(发动机/发电机)内部特征

图 4.6 是 ASC 的照片,并给出了外形尺寸。这个发动机是由 Sunpower (Athens,Ohio)公司开发的,据 Wong 等(2008)报告,ASC 的升级版 ASC-E2 的工作条件如下:名义功率 84.5W_{AC},此时从放射性同位素通用热源(GPHS)输入的热量为 224$W_{thermal}$,效率为 37.7%;加热端最高温度为 850℃,散热端温度为 90℃,热机质量 1.32kg,工作空间氦气平均压力 3.65MPa(绝压),工作频率 102Hz。这台发动机预定用于采用放射性同位素作初级能源的未来空间任务中,其研发工作由

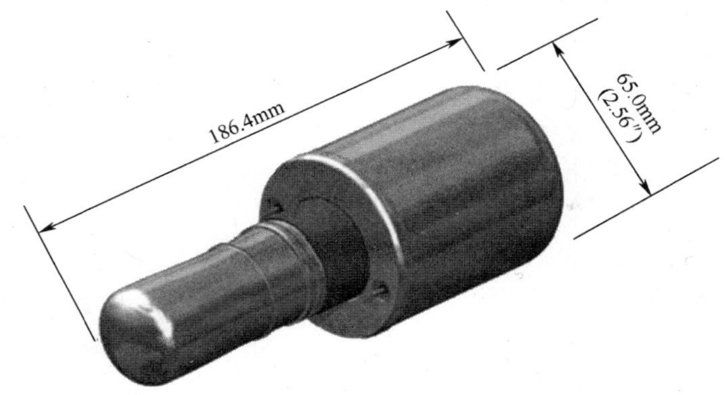

图 4.6 88We 先进斯特林热机(ASC)照片及外形尺寸

美国能源部 DOE 和 NASA 共同资助,洛克希德·马丁公司承担系统集成。图 4.7 是 ASRG 系统的工程版本,资料来源于 Chan 等(2007)。

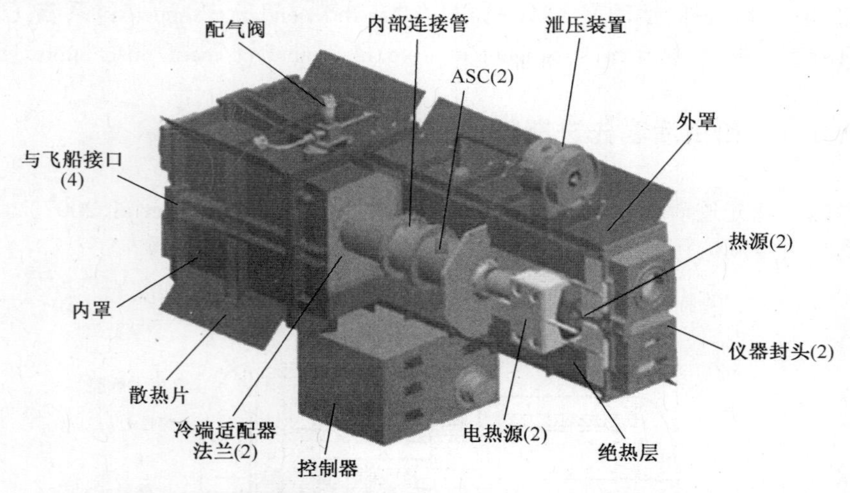

图 4.7　先进斯特林放射性同位素发电机(ASRG)工程单元

4.5.2　自由活塞元件测试动力热机(发动机/发电机)

在大功率自由活塞斯特林发动机项目中,第一代硬件是空间动力演示发动机(SPDE)。SPDE 采用双缸对置结构、斯特林发动机与直线交流发电机直接连接,功率 25kWe,总效率 25%。完成演示后,SPDE 被拆解为两个单独的单缸动力热机,称为空间动力研究发动机(SPRE)。

SPRE 设计工作点为 15MPa,使用氦气作为工质,热端温度 650K,冷端温度 325K,温度比为 2。活塞行程 20mm,工作频率约 100Hz。SPRE 还采用了气体弹簧、静压气体轴承、对心装置和小间隙非接触密封等技术。

第二代硬件,即元件测试动力热机 CTPC,是一个 25kWe 模块化设计,包含 2 台单缸 12.5kWe、活塞对置的热机。CTPC 只完成了一半的制造和测试,其设计、制造和早期测试的细节见 Dhar(1999)。CPTC 使用孔隙率约为 73%的丝网回热器。在第一次进行全功能测试时,CPTC 很轻松就超过了其设计目标:12.5kWe 输出功率、20%总效率。

CPTC 工质氦气的平均压力为 15MPa,加热器温度 1050K,冷却器温度 525K,活塞振荡频率 70Hz。与 SPDE 管状加热器设计相比,CPTC 创新的海星状热管加热器热头设计,极大地减少了铜接头的数量。图 4.8 是 CPTC 的整体布置图,图 4.9是其热端装配图,更详细的图在 Dhar(1999)中。SPDE 和 CTPC 的设计和制造工作均由 NASA 资助,由 Mechanical Technology 公司(Albany,New York)完成。

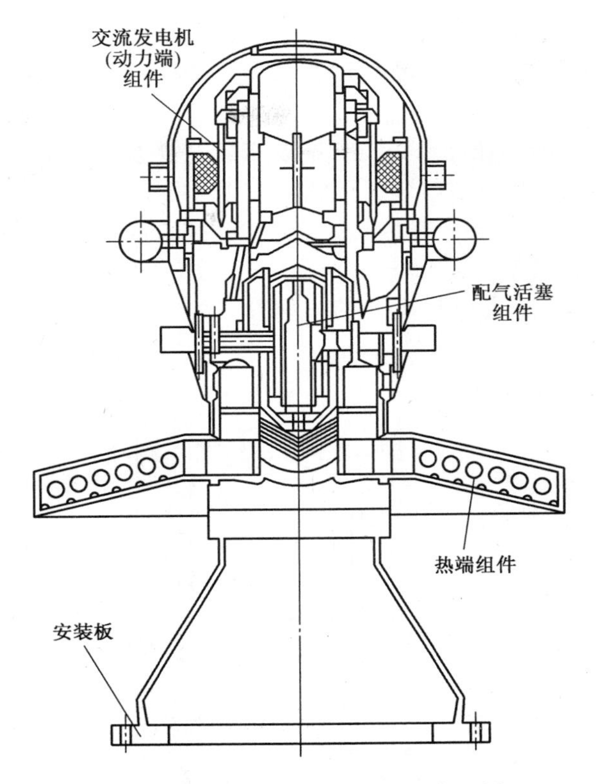

图 4.8　元件测试动力热机 CTPC 布置图

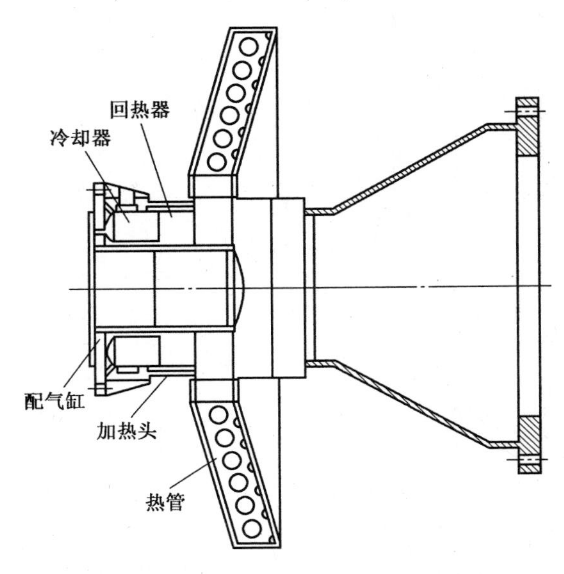

图 4.9　CTPC 热端装配图

4.5.3 通用汽车公司地面动力单元 GPU-3 菱形驱动斯特林发动机

为了获取验证斯特林计算机仿真结果所需的数据,将 1 台约 10hp(7.46kW)单缸菱形驱动斯特林发动机改装成了研究平台。几份 DOE 和 NASA 报告(Cairelli et al.,1978;Tew et al.,1979;Thieme,1979,1981;Thieme,Tew,1978)记录了测试结果。这台发动机最初是由通用汽车公司研究实验室在 1965 年为美国陆军建造的,是一套 3kWe 发动机-发电机组合的一部分,代号 GPU-3。其原理图如图 4.10 所示。

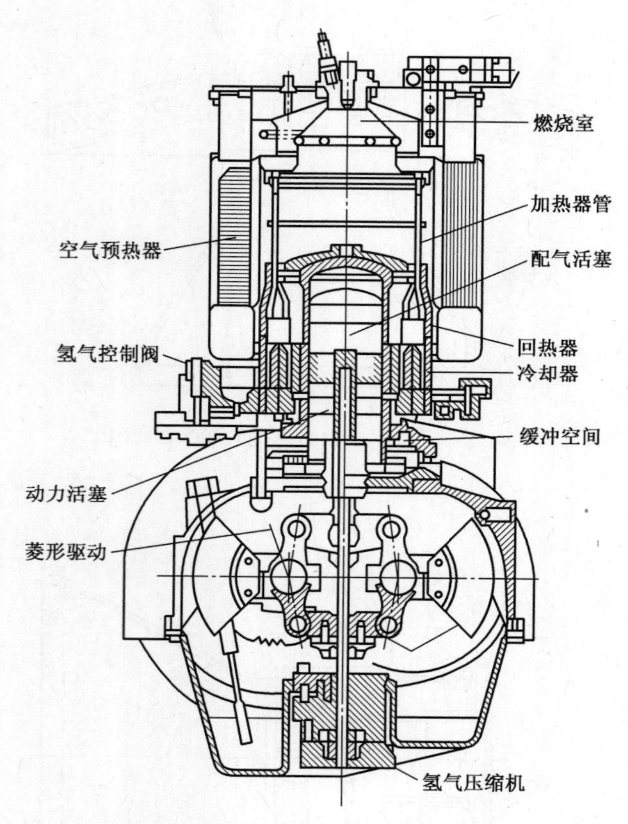

图 4.10 GPU-3 斯特林发动机原理图

工质是氢气,设计转速 3000r/min(50Hz),平均压力约 6.9MPa。热端温度 677℃,冷端温度 37℃。有 8 个独立的回热器/冷却器组合模块分布在动力活塞/配气活塞所在缸的周围,有 80 根加热管与回热器连接,也就是每个回热器单元均有 10 根加热器管相连。回热器由 71%孔隙率的丝网组成。在 NASA 报告中能找到这台发动机详细的设计信息。

4.5.4 MOD II 汽车斯特林发动机

MOD II 汽车斯特林发动机(Nightingale,1986)采用单曲轴 4 缸 V 形设计和环形加热器热头,最大功率 62.3kW(83.5hp),最高转速 4000r/min(66.67Hz),是 4 缸双作用布局,有 3 个基本系统(见图 4.11):首先,外部加热系统将燃料的能量转变为热流;其次,包含热氢气的热机系统在一个封闭空间内将这个热流转变为压力波,作用在活塞上;最后,冷发动机或叫驱动系统,将活塞运动转变为连杆往复运动,再通过曲轴转换为旋转运动。汽车工作所需的控制和其他辅助装置也装到了发动机上。一套相对复杂的氢气气量控制系统用来进行充放气控制,以满足汽车驱动循环中不断变化的功率需求。图 4.11 是 MOD II 汽车斯特林发动机的横截面图。汽车斯特林发动机安装在多辆车上进行过测试。

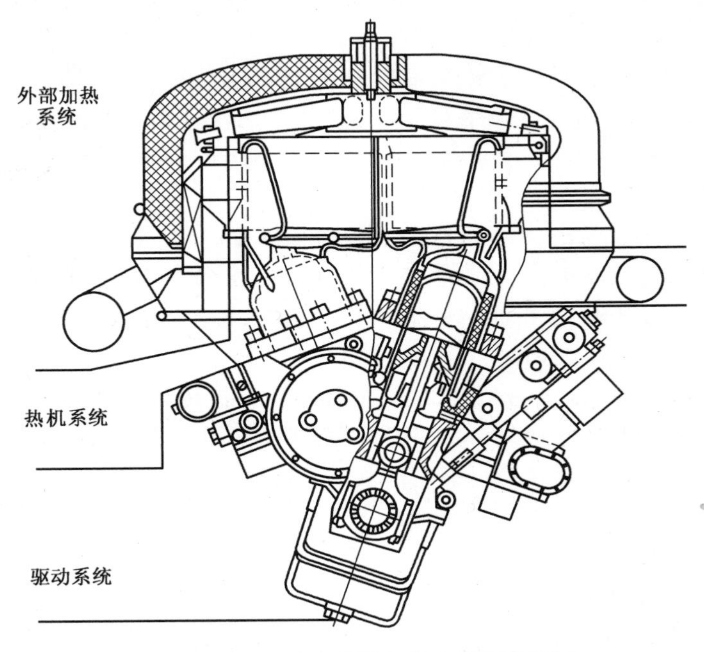

图 4.11 MOD II 汽车斯特林发动机横截面图

4.5.5 SES 25kW 斯特林发动机系统

图 4.12 显示了 4 套 SunCatcher^{TM} 蝶式太阳能斯特林系统。图片是从 Sandia 国家实验室(隶属美国能源部)的网页上找来的(网站声明,相关文章中的数据和信息可以自由下载、出版)。在 Sandia 网站上与图片相关的文章指出:

图 4.12　4 套 SunCatcher^{TM}蝶式斯特林太阳能系统

（来自：https://share.sandia.gov/news/resources/news_releases/new-suncatcher-power-system-unveiled-at-national-solar-thermal-test-facility-july-7-2009）

斯特林发动机系统公司和 Tessera 太阳公司最近（显然是 2009 年）揭幕了 4 套新设计的太阳能收集系统，这些系统位于 Sandia 国家实验室的国家太阳光热测试场（NSTTF），如图 4.12 所示。而 6 台旧 SunCatcher 设备一直在工作，每天发电 150kWe，即每台设备 25kW。

模块化 CSP（Concentrating Solar-thermal Power，聚焦光热能源）SunCatcher 采用安装成抛物面型的精密镜面，来将太阳射线聚焦到接收器上，接收器将热量传递给斯特林发动机。发动机是一个充满氢气的密闭系统，当气体变热、变冷的时候，它的压力相应地上升、下降，发动机内压力的变化会驱动活塞运动产生机械功率，而这就会驱动发电机产生电力。

根据 Sandia 网站信息：

Tessera 太阳公司是大规模太阳能项目的开发者和运营商，采用 SunCatcher 技术，是 SES 的姐妹公司，目前正在建设一个 60 单元的发电厂，发电能力为 1.5MW，位于 Arizona 或 California，到 2010 年底建成。1MW 功率能供应 800 个家庭。蝶式太阳能专利技术将被用来在南加州开发 2 个世界上最大的太阳能发电厂，一个位于 Imperial 河谷，与 San Diego 燃气和电力公司联合开发；一个位于 Mojave 沙漠，与南加州 Edison 公司联合开发。加上最近宣布的位于西 Texas 的 CPS 能源项目，到 2012 年底，这个项目的发电能力预期会达到 1000MW。

去年，一台原始状态的 SunCatcher 创造了新的系统转换效率记录，以 31.25%

的净效率,打破了 1984 年 29.4%的记录。

在 Stine 和 Diver 所著文献(1994)中,有关于蝶式斯特林技术较好的一般性讨论。Fraser(2008)目前是关于这个主题的最新文献了。

4.6 斯特林制冷机

在斯特林发动机中,受热端热交换器的温度高于散热端热交换器的温度,输入到发动机中的热转换成动力(通常是机械动力或电力)。在斯特林制冷装置或热泵中,受热器温度要低于散热器温度,输入到装置中的动力,用于驱动制冷过程(在制冷机中)或加热过程(在热泵中)。在斯特林制冷机中,冷却区比环境更冷,抽取的热量散发到环境中。在斯特林热泵中,从外部环境中吸收的热,加上将外部输入动力转换成的热,一起用于内部加热。

图 4.13 示出了自由活塞斯特林制冷机/热泵的一般布置。对于斯特林制冷机的讨论,也可参见 Berchowitz(1993)。

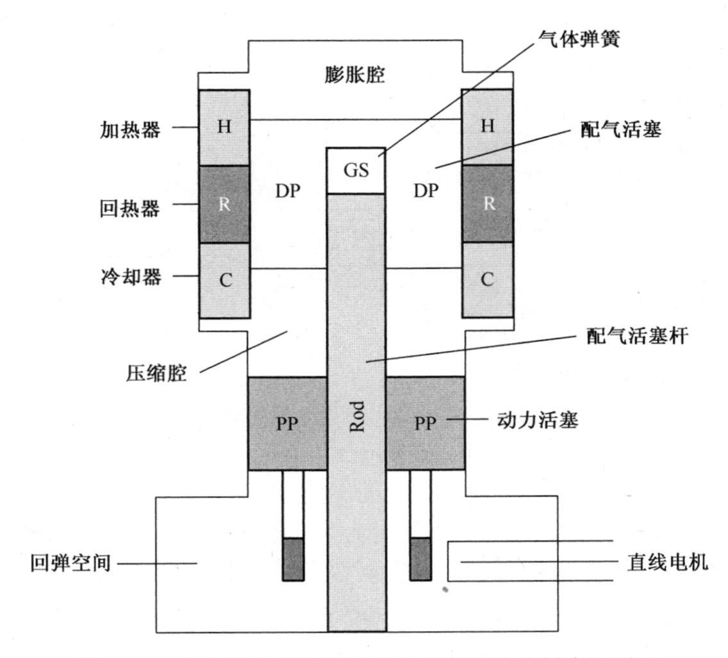

图 4.13　由直线电机驱动的自由活塞斯特林制冷机原理

注意,动力活塞是由直线电机驱动的。斯特林制冷装置的目的是,通过受热端热交换器的吸收作用,在膨胀腔产生一个冷区域。而热泵则是将从膨胀区吸收(通过受热器)来的热,和输入的电机功率转换成的热,合起来通过散热器散发出去，达到加热的目的。

4.6.1 Sunpower 公司 M87 低温制冷机

如图 4.14 所示，M87 是为大批量制造而设计的单自由活塞、集成斯特林循环低温制冷机（Shirey et al.，2006）。M87 设计制冷量 7.5W、温度 77K、输入功率 150W，而其工作散热温度 35℃。这个低温制冷机的设计寿命大于 40000h，最初预定用途是在病房里作为氧气液化器使用。

Sunpower 公司的 M87N 低温制冷机是 M87 的改进版，为更好地适应 NASAα 磁谱仪-02（AMS-02）进行了强化。AMS-02 是当代先进的粒子物理学探测器，包含一块巨大的用超流体氦冷却的超导磁体。磁体内部的高度敏感的探测器板用于测量粒子的速度、质量、电荷和方向。AMS-02 实验作为国际空间站的附加有效载荷即将进行飞行实验，其任务是研究宇宙粒子和核子的性质和起源，包括反物质和暗物质。将采用 4 台商业化的 Sunpower 公司的 M87N 斯特林循环低温制冷机，以扩展 AMS-02 实验的寿命。对这 4 台低温制冷机的性能要求基线是：输入功率 400W 时，能在 60K 的介质中提取出 9.4W 的热功率。

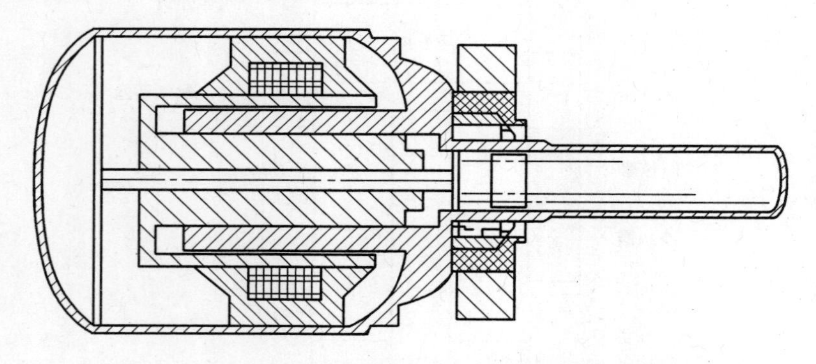

图 4.14 Sunpower 公司 M87 直线自由活塞集成制冷机示意图
来自：Shcrey et al.，2006。

Shirey 等（2006）描述的低温制冷机的工作如下：在压缩腔产生的压力波通过配气活塞杆驱动配气活塞（配气活塞杆穿过动力活塞一直延伸到回弹空间），动力活塞依靠压缩腔的气体弹簧形成共振，配气活塞通过柔性元件安装在板簧上。包含毛毡回热器的配气活塞驱动冷端和热端热交换器之间的气体来回运动。商业制冷机的气体轴承系统重新设计，以改善 M87N 各个方向的性能。气体轴承系统用于将活塞和配气活塞径向对中，以避免运动零件接触。动力活塞和配气活塞产生的振动由被动平衡系统（调谐弹簧-质量系统）来对消。

M87N 低温制冷机的三维剖面图和照片如图 4.15 所示。（Unger et al.，2002）

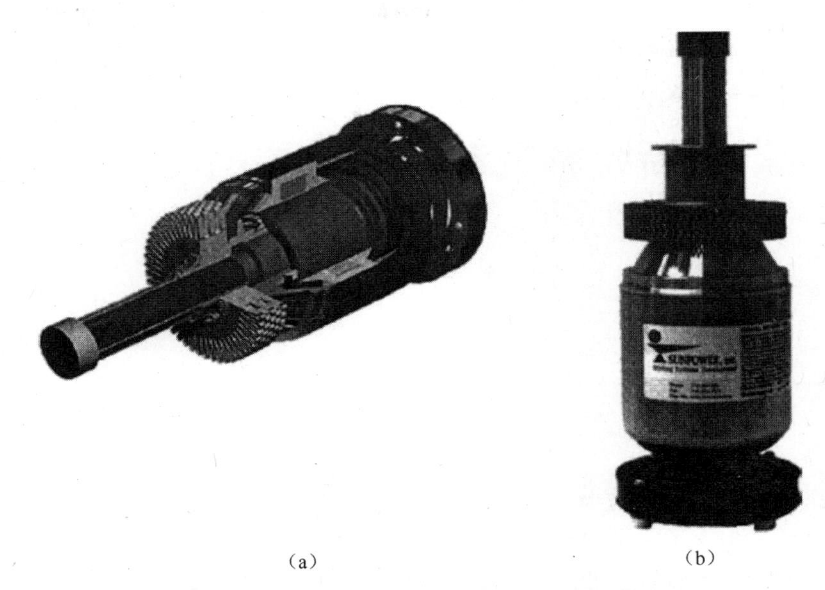

（a）　　　　　　　　　　　　（b）

图 4.15　Sunpower 公司的 M87 低温制冷机三维剖面图(a)和照片(b)

来自:Unger R. Z. ,et al. ,2006。

第5章　斯特林发动机回热器的类型

5.1　引言

回热器是斯特林热机中三类热交换器之一。图4.3所示的各种不同的斯特林发动机系统都包含了一个典型的串行结构:加热器(H)、回热器(R)、冷却器/散热器(C)。回热器是影响热机性能的决定性因素。在斯特林发动机中,当来自加热器/膨胀腔中温度相对较高的气体流经回热器时,回热器的固体表面将气体中的部分热量存储起来;然后,当冷却器/压缩腔中温度相对较低的气体经回热器返回到加热器/膨胀腔中时,回热器的固体表面将存储的热量又释放到气体中。在一个循环周期内,回热器从气体中吸收、然后又释放到气体中的热量,典型情况下是从加热器/受热器中进入热机热量的4倍量级,也就是说,如果从热机系统中移除回热器,为了得到同样的功率输出,需要向热机系统输入5倍的热量。由于斯特林发动机效率定义为功率输出除以加热量,所以,移除回热器将会导致效率降低5倍。当然,在工作条件保持不变的情况下,最初设计的加热器也提供不了这么多的热量。因此,在实际发动机设计中,将这样的回热器移除,对发动机性能的影响是毁灭性的——很可能根本不能工作!

本章所要讨论的各种回热器都是经过实验测试过的,其数据借助摩擦因子和传热关系式都实现了模型化。传统毛毡和丝网型回热器的关系式已经在第3章给出,新型分段渐开线箔回热器的关系式将在第8章和第9章给出。

5.2　回热器封装结构

回热器通常都是圆柱形或者环形,如图5.1和5.2所示。文献Gedeon(2010)是一维斯特林计算程序Sage的使用手册, Sunpower、Infinia公司以及其他机构都用这个程序辅助斯特林发动机的设计工作。NASA Glenn研究中心也用这个程序来支持美国NASA/DOE的斯特林开发合同管理。采用圆柱形回热器的发动机有时配备多个回热器;采用环形回热器的斯特林发动机一般会使回热器环绕着发动机动力活塞(如在双作用汽车发动机中)或配气活塞;采用变直径回热器外形也是可能的,或许也有点好处,如图 5.3 和图 5.4 所示(Gedeon,2010)。

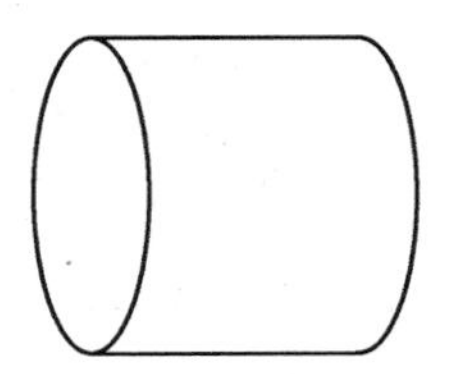

图 5.1 圆柱形结构(图片来源于 Gedeon, D. , 2010)

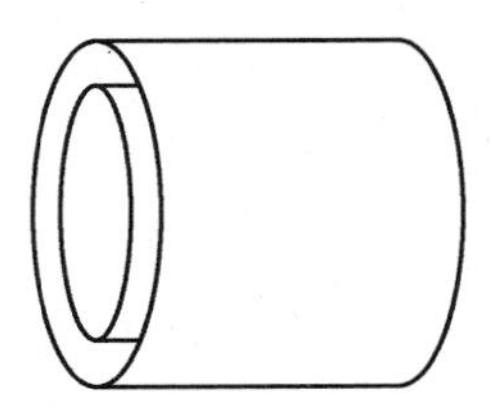

图 5.2 环形结构(图片来源于 Gedeon, D. , 2010)

文献 Gedeon(2010)称这两种回热器为"管锥形"或"环锥形"。Sage 程序可以对这样的回热器进行建模计算。然而,这样的回热器制造起来很困难,而且,笔者也没发现采用这种回热器的斯特林装置。用 Sage 或者其他计算机建模软件对这种变直径回热器进行研究,以确定这种沿流动轴向变直径的回热器是否会提高性能,或许是一件有趣的事。作者还不知道是否有人研究过这种变直径回热器的潜在优势。

图 5.3 变直径圆柱结构(图片来源于 Gedeon, D. , 2010)

图 5.4 变直径环形结构(图片来源于 Gedeon, D. , 2010)

5.3 回热器多孔介质结构

5.3.1 无孔基质:筒壁作为储热介质

最简单的回热器就只是一道如图 4.2 所示的配气活塞与气缸壁之间的气体间隙。这里,配气活塞和气缸壁表面起到储热固体的作用,在气体往返通过间隙时进行热交换。小型环形回热器发动机(输出功率 10W 量级或更小)采用这种简单的回热器,性能也可令人满意。参考 Infinia 公司网站(www. infiniacorp. com/ accomplishments. html),在 1991—1993 年期间,该公司为西北太平洋实验室开发了一个 10W 斯特林发电机样机,作者确信这个发动机中有一个简单的"间隙回热器"。

5.3.2 堆叠编织丝网

当斯特林发动机变得更大时,需要足够的固体表面和热容来储存热量,简单的间隙回热器就不能满足要求了。飞利浦公司和通用汽车公司在用圆筒形封装回热器的斯特林发动机中,都采用丝网作为回热器“基质”,或者称为多孔材料。例如,通用汽车公司的 GPU-3(Ground Power Uint-3, 地面动力装置 3)菱形驱动斯特林发动机(约 7.45kW 或 10hp 机械功率),用了 8 个圆柱形封装的小型堆叠丝网斯特林回热器,对称布置在斯特林发动机中心气缸周围(Cairelli,1978;Thieme,1979,1981;Thieme 和 Tew,1978),在图 4.10 中示出了 2 个这种筒形回热器。图 5.5 (Gedeon,2010)示出了纤维是如何编织成单张网的。

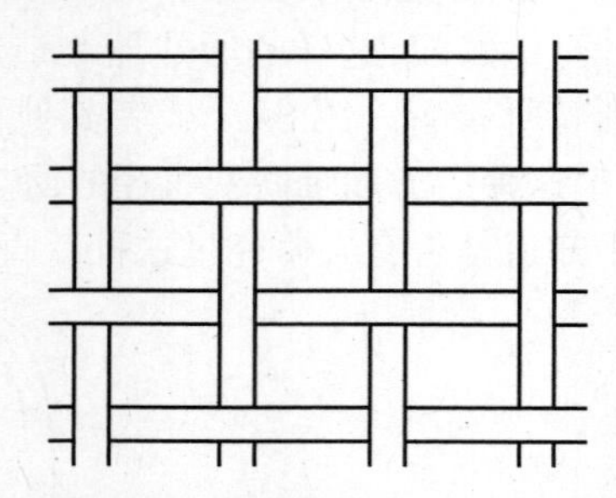

图 5.5 编织丝网(图片来源于 Gedeon, D., 2010)

四缸双作用汽车斯特林发动机的回热器也采用了丝网(Nightingale,1986)。将单独的丝网叠起、压实,真空烧结成单个环形“饼干”,环绕安装在活塞缸周围。

有些发动机(如 GPU-3)先将堆叠丝网插入壳体,然后整体插入发动机中。在配气活塞周围带有环形回热器的简单发动机,则直接将基质材料压入环形空间中。在汽车斯特林发动机开发中(Nightingale,1986),经过试错发现,最好将多孔回热器材料钎焊到壳体壁上,以免在多孔材料与壁板之间留下间隙。这种间隙会产生泄漏流,对发动机性能有严重的影响。将堆叠丝网烧结也是可取的,这能避免发动机运行时的振动破坏堆叠丝网的完整性。

表 5.1 所列的丝网样品尺寸,来自文献(Gedeon,2009),给出了堆叠编织丝网的几何特征。这些材料都在 NASA/Sunpower 交变流动测试台上测试过(见附录 A)。

表 5.1 编织丝网的几何特征(在 NASA 交变流动测试台完成测试)

目数	线径/μm(英寸)	孔隙率
200	53.3 (0.0021)	0.6232
100	55.9(0.0022)	0.7810
80	94.0(0.0037)	0.7102

注:1 英寸=25.4mm

5.3.3 毛毡多孔介质材料

毛毡回热器与丝网回热器性能几乎一样好,但制造成本却低得多。图 5.6(Gedeon,2010)给出了一层毛毡式回热器的结构(参见图 1.2 和图 1.3)。由于毛毡特有的制造方式,使得大多数纤维位于垂直于主流动方向的平面内。这与堆叠丝网的情形类似。

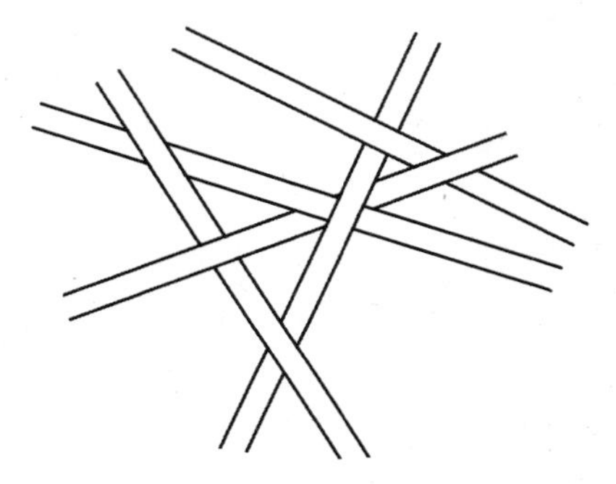

图 5.6 毛毡式回热器的结构(图片来源于 Gedeon, D., 2010)

大部分现代自由活塞斯特林装置——如 Sunpower 公司、Infinia 公司及 Global Cooling 制造公司制造的产品,都采用套在配气活塞缸外面的环形回热器。80We 先进斯特林热机(ASC),是一个发动机/发电机组合,配套用于先进放射性同位素斯特林发电机中(Chan 等,2007),就采用了烧结毛毡回热器。

第 6 章将介绍由 DOE 和 NASA 支持的实际尺寸毛毡回热器的实验和计算研究成果。第 7 章将介绍放大尺寸毛毡回热器部分测试结果,以支持计算研究。这些研究的目的是如何改进斯特林回热器的性能。从这些研究中得到的知识,培育出了一个微加工回热器开发项目,其详细情况将在第 8 和第 9 章介绍(分别阐述了实际尺寸和放大尺寸的研究工作)。

表 5.2 所列的毛毡样品尺寸,来自文献(Gedeon,2009),给出了毛毡回热器材料的几何特征。这些材料都在 NASA/Sunpower 交变流动测试台上测试过(见附录 A)。

表 5.2 毛毡回热器的几何特征(数据由 NASA Sunpower 公司交变载荷实验台测试获得)

名义线径	制造商	材料	测量平均线径/μm	孔隙率
2 毫英寸	Brunswick	铬镍铁合金	52.5	0.688
1 毫英寸	Brunswick	不锈钢	27.4	0.820
12μm	Bekaert	不锈钢	13.4	0.897
30μm	Bekaert	不锈钢	31.0	0.85

（续）

名义线径	制造商	材料	测量平均线径/μm	孔隙率
30μm	Bekaert	不锈钢	31.0	0.90
30μm	Bekaert	不锈钢	31.0	0.93
30μm	Bekaert	不锈钢	31.0	0.96
24μm	Bekaert	抗氧化材料	24.3	0.909
1 毫英寸 = 0.025mm				

5.3.4 堆积球回热器基质

某些斯特林制冷设备曾经用过堆积球作为回热器基质，图 5.7 是其结构原理。据作者了解，在 NASA/Sunpower 交变流动测试台上没有进行过任何堆积球回热器的测试工作。

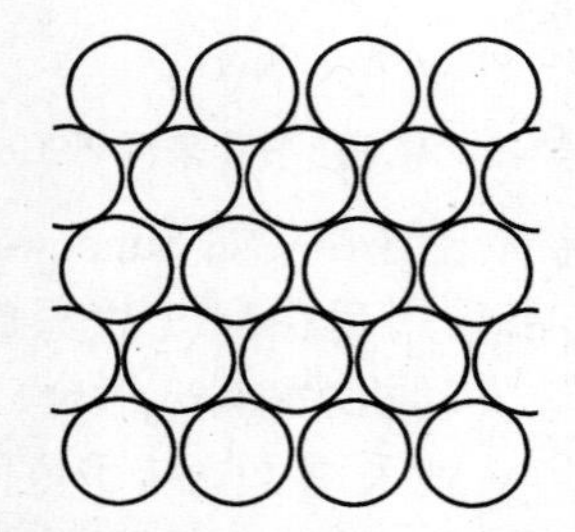

图 5.7 堆积球回热器的结构（图片来源于 Gedeon, D., 2010）

5.3.5 管束回热器方案

一束管子也可以作为回热器的基质，如图 5.8 所示。Sage 程序可以对管束回热器建模，只要平行气体流道具有圆形横截面，对有些非圆横截面也可以。这种结

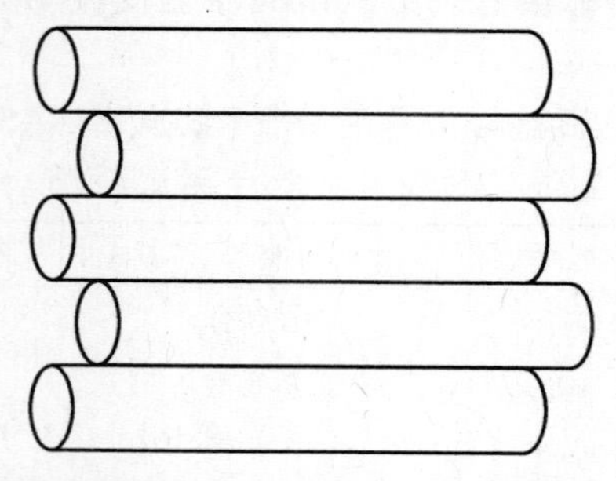

图 5.8 管束回热器的结构（图片来源于 Gedeon, D., 2010）

构的优势是避免了流体流过丝网和毛毡(一般做成大多数纤维垂直于流动轴线)时发生的流动分离现象。这种丝网和毛毡中的流动分离现象,是由于流动横过圆柱形纤维时产生的,会增加压力降损失(关于这种流动分离的进一步讨论,见第1章 引言)。覆盖整个回热器流动轴线长度的连续管束也有缺点:①是轴向传导损失较大,②是流动不能在径向再分配。

据作者了解,还没有任何管束回热器的测试数据。

5.3.6 卷绕箔回热器

图5.9是卷绕箔基质的结构原理图。“卷绕”指的是制造过程,将箔片绕中心结构元件卷或绕起来。必须采取某种方法来保证箔片之间的间隙均匀一致。一种方法是在箔的一面做出同一尺寸的突出物,或者在金属箔上压出凹痕。

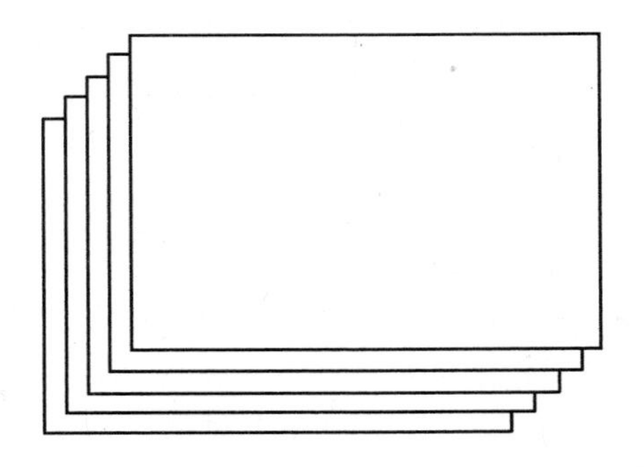

图5.9 卷绕箔基质的结构原理图(图片来源于Gedeon, D. ,2010)

全球制冷公司的斯特林制冷机环形回热器就是用卷绕塑料箔制成的,在其一面上有相同的球型凸起。(该公司开发的斯特林制冷机是用于食物保鲜的,不是低温制冷机)。Gedeon(2005)指出,斯特林低温制冷工业领域一个公认的观点是,箔式回热器(平行板)运行效果不佳。理论上它们应该工作得很好,实际上也应该比其他已知的回热器工作得更好。另外,作者曾经听说有人试图在斯特林发动机中应用卷绕金属箔,但没有成功。很明显,由于在卷绕金属箔上存在很大的空间温度梯度,导致无论是稳态运行,还是在启动、关机过程中,卷绕箔都会发生扭曲变形,使间隙和流动变得明显不均匀,造成发动机性能严重下降。

Gedeon(2005)(参见附录D)建立了非均匀箔片间隙对低温制冷机性能影响的模型。他发现,随着温度降低和箔片间隙增加,问题变得更为严重。在30~100K温度范围内,对于箔片回热器来说,不同零件之间的间隙只要变化±10%,整个制冷效率(提取的热量/压缩机PV功率)很容易就下降15%甚至更多。

5.3.7 平行板回热器

平行板回热器的结构示意图如图5.10所示。如果沿着整个轴向长度方向保持流动连续不变,平行板回热器也会像连续管束回热器一样,产生很大的轴向传导损失。它们也不允许流体在通道之间重新分配,而当进入流道的流体不均匀时,回热器是需要具备这个能力的。另外,要把这种平行板通道装到圆柱或圆环壳体中,其每个通道都需要有不同的壁结构和周长,这使得在整个回热器的横截面上得到均匀的轴向流十分困难。

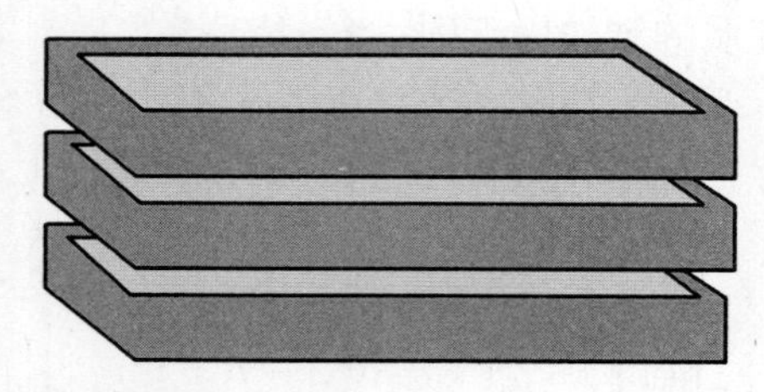

图5.10 平行板回热器的结构(图片来源于 Gedeon, D., 2010)

Backhaus 和 Swift(2001)提出了一个平行板回热器的应用案例。新墨西哥州的 Los Alamos 国家实验室在一台热声斯特林发动机上使用了这种回热器。结果表明,相对于早期的丝网回热器,平行板回热器显著改善了发动机的性能。他们解释了板间距的变化对低温制冷性能的显著影响。后来,Gedeon(2007)向本书作者介绍了他与 Backhaus 关于平行板回热器的一次对话。这次对话发生在 Los Alamos 测试项目完成后。据说,Backhaus 提供了平行板回热器,看能不能在 NASA/Sunpower 交变流动测试台上进行测试。他告诉 Gedeon,对回热器的检查表明,板已经发生了变形。

5.3.8 分段渐开线箔回热器

本书主要聚焦于分段渐开线箔回热器的开发和测试(Ibrahim et al. 2007、2009a、2009b)。图5.11展示了分段渐开线箔的三维构型图,由两种盘片交替堆叠而成。有两种厚度的盘片在美国 NASA/Sunpower 交变流动测试台上进行了测试,最好的厚度是250μm。

第8章将要重点介绍分段渐开线箔回热器的设计、开发和测试方面的内容,也给出了制造和测试的盘片的其他数据。第9章将要重点介绍放大尺寸(约为实际尺寸的30倍)的分段渐开线箔回热器的设计、开发和测试方面的内容。

构思和设计分段渐开线箔回热器的目的,是将圆柱绕流效应导致的压降损失(如在丝网和毛毡回热器中发生的现象)减到最小,同时也是为了避免平行板式和

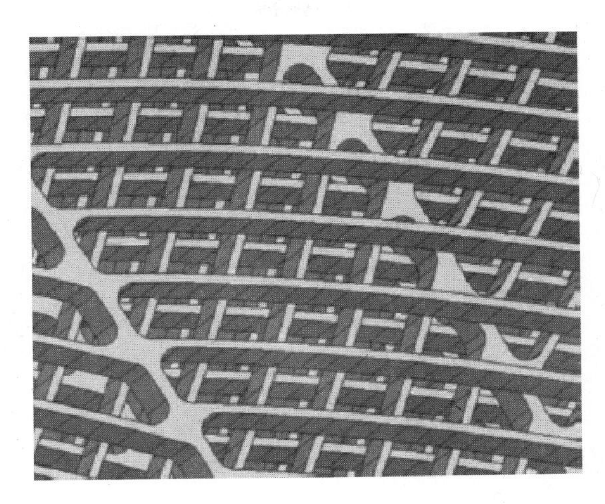

图 5.11　四层微加工分段渐开线箔片流道的三维图

管束式回热器中大的轴向(在流动的轴向上)热传导损失。这种结构允许流动在径向重新分布,使在垂直于流动轴线的横截面上的流动尽可能均匀。与毛毡相比,这种设计的基质材料不易损坏,减少了毛毡单元破坏所形成的残骸进入发动机工作空间的风险。实验测试结果表明分段渐开线箔回热器达到了理论平行板回热器预期的优异性能(优于丝网和毛毡),并避免了连续平行板结构在工程实际中的一些缺点(在 5.3.7 节所讨论的那样)。研发工作留下的最大遗憾是,没有证实开发所采用的 LiGA 技术其成本是合适的。这一点在第 8 章有一个简要讨论,在文献(Ibrahim 等 2007、2009a、2009b)有一个长篇论述。因此,还需要做大量的工作,以识别出高性价比的分段渐开线箔回热器加工工艺。

5.3.9　网板回热器和其他化学蚀刻型回热器

日本国防研究院的 Noboru Kagawa 教授数年间一直领导网板式回热器的开发(Furutani et al., 2006; Kitahama et al., 2003; Matsuguchi et al., 2005; Takeuchi et al., 2004; Takizawa et al., 2002)。为了改进斯特林发动机的性能,对网板的精细尺寸进行了优化。图 5.12 给出了网板方案的细节。

网板是一种化学蚀刻结构,结构上与丝网相似,但不存在重叠的纤维(即在圆形盘片的平面上,有一系列方形开口,构成一个流场)。网板朝着优化其精细结构的方向进化,以最大化发动机的性能,网板回热器的详细讨论见第 10 章。

Mitchell 等 (2005, 2007) 也用化学蚀刻工艺开发了一种独特的回热器,在第 10 章详细讨论他的方案,图 10.26 展示了三种不同的蚀刻箔的照片。

图 5.12　网板的结构(图片来源于 Takeuchi et al.，2004)

第6章 毛毡回热器—实际尺寸

6.1 引言

本章介绍的关于实际尺寸的斯特林回热器的大部分研究工作是在美国能源部(DOE)的合同支持下展开的(Ibrahim et al. , 2004a, 2004b, 2004c)。这是一个联合项目,主要研究人员来自克利夫兰州立大学(牵头)、明尼苏达大学和 Gedeon Associates 公司(Athens, 俄亥俄),国家航空航天局格伦研究中心(GRC)依照与 DOE 签订的太空行动协议参与了研究工作。在研究的全过程中,主要研究人员与三家公司一起工作:斯特林技术公司(即现在的 Infinia 公司,Kennewick,华盛顿);Sunpower 公司(Athens, 俄亥俄);Global Cooling Manufacturing 有限公司(即现在的 Global Cooling, Athens, 俄亥俄)。这些公司帮助识别出了研究过程中所面对的相关难题,提供实验设计所需的特定的斯特林发动机参数,也协助进行了真实尺寸回热器实验样机的制造及测试。DOE 回热器研究工作完成之后,在 NASA 资助下,这些研究又继续了多年。最新的 NASA/ Sunpower 测试结果发表在文献(Ibrahim 等,2009a,2009b)当中,其中部分研究结果会在本章中涉及。

关于回热器功能的一般讨论、回热器在斯特林发动机中的位置、一些常见类型的回热器(如毛毡回热器、丝网回热器、箔式回热器)和回热器的一些问题及期望的特性等介绍参见第 1 章。其中,图 1.1 显示了回热器在小型放射性同位素斯特林发动机内的位置。图 1.2、图 1.3 分别示出了一个毛毡回热器和一张显微照片,这张照片显示了一种毛毡回热器的微观结构特点。

早在 DOE 项目阶段,就决定主要研究毛毡回热器,而不是编织丝网式或卷绕箔式的回热器。相比于编织丝网式回热器,随机纤维毛毡的加工制造更便宜,且性能相当,而且一般情况下比卷绕箔要好。按照理想的一维理论,卷绕箔式回热器应该具有最好的性能(按每单位流阻传递的热量计算),但是实际上,制造出这种能达到理论上的好性能要求的卷绕箔回热器是很困难的,尤其是很难保证卷绕箔层之间一致的间距(而这是形成均匀流动所要求的)。当然,尽管缺乏卷绕箔回热器应用于斯特林发动机的成功案例,但 Global Cooling 公司还是开发出了塑料卷绕箔式回热器,在某些斯特林制冷机上应用,而且工作得很好。

毛毡基质有很多可改进之处。孔隙率、包装结构、纤维形状和取向都很容易改变,而这些改变都会影响性能。DOE 项目的目标之一就是弄清这些因素的影响机理。在 DOE 项目的后期,对箔型回热器又给予了一定的关注,但远没有达到对毛毡回热器的关注程度。

在 DOE 项目完成后,由 NASA 资助的一项计划启动,主要是针对下一代斯特林回热器开展先进的制造工艺研究。这种新的微加工卷绕箔式回热器将要在第 8、9 章详细讨论。

6.1.1 金属毛毡回热器

本节介绍已测试过的各种不同的毛毡基质,表 6.1 列出了这些基质的主要尺寸,更多的细节在下面介绍。

表 6.1 测试过的毛毡回热器基质的尺寸

项目	Bekaert 纤维,约 90%孔隙率	Bekaert 纤维,约 96%孔隙率	Bekaert 纤维,约 93%孔隙率	抗氧化纤维,约 90%孔隙率
基质长度/mm	15.2	33.0	37.8/18.8	18.83
基质直径/mm	19.05	19.05	19.05	19.05
纤维材料	316 不锈钢	316 不锈钢	316 不锈钢	抗氧化合金
实测纤维直径/mm	12~15μm	31	31	22
计算孔隙率	0.897	0.96	0.93	约 0.90

1. Bekaert 不锈钢

1) 90%孔隙率不锈钢(Ibrahim et al. ,2004a,2004b,2004c)

Sunpower 公司免费提供了一些 Bekipor 316(Bekaert 牌号)不锈钢毛毡做成的板带,其纤维公称直径为 12um,已压制烧结,孔隙率为 90%,密度为 600g/m^2,烧结后厚度为 0.74mm。用这种材料,Gedeon Associates 公司采用特制冲头和模具冲压出若干圆盘。为确保边缘密封,所采用的模具内径相比于壳体内径放大 1.004(留出过盈量约 0.08 mm)。盘片堆叠压装进壳体中,最终基质孔隙率是 89.7%,非常接近目标值 90%。通过测量基体质量和体积(316 不锈钢的密度 8027kg/m^3)计算孔隙率。基质的尺寸如表 6.1 所列。图 6.1 给出了完整的基质及其局部特写照片。此照片仅给出一个粗略的视觉印象,后面的电子显微照片将给出纤维微观结构的详细情况。

2) 96%孔隙率不锈钢(Ibrahim et al. , 2009a, 2009b)

2006 年,制作了三个 96%孔隙率的回热器样品,一个"全长"样品和两个"半长"样品,命名为"A"和"B"。他们均由同一批毛毡材料制成,目的是为了了解高

图 6.1 (a)完整的 Bekaert 纤维基质；(b)壳体边界处边缘压缩的特写照片
(b 标尺上的小格约为 33μm)。

孔隙率条件下实验结果的可重复性。

2006 年，对全长样品和半长样品“A”进行了测试。测试发现传热性能测试对长度有依赖性，并且最终确定这是由于测试平台无法解决低雷诺数下长回热器样品的低热损失的分辨问题(10 个大气压下的低活塞振幅氦气实验)。在 2008 年对半长样品 B 进行了测试，并与 2006 年测试的名义上一致的样品 A 的测试结果进行比较，也对样品 A 再次进行了测试，以验证之前的结果是否可重复。结果是，两个半长、96%孔隙率的毛毡回热器样品 A 和 B 表现出几乎相同的摩擦系数，但作为整体性能指标的热性能出现了差异。热性能的差异在高雷诺数时最为明显，雷诺数为 400 时，差异约 19%。但是，这个数据并不是完全可信，因为从 2006 年测试过样品 A 后，测试台进行了一些小的修改。两个半长样品的名义指标如表 6.1 所列。

3) 93%孔隙率不锈钢(Ibrahim et al. , 2009a, 2009b)

2006 年，96%孔隙率回热器的测试数据表明实验结果与长度有关。得到的结论是，这是由测试台在 10 倍大气压氦气测试中无法分辨低热损失所造成的。此时，实验者更关心的问题是，是不是同样的长度依赖性问题会表现在 93%的孔隙率样品中，其中热损失通常会更高。然而，在 2006 年，由于资金限制，只能测试一个 93%的孔隙率样品，即“全长”样品。之后，在 2008 年才筹集到资金可用于制造和测试由原始材料制成的半长、93%孔隙率的样品。

与在 2006 年的测试的全长度、93%的孔隙率、毛毡回热器样品相比，2008 年的半长样品测试结果与 2006 年的测试结果具有几乎相同的摩擦系数，但作为整体性能指标(见 8.2.3 和附录 D)的热性能较低。在与 10 倍大气压氦测试数据比较时热性能差只有百分之几，但与 50 倍大气压下的氦气数据相比，热性能差有 40%之多，与 50 倍气压的氮气测试数据相比有 20%左右，一度使人怀疑 50 倍大气压的氦和氮的全长测试数据可能是有问题的。

2008年重新测试全长、93%孔隙率毛毡回热器样品的结果不同于2006年的原始测试结果,非常接近最近所做的半长样品的测试结果。2008年的两项测试显示,两种不同的毛毡回热器,通过将其压缩到相同的孔隙率,发现其对测试程序具有很好的长度无关性,也具有良好的重复性。因此,2006年的全长93%孔隙率测试结果将不会出现在后面的内容中(详细内容参见文献Ibrahim等,2009a,2009b)。93%孔隙率毛毡回热器的决定性测试就是2008年8月的半长样品测试。

全长和半长的93%孔隙率样品的名义标称如表6.1所列。

表6.2 聚酯纤维回热器

名义标称	数据
基质长度/mm	20.3
基质直径/ mm	18.5
纤维材料	聚酯
实测纤维直径/μm	19~30
计算孔隙率	0.85

2. 抗氧化合金毛毡(Ibrahim et al. ,2009a, 2009b)

Sunpower公司提供了纤维直径约为22μm的抗氧化材料,NASA GRC则给出了材料的密度数据。样品的特性数据列于表6.1。

6.1.2 聚酯纤维回热器

Global Cooling公司制造了一个类似上述毛毡回热器的回热器,它使用了聚酯纤维和不同的包装技术。

其基质装配过程如下:先将一定数量盘片堆叠到容器中(不是最终的壳体),堆成所需的长度后加热组件,使纤维释放其应力,以使它们保持被压缩成的长度和直径。这与制备Bekaert材料薄片的烧结过程相似,但有一点不同,目前还没有证据表明,当温度足够高时会出现纤维丝之间的黏结现象(在Bekaert烧结过程中会出现)。

烧结的结果是,基质会收缩,直径缩小,基质与最终的壳体之间是一个间隙配合(比直径小约0.5mm)。为了防止“吹脱”(见6.4.3节),在装配之前,在罐内表面(ID)和基体外表面(OD)上涂上一薄层室温硫化(RTV)硅橡胶,将边缘密封起来。另一个可选途径是将烧结容器放大0.5mm,使得烧结基质与壳体形成过盈配合。我们没有尝试这种方法。基质的尺寸如表6.2所列。

纤维直径不完全一致,这在随后的电子显微照片中尤其明显。图6.2显示了装配好的回热器及边缘密封的特写照片。

(a) (b)

图 6.2 (a)完整的聚酯纤维回热器;(b)边缘密封特写照片(标尺约为 33μm/小格)。

6.1.3 电子显微镜下纤维直径测量

1. 不锈钢与聚酯纤维

为了支持 DOE 的回热器研发工作,GRC 用自己的扫描电子显微镜(SEM)拍摄了几种回热器基质的照片。为达到目的,选定了一些毛毡回热器测试样品,包括上述不锈钢和聚酯样品,以及一些早期的已由 NASA/Sunpower 测试台测试过的毛毡样品。拍照的目的是更准确地测量纤维直径,并且在高分辨率下观察纤维的形状和基质结构。通过 SEM 确定纤维直径的步骤如下:

(1) 打印出适当放大后的纤维丝电镜图片(填满一张纸);

(2) 随机选择具有较好分辨率的 60 个测点;

(3) 在打印好的电子显微镜图片上直接标记这些点;

(4) 用游标卡尺在各个选定点测量纤维直径,并记录在 Excel 文件中;

(5) 按叠加在照片底部的标尺将图片测得的结果换算成微米数,并求纤维的有效直径的平均值。

求纤维丝直径有效平均值公式如下:

$$d_e = \frac{\sum_i d_i^2}{\sum_i d_i} \tag{6.1}$$

式中:d_i 为样品直径测量值。有效平均直径是正确计算水力直径的基础。也就是说,纤维直径为 d_e 的均匀基质的水力直径(空隙容积/浸润表面积)与真实基质的水力直径相同。这样计算所得的有效平均直径并不是前面提到的纤维直径,其数值上的偏差在 10%左右,如表 6.3 所列(比较了标准公称直径与实际测得的有效平均直径)。

表 6.3　不同基质的有效平均直径

名义值	样本数	平均直径/μm	标准偏差	有效平均直径/μm
Bekaert 12μm	60	13.3	0.96(7.2%)	13.4
Brunswick 1 mil	60	27.0	3.1(11.3%)	27.4
Brunswick 2 mil	60	52.4	2.0(3.9%)	52.5
聚酯纤维(可变的,19~30μm)	60	21.6	2.9(13.6%)	22.0

图 6.3~图 6.6 给出了毛毡基质有代表性的显微照片。

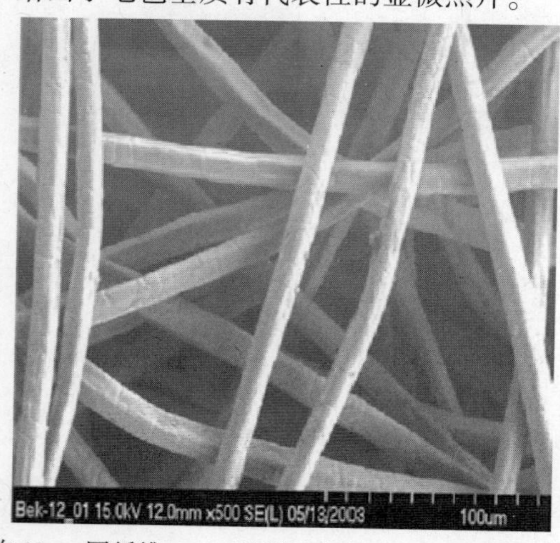

图 6.3　Bekaert 标称 12um 圆纤维,316 不锈钢。测量平均有效直径是 13.4um。90%孔隙率回热器基质,由 DOE 回热器研究计划制造和测试(显微照片由 NASA GRC 提供)

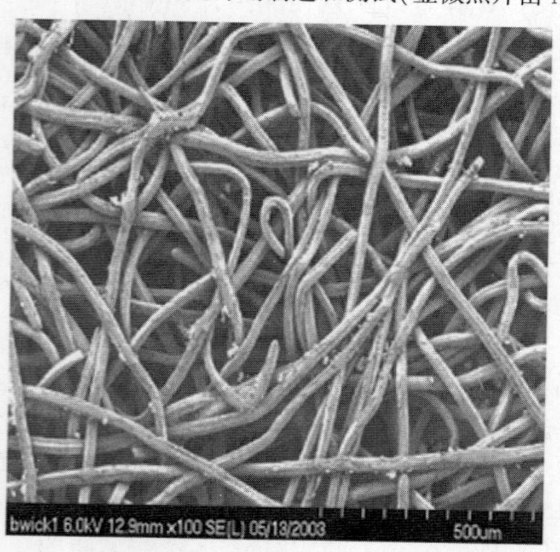

图 6.4　Brunswick 标称 1 毫英寸不锈钢纤维。实测平均有效直径为 27.4μm。82%孔隙率回热器基质,1992 年由振荡流回热器测试设备测得,美国国家航空航天局资助(显微照片由 NASA GRC 提供)

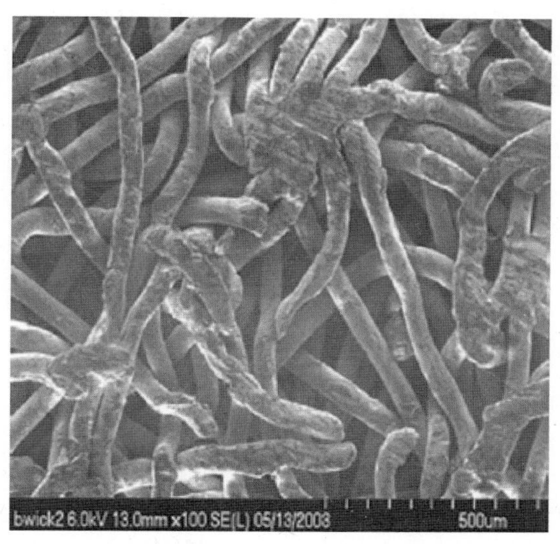

图 6.5　Brunswick 标称 2 毫英寸不锈钢纤维。实测平均有效直径为 52.5μm。69%孔隙率回热器基质，1992—1993 年由振荡流回热器测试设备测得，美国国家航空航天局资助（显微照片由 NASA GRC 提供）

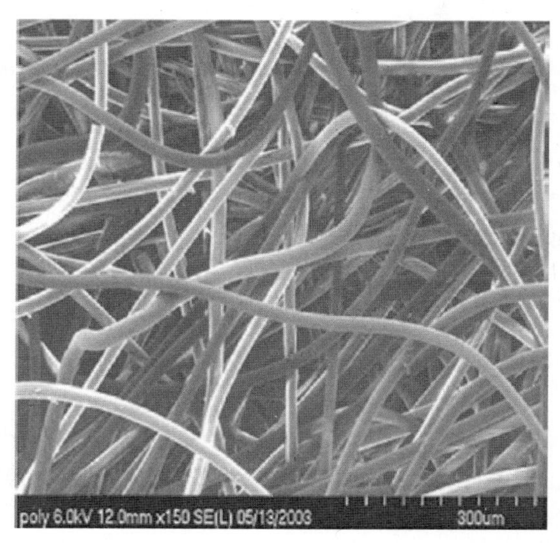

图 6.6　聚酯纤维。测量的平均有效直径为 22μm。85%孔隙率回热器基质，由 DOE 回热器研究计划制造和测试。基质从壳体壁面分离，导致本次实验没有完成（显微照片由 NASA GRC 提供）

2. 抗氧化材料纤维

为了复核抗氧化纤维的直径，将图 6.7 的 SEM 显微镜照片导入到 Adobe Acrobat，然后用测量工具测 30 个位置点的纤维丝直径，获得了平均有效纤维直径为 22.48μm，确认了上述 22μm 直径值已是足够好的。根据数据还原的需要，假设 22μm 直径是正确的。当时也没有足够多的 Acrobat 测量值来校正这个数。

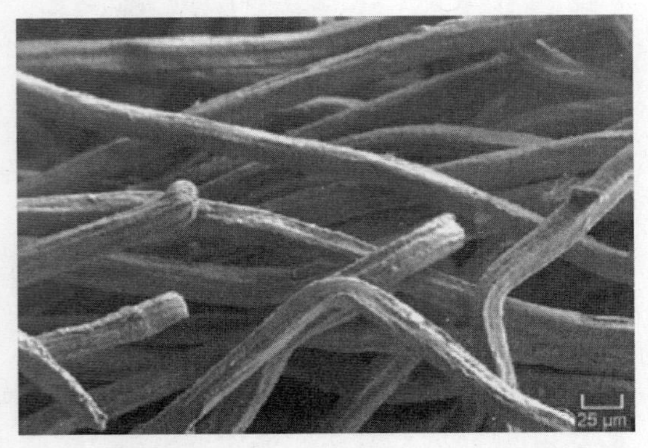

图 6.7　抗氧化纤维的 400 放大倍率的扫描电子显微镜（SEM）照片
（图片由美国宇航局 Randy Bowman 拍摄，显微照片由 NASA GRC 提供）

6.2　NASA/Sunpower 的振荡流测试台及测试台的修改

回热器样机测试是在 Sunpower 公司用 NASA/Sunpower 振荡流测试设备完成的。附录 A 描述了测试台及对测试台进行的改造。

6.3　毛毡测试结果

6.3.1　Bekaert 90%孔隙率不锈钢纤维回热器测试结果

目的是导出 90% Bekaert 回热器更确切的关系式。下面介绍对 12μm 直径、90%孔隙率的 Bekaert 不锈钢纤维材料导出的摩擦因子和传热关系式（Ibrahim et al.，2004a，2004b，2004c）。

1）摩擦因子关系式

最终推荐的关系式为

$$f = \frac{263}{Re} + 5.83Re^{-0.151} \tag{6.2}$$

测试采用的主要的无量纲参数取值范围见表 6.4。

表 6.4　90%孔隙率 Bekaert 纤维摩擦因子测试参数取值范围(见式(6.2))

测试参数	取值
峰值 Re 范围	0.95~760
Va 范围(瓦朗西数)	0.05~1.9
δ/L 范围(潮汐振幅比)	0.04~0.8

2) 传热关系式

传热关系式中同步努塞尔数 Nu 与强化传导(热扩散)率 N_k 的最终推荐取值为(参见 8.4.1 节,“传热关系式:联立形式的 Nu 和 N_k”):

$$Nu = 1 + 1.29P_e^{0.6}, N_k = N_{k0} + 1.03P_e^{0.6} \tag{6.3}$$

测量采用的无量纲参数的取值范围见表 6.5。

表 6.5　90%孔隙率 Bekaert 基质传热系数测试参数取值范围

测试参数	取值
峰值 Re 范围	7.9~640
Va 范围(瓦朗西数)	0.031~1.23
δ/L 范围(潮汐振幅比)	0.098~1

假设强化传导率为 0,由“12μm” 90%孔隙率 Bekaert 基质测试结果推导,有效努塞尔数的最终表达式为

$$Nue = 1 + 0.594P_e^{0.73} \tag{6.4}$$

这个关系式与测试数据的符合性并不是很好。

6.3.2　Bekaert 96%孔隙率不锈钢纤维回热器测试结果

接下来给出的结果仅针对半长样本的测试结果(一个是在 2006 年做的测试,另一个是在 2008 年实验台进行一些整修后做的测试),就像 6.3.1 节解释的那样,测试台未能解决 96%孔隙率回热器全长样本低热损的问题。在 2008 年修理后对 2006 年的半长样本进行再测试,但是样本及其结果受到的一些破坏导致我们决定去掉那些结果,以消除其影响。具体细节请参考 Ibrahim 等(2009a,2009b)。

至于测试结果,两个摩擦因数非常接近,而传热关系有差异。真正的问题是,同步还原 Nu 与 N_k 的过程对数据中的小误差敏感,数据还原过程可能会平滑掉两个机制热损效应的差异,因此,接下来要讨论的传热关系中,尽管系数 b 改变了很多,最终回热器的热损也没有太大的变化(关于这些结果的更多内容请参见 Ibrahim 等,2009a, 2009b)。

下面介绍 96% 孔隙率 Bekaert 不锈钢纤维回热器摩擦因子和传热关系式 (Ibrahim 等, 2009a, 2009b)。

1) 摩擦因子关系式

96%孔隙率 Bekaert 不锈钢半长回热器样品摩擦因子关系式为

$$f = \frac{a_1}{Re} + a_2 Re^{a_3} \tag{6.5}$$

式(6.5)的系数见表 6.6。

表 6.6 式(6.5)中摩擦因子计算式的系数取值

摩擦因子计算式系数	a_1	a_2	a_3
2008 半长样品 B	704.1	7.245	-0.131
2006 半长样品 A	633.1	7.506	-0.136

2) 传热关系式

同步努塞尔数 Nu 与强化传热比 N_k 的关系式为

$$Nu = 1 + b_1 P_e^{b_2}, \quad N_k = 1 + b_3 P_e^{b_2} \tag{6.6}$$

式(6.6)的系数见表 6.7。

表 6.7 式(6.6)中传热关系式相关系数取值

传热系数	b_1	b_2	b_3
2008 样品 B	4.22	0.545	0.866
2006 样品 A	8.60	0.461	2.498

6.3.3 Bekaert 93%孔隙率不锈钢纤维回热器测试结果

93%孔隙率毛毡决定性的测试可能是 2008 年 8 月完成的半长样品测试(这个问题的进一步解释,可参见本章前面对 93%孔隙率材料的讨论)。

下面介绍 93% 孔隙率 Bekaert 不锈钢纤维回热器摩擦因子和传热关系式 (Ibrahim et al., 2009a, 2009b)。

1) 摩擦因子关系式

摩擦关系式如前一节的式(6.5)一样,只是系数不一样。93%孔隙率样品的摩擦关系式中的系数在表 6.8 中给出。

表 6.8 式(6.5)中摩擦因子计算式系数取值

摩擦因子计算式系数	a_1	a_2	a_3
2008 半长	466.3	5.710	-0.104
2008 全长	437.8	5.482	-0.103

2) 传热关系式

传热关系式如前一节的式(6.6)一样,只是系数不一样。93%孔隙率样品的传热关系式中的系数在表6.9中给出。

表6.9 式(6.6)中传热关系式相关系数取值

传热系数	b_1	b_2	b_3
2008半长	2.428	0.542	1.100
2008全长	3.289	0.508	2.561

6.3.4 抗氧化合金90%孔隙率回热器测试结果

接下来给出在振荡流实验台上测试的90%孔隙率、22μm宽的抗氧化合金回热器的摩擦因子和传热关系方程(Ibrahim et al. 2009a, 2009b)。

1) 摩擦因子关系式

摩擦关系式如前一节的式(6.5)一样,90%孔隙率抗氧化样本摩擦关系式中的系数在表6.10中给出。

表6.10 式(6.5)中摩擦因子相关系数取值

a_1	a_2	a_3
283	4.920	-0.109

抗氧化样本流阻测试实验的主要无量纲参数取值范围在表6.11中列出。

表6.11 90%抗氧化样本流阻测试无量纲参数取值范围(对应系数表6.10)

测试无量纲参数	取值
峰值 Re 范围	3.85~1460
Va 范围(瓦朗西数)	0.19~6.9
δ/L 范围(潮汐振幅比)	0.06~0.63

2) 传热关系式

传热关系式如前一节的式(6.6)一样,90%孔隙率抗氧化样本传热关系式中的系数在表6.12中给出。

表6.12 式(6.6)中传热关系式相关系数取值

b_1	b_2	b_3
1.822	0.538	1.661

抗氧化样本传热测试实验的主要无量纲参数取值范围在表6.13中列出。

表 6.13　90%孔隙率抗氧化样品传热测试无量纲参数取值范围(对应系数表 6.12)

测试无量纲参数	取值
峰值 *Re* 范围	3.14~1165
Va 范围(瓦朗西数)	0.12~4.3
δ/L 范围(潮汐振幅比)	0.07~0.83

6.3.5　与孔隙率相关的摩擦因子和传热通用关系式

下面定义的通用(与孔隙率相关)关系式基于如下实验中的数据(Ibrahim 等 2004a, 2004b,2004c,2009a,2009b):

• 2008 年进行的 22μm、半长样本、孔隙率分别为 96%和 93%的不锈钢回热器测试,以及 22μm、90%孔隙率的抗氧化回热器测试。

• 2006 年进行的 30μm、孔隙率范围从 85%~96%的 Bekaert 不锈钢回热器测试。

• 2003 进行的 12μm、90%孔隙率的 Bekaert 不锈钢回热器测试。

• 1992—1993 年分别进行的 82%和 69%孔隙率 Brunswick 不锈钢回热器测试。

1) 孔隙率相关的摩擦因子关系式

通用的、与孔隙率相关的摩擦因子关系式与式(6.5)一样,而有所不同的是,方程中的系数是如下变量

$$\begin{cases} a_1 = 22.7x + 92.3 \\ a_2 = 0.618x + 4.05 \\ a_3 = -0.00406x - 0.0759 \end{cases} \tag{6.7}$$

式中:变量 x 是关于孔隙率 β 的函数,定义为

$$x = \frac{\beta}{1-\beta} \tag{6.8}$$

2) 孔隙率相关的传热关系式

与孔隙率相关的通用传热关系式与式(6.6)一样,所不同的是,方程中的系数是如下变量:

$$\begin{cases} b_1 = (0.00288x + 0.310)x \\ b_2 = -0.00875x + 0.631 \\ b_3 = 1.9 \end{cases} \tag{6.9}$$

式中:变量 x 是关于孔隙率的函数,同式(6.8)一样。

6.3.6 聚酯纤维回热器测试结果

实验用的聚酯纤维回热器提出了问题。进行传热实验时,测试台运行人员注意到了一个高频压力振荡,其原因很可能是室温硫化硅橡胶密封件与壳体内表面之间的基质出现了裂口。尽管这些裂口没有扩展到整个基质,但还是造成了一定程度的流动短路。高频压力振荡可能是由基质/壳体表面界面处的柔性橡胶表面的振动引起的。

但数据还原后发现,与不锈钢毛毡回热器相比,低雷诺数下,聚酯纤维毛毡回热器的热损更大。可能是由于基质温差太小(此次实验中仅有 30°C,远远小于通常的 170°C),从而造成信号(冷却器散热)噪声比较低,但也可能是由于边缘漏气引起流动不均匀(参加 6.4.3 节)。

虽然实验结果只是初步的,但从中还是发现聚酯纤维毛毡的摩擦因子出现了比预期要高的情形。我们得到其摩擦因子 $f_{Re}=335\pm2.96$,而按照前面给出的关系式计算,对于 85%孔隙率合金毛毡的摩擦因子 $f_{Re}=204\pm2.55$。此偏差可能是由于所选聚酯纤维样本直径尺寸范围变化过大,以致不能正确的测算出其平均直径。鉴于此,我们放弃了对聚酯纤维回热器进一步的测试。

6.4 理论研究

在 DOE 计划三年攻关期内,我们完成了毛毡回热器的几项理论研究,主要包括:孔隙率对回热器性能的影响研究;黏性和热涡旋输运的计算;边缘漏气研究;收集回热器不稳定性的资料。以下是这些研究的概要:

(1) 孔隙率对毛毡回热器和编织丝网回热器性能影响的研究显示,孔隙率增加,努塞尔数增大,阻力系数减小。这个结果支持高孔隙率对回热器性能有利的假设。

(2) 对于回热器基体的有效热导率,用 N_k 来表征。N_k 定义为分子热传导量与涡旋热传导量之和与分子热传导量的比值,即

$$N_k = 1 + \frac{c_p\left|\overline{(\rho v)T}\right|}{k\left|\bar{T}\right|} \tag{6.10}$$

上述方程的分子是某种空间平均值,可以通过实验和计算流体力学(CFD)模型计算得到。在 CFD 建模过程中,我们利用上述表达式来估计有效的轴向热传导(见 6.5 节)

(3) 壁面的存在可能产生边缘漏气(见 6.4.3 节)。经过初步观察,尽管并不

存在真正的间隙,但是通过多孔基体的流动阻力在壁面边界附近有所降低。虽然流动阻力降低总是好事,但若仅在回热器基体的局部降低则是坏事,因为这会导致流动不均匀。

(4) 实验表明,在某些情况下,回热器中的流动具有不稳定性。这种不稳定性的可能原因在6.4.4节研究。

6.4.1 孔隙率对回热器的影响

有关改变基体孔隙率对强化热传导影响的讨论,引导我们对相关的文献进行了进一步的研究,我们的发现很有意思。对于堆积球、编织网和毛毡这三种基质,图6.8比较了其强化传热比与孔隙率的关系,图6.9比较了其努塞尔数与其孔隙率的关系。基于水力直径的雷诺数固定为100,这个值落在典型斯特林发动机和制冷机的实用雷诺数范围内,又足够高,能够在流动中产生感兴趣的涡旋。普朗特数定为0.7。

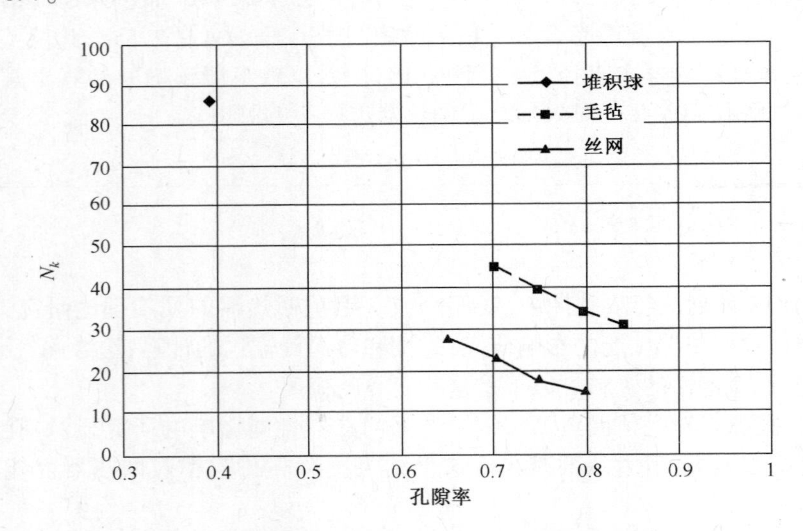

图6.8 Re_{dh} = 100 情况下强化热导率与孔隙率的关系。Re_{dh} 表示基于水力直径的雷诺数。

图6.8和图6.9的证据提示了努塞尔数和强化热导率这些无量纲参数与孔隙率的关系。

对于努塞尔数(气体对基体的热传导阻力的倒数的度量),最显著的现象是,丝网和毛毡回热器的努塞尔数都随孔隙率急剧上升。对于强化热导率(对潜在的轴向热传导损失的直接度量),曲线中显示其与孔隙率为负相关。数据显示,对于堆积球与毛毡,其 N_k 随孔隙率的变化近似于沿同一条曲线。在孔隙率为1时,该

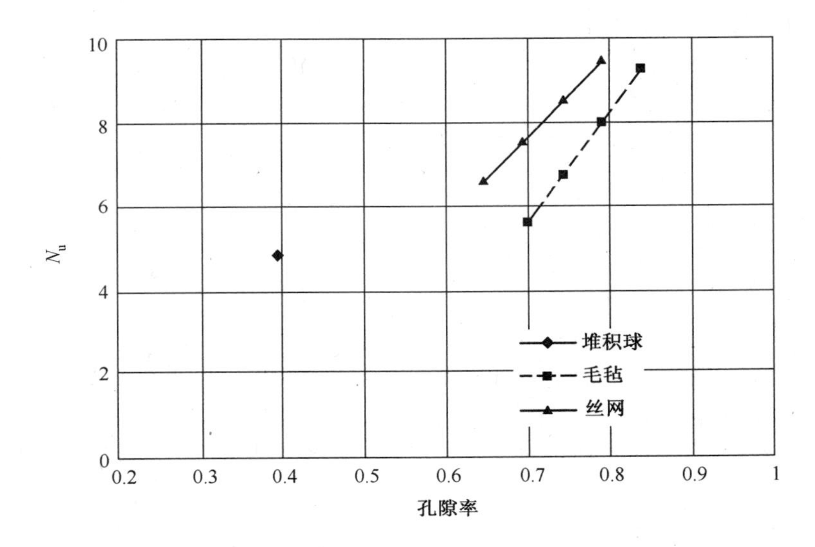

图 6.9　Re_{dh} = 100 情况下努塞尔数与孔隙率的关系。Re_{dh} 表示基于水力直径的雷诺数。

曲线趋于零,与实际情况相符(流场中没有固体,无法产生流动涡)。由于高努塞尔数和低轴向热传导对回热器性能都是有利的,两条曲线倾向于支持这个假设:高孔隙率对回热器性能更有利。

上述曲线都是低于84%孔隙率回热器的结果。接下来的图6.10和图6.11将分别针对毛毡、编织丝网基体以及一种极限情况,即单丝线圆柱绕流情况(此时孔隙率为1),比较其阻力系数(潜在的流动阻力的度量)和努塞尔数随孔隙率变化的情况。

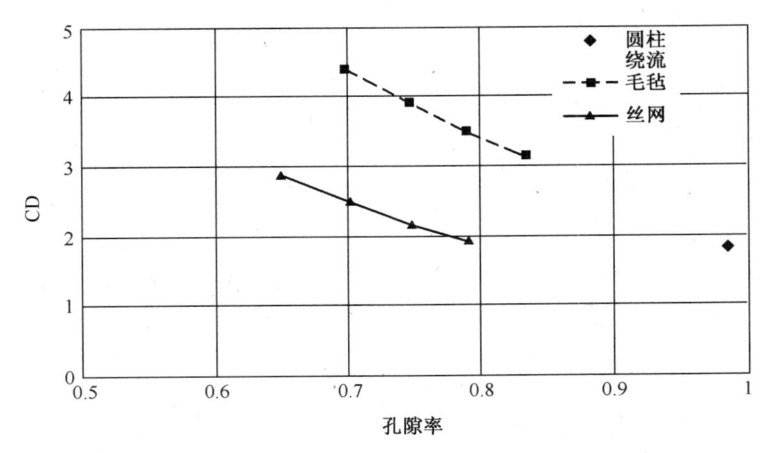

图 6.10　Re_d = 100 情况下阻力系数随孔隙率的变化。Re_d 表示基于线直径的雷诺数。

由于基体流阻的降低会直接使发动机功率输出增加,所以图 6.10 进一步表明了高孔隙率是有利的。有趣的是,单圆柱绕流的阻力系数值看起来正好在毛毡阻力系数曲线的延长线上。事情本该如此,因为毛毡纤维通常都近似垂直于流动方向,就如同被绕流的小圆柱。当纤维间距越来越大时,其表现就越加接近于孤立的单圆柱。然而,编织网基体的阻力系数还是低于毛毡基体。这可能是由于编织结构中纤维固有的波纹结构,使得丝线并不总是垂直于来流方向,通常为斜方向。也可能与编织结构形成的流道有关。

观察图 6.11 中的努塞尔曲线,单圆柱绕流的努塞尔数比毛毡和编织网的努塞尔曲线延长线上对应的点的值都要小。这表明孔隙率在 1.0~0.84 之间存在值得关注的现象,这也是我们的研究重点。基于阻力系数曲线(图 6.10)可以推测,孔隙率为 1 时,毛毡基体的努塞尔数接近圆柱绕流的努塞尔数。这里需要提醒的是,图 6.11 中的努塞尔数是基于线直径的,而图 6.8 中的努塞尔数曲线是基于当量水力直径的。

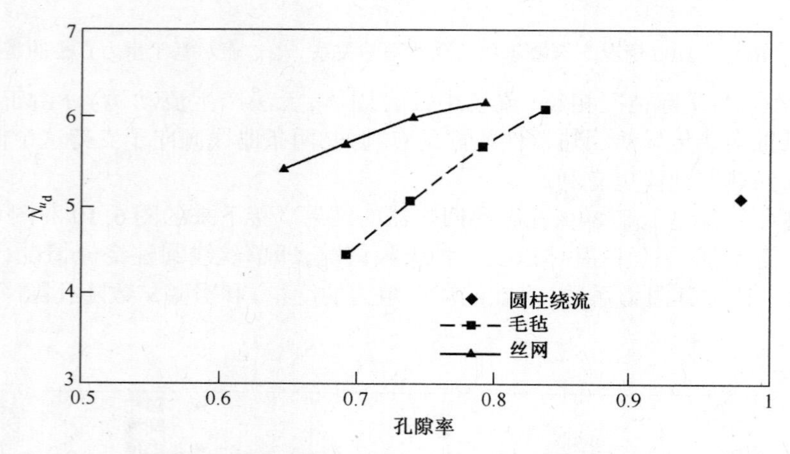

图 6.11　Re_d = 100 情况下努塞尔数随孔隙率的变化。Re_d 表示基于线直径的雷诺数。

6.4.2　计算黏性和热涡旋输运

在实验和 CFD 计算中,我们花了大量的时间想办法量化多孔材料中的强化热扩散。我们参考了 Hsu 和 Cheng 在 1990 年发表的关于多孔材料中不可压缩流动的相关公式的文章。我们将公式扩展到了可压缩流动中,并且增加了计算热传导和摩擦系数的公式。我们还开发了在曲线计算坐标系中计算所需各种量的空间积分的方法

物理上来看,我们所讨论的是多孔回热器内部的微观流动结构,用一维计算机程序去模拟是无法处理的,如 Sage 程序(Gedeon,1999,2009,2010)。微观涡旋输

运动量和热能超出了层流情况下的预期。我们正在像 Sage 在回热器流动建模时尝试的那样，将我们的微观测量与宏观概念相结合。这些概念包括摩擦系数 f，努塞尔数 Nu，以及强化热导率 N_k。

例如，在可压缩理想气体流动中，亚网格尺寸的涡输运的热能（涡旋导热热流）可以写为

$$\overline{c_p(\rho v)'T'} \tag{6.11}$$

式中：上划线代表在具有代表性的宏观容积元素上的空间平均（非时间平均），有上标撇号"'"的量表示与空间平均值的局部偏差。密度和速度的值组合在一起，如 $(\rho v)'$，表示矢量质量通量，是一个基本量。

将分子传导量 $\bar{q} = -k\nabla\bar{T}$ 和涡旋传导量用一个整体的有效的矢量热通量来表示比较方便，其定义为

$$q_e = \bar{q} + c_p\overline{(\rho v)'T'} = k_e\nabla\bar{T} \tag{6.12}$$

式中：k_e 为整体有效传导率。

做了这些准备后，可以将有效热导率 N_k 定义为总的分子热传导量加上涡旋热传导量与分子热传导量的比值——如式(6.10)所示。

式(6.10)的分子是空间平均量，可以通过实验和 CFD 模型计算得到。实验中，我们计划用基体出口平面上（离管道进口最远位置）的平均值来估计式(6.10)右边第二项的分子。我们用出口平面和基体内距出口平面一定距离的某个平面的平均温度进行差分来估计分母。

我们在 CFD 建模中，除了目前还无法在绕流中进行多纤维建模之外，原则上可以在回热器的任何平面上进行平均。对于可以建模的情况，需要梳理清楚，在整个回热器中，哪些区域需要进行平均，哪个温度梯度对应平均轴向温度梯度。与取平均值所选区域的尺度有关，相应于纤维或尾迹附近的局部变化，也可能存在明显的（甚至是主要的）平均温度梯度。总之，建模关注的焦点是，涡的热输运量是否总是与当地平均温度梯度成比例。如果不是，就要考虑应该用什么张量才能量化等效其有效传导率 k_e。

我们还开发了类似的公式来计算在宏观计算模型中的另外两个关键量，即努塞尔数和摩擦系数。有关公式推导过程不是我们主要的关注点，所以，在此我们不详细介绍其数学上的细节。

6.4.3 边缘漏气

我们也注意到基体边缘漏气的可能性是回热器中一种重要的损失机制。经过初步观察，在壁面边界附近，即使并不存在真实的间隙，通过多孔基体的流动阻力也可能有所降低。例如，在明尼苏达大学测试的基体（见图 7.1），其纤维一直延伸

到壁面上与壁面的间距远小于纤维间的间距。但初步发现,壁面附近流量还是增加了。虽然流阻的降低总体上是有利的,但如果降低仅发生在回热器基体的局部,就会使流动不均匀,这反而是不利的。

上述这种情况的原因可能是,在基体内部的流动涡在壁面附近产生局部压缩,降低了壁面附近的局部黏性和涡的热量运输能力,也降低了表面摩擦系数和热扩散率。如果能找到进一步的证据证实此观点,那将是一个非常重要的发现,就可以找到解决此问题的方法。可能解决的方法有两种:一种是增加壁面粗糙度以使壁面附近的涡与流动涡尺寸接近;另一种是逐渐减小壁面附近的基体孔隙率。

边缘漏气后来成了明尼苏达大学的一个实验研究课题。对该研究的讨论与结果将会在 7.2.6 节介绍。

6.4.4 回热器不稳定性

大尺寸的斯特林发动机和制冷机,其表现常常与一维模型预测的不一致。一般来说,像回热器这样的发动机组件,其长度与小型发动机中的相当,但是其直径和横截面积却要大得多。膨胀腔和压缩腔之间的气流一般会沿阻力最小的路径流动,这使流体难以到达回热器或者热交换器的最外层。但是还有其他问题。有时来自现场的报告提示,回热器内出现了无法解释的流动现象。这些流动形成了对流单元,其证据是,在回热器压力壁的外表面所测的温度分布不均匀,而且还可能随着时间增长变得不稳定。可能的原因有多种,从回热器两端流量分布不均匀,到基体结构不均匀,包括多孔材料的移动导致逐步恶化。

但也有可能有其他更本质的原因,即零平均振荡质量流并不总是产生零平均压降这一客观事实。在黏性流动中,压降取决于剪切速率,而质量流取决于密度和速度的乘积。因此,即使压降在两个方向上相等,振荡流动循环中流体密度的变化也可能导致净质量失衡。或者因为多余质量流量缺少回流通道,导致不能回流,则也可能会在流道两端产生时均压差。Gedeon 在 1997 年发表的论文即以此为主题,描述了在某些使用闭环流动回路的低温制冷机中形成“直流”回路的潜在可能。

为进一步理解这个问题,考虑一个由平行板组成的回热器,将其流动面积均分为两部分。在这两部分的流道中加上大小相等方向相反的扰动,此时运行斯特林循环,会发生什么?Gedeon 未出版的备忘录(Gedeon, 2004a, 2004b)中详细地推导了这种两部分平行板回热器中“直流”流动的控制方程(见附录 D)。这里对该过程进行简要介绍。首先给出平行板回热器中的 Darcy 流的控制方程:

$$u = -\frac{g^2}{12\mu}\frac{\partial P}{\partial x} \tag{6.13}$$

式中：u 为截面平均速度；g 为流动间隙（见图 8.27）；μ 为黏性系数；$\frac{\partial P}{\partial x}$ 是轴向压力梯度。

接下来假设速度与密度都为一个常数加一个矢量部分（正弦变化），$u = u_m + \boldsymbol{u}$，$\rho = \rho_m + \boldsymbol{\rho}$。经过较少的数学计算，每单位流动面积的 DC 流量可以写为

$$(\rho u)_{\mathrm{dc}} = \rho_m u_m + \frac{1}{2}\boldsymbol{\rho u} \tag{6.14}$$

式中：$\boldsymbol{\rho u}$ 为向量点积。

根据线性叠加原理，将 Darcy 流方程式（6.13）写成平均值和矢量速度分量相加，得到

$$(\rho u)_{\mathrm{dc}} = -\frac{g^2}{12\mu}\left(\rho_m \frac{\partial P_m}{\partial x} + \frac{1}{2}\boldsymbol{\rho}\frac{\partial \boldsymbol{P}}{\partial x}\right) \tag{6.15}$$

然后做几个假设。假设存在一点，大致为回热器中点，其当地压力梯度可以用回热器平均压力梯度代替，即 $\frac{\partial P}{\partial x} \approx \Delta P/L$，其中 L 为回热器长度。用下标 c 表示该点，之前的方程可以写为

$$(\rho u)_{\mathrm{dc}} \approx \frac{g^2}{12\mu_{\mathrm{c}}L}\left(\rho_{\mathrm{c}}\Delta P_m + \frac{1}{2}\boldsymbol{\rho}_{\mathrm{c}}\Delta\boldsymbol{P}\right) \tag{6.16}$$

将此方程用于回热器的两部分，一部分用下标 A 表示，另一部分用下标 B 表示；然后方程叠加。根据质量守恒，等式左手边之和一定为零（假设回热器外没有“直流”流动）。求解“直流”流动压降 ΔP_m 的方程，然后将结果代回公式中。用基于气体能量方程的近似值代替密度变化矢量 $\boldsymbol{\rho}$。同时假设回热器中温度近似线性分布，理想气体状态方程适用，以及气体黏性和传导率随 $T^{0.7}$（对于 10~1000K 范围内的氦相对准确）变化。从这点上来看，方程变得很复杂，但是经过一系列假设，方程可以大大简化。首先，假设回热器中压降矢量与压力矢量（压力和速度同相位）相差 90°。其次，假设回热器的可塑性（体积）很小。因为最佳的回热器性能要求压力和速度的波动基本同相位（因为流动振荡的瓦朗西数较低），因此第一个假设较为合理。第二个假设相当于表明通过回热器时速度的相位变化不大，这样的假设并不是很理想，但是必须要有此假设。回热器 A 的 DC 流控制方程的最终简化但是有意义的形式为

$$\frac{(\rho u)_{\mathrm{dc}}}{(\rho u)_1} \approx \frac{\gamma P_{\mathrm{m}}\Delta P_1 T_r^{1.4}}{48(\gamma - 1)Nuk_r\mu_r L}\frac{\partial T}{\partial x}\left[\frac{g^4}{T_{\mathrm{c}}^{3.4}}\right]_B^A \tag{6.17}$$

式中：$[\ ]_B^A$ 表示差 $(\ )_A - (\ )_B$。式（6.17）左边的量表示基线未扰动回热器中“直流”质量通量与振荡质量通量的振幅的比值。在术语中定义了式（6.17）右边出现的量（k_r, T_c, T_r 等）。

类似的方程控制了回热器 B 中相等和相反的“直流”流动。注意，“直流”流动

通量很大程度上依赖于回热器两个部分间的间隙差（g^4 依赖性），并且其流动方向取决于温度梯度的符号（与 A 中相反）。对于低温制冷机，其 $\frac{\partial T}{\partial x}$ 为负，回热器 A 部分中的正间隙扰动产生了负“直流”流动。对于发动机，其 $\frac{\partial T}{\partial x}$ 为正，正的间隙扰动产生正的“直流”流动。在每种情况下，正间隙扰动都是产生从回热器冷端流向热端的“直流”流动。与回热器温度梯度相结合的这种“直流”流动倾向于减少回热器内部的热量，扰动温度分布，使得具有较大间隙的部分较冷。

在最后一个方程中还要注意的是，“直流”流动与回热器中心温度的相关性升到了-3.4 次方。这意味着上一段指出的回热器中心温度的下降会增强“直流”流动。确切的增强系数理论上很难估计。由“直流”流动转移出的热量会被回热器中其他的热能输运机制抵消，包括气体导热、回热器箔片的固体导热、回热器“交流”流动产生的时间平均的焓流，以及回热器两部分之间任何的热传导。所有这些机制都趋向于将温度分布恢复到其大致的基线线性状态。

6.5 计算流体力学模拟绕流中的柱体

6.5.1 流场和热力场

本节在 $Re=100$ 的情况下，针对不同的柱体形状（圆形，0°和 45°倾角的正方形，90°倾角的椭圆以及 90°倾角的菱形），对绕流中单个柱体进行 CFD 分析。目的是获得绕流中简化外形的单个柱体的轴向热散布的相对幅度（见式（6.10））。

在柱体的绕流中，柱体不仅干扰周围的流动，而且会干扰很大距离内所有方向的流动。在 $Re=100$ 时，涡流逐渐增大直到尾迹开始不稳定。在这种高于临界雷诺数的情况下，黏性耗散非常小，无法保证流动的稳定性。

定义涡从柱体开始脱落（不再保持附着在柱体上）时的雷诺数为临界雷诺数。圆柱的临界雷诺数 $Re_{cr}\cong 46$（Lange 等，1998 年），0°倾角的正方形柱体的临界雷诺数 $Re_{cr}\cong 51.2$，45°倾角的正方形柱体的临界雷诺数 $Re_{cr}\cong 42.2$（Sohanker 等，1998 年）。涡从主流中脱落，形成著名的冯·卡门涡街。

图 6.12 和图 6.13 取自 CFDACE+程序产生的动画文件（详见 Mudaliar，2003 年）。图 6.12 和图 6.13 仅显示了一个周期内的圆柱的速度矢量和等温线图。周期时间是从侧向力（升力）的波动周期时间导出的，波动的横向力是造成涡脱落的主要原因。图 6.12 显示了一个周期内的速度矢量和流函数，分为五部分。从图中可以清楚地看到，涡从柱体的后端脱落。对所有的几何形状，都能观察到涡从柱体

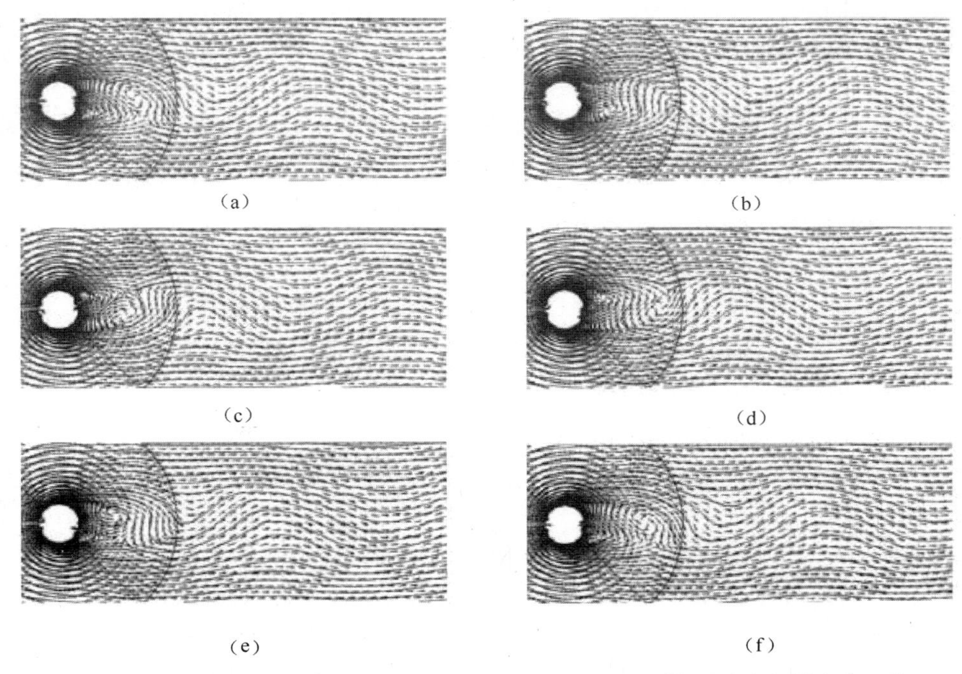

(a) (b) (c) (d) (e) (f)

图 6.12 (a)一个周期开始时速度矢量和流函数;(b)1/5 周期时速度矢量和流函数;(c)2/5 周期时速度矢量和流函数;(d)3/5 周期时速度矢量和流函数;(e)4/5 周期时速度矢量和流函数。(f)一个周期结束时速度矢量和流函数。

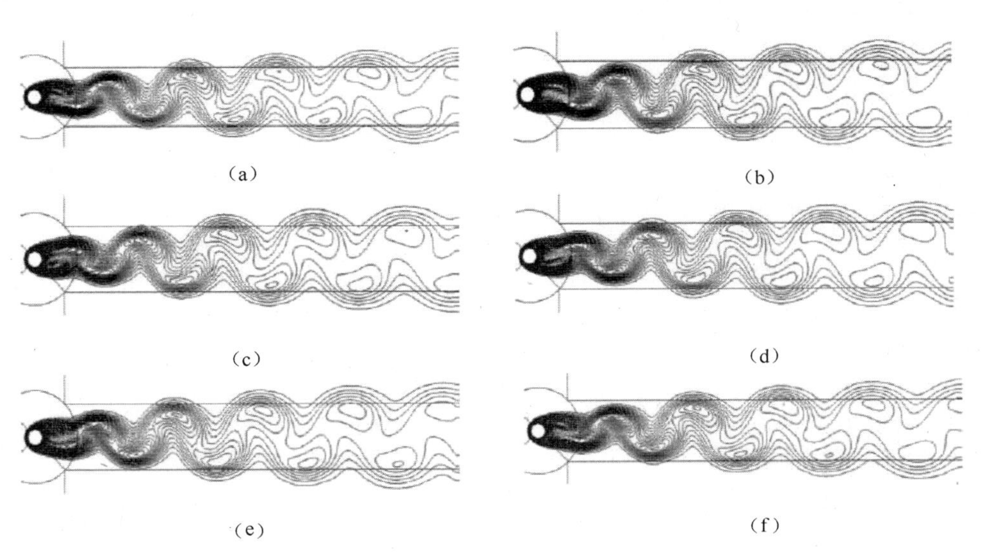

(a) (b) (c) (d) (e) (f)

图 6.13 (a)一个周期开始时等温线;(b)1/5 周期时等温线;(c)2/5 周期时等温线;(d)3/5 周期时等温线;(e)4/5 周期时等温线;(f)一个周期结束时等温线。

后端的顶部和底部交替脱落。尾迹的尺寸随几何形状的改变而变化，90°倾角的椭圆和菱形结构的尾迹最大。图 6.13 显示了圆柱的等温线分布。可以清晰地看到仅在柱体后面的尾迹中存在温差。在等温线图中，也观察到了涡在柱体的顶部和底部交替脱落。等温线图中涡脱落的频率与速度图不同。尽管在流场中观察到了强烈的尾迹，但是在波动中热传递仍然是有限的。这主要是由于尾迹区域中流动速度低，以及在柱体附近分子导热起主导作用。

6.5.2 斯特劳哈尔数关系式

斯特劳哈尔数的定义为

$$St = \frac{L}{U\tau} \tag{6.18}$$

式中：τ 涡脱落时间周期，单位为 s；L 为特征长度（如柱体直径），单位为 m；U 为速度，单位 m/s。

表 6.14 给出了研究得到的不同几何形状对应的斯特劳哈尔数。CFD 计算得到的圆柱的数值与已有数据（Franke et al.，1995；Lange et al.，1998；Norberg，1993；Zhang 和 Dalton，1998）符合得很好。对于方形柱体（倾角 0°和 45°）的情况，CFD 计算数据与 Knisely（1990）、Franke 等（1995）、Okajima 等（1990）以及 Sohankar 等（1995，1998）的数据基本一致。

6.5.3 努塞尔数关系式

努塞尔数的定义为

$$Nu = \frac{hL}{k} \tag{6.19}$$

式中：h 为导热系数，由 $\dot{q}_w = h(T_w - T_\infty)$ 得到。表 6.14 中给出了不同几何形状柱体的周界上的平均 Nu。

表 6.14　$Re=100$ 时不同几何形状柱体的斯特劳哈尔数和努塞尔数

几何形状	斯特劳哈尔数	努塞尔数
圆形	0.1656	5.1904
0°入射角的方形	0.1311	3.5133
45°入射角的方形	0.1656	5.5949
90°入射角的椭圆	0.2266	6.9539
90°入射角的菱形	0.2098	6.8692

目前针对圆柱的研究结果与 Lange 等人在 1998 年的计算研究结果相符合。表 6.14 显示对于 90°倾角的椭圆和菱形柱体，其柱体周界上的平均 Nu 几乎相等，

可能是由于二者的斯特劳哈尔数几乎相同。这意味着 Nu 是涡脱落频率(斯特劳哈尔数)的函数。类似地,圆柱和45°倾角的方形柱体的 Nu 也接近相等,二者在 $Re=100$ 情况下具有相同的斯特劳哈尔数。45°倾角的方形柱的 Nu 最小,这种柱体的斯特劳哈尔数也最小。

6.5.4 轴向热扩散率

在这个研究当中,计算域在顺气流方向选为 $40L$(L 是特征长度,即横截面的宽度)、绕流方向选为 $20L$。计算域选择得足够大从而使我们能够获得流动中的脉动速度和温度。此研究特别关注的是孔隙率对热扩散率的影响(增强热传导)。所以我们决定用一个简单的方法(至少显示结果的趋势),只关注三个围绕柱体放置的方框(见图6.14)。给定这些方框的尺寸坐标以保证相应的孔隙率分别为0.85,0.90和0.95。

为了计算脉动速度和温度,采用以下方法:以孔隙率0.9为例(图6.14的中间框),方框的边等于 $2.8L$。然后我们取方框东边的一个网格点(即下游),在 Y 区比这个网格点高 $1.4L$ 和低 $1.4L$ 的空间内,计算空间平均速度 U 和 V,以及平均温度。这样可以得到相当于尺寸为 $2.8L$ 的空间中的平均数。

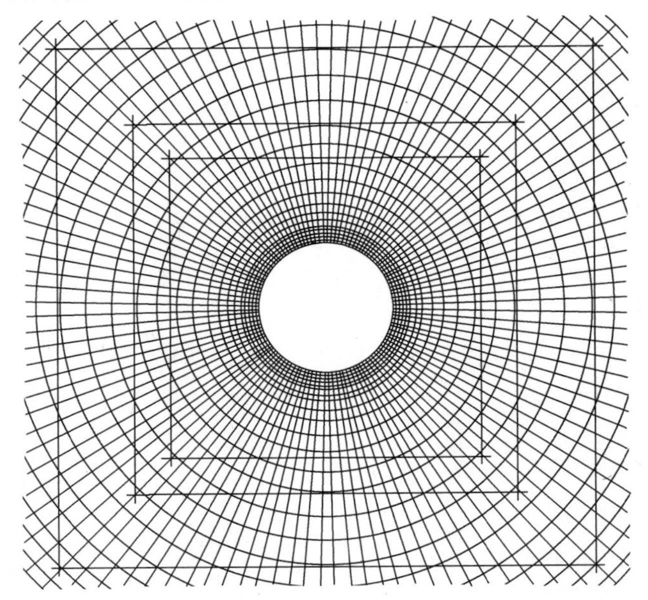

图6.14 柱体附近的计算域。三个方框表示了对应孔隙率为0.85(里面的那个方框)、0.9和0.95的三个不同的计算域。

对位于 $2.8L$ 以外($1.4L$ 以上和 $1.4L$ 以下)的其他节点,我们取空间平均值。它们的值是在原始 $2.8L$ 尺寸内的节点位置处的值的镜像反射。取平均值这种方法是为了得到一个更真实的图景,就好像有另外一个柱体在这个柱体的上面和下面。然后根据刚刚获得的瞬时值和相应的平均值之间的差计算脉动量。通过对涡旋脱落周期的值进行平均来获得脉动分量的时间平均值。在孔隙率为 0.9 的方框东边的各个网格点进行了类似的计算。对于方框的左边(上游)重复这样的计算,如预期的那样,脉动值几乎为零。现在我们可以计算乘积 $\rho C_P U'T'$,这个乘积是强化轴向热传导率(其中,ρ 是密度; C_p 是流体的比热;U'是轴向速度的脉动分量;T'是温度的脉动分量)。同样,通过从相应的当地速度分量中减去空间平均速度分量来获得特定位置的脉动分量(即 $U' = U - \langle U \rangle$),而空间平均速度分量是在孔隙率方框下游边缘特定位置处 Y 方向上的上边和下边各 1.4L 范围内取平均值得到的。通过类似的过程来计算$\langle T \rangle$和 T'。由当地平均温度,可以计算分子热传导,然后可以得到有效热传导与分子热传导的比值。我们评估了所有几何外形的轴向有效传导与分子传导的比值 $\left(\rho C_p U'T' + \left(-k\dfrac{\partial T}{\partial x}\right)\right) \Big/ \left(-k\dfrac{\partial T}{\partial x}\right)$。轴向有效传导与轴向分子传导的比值的平均如图 6.15~图 6.17 所示。比值的大小随着孔隙率增加而增加,这是由于随着孔隙率的增加分子传导的减少。从斯特林发动机的观点来看,这个数量应尽可能小,以便通过最小化轴向传导损耗来提高效率。

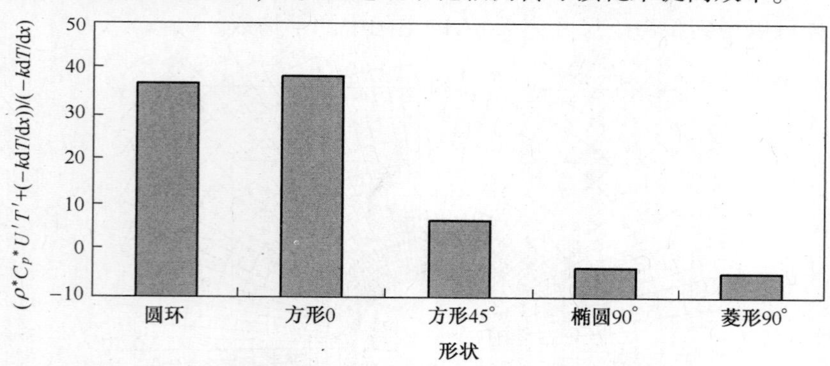

图 6.15　孔隙率为 0.85 时轴向有效传导与分子传导的比值的平均

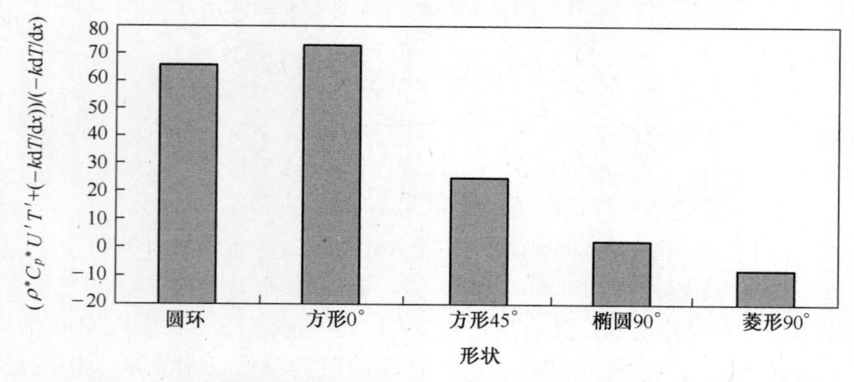

图 6.16　孔隙率为 0.90 时轴向有效传导与分子传导的比值的平均

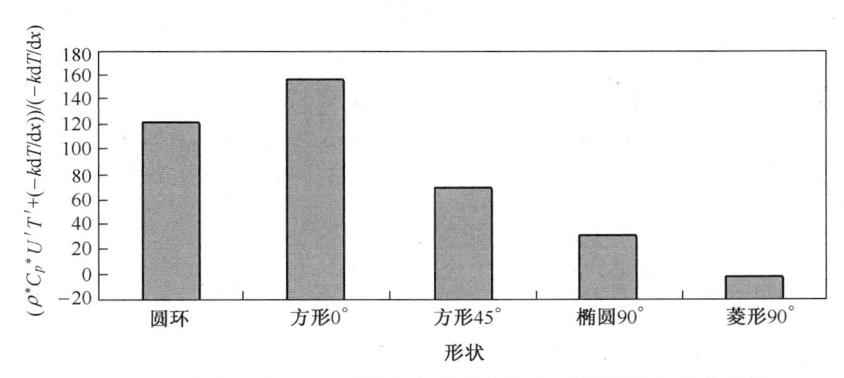

图 6.17　孔隙率为 0.95 时轴向有效传导与分子传导的比值的平均

当孔隙率为 0.85，菱形和椭圆柱在 90°时的比值为负，并且当孔隙率为 0.90 和 0.95 时，菱形在 90°时的比值也是负数。这个比值为负数可能是有利的。

6.6　实验关系式总结和结论

本章总结了实际尺寸毛毡回热器的实验结果和柱体绕流的 CFD 模拟结果。毛毡回热器在 NASA/Sunpower 振荡流动测试台上进行了测试。

从振荡流动测试台测试数据得到的摩擦因子和传热的关系式已应用在了 Sage 计算机设计程序中，该程序应用到了诸如 Sunpower 公司，NASA 和其他相关机构的斯特林装置设计中。式(6.20)～式(6.22)是从 2008 年振荡流动测试台数据中得到的最新孔隙率相关的不锈钢毛毡关系式。这些式子的推导和用于推导这些式子的数据在本章前面讨论过，也会在附录 I 中进行讨论；用于推导方程的数据是用孔隙率范围为 0.69～0.96 的不锈钢毛毡基质在振荡流动测试台上测试获得的。

孔隙率相关的摩擦因子关系式（与式(6.5)相同）：

$$f=\frac{(22.7x+92.3)}{Re}+(0.168x+4.05)\cdot Re^{(-0.00406x-0.0759)} \tag{6.20}$$

孔隙率相关的热传递关系式（与式(6.6)相同）：

$$\begin{cases}Nu=1+(0.00288x^2+0.310x)\cdot P_e{}^{(-0.00875x+0.631)}\\ N_k=1+(1.9)\cdot P_e{}^{(-0.00875x+0.631)}\end{cases} \tag{6.21}$$

上述等式中的参数 x 为孔隙率 β 的函数，有

$$x=\frac{\beta}{1-\beta} \tag{6.22}$$

关于无量纲传热参数努塞尔数 Nu 和强化传热比 N_k 之间的关系的简要讨论，

见8.4.1节。单一孔隙率(90%)抗氧化毛毡的摩擦因子系数和传热关系式在本章6.3.4节中给出。

由DOE和NASA资助的回热器研究的目的是确定如何改进斯特林回热器的设计和性能。这项基于毛毡/编织网的研究也牵引出了分段渐开线箔回热器的开发,这将在第8章和第9章讨论。

第7章　毛毡回热器—放大尺寸

7.1　绪论

本章中的大部分材料来源于对提交给美国能源部(DOE)的总结报告的编辑(Ibrahim 等,2003)。DOE 工作的目标是增进对回热器中损失的理解,以便改进斯特林回热器的性能,最终改善斯特林装置(特别是发动机)的性能。尽管放大尺寸的试样是堆叠丝网,但这一努力的主要目标是广泛使用的毛毡回热器。研究认为,在回热器基质内测量,会加深对回热器工作原理的理解,因此,有必要将结构尺寸放大到足够大,以便能在放大的基质内进行测量。几何尺寸缩放后需要改变实验参数,以便保持重要的无量纲参数的大小接近于感兴趣的斯特林发动机中预期的参数。

DOE 放大尺寸回热器测试工作的目标是通过实验测量揭示回热器基质内振荡流动的流体力学和热力学行为的基本原理,改进下一代斯特林回热器和发动机的计算流体力学模型和设计准则。已学的回热器原理也可用于斯特林制冷机的回热器。然而,测试回热器的孔隙率约为 90%,这是现代小型斯特林发动机的特点,而斯特林制冷机回热器的孔隙率通常比这低得多。

7.2　放大尺寸回热器测试项目的主要工作和成果

7.2.1　测试系统构建

为了模拟流体力学和传热特性,选择了一种有代表性的斯特林发动机,用于确定测试系统的结构和运行参数。Niu 等人为了开展测试工作,按动力学相似原理,开发了该代表性发动机的实物模型。文献(Niu et al. ,2002)记录了当时的情况。图 7.1中显示了回热器的实体模型,振荡流发生器如图 7.2 所示,测试设备的其他组件如图 7.3 所示。表 7.1 列出了明尼苏达大学(UMN)测试设备的尺寸,这些数据对于 CFD 计算的重要性,将在本章后面讨论。关于动力相似原理的一般性讨论和斯特林发动机动力相似原理的讨论,包括许多用于一般系统动力学模拟的无量纲参数的介绍,及其物理意义的讨论,都列在附录 B 中。

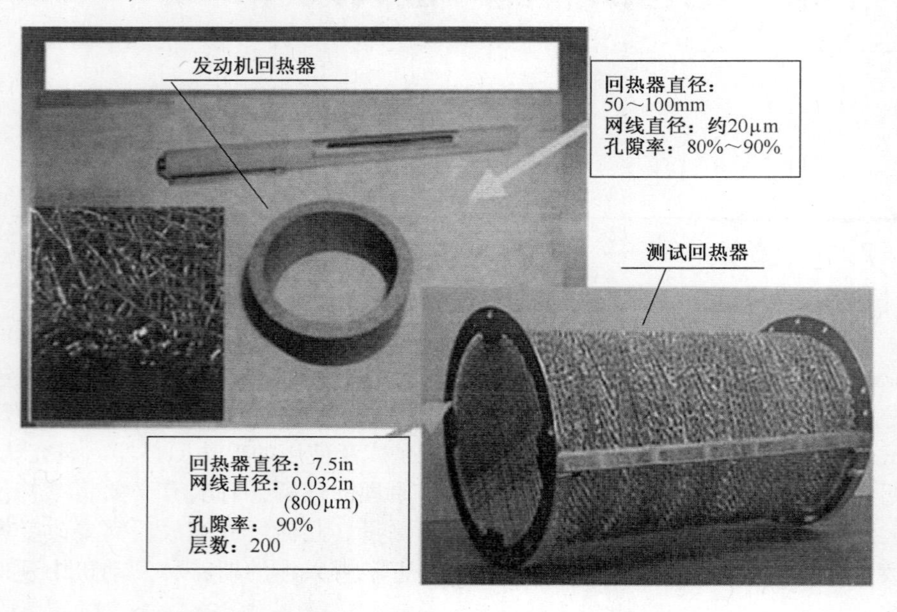

图 7.1　发动机回热器和放大尺寸实体模型(明尼苏达大学的实验回热器)

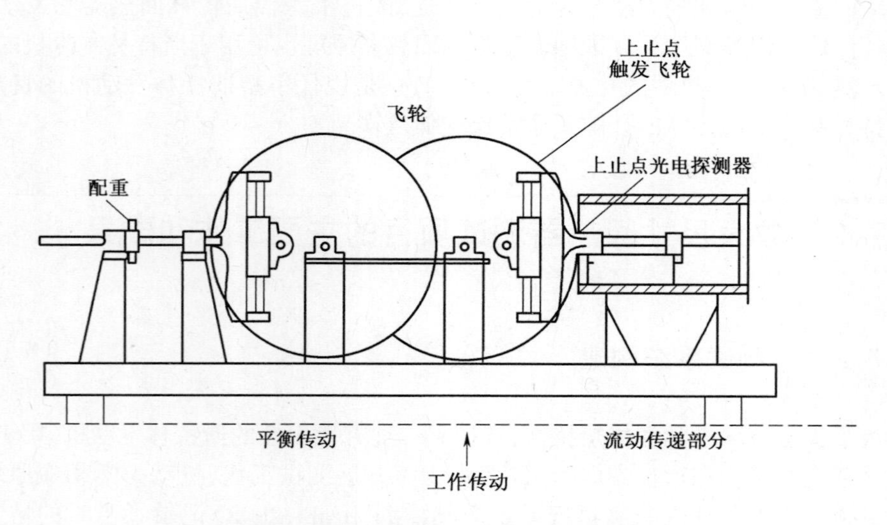

图 7.2　振荡流发生器(来自 Seume 等,1992)

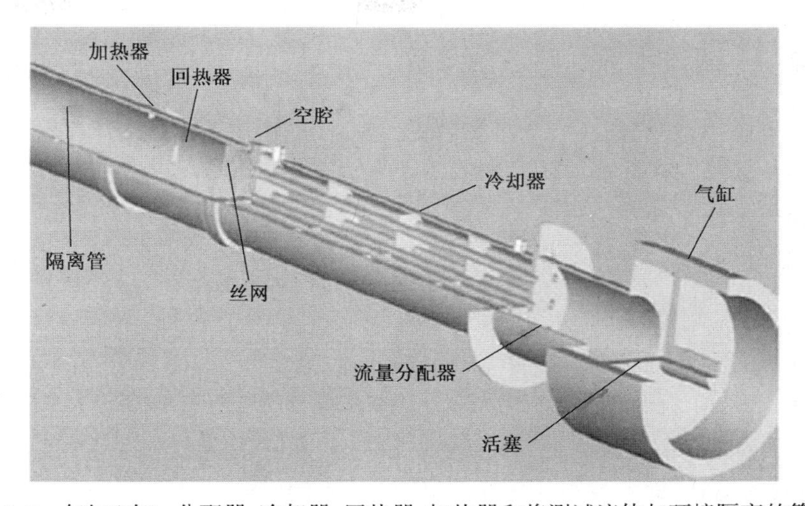

图 7.3　气缸(右)、分配器、冷却器、回热器、加热器和将测试流体与环境隔离的管道

表 7.1　明尼苏达大学(UMN)测试台的尺寸
(在 7.2.7 节 CFD 计算的讨论中使用)

活塞直径	14in(355.6mm)
活塞冲程	14in(355.6mm)
回热器	
直径	7.5in(190mm)
长度	12.8in(325mm)
基质孔隙率	0.9
冷却器	
管直径	0.75in(19mm)
管长度	35in (888mm)
管间距	2.2in(55.8mm)
管数	9
加热器	
管道长度	48in(1218mm)(之后改为 2020mm)
管道直径	7.5in(190mm)
隔离管道	
长度	12in(300mm)
直径	7.5in(190mm)

7.2.2 射流扩散到回热器基质

设计准则指出,斯特林发动机内回热器与换热器(冷却器或加热器)之间的气层厚度会影响发动机性能。这可能是由于气层厚度对射流穿透深度有影响,这种射流由换热器出来并穿透进入回热器基质。

穿透深度是来自分立换热器管的高速流体的射流在它们融合并产生均匀流动之前进入基质的深度。同样令人感兴趣的是,在该穿透深度内没有完全参与热传递过程的部分基质材料。射流扩散并充满基质的整个流动区域所需要的长度是有限的。我们用三种不同的气层尺寸,研究气层厚度对射流渗透的影响。结果是,对于所有三种情况,射流在轴向距离等于 3.33 倍回热器基质水力直径处完全融合并失去了各自的特性(也就是说,穿透深度等于 3.33 倍水力直径)。当气层厚度增加时,无效的材料(即不参与热传递的材料)的比例仅略微降低。由于三种情况下仅观察到小的差异,所以我们得出结论:气层厚度不是修改回热器基质端部有效回热器容积的重要参数。这与以前的设计准则相反。美国能源部 DOE/美国国家航空航天局(NASA)的斯特林汽车发动机是由机械技术有限公司(Albany, New York)(Nightingale, 1986)在瑞典联合斯特林公司的协助下设计的,而联合斯特林公司认为,在回热器端部的容积或气层的配置对于好的发动机性能至关重要。而且,联合斯特林公司拥有这些回热器气层的专有设计规则。然而,这种规则是针对低孔隙率基质(比现代斯特林发动机回热器的低)和大型曲轴驱动的汽车型斯特林发动机开发的。这是改善斯特林发动机设计的重要发现。这表明,对于这些相对较小的高孔隙率回热器,自由活塞斯特林发动机,至少气室厚度应该很小,以最大限度地减少死容积对发动机性能的负面影响。

对回热器基质内的射流扩散进行热力学测量,可以估计热扩散的影响,为此开发了一种热扩散模型。研究发现这些射流的有效扩散具有非常大的扩散系数,比文献(Schlichting, 1979)中的值要大。文献中的值是从实验得来的,与现代斯特林发动机相比,该实验所用的多孔材料孔隙率更低,结构也不一样。这也是一个重要的发现。虽然我们建立的模型是通用的,但只明确推荐用于斯特林发动机换热器和高孔隙率回热器基质之间的典型界面结构和流动条件,因为这个模型只完成了现代小型发动机的高孔隙率基质(即约 90%)状态的验证。更多细节参见 Niu (2003a,2003c)。

7.2.3 回热器基质渗透率和惯性系数的评估

为了支持计算工作,需要回热器基质的渗透率(用于多孔介质流动方程 Darcy 项)和惯性系数(用于多孔介质流动惯性项)这两个参数。将测量得到的压降(以不同速度流过基质时产生）代入 Forchheimer–Darcy 方程（F–D 方程），解方程组就可得到这两个参数。结果与文献中的值一致。对分析和发动机设计有用的是转捩雷诺数的范围，当流动的雷诺数是这个范围的下限值时，F–D 方程中的惯性项的值开始变大；而当雷诺数达到上限时，方程中的惯性项占主导地位。见 9.4.4 节的讨论。

7.2.4　非定常的热传递测量

在振荡流动条件下，在 200 层丝网基质中沿轴线在第 60、80 和 100 层处的基质的径向中心线处采集综合平均的瞬时流量和基质固体元件温度以及固体到流体的温度差。从固体元件的温度历程和应用于基质单网丝的能量方程计算瞬时、非定常的传热系数。获得非定常的努塞尔数，并将其与使用准静态流动和热传递假定、从编织丝网基质关系式计算出的值进行比较。在振荡流动周期的减速部分，从 90°～180°，从 270°～360°，两者的结果比较一致。在加速期间，观察到非定常和准稳态流动结果之间的显着差异。参见 Niu 等（2003b）有关非定常传热测量的更多细节。

由于在一个周期的加速部分，其流动既不是流体动力学平衡的，也不是热力学平衡的，因此可以猜测所测量到的流动温度并不代表直接包覆网丝的对流层的温度。

在一个周期的减速部分，有效涡流传输与基质气孔内的流动混合在一起。

1. 转捩（层流→湍流）对回热器基质内非定常热传递测量的影响

1）背景

我们的传热系数测量表明，在每个半周期的开始，从 0°～40°，努塞尔数 Nu 是负的，并趋近于负无穷大（见图 7.4）。这仅仅是由于热流反转时间和温度差反转时间之间的相移引起的，如基质内的两个热电偶所测得的，其中一个测量回热器固体材料的温度，另一个测量这个热电偶临近的孔内的流体温度。在大约 40°的曲柄角，由于热流传递速率不为零（见图 7.5）而温差为零（参见图 7.6），Nu 数跳到正无穷大。之后，Nu 数下降直到其在大约 180°的曲柄角处达到零。在这个周期的后半段，从 180°～360°，Nu 数重复了同样的趋势。

这些趋势引起了以下问题：在曲柄角度范围为 0°～40°的时期内，从流体力学观点来讲发生了什么？

2）理论

为了回答这个问题，我们仔细看看冷却器和回热器之间的气层内的瞬时速度。我们可以通过热线探头探测该区域。

图 7.7 显示了在一个冷却器管的中心线处的瞬时速度和均方根波动，冷却器管位于冷却器和回热器基体之间的气层内，测试时的状态与上述传热测试的状态

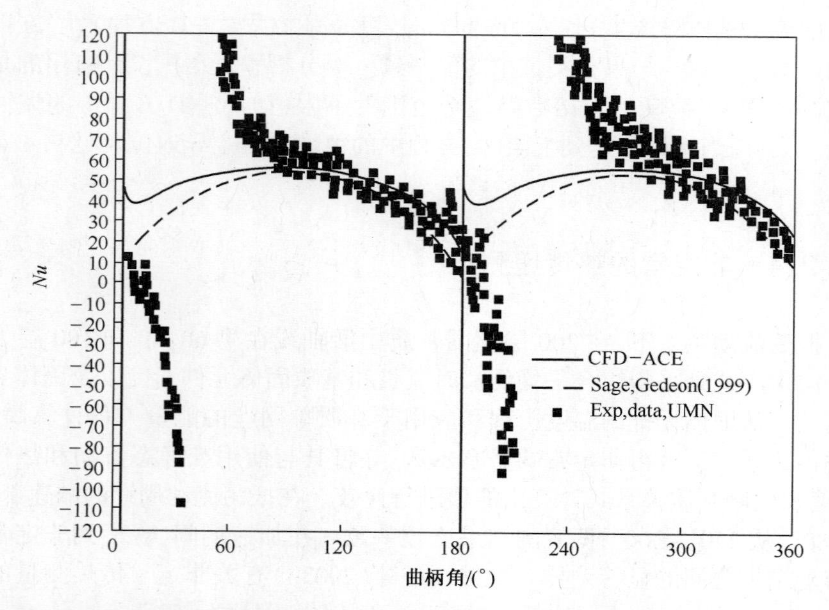

图 7.4 瞬时努塞尔数 Nu,测量值和计算值(用两种不同的关系式计算),以瞬时速度单向流动

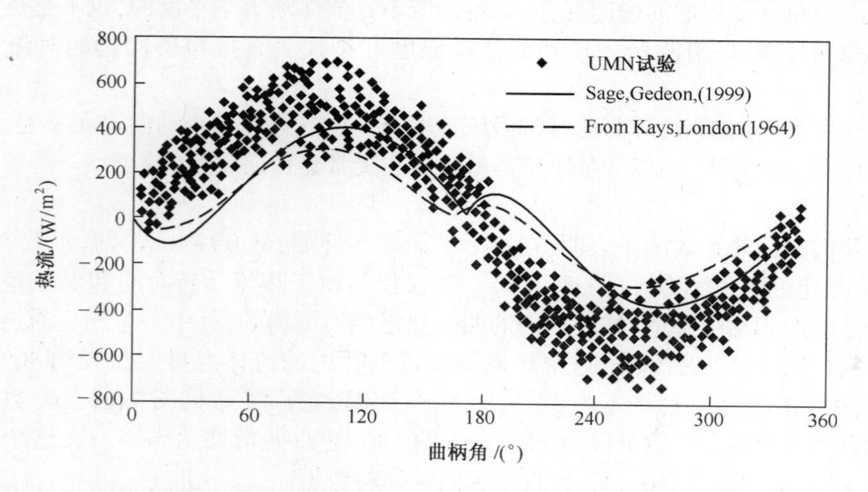

图 7.5 瞬时热流率,测量值和计算值(用两种不同的关系式计算),以瞬时速度单向流

相同。在一个周期的前半部分,流向探头的气流刚从回热器基质中出来,穿过气层,朝着冷却器通道孔加速前进。对于这种讨论,我们只对前半个周期感兴趣。

图 7.7 中,当曲柄角约为 45°时,均方根波动突然跃升至一个高值(>0. 3m/s),这是如图 7.6 所示温度差改变符号而引起的。在小于 45°时,均方根波动($\sqrt{u^{-2}}$)很低,保持在 0. 1m/s 左右。这表明在半循环开始阶段,亦即速度较低时,涡流输送较弱,而在 45°~150°范围内较强。因此,可以假定此时动量和热量的输运由分

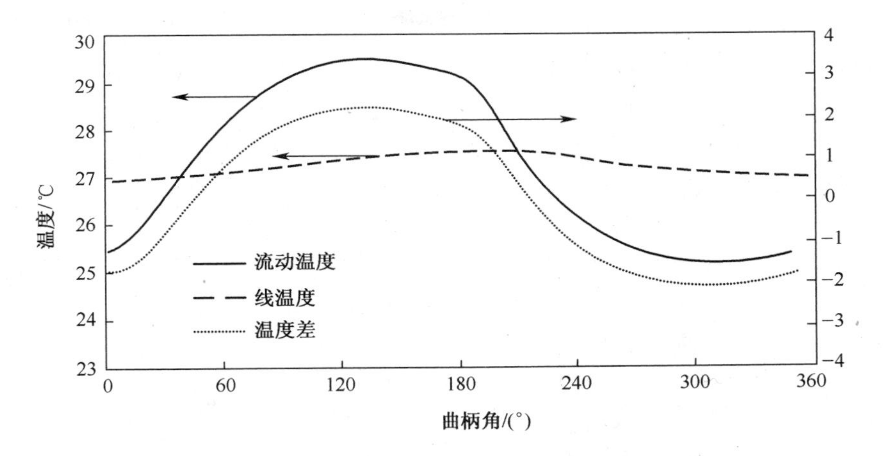

图 7.6 基质轴线和第 80 层丝网处瞬时温度和温度差(共 200 层)

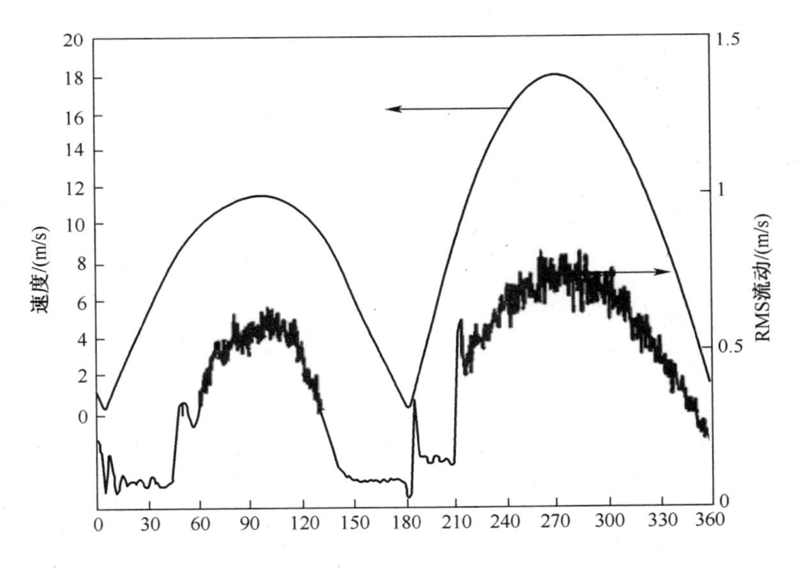

图 7.7 冷却器管中心线处的瞬时速度和均方根速度($\sqrt{\overline{u^2}}$)。
冷却器管位于制冷机和回热器之间的气层内部。测试条件 $Va=2.1$。

子输运决定。分子输运是一种比湍流旋涡输运更低效的输运机制。所以,环绕网丝的流体在孔隙内混合得并不好(在孔隙尺度下没有达到热平衡)。人们可能得出在网丝外一定距离所测得的温度,不能代表对流薄膜传热的热能的结论。这个温度描述了网丝的传热过程。这可能是在加速开始阶段出现负的传热参数以及测量温差滞后于从固体基体温度历史记录算出的热流的原因。若我们有能力将热电偶放置到距离网丝足够近,去测得对流薄膜真正的水槽温度,我们应该不会碰到这种反常的行为。

在 45°附近，流动发生向类湍流的过渡。然后，涡流输运占据主导。在这个点，在间隙尺度上流体达到了流体动力学和热力学平衡，并且实测的温度和热流数据可用于牛顿冷却定律的标准表达式，就可以导出传统意义上的传热系数和努塞尔数。在此期间，我们能够预测流动和传热行为，就好像它们是准稳态的。

Ward(1964)观察到在多孔介质中，从 Darcy 体系(黏性效应占主导)到 Forchheimer 体系(惯性效应占主导)的转变发生在雷诺数 $Re_k \approx 10$(基于渗透率的平方根作为长度尺度)。然而，转变的临界雷诺数并不通用并且取决于多孔材料的微观结构。图 7.8 展示了摩擦因子 f_k 随雷诺数 Re_k 变化的情况，该图是由我们测量回热器基体渗透性时所获得的数据计算而得的(见 9.4.4 节)。金属丝网相关的关系(Beavers and Sparrow,1969; Gedeon, 1999)也展示在图中。我们可以看到，对于金属丝网，转变发生在雷诺数 Re_k 为 10~100 的范围，而不是 Ward(1964)观察到的 1~10 范围。我们也能够看到通过我们的数据所绘制出来的曲线和相关曲线没有太大区别。

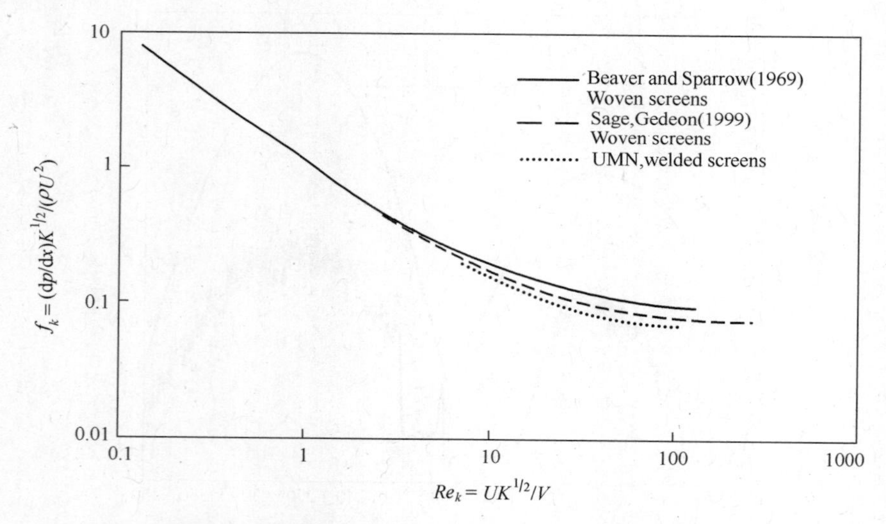

图 7.8 丝网多孔介质中流态从 Darcy 流态到 Forchheimer 流态的转变。Re_k 的计算采用渗透性的平方根 K 作为长度尺度。

上面说明了在曲柄转角约为 45°时，均方根波动突然跃升到高值的现象。当我们计算基体内曲柄转角为 45°~60°的速度时，我们使用公式：$U = U_{\max}\sin\omega t$ 得到速度为 1.2~1.5 m/s。这里，对于当前的实验 $U_{\max} = 1.7$ m/s，基准频率为 0.4 Hz，对应的雷诺数 Re_k,(基于 1.07×10^{-7} m^{2}测得的渗透率)为 25~30，这个雷诺数落在了渗透率测量所预测的雷诺数范围(见图 7.8)。注意到在前半个周期中，图 7.7 中的速度高于 1.2~1.5 m/s。这是因为流体在加速流向更冷的通道，因而在测量点具有更高的速度。

3）评论

最大雷诺数 Re_k，在回热器的基体的一个循环中只有 35。如果金属丝网内部状态转化的临界雷诺数超出 10～100 的范围，回热器内部的流动绝不会达到由涡流输运主导的状态，而只能停留在过渡状态内。因此，仍然需要知道雷诺数 Re_k 在 25～30 时，是否有足够的湍流输运来解答为什么直到曲柄转角为 45°左右 传热和温差不同步的问题。多少涡流输运才足够呢？因为湍流输运与层流输运之比为几百，可能有足够的湍流输运来支持这个理论，尽管我们几乎没有进入过过渡态。

2. 不同瓦朗西数研究（加速对从层流到湍流转变的影响）

我们尝试通过改变 Re 和 Va 来研究加速度对状态过渡的影响。通过调整振荡流驱动器的流道长度和频率，可以改变雷诺数。瓦朗西数随着驱动器运行频率的变化而变化。使用现有的振荡流发生器（基本情况下，使用最大的行程长度），我们可以将行程长度从 356mm 减少到 252mm，或者减少到 178mm。相应地，运行频率必须从 0.4Hz 增加到 0.565Hz，或者增加到 0.8Hz，来维持相同的雷诺数。相应地可以得到两个瓦朗西数 3.0 和 4.2。然而，我们不能够用统一的瓦朗西数来在想要的雷诺数下进行测量。并且，我们知道

位置：$X = X_{\max}\cos\omega t$

速度：$u = \dot{X} = X_{\max}\omega\sin\omega t$

加速度：$a = \ddot{X} = X_{\max}\,\omega^2\cos\omega t$

这意味着，雷诺数相同时（相同的速度），通过增加频率来获得一个大的瓦朗西数，也就必然会有一个更大的加速度。

我们曾经在相同雷诺数但三个不同瓦朗西数的条件下，测量气层中的速度和回热器基体中的传热。图 7.9 和图 7.10 展示了气层内部瓦朗西数分别为 3.0 和 4.2 时的瞬时速度和波动均方根。我们可以看到在曲柄转角为 45°～60°时，均方根波动跃至一个高值。在这些图中没有显示出曲柄转角带来的系统差异。图 7.7 是瓦朗西数为 2.1 时获得的。看起来转变可能只由速度幅值决定，与流动时间加速关系不大，也可能没有关系。

图 7.11 展示了在三个不同瓦朗西数时的瞬时努塞尔数。热流量和温差之间的滞后与瓦朗西数的变化关系不是特别明显。

这个对比提出一个问题，“如果过渡仅仅依赖于速度，在速度减到低于加速过程中观察到的临界速度时，我们为什么没有看到努塞尔数的突然变化？”这个问题引导我们做出如下思考：事实上，在基体中，循环高速阶段形成的涡流在流动暂时减速时，倾向于维持更低的速度。在解释图 7.9 中 $0°<\theta<180°$ 时均方根振荡信号时，我们必须牢记到达探头的流动是加速冲向冷却器通道的。在这个空间加速叠加上的是 $0°<\theta<90°$ 和 $90°<\theta<180°$ 的时间减速度。

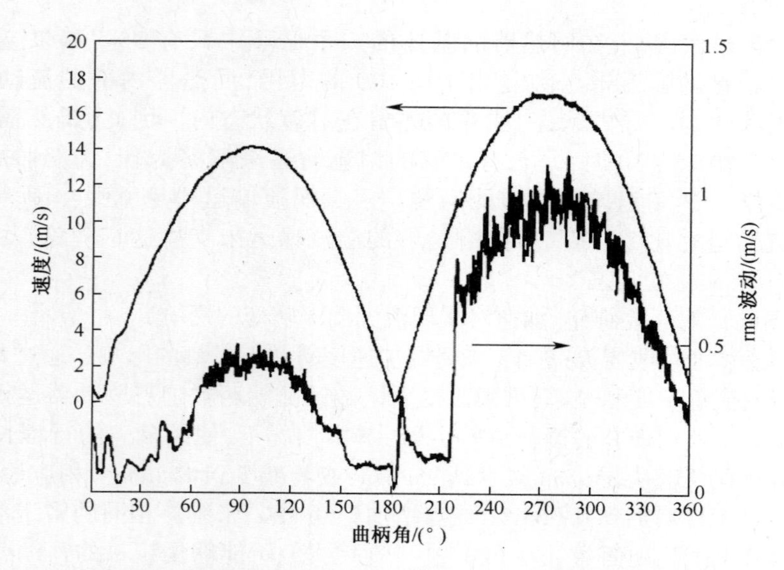

图 7.9　瞬时速度和速度波动均方根 $\sqrt{\overline{u^2}}$，位于与冷却器管道中心线对齐的径向位置，和冷却器到回热器之间的气腔内（$Va=3.0$）

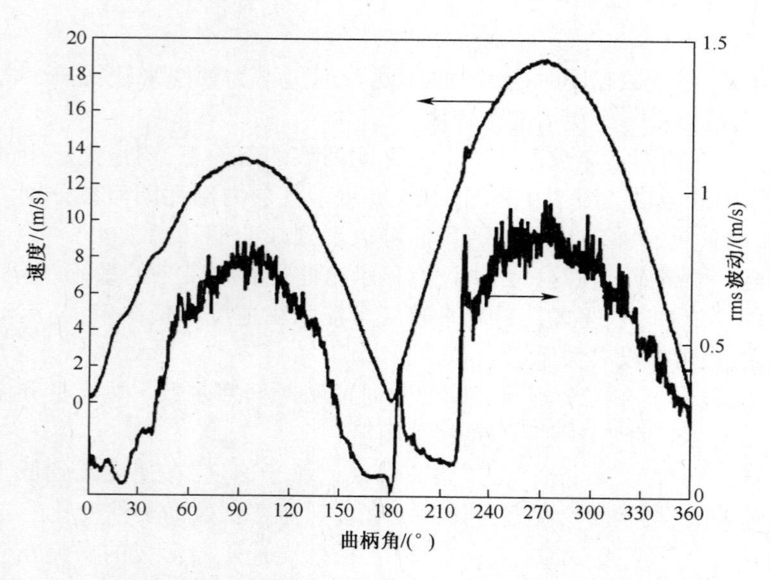

图 7.10　瞬时速度和速度波动均方根 $\sqrt{\overline{u^2}}$，位于冷却器管中心线处和冷却器到回热器之间的气腔内（$Va=4.2$）

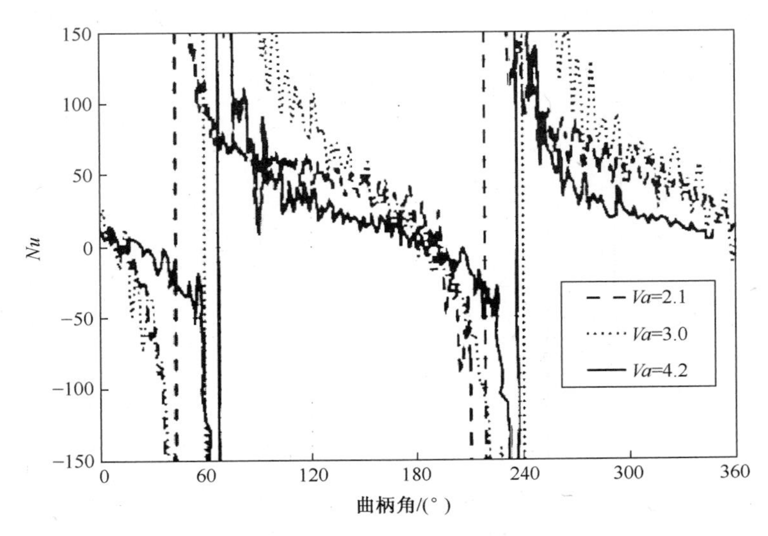

图 7.11　不同瓦朗西数下的瞬时努塞尔数

7.2.5　多孔基体内部的湍流输运与热扩散

明尼苏达大学曾经尝试直接测量热扩散和流动混合情况。首先在单向流情况下使用三传感器热线风速仪探头,测得回热器基体下游的湍流输运量。雷诺剪切应力 $\overline{u'v'}$ 可以直接估算得到。结果给人以希望,但数据分散呈现不确定性。本节将介绍实验装置、描述流场,并将直接测量结果和以前模型预测结果进行比较。明尼苏达大学在测量开放流动内部单个空间点上代表湍流的时间平均量有经验。但多孔介质中的输运或者扩散建模通常是基于体积平均法。因此,本节剩余篇幅介绍了在发展连接空间平均量(多孔介质描述)和时间平均量(可测量的)的理论方面的进步,还用湍流输运的观点讨论了热扩散问题。

1. 单向流回热器基体下游湍流输运测量

1) 实验

我们首先在定常、绝热的流动条件下,测量了回热器下游的动量湍流输运。实验装置(见图 7.12,并且参考图 7.1 的测试回热器)与渗透率测量(第 9 章将会讨论)装置基本相同。本装置多了一个三传感器热线探头(TSI1299BM−20),在 10kHz 的采样频率下,对从−1.5~1.5 英寸(0.0 位置位于基体的径向中心)的不同径向位置,测量三个分速度:u、v 和 w。这么做可以将湍流剪切应力 $\overline{u'v'}$ 估算出来。为了计算径向速度梯度 $\frac{\partial u}{\partial r}$,在距回热器出口平面 20 层的丝网处,嵌入了一个

中心有 12. 5mm(0. 5 英寸)开孔的金属盘。所以,轴向动量的径向湍流扩散可以通过以下公式获得

$$\varepsilon_{\mathrm{M}}=\frac{\overline{u'v'}}{\frac{\partial u}{\partial r}} \tag{7.1}$$

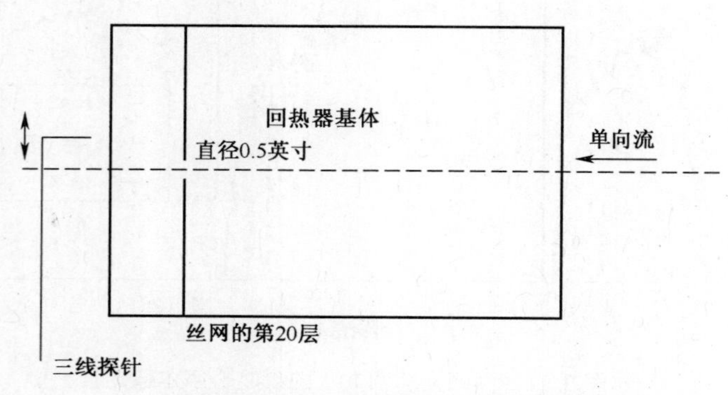

图 7. 12　湍流输运测量实验装置

2）数据处理

图 7. 13 展示了轴向距离回热器出口平面 12. 5mm(0. 5 英寸)处的速度分布图。由于回热器基体的不规则性,探头可能恰好位于丝线后面或者是小孔后面。因此,速度的分布高度随机,这使得精确计算当地径向的速度梯度变得困难。为了获得更加光滑的速度梯度以及处理更大尺寸的涡旋,探头移到了距离出口平面更远的位置。

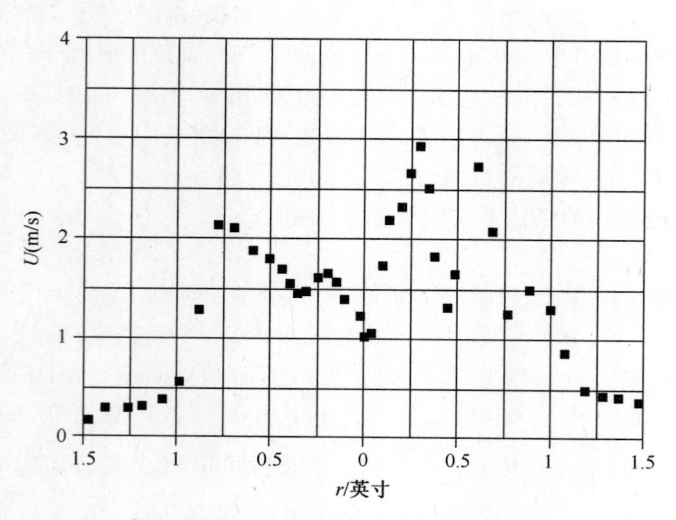

图 7. 13　$x=12.5\mathrm{mm}$ 处的速度分布

Ibrahim 等(2004a)的文章给出了一个彩色等值线图,此图展示了距出口 1.6~25.4mm 处回热器基体下游的速度场。图 7.14 展示了出口平面下游 25.4mm 处的速度分布。可以看到速度剖面在这一点更加光滑,这可以保证速度梯度的精确计算。然而,该点的涡流输运与直接在出口平面后面的不同。我们使用这些不同的平面来获得涡流扩散率和离出口平面不同位置处的轴向距离之间的关系,如 $\varepsilon_M = \varepsilon_M(x)$,然后回推到出口平面,从而估计基体内部的涡流扩散率。选择那些具有平滑梯度的点,通过下面的公式来计算平均涡流扩散率 $\overline{\varepsilon_M}$:

$$\overline{\varepsilon_M} = \frac{\sum \varepsilon_M}{N} \tag{7.2}$$

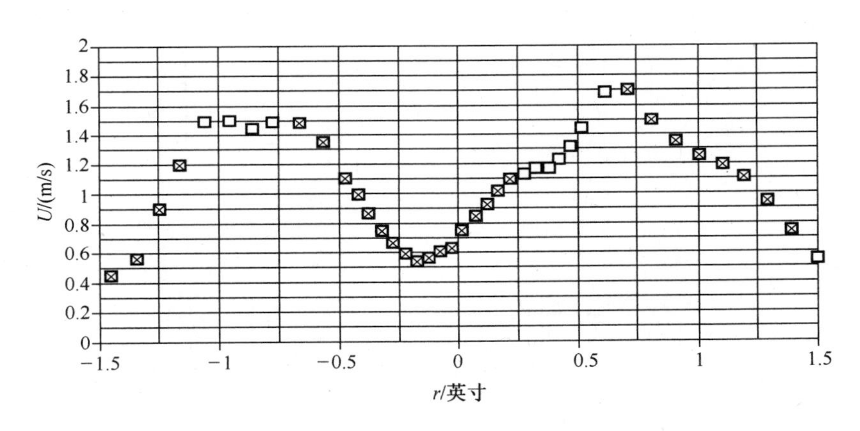

图 7.14　$x=25.4$mm 处的速度分布

式中:N 为数据处理选定的点数。在距离出口平面轴向距离为 25.4mm 时,$N=29$,如图 7.14 中带“×”符号的点的个数。

为了导出一个模型,我们使用普朗特混合长度假说来计算涡流扩散率,即特征长度(看作水力直径)和特征速度(看作基体内部平均速度)的乘积:

$$\varepsilon_M = \bar{\lambda}\, d_n U \tag{7.3}$$

平均扩散率如下定义:

$$\bar{\lambda} = \frac{\sum (\varepsilon_M / d_n U)}{N} \tag{7.4}$$

式中:U 为选定点处的速度值; d_n 为回热器基体的水力直径。

图 7.15 和图 7.16 分别展示了不同轴向位置处的 $\overline{\varepsilon_M}$ 和 $\bar{\lambda}$ 值。在 $x=12.5$mm (1/2 英寸)处的 $\bar{\lambda}<0.005$,但还是在 $0<\bar{\lambda}<0.015$(给定的波动范围)内。

3) 讨论

将湍流扩散率直接测量结果与我们先前从射流穿透测量结果导出的模型进行

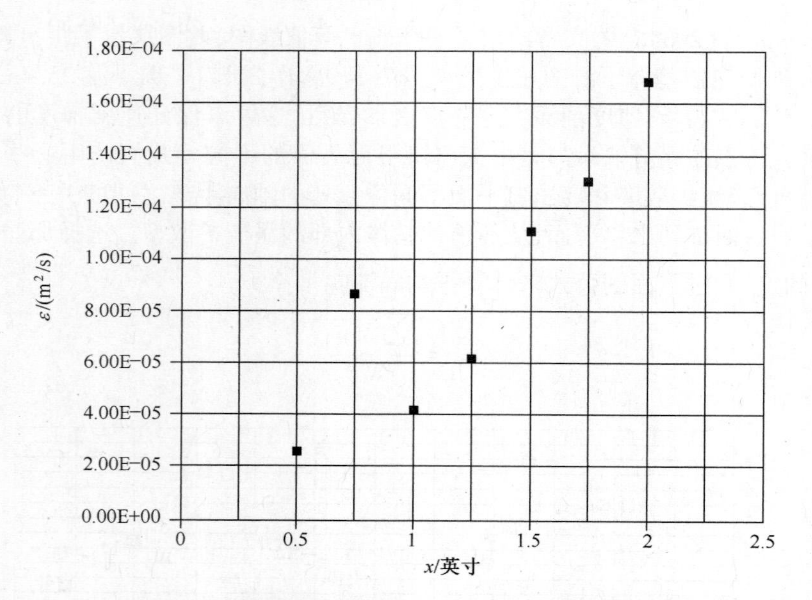

图 7.15　不同轴向位置通过式(7.3)算得的涡流扩散率

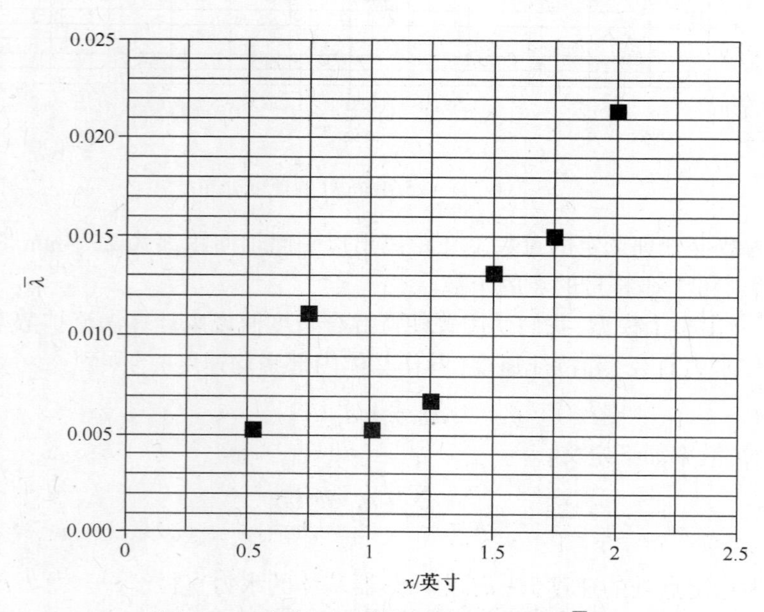

图 7.16　由式(7.4)算得的平均扩散率 $\bar{\lambda}$

比较：

$$\varepsilon_{\mathrm{M}} = \lambda d_h U\ ,\ \lambda = 0.15 \sim 0.37 \tag{7.5}$$

The Sage(Gedeon,1999)一维仿真程序针对类似的项有一个模型，但这个模型是针对热扩散的。我们可以应用雷诺相似，$\varepsilon_{\mathrm{M}} = \varepsilon_{\mathrm{H}}$，发展出式(7.5)系数的表达式：

$$\lambda = 1.1\,(RePr)^{-0.37}\beta^{-3.1} - (RePr)^{-1.0} \tag{7.6}$$

对于当前研究的 Re、Pr 和 β 的取值，这个 Sage 模型给出 $\lambda = 0.15$。显然，模型中的取值比当前实验的测量值要大得多。更多关于涡流输运的直接测量仍有待进行。

2. 通过多孔介质热扩散的湍流模型

1) 寻找空间平均扩散项(多孔介质理论)和时间平均扩散项(湍流理论)之间的数学关系(Masuoka 和 Takatsu,2002)

为了在能量方程中包含热扩散，对多孔介质导出了一种体积平均技术。对与 α 相(可能是流态或者固态)相关联的任意量 W_{α}，其体积平均定义如下：

$$\langle W\rangle_{\alpha} = \frac{1}{V\alpha}\int_{V_{\alpha}} W\mathrm{d}V \tag{7.7}$$

积分区间 $V\alpha$，相对于 α 相的特征长度要足够大以便能平滑掉空间波动(或变化)。因此，任何微观量 W，都能分解为体积平均量 $\langle W\rangle$(宏观)与空间变化 $\widetilde{W}$ 的和：

$$W = \langle W\rangle + \widetilde{W} \tag{7.8}$$

式中：$\widetilde{W}$ 为时间和空间的函数；$\langle W\rangle$ 为时间的函数。

相反，当我们对自由有界流动(但不是在多孔介质中)的湍流量感兴趣时，可采用时间平均技术来获得湍流场。对于任何量 W，其在时间间隔 Δt 内的时间平均值 $\overline{W}$ 定义如下：

$$\overline{W} = \frac{1}{\Delta t}\int_{t}^{t+\Delta t} W\mathrm{d}t \tag{7.9}$$

相对于流体特征时间，时间间隔 Δt 是足够大的，足以求出湍流的时间平均值。因此，这个量可以定义为时间平均值和时间脉动量之和：

$$W = \overline{W} + W' \tag{7.10}$$

式中：W' 为时间和空间的函数；$\overline{W}$ 为空间的函数。

联立方程式(7.7)和式(7.10)，可以把体积平均值 $\langle W\rangle$ 分解为时间平均的体积平均和时间脉动项：

$$\langle W\rangle = \frac{1}{Va}\int_{Va} W\mathrm{d}V = \frac{1}{Va}\int_{Va}(\overline{W} + W')\mathrm{d}V = \langle\overline{W}\rangle + \langle W'\rangle \tag{7.11}$$

$< W' >$ 可能是时间的函数，但是如果时间和空间尺度对求平均来说足够大的话，它将会很小。

同样,时间平均值 $\overline{W}$ 可以分解为空间平均的时间平均和空间脉动项,如下:

$$\overline{W} = \frac{1}{\Delta t}\int_t^{t+\Delta t} W\mathrm{d}t = \frac{1}{t}\int_t^{t+\Delta t}(\langle W\rangle + \widetilde{W})\mathrm{d}t = \overline{\langle W\rangle} + \overline{\widetilde{W}} \tag{7.12}$$

同样,$\overline{\widetilde{W}}$ 可能是空间的函数,如果时间和空间尺度对求平均来说足够大的话,它将会很小。

在实验室,明尼苏达大学在单个空间点上测量时间平均量有经验。这引出了一个问题:"是否可以将一个时间平均值转化为体积平均值?"将式(7.11)用于流体相的速度场和温度场,得到:

$$\langle u\rangle = \frac{1}{V_f}\int_{V_f} u\mathrm{d}V = \frac{1}{V_f}\int_{V_f}(\overline{u} + u')\mathrm{d}V = \langle\overline{u}\rangle + \langle u'\rangle \tag{7.13}$$

$$\langle T\rangle = \frac{1}{V_f}\int_{V_f} T\mathrm{d}V = \frac{1}{V_f}\int_{V_f}(\overline{T} + T')\mathrm{d}V = \langle\overline{T}\rangle + \langle T'\rangle \tag{7.14}$$

对于单个空间点上的空间脉动,有:

$$\widetilde{u} = u - \langle u\rangle = \overline{u} + u' - \langle\langle\overline{u}\rangle + \langle u'\rangle\rangle \tag{7.15}$$

$$\widetilde{T} = T - \langle T\rangle = \overline{T} + T' - \langle\langle\overline{T}\rangle + \langle T'\rangle\rangle \tag{7.16}$$

如果 u' 和 T' 分别能够被均方根速度 $\sqrt{\overline{u'^2}}$ 和均方根温度 $\sqrt{\overline{T'^2}}$ 代替,在单个空间点上的空间脉动(或者变化)项 $\widetilde{u}$ 和 $\widetilde{T}$ 能够使用式(7.15)和式(7.16)估算。同样,使用体积平均方法来获得 $\widetilde{u}$ 和 $\widetilde{T}$ 体积平均的结果,应用一个系数来计及两者之间的相关性:

$$\langle\widetilde{u}\widetilde{T}\rangle = \frac{1}{V_f}\int_{V_f}\widetilde{u}\widetilde{T}\mathrm{d}V = C\sqrt{\overline{u'^2}}\sqrt{\overline{T'^2}} \tag{7.17}$$

这将寻找关联系数的问题减少到一个。为此提出了在出口平面测量两点径向空间相关性的方法。这个方向还需要进一步的发展。

2) 多孔介质中湍流输运的物理解释(Masuoka and Takatsu,1996)

Masuoka 和 Takatsu(1996)用涡运输思路研究了多孔介质的输运现象。涡旋在多孔介质中造成的扩散分为两类:空隙涡和伪涡。伪涡由固体表面不连续所造成的流场畸变(局部分离)而形成,它们大范围地输运流体。空隙涡是形成于两个固体表面间的小孔的间隙涡流(见图 7.17)。

伪涡和空隙涡可能是由于孔隙空间中的自由剪切层的破坏产生的。估计伪涡和空隙涡的特征长度分别和粒子直径、渗透率的平方根(也就是孔隙尺度)处于一个量级。因此,涡流黏度是伪涡黏度和空隙涡黏度的总和:

$$\varepsilon_t = \varepsilon_{t,p} + \varepsilon_{t,v} \tag{7.18}$$

此外,伪涡黏度和空隙涡黏度(也可用于热扩散率)的比例可定义为

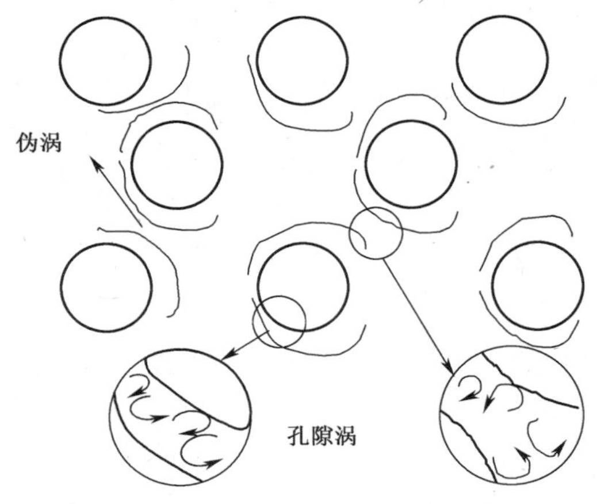

图 7.17　填充床中的涡旋图解模型

$$\gamma = \frac{\varepsilon_{t,p}}{\varepsilon_{t,v}} \tag{7.19}$$

从而推导出一个计算热扩散率的模型，在 $\gamma = 100$ 时的计算结果和文献（Lage 等，2002）的经验数据一致。由此，Masuoka 和 Takatsu 在 1996 年得出结论，空隙涡流对热扩散率的影响是可忽略的，而伪涡是造成热扩散的主要贡献者。

在实验室的尺度下，多孔介质的特征尺寸仍然太小，不能在当地直接测量空隙涡和伪涡。如果空隙涡对热扩散率的影响很小，那么只需通过伪涡的测量就能确定热扩散率。由于伪涡能长距离（大范围）输送动量，或许可以在多孔介质的下游立即测量，而不用在多孔介质内测量。

上文的简短讨论指明了直接测量湍流输运的研究方向。

7.2.6　多孔介质内固体壁面附近的热扩散率测量及与计算结果的比较

1. 总结

回热器是斯特林循环热机效率的关键组成部分。典型的回热器是由烧结细线或丝网片做成的。这种多孔材料包含在固体壁壳体内。回热器和壳体之间的热能交换对于基体的循环性能是重要的，并且在实际机器中壳体也没有与基质相同的轴向温度分布。二者间的热量交换可能导致热量分流，降低循环效率。如文献（Simon 等，2006）报道的基体近壁区域内的温度分布是测量得到的，而热能输送，即热扩散是推测出来的。数据显示了壁面如何影响热量输运。垂直于主流动方向的输运是通过固体、流体内的热传导和在基体中涡的对流输运完成的。在近壁区域，传导和对流都与其在流动中心的正常形态不同，固体传导路径被破坏，涡流传输的范围减小。近壁层通常用作绝热层。这应该在设计或分析中考虑。中心区域的有效热导率是均匀的。将内部横向有效热导率的值与其他研究中的直接和间接的测量值,以及本项目之前的和其他研究报道的三维(3-D)数值模拟结果进行了比较。三维 CFD 模型由 6 个在绕流流场中交错布置的圆柱体组成,以匹配实验中使用的多孔基体的尺寸和孔隙率。商业软件 FLUENT 用于计算流场和热力场。通过 CFD 的结果计算流体的有效热导率(包括热扩散率)。具体实验和计算结果参考 Simon 等(2006)。

2. 结论

如果没有壁面的影响,横流热输运应该是均匀的。我们的数据显示,这通常等同于另一个通过间接测量直接测量和计算找到的值。然而,靠近壁面的横流热输运值较低。这是可预测的,因为在壁面处的传导路径不是连续的。目前实验结果给出了在防渗壁面附近横流热输运的径向分布模型。这种可变输运将显著影响多孔介质和壳体之间的热传递。因此,在斯特林循环回热器的分析中必须考虑到这一点。

7.2.7 计算流体动力学:UMN 测试台的仿真

我们使用三维和二维(2-D)计算模型对整个 UMN 测试台进行了两次建模努力。该模型包括活塞、回热器、冷却器、加热器和隔离管(见图 7.3)。三维建模只对 1/4 测试台。在运行三维模型算例并获得对测试平台内流体结构的更深入理解后,决定转向二维模型。三维模型运行起来的计算代价太高了。

我们利用二维模型在两个方面比较 UMN 测试台的仿真结果:①射流从冷却器中流出后,在回热器中继续生长的过程;②气层厚度对射流生长的影响。射流的喷射长度与实验中测得的长度大致相同,但扩散角度差别很大。这主要归因于所使用的是层流模型。对于气层厚度,我们的模型显示出与 UMN 实验一致的结果。在以下部分中,给出了两种模型的结果。表 7.1 给出了实验台不同部件(活塞、回热器、冷却器、加热器和隔离管道)的尺寸。

1. 明尼苏达大学测试台的三维仿真

我们利用测试台的两个对称面对测试台的 1/4 部分进行仿真。在运行了三维模型的算例并且对测试台中的流动进一步研究之后,我们决定转换到二维模型。三维模型的一个仿真计算要花费三周的时间(在处理这些算例的时候)。下面是二维回热器基体模型的理论。在对这个理论进行初步讨论后,给出了二维模型的结果。

2. 理论和单向流仿真(二维回热器基体理论,微观和宏观尺度)

建立回热器基体模型(计算流体力学努力的主要目标),通常就是对多孔介质建模。在回热器基体中,非稳态流动机理和传热特性十分复杂。在这方面,在孔隙水平上的不规则“局部”传输现象十分重要,因为本质上,是它们造成了压力损失增加和传热增强的宏观现象。幸运的是,我们感兴趣的量在整个孔隙的尺度上随空间和时间的变化方式是有规则的,这使我们能够使用宏观建模的方法。因此,我们构造了典型单元体,每个单元体均包含多孔结构内的固体相和流体相,使用通用输运方程对典型单元体内的物理量进行积分。尽管使用这种方法处理“局部”传输现象不可避免地会造成信息损失,但这些积分量,结合一组合适的本构方程,还是为分析多孔介质中的输运提供了有效的基础。这些本构方程代表“局部”相互作用的影响。

典型单元体方法需要大量的经验输运系数,这些输运系数可以通过精心操作的实验测得或者在一些简化情况下使用解析法获得。有一些经验公式,能预测某些多孔介质(主要是颗粒介质)中的流动和传热行为。这些公式在特定的条件下是有效的。然而当前的条件(见图 7.18)超出了这些公式的限制条件,这些公式是针对颗粒介质(填充床)开发的。在丝网回热器基体中雷诺数通常远大于颗粒介质(填充床)中的,因为典型的回热器有更多的孔隙($50\% < \beta < 98\%$),由于孔隙率高所以可能的流速也高。此外,回热器基体的形式与球体或者密集堆积的颗粒也不同。这种差异可能会引起不可预测的流动模式,并改变颗粒介质模型的输出结果。这些问题可以通过采用一种新方法观察回热器基体来解决。这种方法可以通过定义刻画回热器结构复杂细节的典型单元体来对结构直接建模,这是一种微观建模方法。本节使用不同的微观几何形状以及计算流体力学数据来确定体积平均过程中的未知量。这个方法为一组宏观方程提供了一个闭合模型。

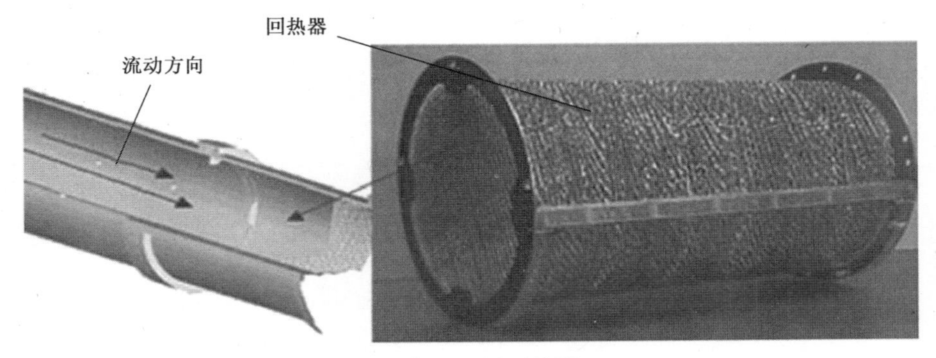

图 7.18　丝网回热器

3. 控制回热器基体行为的宏观方程

不可压均匀流通过大量圆柱体形成的交错阵列,如图 7.19 所示。应用周期性(北,南)边界条件,考虑到计算机资源的限制,将 36 个结构单元(9 行×4 列)组成的结构体作为计算域。作为典型单元体(REV)的一个结构单元用白色虚线标出。

二维微观结构的控制方程(分别对应连续性、动量和能量,如第 2 章所得的方

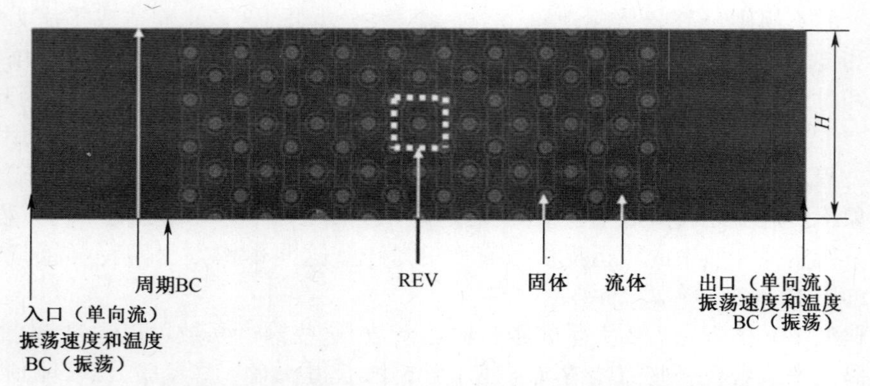

图 7.19 特殊边界条件下，绕流中交错排列的圆柱体的半无限周期阵列结构

程）如下：

$$\begin{cases}\nabla\cdot(u)=0\\ \dfrac{\partial\rho u}{\partial t}+\nabla\cdot\rho uu=-\nabla p+\nabla\cdot\tau\\ \rho_f C_{pf}\left[\dfrac{\partial T}{\partial t}+(u\cdot\nabla)T\right]=k_f\nabla^2 T\text{：流体}\\ \rho_s C_{ps}\dfrac{\partial T}{\partial t}=k_f\nabla^2 T\text{：　固体}\end{cases}\tag{7.20}$$

边界条件

固体壁面：

$$u=0$$
$$T\big|_s=T\big|_f$$
$$k_s\frac{\partial T}{\partial n}\bigg|_s=k_f\frac{\partial T}{\partial n}\bigg|_f$$

周期性边界：

$$u\big|_{y=-H/2}=u\big|_{y=H/2}$$
$$\int_{-H/2}^{H/2}v\mathrm{d}x\bigg|_{y=-H/2}=\int_{-H/2}^{H/2}v\mathrm{d}x\bigg|_{y=H/2}$$
$$T\big|_{y=H/2}=T\big|_{y=-H/2}$$

选定控制体，使控制体的尺寸远大于微观（孔结构）特征尺寸但远小于宏观特征尺寸。在这个控制体上积分上述微观方程，得到以下体积平均方程：

$$\nabla\cdot\langle u\rangle=0\tag{7.21}$$

$$\frac{\rho_f}{\beta}\frac{\partial\langle u\rangle}{\partial t}+\frac{\rho_f}{\beta^2}\langle u\rangle\cdot\nabla\langle\mu\rangle=-\nabla\langle p\rangle^f+\frac{\mu}{\beta}\nabla^2\langle u\rangle+\frac{1}{V}\int_{A_{\text{int}}}(\tau_{ij}\mathrm{d}A_j-p\mathrm{d}A_j)-\frac{\rho_f}{\beta}\frac{\partial\langle u'_i u'_j\rangle}{\partial x_j}\tag{7.22}$$

对于流体相：

$$\rho_f C_{pf}\left[\frac{\varepsilon\partial\langle T\rangle^f}{\partial t}+\langle u\rangle\cdot\nabla\langle T\rangle^f\right]=\nabla\cdot\left[k_f\beta\nabla\langle T\rangle^f+\frac{1}{V}\int_{A_{\text{int}}}k_f T\mathrm{d}A-\rho_f C_{pf}\langle T'u'\rangle\right]+\frac{1}{V}\int_{A_{\text{int}}}k_f\nabla T\mathrm{d}A \quad (7.23)$$

对于固体相：

$$\rho_s C_s\frac{(1-\beta)\partial\langle T\rangle^s}{\partial t}=\nabla\cdot\left[k_f(1-\beta)\nabla\langle T\rangle^s-\frac{1}{V}\int_{A_{int}}k_s T\mathrm{d}A\right]-\frac{1}{V}\int_{Ai_{nt}}k_s\nabla T\mathrm{d}A \quad (7.24)$$

应用 Forchheimer Darcy 定律，体积平均动量方程可以转化为

$$\frac{\rho_f}{\beta}\frac{\partial\langle u\rangle}{\partial t}+\frac{\rho_f}{\beta^2}\langle u\rangle\cdot\nabla\langle u\rangle=-\nabla\langle p\rangle^f+\frac{\mu}{\beta}\nabla^2\langle u\rangle-\frac{\mu}{K}|\langle u\rangle|-\rho_f\frac{C_f}{\sqrt{K}}|\langle u\rangle|\langle u\rangle \quad (7.25)$$

比较上述方程与文献 Schlunder(1975)中试探性推导的两个能量方程，我们可以得到

$$\bar{\bar{k}}^f_{\text{eff}}\cdot\nabla\langle T\rangle^f=k_f\beta\nabla\langle T\rangle^f+\frac{1}{V}\int_{A_{\text{int}}}k_f T\mathrm{d}A-\rho_f C_{pf}\langle T'u'\rangle \quad (7.26)$$

$$k_{\text{dis}}\cdot\nabla\langle T\rangle=-\rho_f C_{pf}\langle T'u'\rangle \quad (7.27)$$

$$\nabla\cdot\bar{\bar{k}}_{\text{eff}}\cdot\nabla\langle T\rangle=k_s(1-\beta)\nabla\langle T\rangle^s-\frac{1}{V}\int_{A_{\text{int}}}k_s T\mathrm{d}A^s \quad (7.28)$$

$$h_{sf}a_{sf}(\langle T\rangle^s-\langle T\rangle^f)=\frac{1}{V}\int_{A_{\text{int}}}k_s\nabla T\mathrm{d}A \quad (7.29)$$

并将体积平均能量方程转换为

流体相：

$$\beta\rho_f C_{pf}\left[\frac{\partial\langle T\rangle^f}{\partial t}+\langle u\rangle\cdot\nabla\langle T\rangle^f\right]=\nabla\cdot\bar{\bar{k}}^f_{\text{eff}}\cdot\nabla\langle T\rangle^f+h_{sf}a_{sf}(\langle T\rangle^s-\langle T\rangle^f) \quad (7.30)$$

固体相：

$$\rho_s C_{ps}\frac{(1-\beta)\partial\langle T\rangle^s}{\partial t}=\nabla\cdot\bar{\bar{k}}^s_{\text{eff}}\cdot\nabla\langle T\rangle^s+h_{sf}a_{sf}(\langle T\rangle^s-\langle T\rangle^f) \quad (7.31)$$

如上所述，在求体积平均的过程中出现了几个未知变量。为了使经验表达式所需变量最少，使用微观结构的直接输运仿真来确定未知变量。由此获得的微观数值结果在一个单元上积分，以估计这些未知变量，这些变量用于宏观方程组的闭合模型。需要确定的未知变量包括：渗透率、阻力系数、流体内部的热扩散张量、流体和固体之间的界面传热系数以及回热器的静态传导率。

1）多孔介质中的单向流动——微观模型

6.5 节讨论的单圆柱体 CFD 仿真是迈向分析回热器基质的微观分析的第一步。随着柱体数量的增加，计算的复杂性和对硬件的要求（存储器和中央处理单元 CPU 的时间）也相应增加。我们的目标是计算合理数量的柱体，既可以合适地代表基体的情况，又能够进行计算。这种子单元反过来又可用于模拟整个基体。在这个方向上的下一个步骤是选择绕流中的正方形/圆柱体和交错排列方式，如下所述。

2）在绕流中的交错方形柱体阵列中的湍流

图 7.20 显示了在绕流中交错排列的方形柱体阵列的网格结构，图中还示出了入口和出口处的气层。选择上边界和下边界作为周期边界条件。我们研究了一个稳定、单向、高度湍流化（$R_{e_H}=113820$：基于单元高度 H 和入口平均速度）的情况，以便将我们的建模结果与文献进行比较（如 Kuwahara and Nakayama，2000）。我们使用 CFD-ACE 求解器（CFD-ACE 用户手册，1999）中可用的一组微观方程计算图 7.20 所示的周期性结构单元的一行。然后我们应用了一个用户子程序“flu. dl”来积分获得体积平均数：整个单元（固体和流体）的速度 $\langle u\rangle$，流体的压力 $\langle p\rangle^f$、湍流动能 $\langle k\rangle^f$ 和湍流动能的耗散 $\langle \varepsilon\rangle^f$。这些解都与网格无关，所有归一化残差降至$1\times10^{-5}$。

图 7.20　带有入口和出口气层的绕流中方柱阵列网格结构

图 7.21 显示孔隙率 $\beta=0.75$，$Re_H=113820$ 的微观多孔结构中的速度矢量和流线轮廓。流向从西到东。当流体进入单元体并绕过固体方柱时，计算揭示存在两个大的涡流。

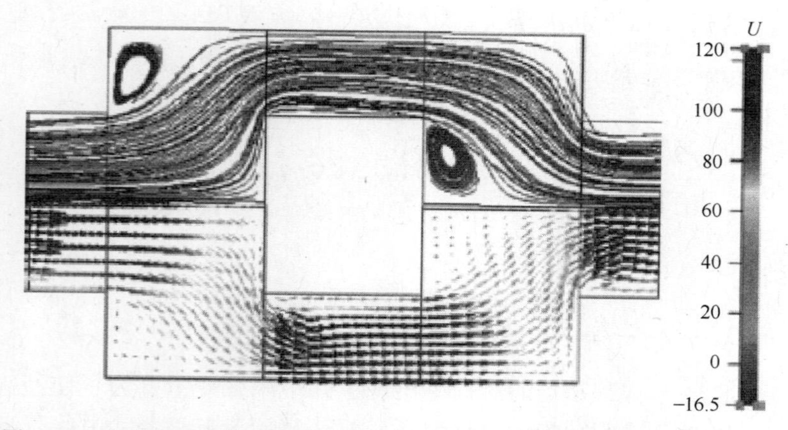

图 7.21　方形布置中第 6 个单元的速度向量（m/s）和流线图。孔隙率 75%，单元高 0.03816m，方柱间距 0.01808m，平均速度 50m/s，雷诺数（基于平均速度和单元高度）113820。应用标准 $k-\varepsilon$ 湍流模型

图 7.22 和图 7.23 显示了从积分结果获得的湍流动能的微观场及其耗散率。这些结果与文献(Kuwahara and Nakayama,2000)进行了比较。入口湍流动能及其耗散率有以下关系:

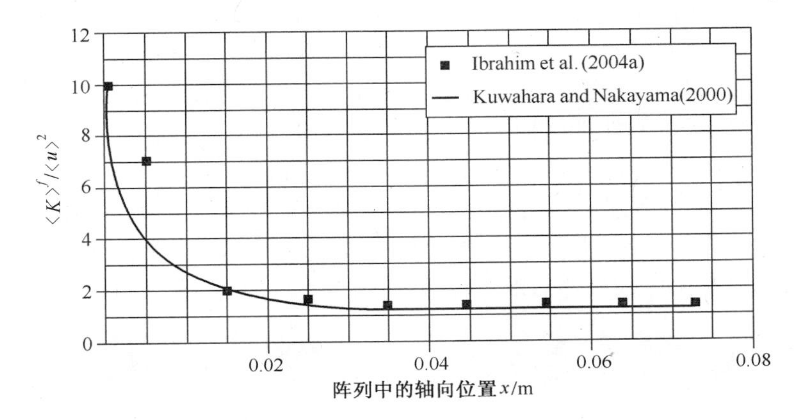

图 7.22 湍流动能随 x 变化。文献(Kuwahara and Nakayama,2000)中 CFD 数据与目前工作中数据的湍流动能对比。绕流中交错方柱阵列的湍流模型。孔隙率 75%。

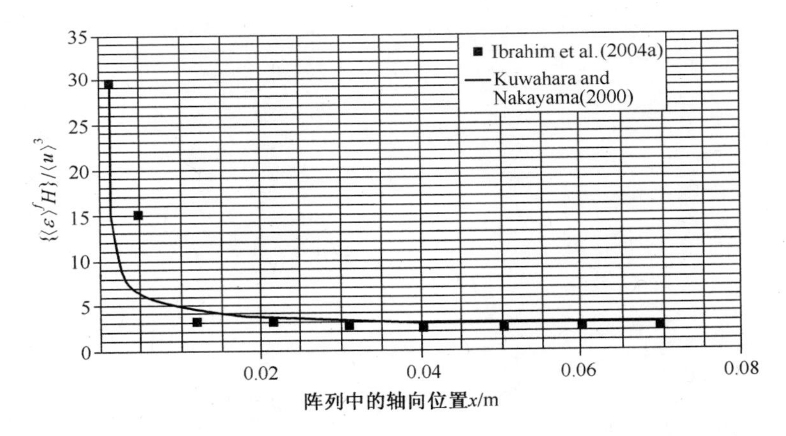

图 7.23 湍流动能耗散率随 x 变化。文献(Kuwahara and Nakayama,2000)中 CFD 数据与目前工作中数据的湍流动能耗散率对比。绕流中交错方柱阵列的湍流模型。

$$\langle k\rangle^f = 37\,\frac{1-\beta}{\sqrt{\beta}}\,\langle \overline{u}\rangle^2 \tag{7.32}$$

$$\langle \varepsilon\rangle^f = 117\,\frac{(1-\beta)^2}{\beta}\,\frac{\langle \overline{u}\rangle^3}{H} \tag{7.33}$$

我们目前的工作使用了标准的 $k-\varepsilon$ 模型。基于微观计算得到的平均湍流动能及其耗散率顺气流方向的衰减与文献(Kuwahara 和 Nakayama,2000)中的值符合得很好。

4. 绕流中错列圆柱阵列的层流

图 7.24 展示了一个带有入口和出口气层的绕流中错列圆柱阵列的网格结构。上下界面边界条件为周期性边界条件。我们研究了一个稳态的、单向的层流（$Re_{DW}=137.7$：基于纤维直径），以便将我们的模型结果与明尼苏达大学单向流动的实验数据进行比较。之后，从微观的角度出发，我们用 CFD-ACE 求解器中的微观方程对图 7.24 中周期性结构中的一行进行计算。然后，我们使用一个子程序来对流量的微观结果在每一个单元上进行积分得到宏观量，主要是 $\langle u \rangle$ 和 $\langle p \rangle^f$。图 7.25展示了孔隙率 $\beta = 0\ 9$，$Re_{DW}=137.7$ 的情况下一个微观孔隙结构中的速度和流线图。同样的，计算揭示了当流体进入单元并绕过固体圆柱体时出现了两个大的涡流。这都是由圆柱体后的尾流造成的。

图 7.24　带有入口出口气层的绕流中错列圆柱阵列网格结构

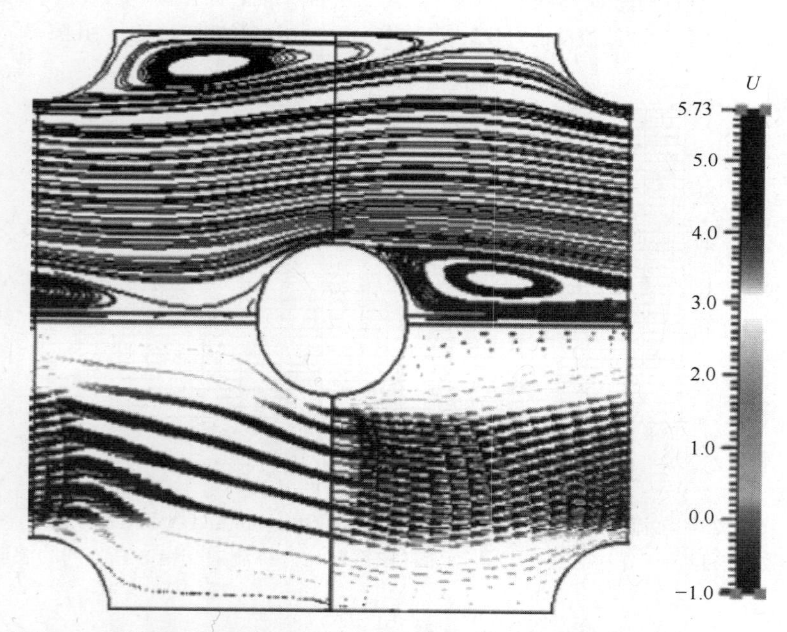

图 7.25　绕流中错列圆柱阵列中第 6 单元中的速度向量（m/s）和流线图。孔隙率 90%，线径 0.8133mm。平均速度 2.69m/s，雷诺数 $Re = 137.7$（基于平均速度和线径），层流模型。

进行了 Re_{DW}从 0.5~307 的一系列计算。积分得到的速度和压力结果与明尼苏达大学的实验数据进行了对比，如图 7.26 所示。从结果可以看出当平均速度在

$2\sim5\text{m/s}(Re_{DW}=100\sim250)$时计算流体力学结果与实验结果符合得很好。可以注意到最大的差别(约25%)出现在$U=1.1\text{m/s}(Re_{DW}=56)$时。并且,渗透率和摩擦系数的计算流体力学结果与明尼苏达大学实验数据同样符合得很好(这里未列出)。

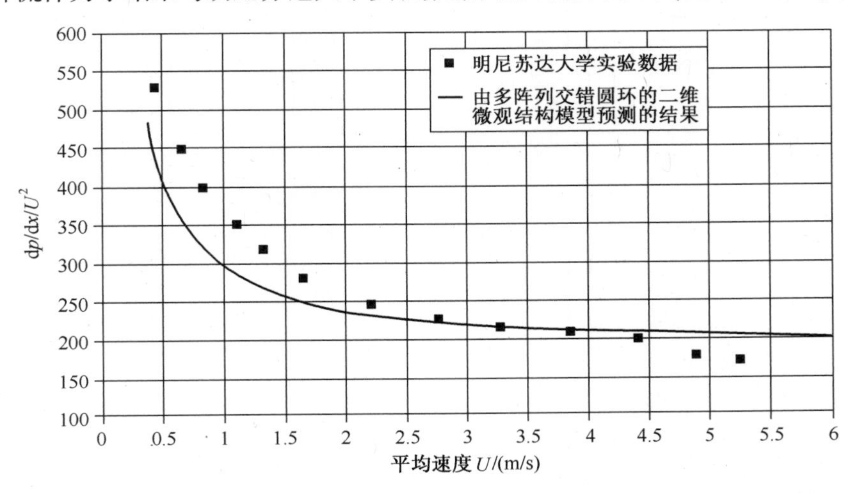

图 7.26 明尼苏达大学单向流实验数据与绕流中错列圆柱阵列层流模型计算流体动力学结果的对比。孔隙率 90%。

我们的微观模型(一列或多列)与可以得到的不同孔隙率的可参照的实验数据进行了广泛的对比。图 7.27 和图 7.28 展示了微观模型仿真结果与 Tong 和 London(1957)的实验数据的对比,该实验为孔隙率分别为 0.832 和 0.602 的编织丝网基质中的稳态流动。

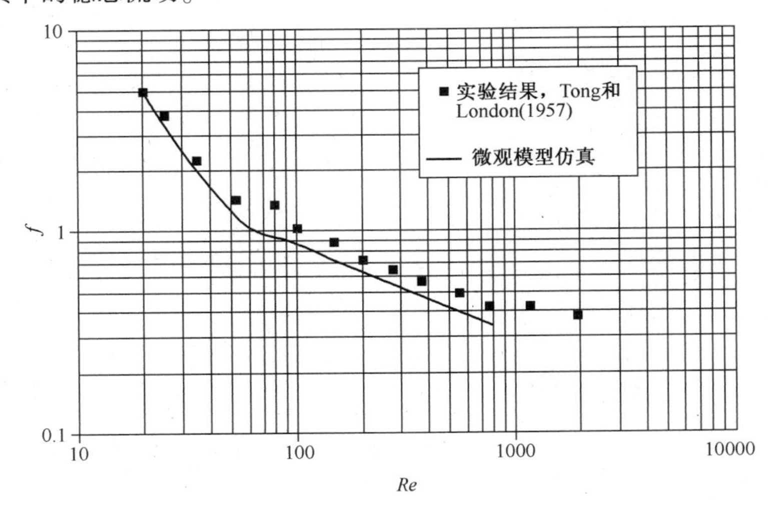

图 7.27 文献(Tong and London,1957)的实验数据与绕流中多阵列错列圆柱微观模型的对比。孔隙率 83.2%。

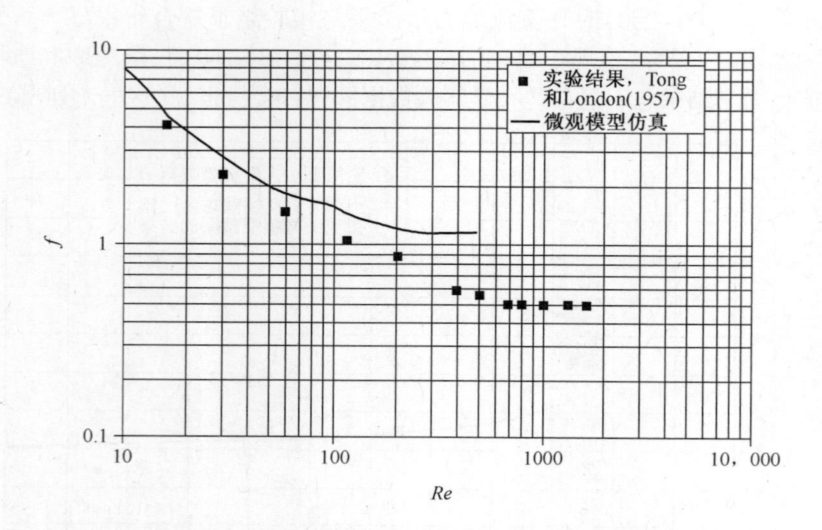

图 7.28　文献(Tong 和 London,1957)的实验数据与绕流中多阵列错列圆柱微观模型的对比。孔隙率 60.2%。

进一步审视图 7.27 和图 7.28 可以看出,在较高的孔隙率下,摩擦系数的计算流体力学结果与实验结果一致性更好。这暗示二维模型更适用于高孔隙率基质,在那里三维流动特征不明显。

5. 滞止热导率的测定

Hsu(1999)提出了一种在饱和多孔介质中纯传导的双能量方程模型:

$$\begin{cases}\rho_f C_{pf}\left[\dfrac{\beta\partial\langle T\rangle^f}{\partial t}+u\cdot\nabla\langle T\rangle^f\right]=\nabla\cdot\left[k_{f,\mathrm{eff}}\nabla\langle T\rangle^f+k_{\mathrm{dis}}\nabla\langle T\rangle^f\right]:\text{流体} & (7.34\mathrm{a})\\ \rho_s C_{ps}\dfrac{(1-\beta)\partial\langle T\rangle^s}{\partial t}=\nabla\cdot\left[k_{f,\mathrm{eff}}\nabla\langle T\rangle^s\right]:\text{固体} & (7.34\mathrm{b})\end{cases}$$

$$k_{f,\mathrm{eff}}=\left[\beta+\left(1-\frac{k_s}{k_f}\right)G\right]k_f \tag{7.35}$$

$$k_{s,\mathrm{eff}}=\left[1-\beta+\left(\frac{k_s}{k_f}-1\right)G\right]k_s \tag{7.36}$$

$$G=\frac{\dfrac{k_{\mathrm{stg}}}{k_f}-\beta-(1-\beta)\dfrac{k_s}{k_f}}{\left(\dfrac{k_s}{k_f}-1\right)^2} \tag{7.37}$$

现在 k_{stg} 是需要测量的唯一的未知变量。

Hsu(1999)的解析表达式,基于三维立体模型,给出了 k_{stg} 的表述:

$$\frac{k_{\text{stg}}}{k_f} = 1 - (1-\beta)^{\frac{2}{3}} + \frac{(1-\beta)^{\frac{2}{3}}(k_s/k_f)}{(1-(1-\beta)^{\frac{1}{3}})\left(\frac{k_s}{k_f}\right) + (1-\beta)^{\frac{1}{3}}} \tag{7.38}$$

滞止热导率的计算使用等效热路，如图 7.29 所示。

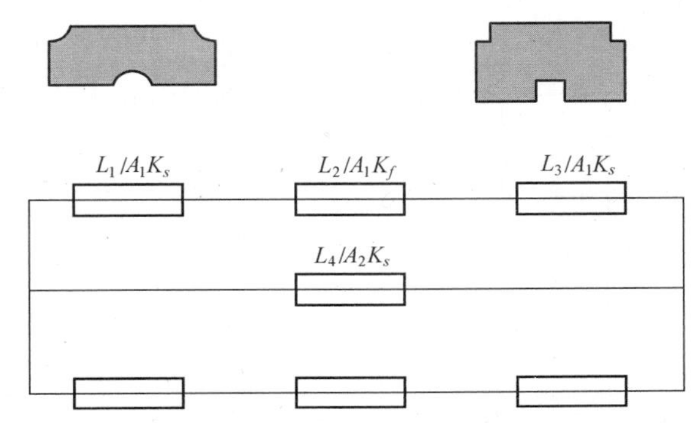

图 7.29　错列圆形和方形柱的等效热路，结果与 Hsu 的解析关系式相符

6. 热扩散的测定

现在应用式(7.27)到结构单元，在流动方向由热扩散引起的热导率可以由下式确定：

$$k_{\text{dis}} = \frac{\frac{-\rho_f C_{pf}}{H^2}}{\Delta T/H}\int_{-H/2}^{H/2}\int_{-H/2}^{H/2}(T - \langle T\rangle)(u - \langle u\rangle^f)\,\mathrm{d}x\mathrm{d}y \tag{7.39}$$

基于热扩散的热导率是将微观数值模拟结果代入式(7.39)来确定的。其结果随 Peclet 数(基于线径)Pe_D变化的情况绘制在图 7.30 上。

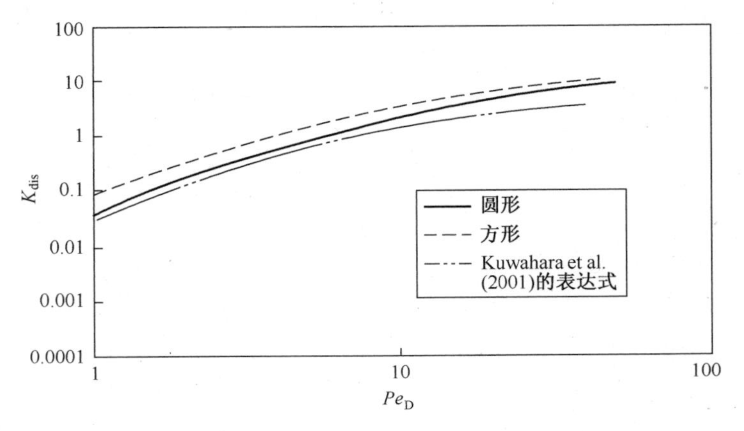

图 7.30　基于热扩散有效热导率随 Peclet 数的变化

这个结果与文献(Kuwahara 等,2001)中基于二维模型的函数关系一致。这个函数表达的是不同 Peclet 数下的热扩散率,写成 Peclet 数和孔隙率的函数,有:

$$\frac{(k_{\text{dis}})}{k_f} = 0.022\frac{Pe_D^2}{1-\beta} \text{ 对于}(P_{e_D} < 10) \tag{7.40}$$

$$\frac{(k_{\text{dis}})}{k_f} = 2.7\frac{Pe_D}{\beta^{0.5}} \text{ 对于}(P_{e_D} > 10) \tag{7.41}$$

我们发现,当 Peclet 数 P_{e_D} 变得充分大时,扩散引起的热传导占据主导地位,淹没了式(7.34)中其他两项。

7. 对流传热系数的测定

现在应用式(7.29)到结构单元。一个结构单元(一般选择中间的一个)的对流传热系数如下:

$$h_{sf} = \frac{\frac{1}{V}\int_{A_{\text{int}}} k_s \nabla T \mathrm{d}A}{a_{sf}(\langle T\rangle^s - \langle T\rangle^f)} \tag{7.42}$$

通过将微观数值结果输入到式(7.42)中确定对流换热系数即努赛尔数 Nu,将其与雷诺数 Re_D(基于线径)的关系绘制如图 7.31 所示。这个结果与文献(Kuwahara 等,2000)基于二维模型的函数关系一致。对流换热系数以雷诺数和孔隙率的函数形式给出。Kuwahara 等(2000)提出的函数关系为

$$\frac{h_{sf}D}{k_f} = 1 + \frac{4(1-\beta)}{\beta} + 0.5\,(1-\beta)^{0.5}\,{Re_D}^{0.6}\,Pr^{1/3} \tag{7.43}$$

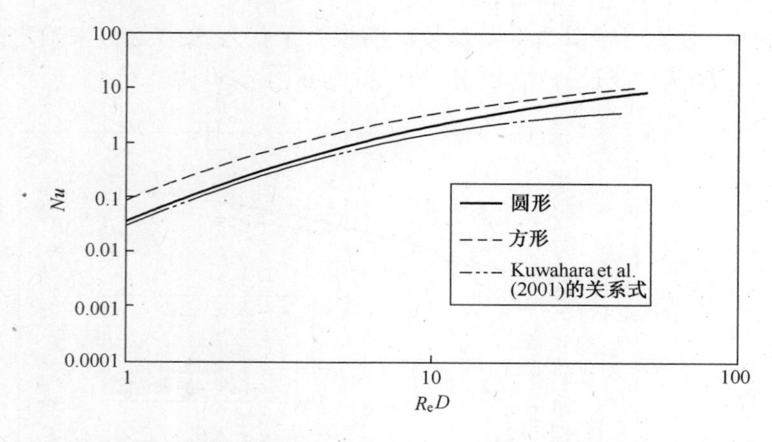

图 7.31 现有工作与文献(Kuwahara et al.,2001)的数据的比较

CFD-ACE 多孔介质模型:我们采取另一种方法来研究回热器基质。这种方法直接进行基质的宏观建模。我们把扩散率和摩擦系数实验中得到的值直接作为 CFD-ACE 程序的输入。

CFD 模型包括二维和三维结构。二维模型是一个轴对称管,流体单向流入多孔介质,如图 7.32 所示。管的尺寸和入口条件与实验装置相同(见表 7.1)。至于三维模型,只有整个管道横截面的 1/4。入口边界条件和多孔介质的性质与二维模型相同。CFD 计算包括层流和湍流流动。图 7.33 显示了明尼苏达大学(UMN)实验数据与 CFD 结果之间的比较。层流模型(二维和三维)的 CFD 模拟结果与实验结果一致。湍流 CFD 模拟结果要高一个数量级。这些数据表明,使用具有扩散率和摩擦系数的层流模型足以对多孔介质进行建模。

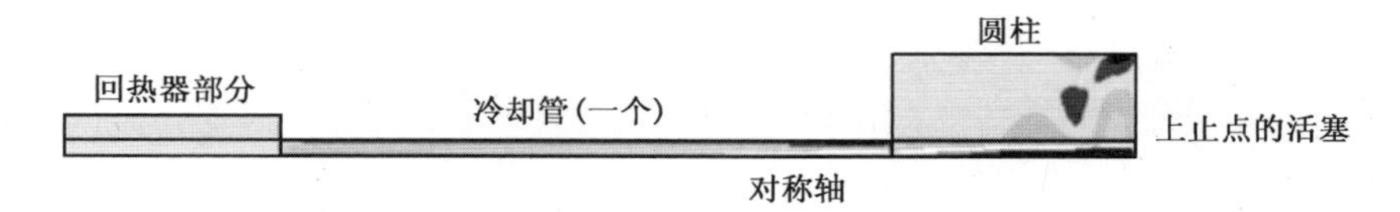

图 7.32　明尼苏达大学实验台的二维计算流体动力学模型

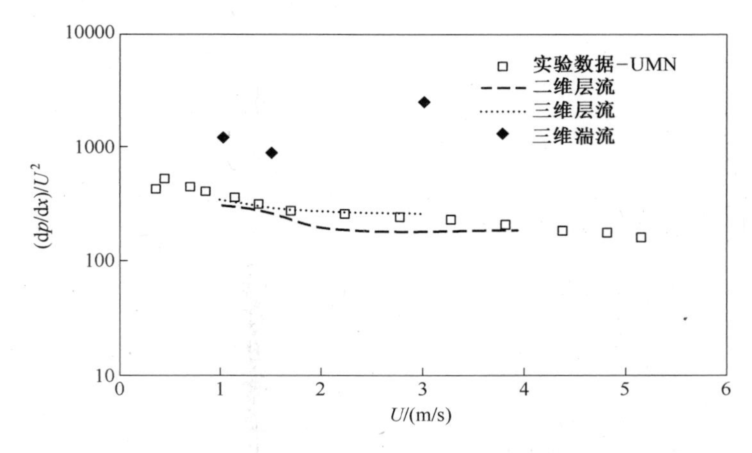

图 7.33　明尼苏达大学实验数据与回热器阵列中计算流体动力学(层流,湍流,二维和三维)回热器基质内单向流的比较——宏观分析

8. UMN 实验台的二维仿真结果

开发了一个二维模型来模拟 UMN 振荡流实验台中的流体流动。图 7.32 显示了这个二维模型,模型中活塞在 TDC,还有一个冷却管和回热器。

我们利用这种二维模型将结果与 UMN 测试结果在两个方面进行比较:①当流体从冷却器流出并进入回热器时射流的生长情况;②充气间隔对射流生长的影响。

图 7.34 比较了 UMN 实验数据和 CFD 模型的射流生长情况。在 UMN 实验情况下射流的生长情况是从温度测量获得的, CFD 模型的速度等于 $\frac{1}{2}U_{\max}$ 。该

CFD 模型基于层流流场,其扩散率为 1.65×10^{-8},气层宽度 = 1D(D = 冷却管直径,这等同于 4 δ_{nomial},其中 δ_{nomial} 是标称气层厚度)。图中显示了曲柄角为 270°时的流线等值线和 U 速度矢量(在该曲柄角处,射流以最大速度流入回热器基质)。在检查来自图中的数据时,我们可以看到该模型显示出射流扩展的长度大致相同,但扩展的角度差距很大。这主要是由于使用了层流模型。

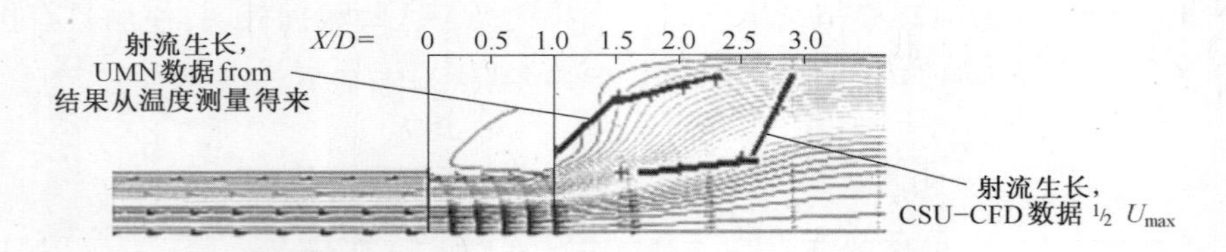

图 7.34 明尼苏达大学和 CSU-CFD 射流生长数据的比较。流线等值线和速度矢量,层流,扩散率 = 1.65×10^{-8},曲柄角 = 270°,气层宽度 = 1D = 4 δ_{nomial}(D = 冷却器管直径)

图 7.35 显示了在气层宽度为 0,0.25D 和 1D 等三种不同情况下曲柄角为

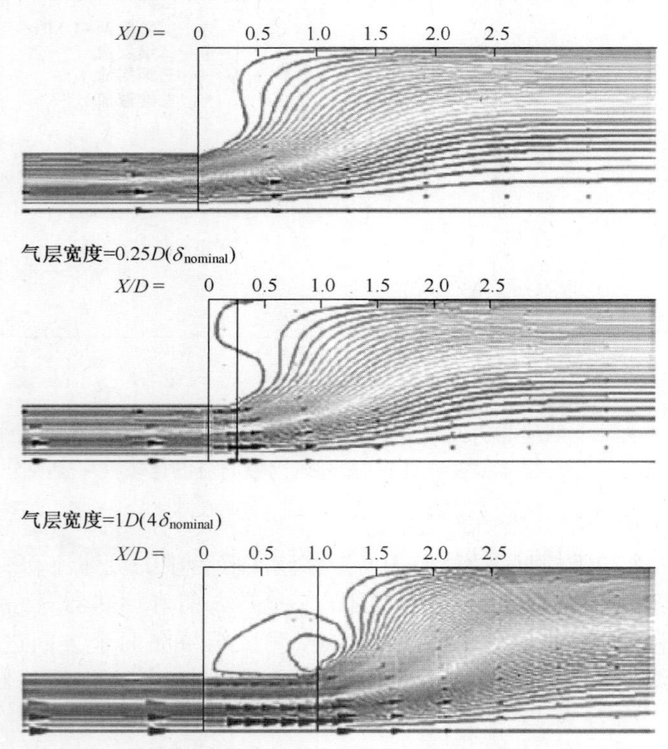

图 7.35 流线等值线和速度矢量,层流,扩散率 = 1.65×10^{-8},曲柄角 = 270°,气层宽度分别等于 0,0.25D 和 1D(D = 冷却器管直径)

270°时的流线等值线和 U 速度矢量图。图中表明三种情况下从基质表面到下游的流场几乎相似,这与 UMN 实验结果一致。

7.2.8 承载振荡流动的多孔介质的压降仿真

文献(Zhao 和 Cheng,1996)是一篇研究论文,对实验做了很好的记录,正好可用于 CSU CFD 结果对比。本实验中使用的回热器的类型和性质如图 7.36 所示。(100 目丝网数据用于 CFD 仿真)。

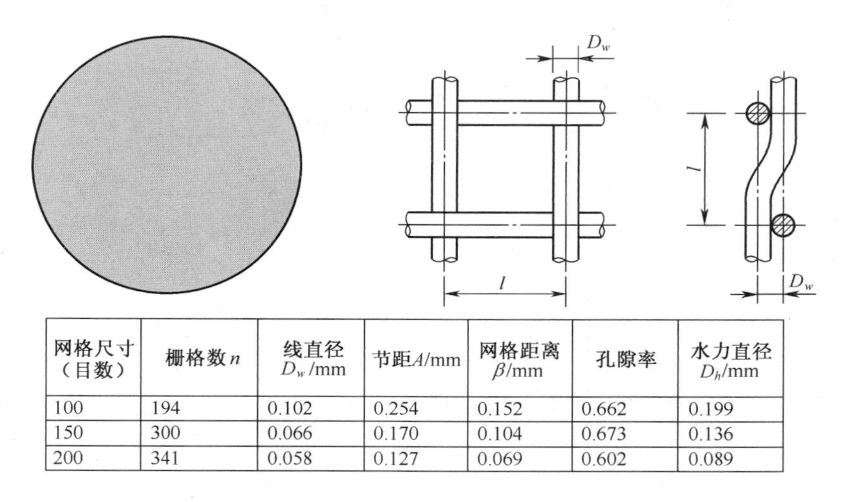

网格尺寸(目数)	栅格数 n	线直径 D_w/mm	节距 A/mm	网格距离 β/mm	孔隙率	水力直径 D_h/mm
100	194	0.102	0.254	0.152	0.662	0.199
150	300	0.066	0.170	0.104	0.673	0.136
200	341	0.058	0.127	0.069	0.602	0.089

图 7.36　Zhao 和 Chang(1996)实验用的不锈钢丝网的形式和属性参数

1. 微观模型和相似性参数

针对这种情况,我们构造了交错布置的 5(行)×19(列)绕流柱体模型,如图 7.37所示。为与 Zhao 和 Cheng(1996)实验匹配,该模型选择了相同的孔隙率、线径和 100 目丝线的水力直径及其相似性参数:A_R和 V_a。

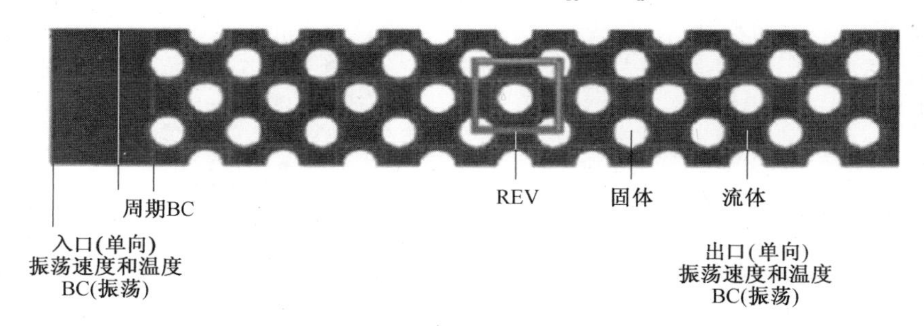

图 7.37　微观结构和边界条件

2. 结果与讨论

CFD 计算状态：$\beta = 0.662$；$A_R = 615$、843 和 1143；$V_a = 0.01005$、0.03770 和 0.05529。

图 7.38 所示的比较表明，随着 V_a 增加，CFD 模型给出的 dp/dx 幅值与实验数据有相同的趋势。但是随着 V_a 增加，CFD 和实验结果之间存在相位差。

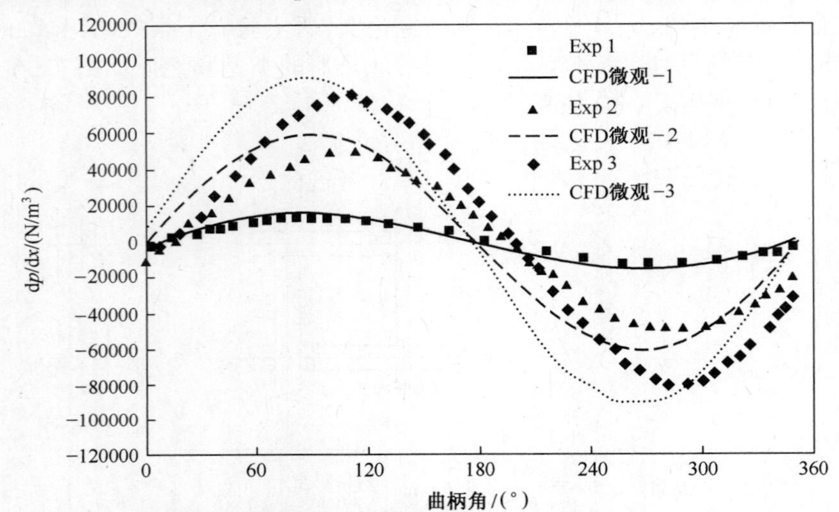

图 7.38　单位长度上的压降随着曲柄(相位)角的变化，$(Ao)_{Dh} = 843.38$，$(Re_\omega)_{Dh} = 0.01005$，0.03770 和 0.05529 计算流体力学结果与实验结果(Zhao 和 Cheng，1996)

图 7.39 显示了 Zhao 和 Cheng(1996)的数据与现在模型之间的另一个比较。

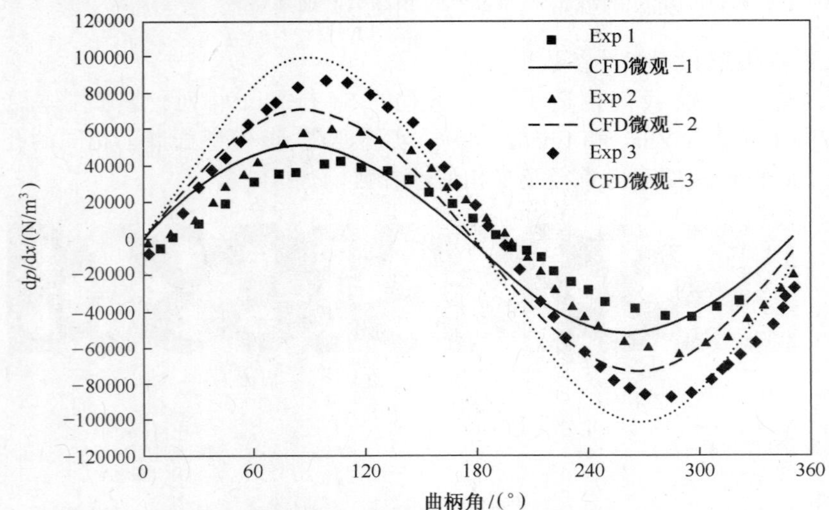

图 7.39　单位长度的压降随着曲柄(相位)角的变化，$(Re_\omega)_{Dh} = 0.04524$，$(Ao)_{Dh} = 614.73$，843.38 和 1143.25，计算流体力学结果与实验结果(Zhao 和 Cheng，1996)

在这种情况下，$V_a=0.04524$，而无量纲流体的位移发生变化。结果再次表明除了CFD 和实验数据之间的相位差随着无量纲流体位移的增加而增加外，其他的符合得都很好。

7.2.9 承载振荡流动的多孔介质的热力场仿真

获取振荡流经过回热器时流体与丝网(固体)之间的非定常传热系数是本节的焦点。根据 UMN 在回热器的冷却器一侧附近的温度测量结果，射流在靠近冷却器的区域中已经扩散，但是要深入基质约 15 个丝网层才能很好地混合。CFD 结果确定了内流温度不是径向位置的函数。通过比较不同径向和轴向位置处的瞬时 Nu 数，可以得出结论，在回热器基质内热流动充分发展的区域内，传热系数通常不会随位置改变。还注意到，高孔隙率回热器内的输运足以在任何时候保持速度和温度的均匀性。忽略式(7.31)右侧的第一项，得出：

$$\rho_s C_s \frac{(1-\beta)\partial\langle T\rangle^s}{\partial t} = -h_{sf}a_{sf}(\langle T\rangle^s - \langle T\rangle^f) \tag{7.44}$$

$$\frac{h_{sf}D_h}{k_f} = \frac{\rho_s C_s D_h \frac{(1-\beta)\partial\langle T\rangle^s}{\partial t}}{a_{sf}k_f(\langle T\rangle^s - \langle T\rangle^f)} \tag{7.45}$$

因此，根据式(7.45)，可以基于一个周期的体积平均纤维温度和流-固温差来计算非定常传热系数。

图 7.40 显示了用于模拟回热器基质的二维模型。它由交错排列的 9×19 绕流柱体组成。两端(东西侧)的速度和温度与 UMN 实验台的条件一致。南北边界条件为周期性边界条件。我们提取了 REV 的结果，REV 如图 7.40 中的黑框所示。

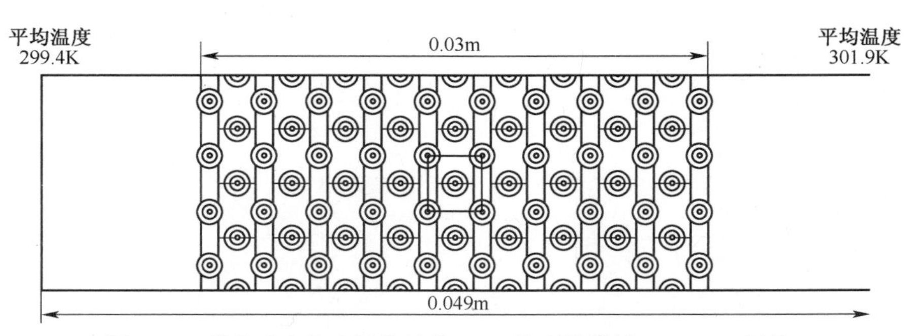

图 7.40　带尺寸和热边界条件的 9×19 阵列计算域(699×150 网格)

实验参数雷诺数(Re_{max})800、瓦伦西数 2.1，是基于最大体积平均速度(U_{max})和丝网基质水力直径(D_h)选定的。图 7.41 显示了 REV、纤维尺寸、间隙和水力直径，还显示出将这些量关联起来的不同表达式。

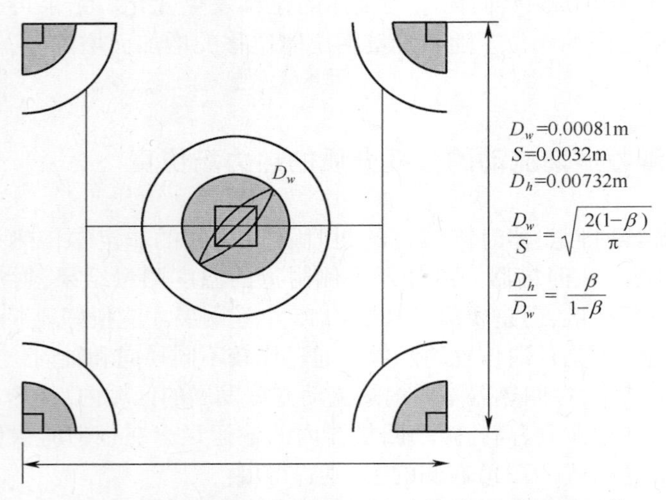

图 7.41　带有尺寸和定义的一个计算单元(典型单元体)

图 7.42~图 7.44 分别示出了由 CFD 计算得到的在曲柄角为 90°时的压力、

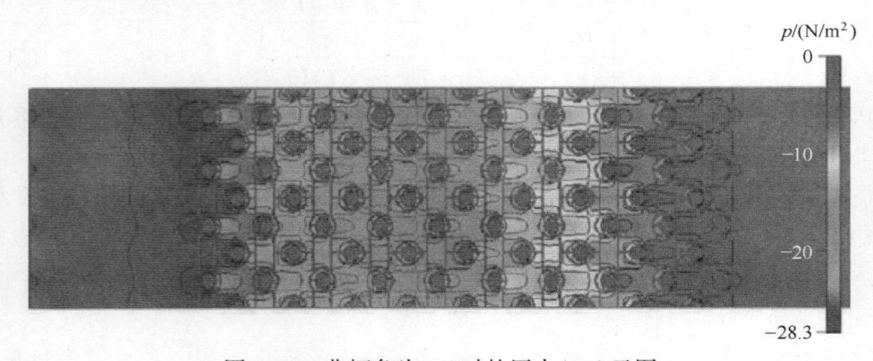

图 7.42　曲柄角为 90°时的压力(Pa)云图

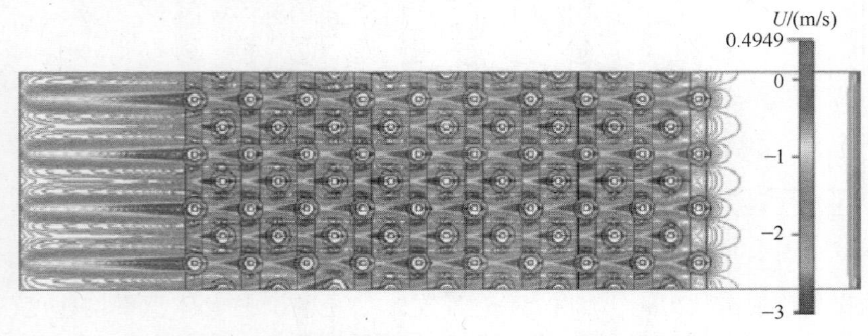

图 7.43　曲柄角为 90°时的 U-速度(m/s)云图

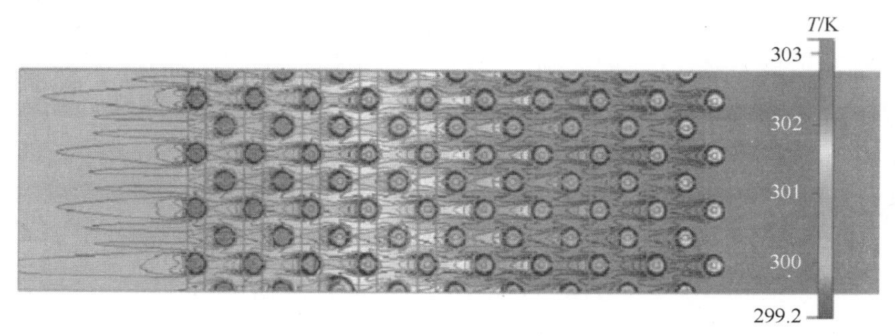

图 7.44　曲柄角为 90°时的温度(K)云图

U-速度和温度云图。从 U-速度云图可以看出每个圆柱后面的流动是流线型的，因为我们使用了层流模型(很少或没有掺混)。所以,这也同样适用于图 7.44 中所示的热量场。

图 7.45 显示了五条不同固体(纤维)(中间 1 条及其相邻的 4 条,见小图)的温度随曲柄角的变化曲线。远西侧的两条纤维的温度曲线重合在一起,并处于较低的温度;而远东侧的纤维也处于相同的温度,但温度较高。中央线的温度处于中间。UMN 的数据也显示在图中。CFD 结果与 UMN 数据的相位角一致,但幅度较小。

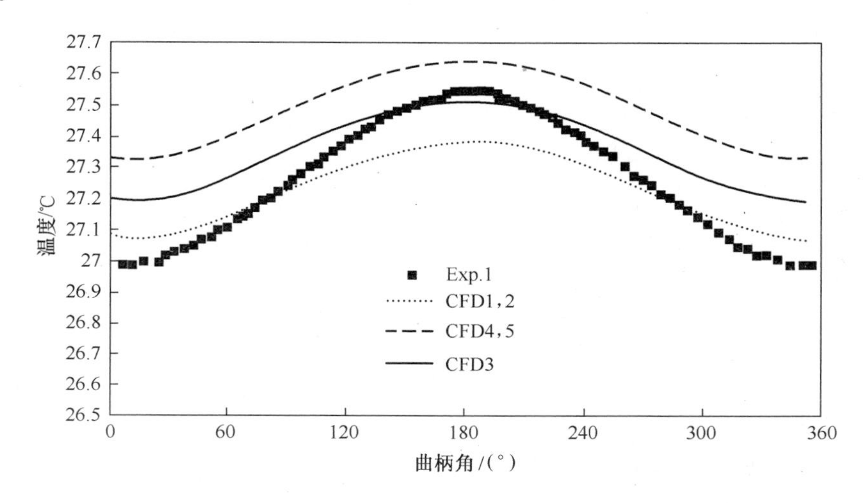

图 7.45　固体温度随曲柄角的变化,明尼苏达大学实验数据和 CFD 结果

图 7.46 显示了固体(纤维)和流体温度随曲柄角的变化,资料来自明尼苏达大学实验数据和 CFD 结果。在图中显示了两条流体温度曲线(来自 CFD),一条位于对角线西侧,另一条位于东侧(见小图)。两处流体的温度(来自 CFD)一致但在相位角和振幅两方面都不同于 UMN 实验数据。

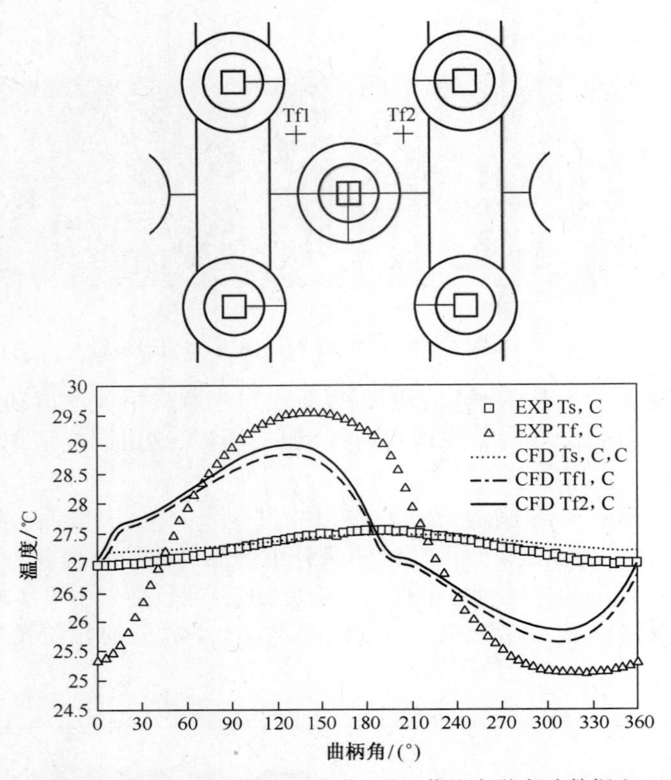

图 7.46　固体和流体温度随曲柄角的变化,明尼苏达大学实验数据和 CFD 结果

图 7.47 显示了 CFD 和 Sage 得到的摩擦系数与曲柄角的关系。两者吻合得很好。

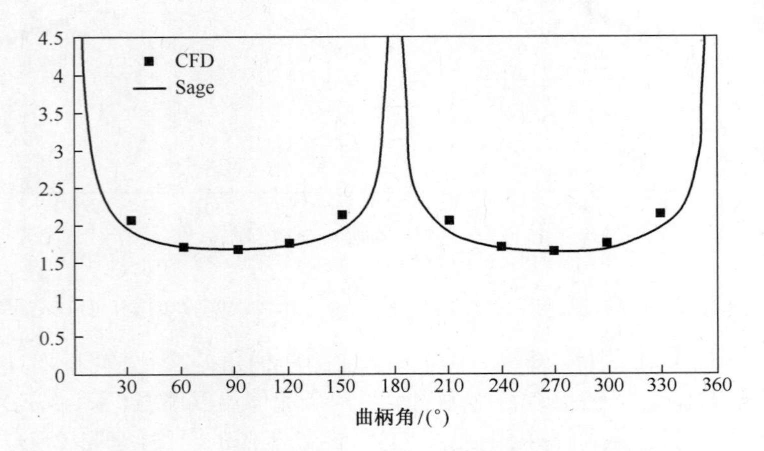

图 7.47　Sage 和 CFD 计算的摩擦因子随曲柄角的变化

通过将微观 CFD-ACE 数值结果输入到式(7.45)中确定的一个周期内的努塞尔数随曲柄角的变化如图 7.48 所示。图 7.48 显示了相同工况条件下的当前工作与 UMN 实验数据的对比。另外,来自 Sage 的用于编织丝网建模的关系式作为附加比较也在图中绘出。努塞尔数为

$$Nu = (1 + 0.99Re^{0.66}Pr^{0.66}) \tag{7.46}$$

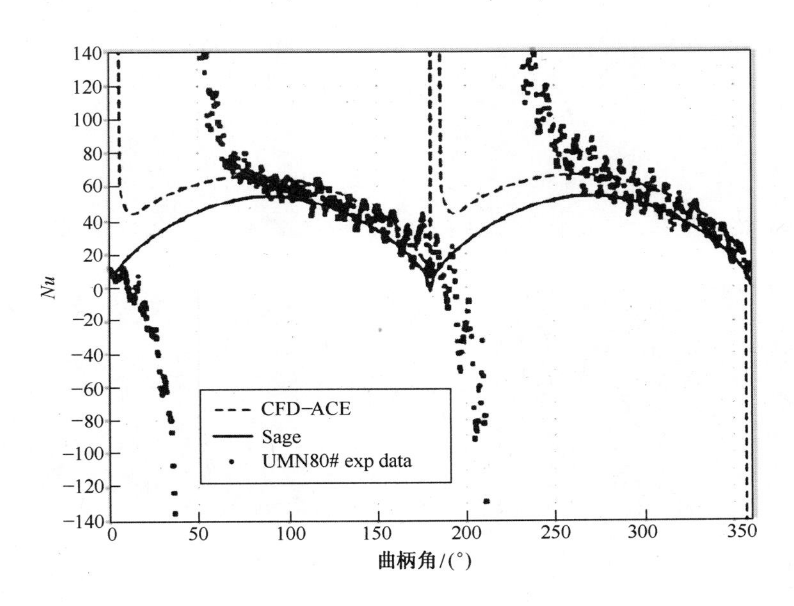

图 7.48 振荡流 N_u 数随曲柄角的变化;对比明尼苏达大学实验数据、Sage 和计算流体力学结果

来自 CFD 计算和 Sage,Gedeon(1999)模型的瞬时摩擦系数的对比非常好。对于瞬时 N_u,在一个周期的减速段内(90°~180°以及 270°~360°),本次计算与 UMN 实验结果之间的对比较为一致。然而也有不一致的敌方,如:①与整个周期中的平均传热系数相比,我们的 CFD 计算存在约 40%的差异;②周期内加速段的预测值偏低;③有约 50°的相位差。这些差异可能归因于:为了建模,我们选择了二维轴对称结构,并且假设来流是均匀的,而实际上,温度边界条件是三维的,假定其均匀是不现实的。在这里我们做了更多的努力,包括修改温度边界条件;在顺流和横流方向上对更多的纤维建模;按三维结构建模。第一次和第二次尝试没有产生任何显著不同的结果。三维方法计算量太大,将来会在其他资金的支持下继续进行研究探索。

我们还使用 CFD-ACE+中可用的宏观多孔介质模型对同一个实验进行了建模。这些宏观结果在第 7.2.10 节由 Ibrahim 等(2002,2003)进行讨论。

7.2.10 CFD-ACE +多孔介质模型的验证

本节显示了利用 CFD-ACE+中的宏观多孔介质模型完成的回热器基质进一步建模研究的结果。图 7.49 显示了微观和宏观两种情况使用的计算域。

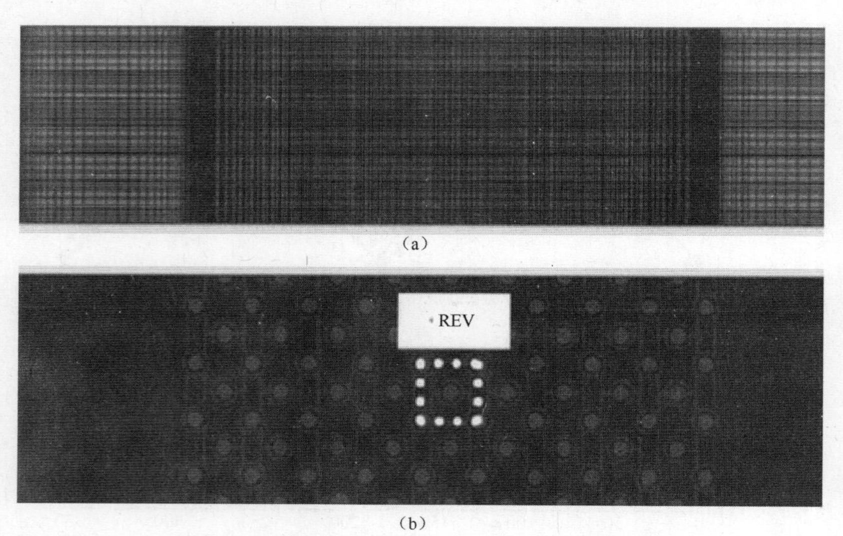

图 7.49 宏观模型(a)和微观模型(b)的结构

用图 7.50 比较了分别采用宏观和微观模型计算压降的 CFD 结果。模型一致性较好,只是宏观模型的值略微偏高。但应注意此处没有实验数据可作为对比。

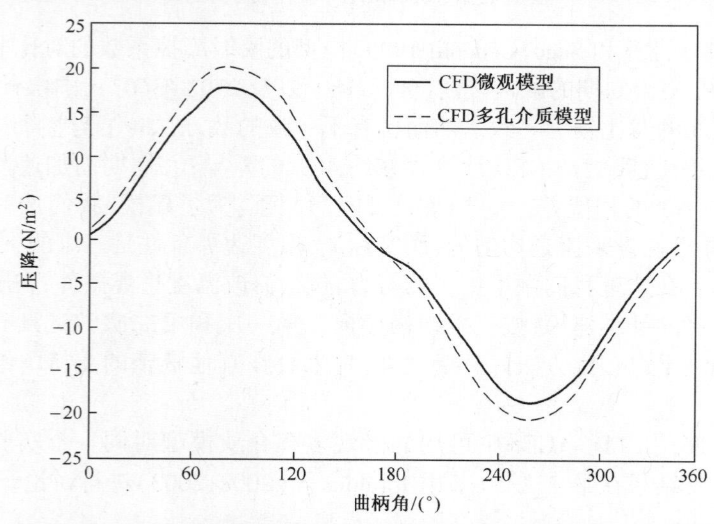

图 7.50 CFD-ACE+宏观多孔介质模型与微观模型压降计算结果比较。孔隙率 0.9

图 7.51 给出了固体和流体温度随曲柄角的变化。UMN 实验数据以及宏观和微观模型 CFD 结果数据显示在图中。微观结果之前已讨论过。宏观模型假定气体温度与固体温度一致,在前面已讨论过,若想得到精确的回热器焓流损失,这个假设是不可接受的。

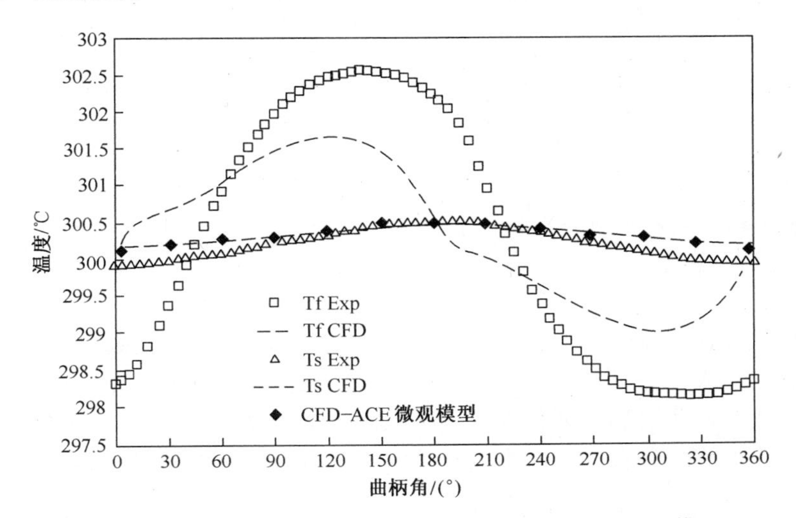

图 7.51 CFD-ACE+宏观多孔介质模型温度场计算与微观模型计算及明尼苏达大学实验结果的比较

第8章 分段渐开线箔回热器——实际尺寸

8.1 引言

美国国家航空航天局(NASA)的微加工回热器项目(Ibrahim et al.,2007,2009a)旨在开发一个利用新兴微加工技术的全新高耐久性高效率回热器。这种回热器的发展不仅有利于斯特林发动机空间电源技术,也有利于斯特林循环制冷机和NASA的许多依赖于低温制冷机的任务。该项目分为三个阶段,其中第一、二阶段是由克利夫兰州立大学(CSU,领导机构)、明尼苏达大学(UMN)、Sunpower公司(Athens,俄亥俄)、Gedeon Associates公司(Athens,俄亥俄)、Infinia公司(肯纳威克,华盛顿)、以及International Mezzo Technologies(Mezzo)(Baton Rouge,Louisiana)(Ibrahim et al.,2007)合作进行的,而第三阶段是由CSU、Sunpower公司、Gedeon Associates公司和Mezzo公司合作完成的(参见Ibrahim et al.,2009)。

在该项目的第一阶段,微型回热器设计的开发是基于当时先进的分析和计算工具,因此这种设计预计可以提高6%~9%的发动机效率。制造工艺确定后,选定Mezzo公司实施。为了加工选定的渐开线箔回热器方案的箔片,Mezzo公司按研发团队提出的指标研制了放电加工(EDM)工具。到了第一阶段末尾,已准备好生产回热器箔片(盘片的环形部分),并设计了一个放大尺寸的渐开线箔回热器实体模型(LSMU),且启动了制造过程。CFD分析应用于稳态和振荡流动条件下不同结构的流动和传热建模,建模时考虑了表面粗糙度的影响(Ibrahim et al.,2004)。通过CFD研究了几种渐开线箔,包括:透镜形、平行板(等距间隔/非等距间隔)、交错平行板(等距间隔/非等距间隔)和三维渐开线箔。CFD建模技术也应用于微型渐开线箔回热器和它的LSMU模型。

项目的第二阶段报告(Ibrahim et al.,2007)包含了微加工回热器详细的初步设计过程,通过设计,使回热器能在Sunpower FTB(频率测试台)的斯特林发动机/发电机(Wood et al.,2005)中使用。FTB斯特林机输入220W的热,输出约80~90W的电功率,是Sunpower和NASA GRC为NASA未来太空任务正在研发的先进斯特林机的直系“祖先”。这些设计最初是用于毛毡回热器测试的。第二阶段研究团队完成了几个任务：团队基于与平行板结构的相似性完成了微加工回热器的初步设计；分析了回热器无效部分的辐射损失；采用解析方法和二维数值计算方法分析了回热器的固体热传导损失；建造了用于 NASA / Sunpower 振荡流实验台测试的微加工回热器原型；测试了回热器，并导出了传热和压降的设计关系式；使用 SAGE 软件对采用微加工回热器的 FTB 发动机进行了系统建模（Gedeon，1999，2009，2010）。完成这些工作，首先使用的是平行板传热和压降的理论关系式，然后再使用从实际测试数据导出的关系式。

在第三阶段里，采用微加工工艺制造了一种新型镍材料分段渐开线箔回热器，并在 Sunpower 公司的 FTB 斯特林发动机/发电机上进行了测试。其效率与最初的毛毡回热器几乎相同，但镍材料的原型回热器的高热导率导致性能显着下降。如果回热器的材料是低导热材料，应该可以提高效率（计算机预测增值因子为 1.04）。另外，FTB 斯特林系统没有重新优化，没能充分利用微加工回热器低流阻的优势。因此，如果 FTB 斯特林系统被彻底重新优化，效率应该会更高。

本章讨论了回热器微加工工艺、回热器在 FTB 上的测试以及支持性的分析工作。附录 L 给出了回热器测试方案中扩散器（位于回热器每一端处）对于测试结果影响的 CFD 建模的预测结果。本章还给出了采用比镍材料更耐高温的材料，来完成渐开线箔回热器开发的建议。（NASA 空间动力斯特林机工作时热端温度约为 850℃，高于镍材料的实用温度范围。）

8.2 选择微加工回热器方案

当前，斯特林热机回热器通常是由编织丝网或毛毡制成。这类结构有以下特点：局部非均匀流动；孔隙率局部变化，导致流道失配，引起轴向热输运；高流动摩擦加上可观的热扩散，这种热损失机制引起轴向热传导明显增加；丝网加工时间长，会增加成本；作为空间发动机，必须保证其在任务期间不会有基质纤维松脱下来，以致毁坏热机关键零件。

目前的研究成果表明，要实现流体到基质高传热的同时保持低压降，基质应具有如下特征：传热表面光滑、流体加速度受控、流动分离最小化，并且当入口流体或通道内特性是径向不均匀时，为径向质量流提供通道以实现更均匀的分布。研究表明合理设计微加工的规则形状，不仅可以减少压降，保持高热传递，根据需要重新分布流体，还可以提高长时间任务回热器的耐久性。

8.2.1 现有毛毡回热器的问题

在设计新回热器时，最有用的工作是检查与现有毛毡回热器相关的可靠性和性能问题，这些回热器通常用于空间斯特林发动机。

因为毛毡结构依赖于纤维之间烧结接触点形成的网络，所以可能存在松脱的纤维从回热器中迁移出来，进入热机的其他部分，从而可能会损坏小容差密封或阻塞气体轴承端口。这是一个令人忧虑的问题，但却不是一个公知的问题。不做测试，则很难“证明”任何关于随机结构的事情。

在热氦环境中较薄材料的腐蚀是另一个潜在的问题。没有关于在高温氦气环境下毛毡材料耐久性的长期研究记录。NASA GRC 的一项研究（Bowman，2003）记录了显著的纤维腐蚀现象，在这种条件下，316L 不锈钢纤维发生了显著的腐蚀，并产生了明显的碎片。氦气环境中氧化污染物的痕量级别实际上比更高浓度污染物的影响更坏，因为其会阻止在纤维表面上形成保护性氧化层。NASA 目前正在研究用陶瓷或某些抗氧化金属（NiAl）代替 316L 不锈钢，其在高温下可抗氧化。

除了可靠性问题，毛毡回热器在热传递和流动阻力等方面无法达到理想的回热器性能。基于 8.2.3 节定义的品质因数，毛毡回热器（编织网回热器）比理论“最佳可能”回热器性能差了约 4 倍。性能较差的原因是在毛毡结构中存在的尾流、涡流、滞止区和非均匀流体通道，如图 8.1 所示。这些流动特征增加了流体阻力，这种损失机制被称为热耗散。

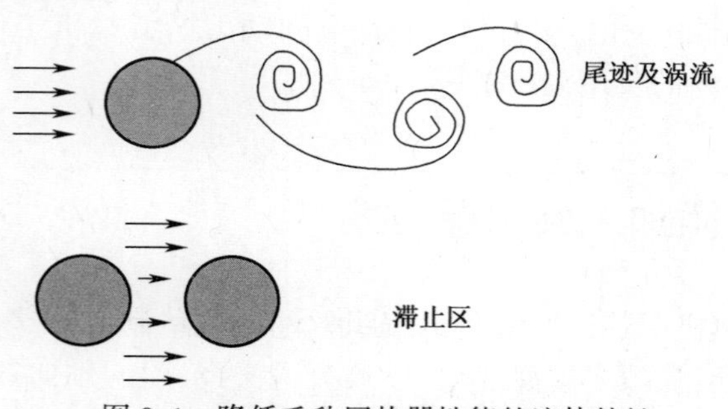

图 8.1　降低毛毡回热器性能的流体特性

8.2.2　新型微加工回热器氦流量和结构要求

新型回热器的基质应包括一些精确调整的微观（25～100μm）特性，总的来说，应该具有均匀间隔、相对较小的表面粗糙度、低局部流向加、减速率和最小流动分离等特性，这些特性是低压降下获得高传热率的关键因素。当入口流量或通道内特性径向不均匀时，通道应该提供一些径向流动可能，以实现更均匀的分布。整个固态体积的占比应该足够小，以减少轴向热传导损失。固体材料的量存在一个最小值，以获得一个合适的相对于氦气的固体热容，对现代小型斯特林发动机应用来说，固体材料占整个体积的 10%或更少。同样为了获得最小的轴向传导，首选方案是在回热器轴向上设置扭曲的固体传导路径。

在机械应力和热应力作用下,基质抵抗变形的能力非常重要。将回热器装在壳体中是机械应力的来源,在热端将回热器从室温加热到850℃的高温产生了热应力。为应对回热器筒内的不均匀加热或热膨胀率不同等问题,设计的回热器通道必须足够坚固。

空间动力发动机中的回热器(见图1.1)必须至少工作14年,因此必须耐用。在发射和正常运行期间,机械冲击和振动随时可能发生。

8.2.3 性能表征

回热器性能的初步评价可以用一个品质因素来表达。这个品质因素是“每单位流动阻力损失的传热性能”的粗略度量,高品质因数表示好的性能。作为传统品质因数的推广,Backhaus、Swift(2001)和Ruhlich、Quack(1999)、Gedeon Associates提出了一个新的品质因数,包括了式(8.1)中定义的热散射(Gedeon,2003a)。(另外,关于这个品质因数在实际斯特林发动机中的含义,见附录H中Gedeon Associates的解释。)

$$F_M = \frac{1}{f_r\left(\frac{ReP_r}{4Nu} + \frac{N_k}{ReP_r}\right)} \tag{8.1}$$

式中:f_r为摩擦因数;P_r为普朗特数;Re为雷诺数;Nu为努塞尔数;N_k为“强化传导比”,其定义是有效轴向传导率除以传热流体的分子传导率。

有效传导包括:固体中的传导,流体中的传导,和流体中的涡输运。在稳定完全发展的层流条件下的均匀流动通道中,N_k几乎是不变的。在Sage(Gedeon,1999,2009,2010)中给出了几个感兴趣的回热器的摩擦因数f_r和努塞尔数Nu,例如,对于平行板回热器,$f_r=96/Re$和$Nu=8.23$。

图8.2给出了几种回热器的品质因素(作为雷诺数的函数,假设$P_r=0.7$)。如图8.2所示,当回热器的平均雷诺数为百数量级(这也是现在运行的如图1.1所示类型的小型斯特林发动机中预期的雷诺数)时,品质因数接近其最大值。下面详细讨论图8.2中三个最高品质因数对应的回热器结构。

固态热传导是一种损耗,会降低回热器基质的性能,使其低于图8.2所示的理论预测值。用Sage斯特林循环建模软件(Gedeon,1999,2009,2010),来估计连续通道不锈钢回热器(如平行板或六边形通道回热器)由于固体传导导致的性能降级。降级情况如图8.3所示,品质因数随着固体分数增加而线性减小。

对于堆叠分段回热器,固态热传导可以通过段间间隙或偏移来减小。这些间隙也将提供径向流动的机会,可以带来更均匀的流动分布。然而,在使用高传导率气体如氦气的回热器中,这种热断层的温度差必须小于固体-氦之间的温度差,否则气体将桥接传导间隙。为此,在分段基质中优选薄的固体层。

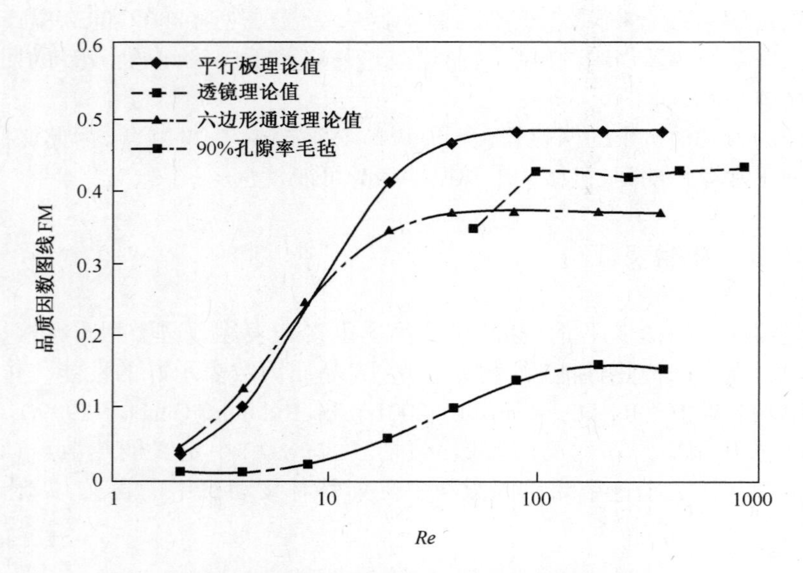

图 8.2　由不锈钢构成的不同基质的品质因数

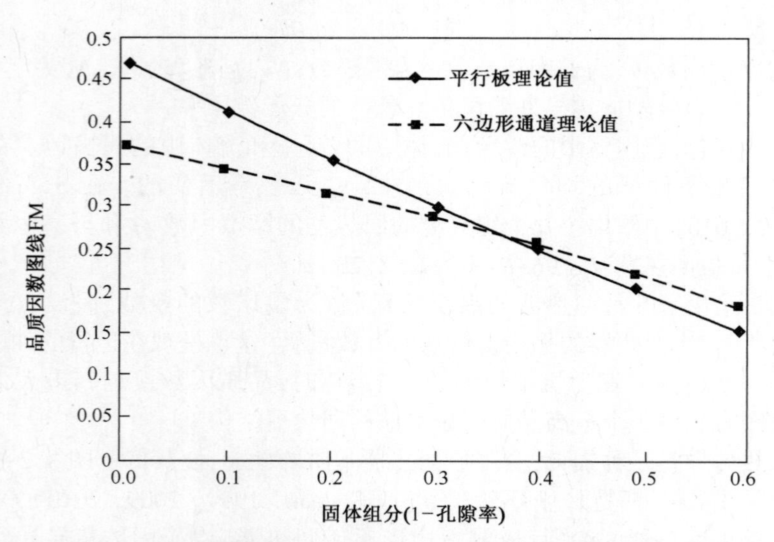

图 8.3　连续通道回热器:性能降级与壁厚关系(平均 $Re=62$)

8.2.4　微特征容差

为确定微加工回热器通道宽度变化的容差,Gedeon(2003a,2003b)和 Gedeon

(2004a,2004b)用 Sage 软件对平行板回热器建模,其中一些通道具有特定宽度,另一些通道具有略小的宽度。计算结果表明,由于平行板回热器内间隔不均匀,产生了直流(即均值非零)回路,降低了回热器的整体性能。图 8.4 给出了品质因数降级与相对间隙变化的关系(平均 $Re=62$),其中一种情况是两个不同尺寸的回热器通道彼此相邻(良好的热接触),另一种情况是两个不同尺寸的回热器通道彼此远离(没有热接触)。$\Delta g/g_0$ 代表了两个通道的相对间隙变化。如图 8.4 所示,"无热接触"的情况下品质因数较低。这是因为两部分之间的热接触可以抑制"直流"流动带来的温度时滞效应。图 8.4 还表明,通过增加间隙变化,无论是"良好的连接"的情况下,或"无热连接"的情况下,都能显着降低品质因数。随着间隙变化的增加,品质因数下降的主要原因是更高的周期平均直流焓流。

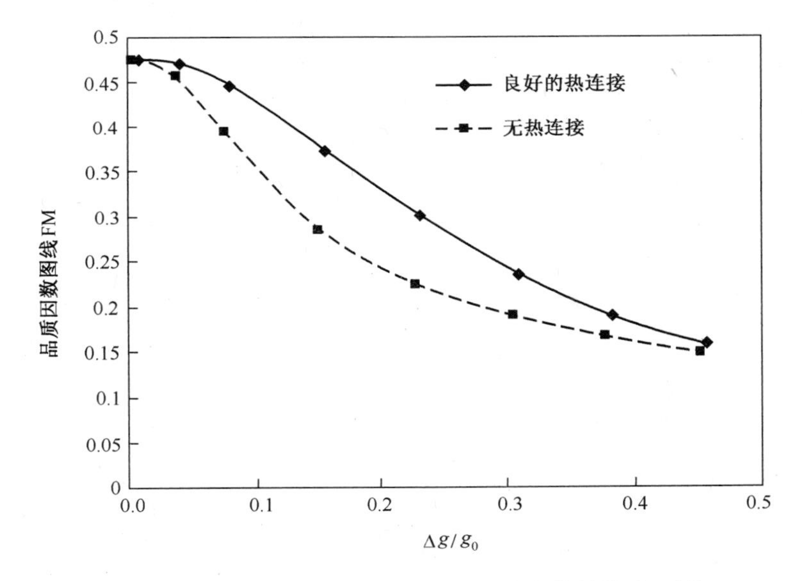

图 8.4　平行板回热器:品质因数降低与流动间隙变化的关系(平均 $Re=62$)

图 8.4 所示的结果可以应用于任何通道型回热器的一般情况,例如蜂窝式。在这种情况下,水力直径的变化将取代间隙的变化,但产生的曲线是非常相似的。根据图 8.4,如果间隙(或水力直径)变化不超过±10%,则微加工回热器的品质因数将至少为 0.4。

上述结果有助于解释卷绕箔回热器在斯特林发动机中表现不好的原因。主要的原因是在承受较大的温度和应力梯度时难以保持间隙/结构的完整性。

8.2.5　表面粗糙度

流体通道的壁面应光滑,使其中的流体接近回热器理论建模中假定的理论层流。所面临的问题是确定一个最大的粗糙度限值,以确保在该限值以下的流道可视为平滑。目前已经完成了许多关于光滑管的最大相对粗糙度的研究,例如,Schlichting(1979)介绍了 Nikuradse(1933)完成的粗糙管实验结果,实验相对粗糙度 k_s/R (k_s 是沙粒粗糙度,R 是管道半径)范围从 1/500~1/15。实验表明,在层流区最大相对粗糙度 $k_s/D = 0.033$ 的管子可认为是光滑的。Samoilenko 和 Preger (1966)(由 Idelchick 报告,1986)开发了一个公式来计算当摩擦因子增大时粗糙化的起始点(即偏离层流 64/Re 线)。这个公式对 $0.06 > \varepsilon/D > 0.07$ 范围内的粗糙管是有效的,其中,ε 是绝对粗糙度高度,Re_0是摩擦因数偏离 Hagen-Poiseuille 理论向较大值变化时的雷诺数。明显地,当 $\varepsilon/D < 0.07$ 时,Re_0应该足够大,使得流动在转变到粗糙层流之前就转变到了湍流状态。Bucci 等(2003)给出了水流在不锈钢毛细管中的数据:

$$Re_0 = 754\exp\left(\frac{0.0065}{\varepsilon/D}\right) \tag{8.2}$$

式(8.2)表明,相对粗糙度为 0.03 时的 $Re_0 = 936$。由于该回热器雷诺数约为 100,因此,符合 $\varepsilon/D < 0.033$ 的管子均被认为是光滑的。

对于非圆截面通道,以水力直径 d_h作为圆管直径 D。水力直径定义为

$$D_h = 4\frac{A}{P_{\text{wet}}} \tag{8.3}$$

式中:A 和 P_{wet}分别是面积与非圆截面通道的湿周。

对微加工回热器,水力直径约为 200um。因为最大相对粗糙度为 0.033,则最大绝对表面粗糙度高度约 7μm 的微加表面可以视为光滑的表面。

8.2.6 回热器的设计概念

1. 早期概念 1:透镜阵列

我们是从“透镜阵列”概念开始回热器研究的,如图 8.5 所示。这个名字来自于其截面顶视图中看起来像“小扁豆”或透镜形的元件。此前出版的计算分析(Ruhlich 和 Quack,1999)表明,二维透镜阵列结构具有良好的品质因数(见图 8.2),其问题是如何保持结构元件对齐。我们的解决方案是将这些透镜阵列“窝”在一起,如图 8.5 所示。每一层由几行平行的透镜组成,每层相对于其相邻层旋转一个角度(60°),并且每一层伸一半到下一层。这种方案除了结构强壮外,透镜形状的阵列还可以最大限度地减少流体分离,并且近似一致的横截面可以防止流体明显的加速和减速。这种阵列还允许流体在通道之间再分配,从而可以调节入口流的再分配。

但是,当前技术水平做不出这种透镜阵列结构,因此研究人员转向其他概念。

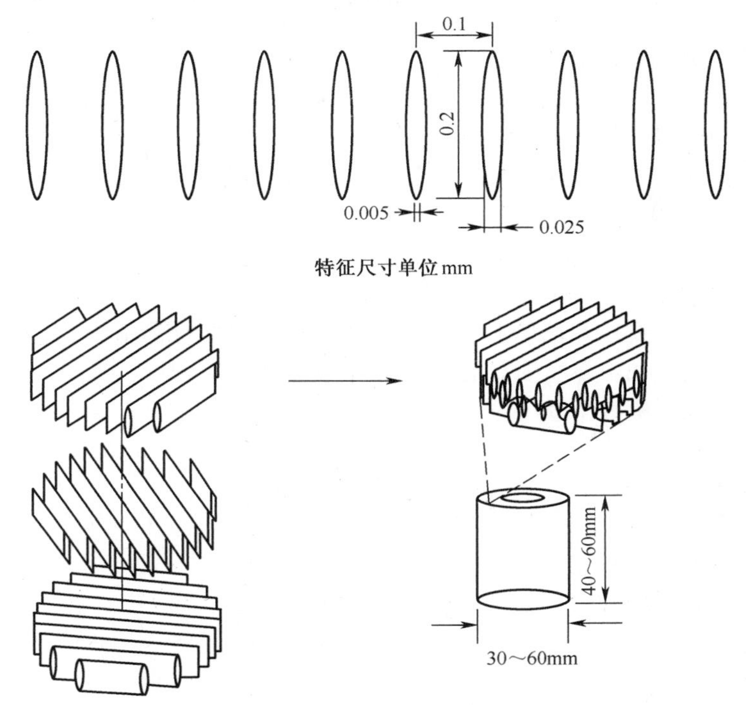

图 8.5　三维透镜阵列结构

2. 早期概念 2:蜂窝结构

蜂窝结构应该包含一个六边形通道组成的网络,如图 8.6 所示。图中展示的

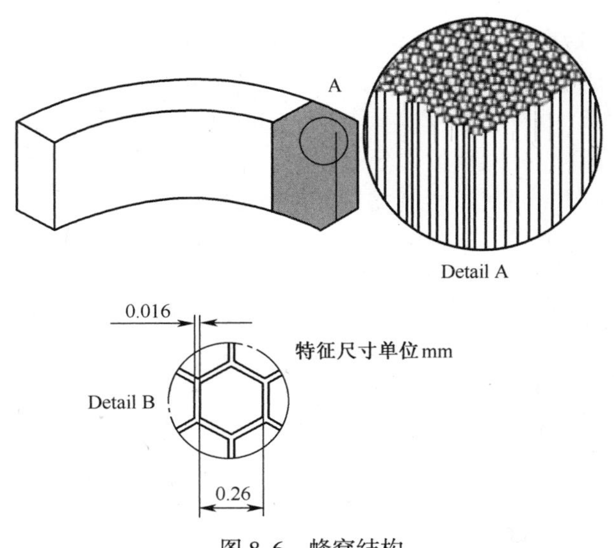

图 8.6　蜂窝结构

蜂窝基质的壁厚 16μm,两个平行壁之间的间隔是 260μm。整个回热器可以由单张六边形通道板(即 60mm)或一叠蜂窝"切片"组成,错开堆叠允许通道间流量再分配,因而可以调节入口流量的再分配。

蜂窝结构的主要问题是,难以保证所需的通道均匀性,而且其理论性能还不如平行板结构。Mezzo 采用 LiGA/EDM 工艺制造了蜂窝结构,打算用于斯特林制冷机(见图 8.17 和讨论)。

3. 渐开线曲面平行板结构

实现一个能达到其理论预期的平行板结构,已成为微加工回热器研究的圣杯。许多研究者试图通过在圆柱形上缠绕薄金属箔来制造平行板结构,层间由某种间隔元件隔开。这种回热器从来没有达到过预期的性能,大概是由于层间距均匀性差。所需的层间间隙在 100μm 量级,需要的容差为 10%(见 8.2.4 节)。在初始装配期间和之后受热变形影响的情况下,维持这个容差范围是非常困难的。由于历史记录不好,我们的微加工回热器不采用卷绕箔方案。

我们也放弃了一种箔式回热器的变形方案,这种回热器由堆叠的扁平箔片元件组成(见 Backhaus、Swift,2001)。扁平元件存在结构问题,即如果限制它们的长度,当热膨胀时就会弯曲,也就是说,它们会随机偏转,横向偏转与长度方向缩短的比值可以趋向无穷大。回热器箔元件的任何屈曲都是坏事,它影响层间距。扁平元件也不能采用轴对称方式布置,这也可能引发流动均匀性问题。

我们相信平行板回热器只有采用弯曲元件才能实现,弯曲元件的最大优势是结构上的。如果一个弯曲元件端点受到约束,当它热膨胀时,其曲率以规则的方式略有变化,以容纳弧长的变化。它不会屈曲,层之间的间距不会受太大影响,且对间距的影响是可预测的。

用于进一步研究的弯曲平行板结构由精确对准的、薄的弯曲板组成,如图 8.7 所示。图中所示的壁厚为 15μm,两个平行壁的间隔为 125μm。与蜂窝回热器类似,整个回热器可以由单个平行板结构(长 60mm)或一组平行板"切片"组成。同样的,错开堆叠允许通道间流量再分配。

箔元件遵循渐开线曲线。"圆的渐开线"指当从圆柱体退绕线时获得的曲线。在线的末端系上一支铅笔,退绕时保持线绷紧,则铅笔描出的曲线就是渐开线。相差固定旋转角(线长差也固定)的一组渐开线,具有一个很重要的性质:沿着曲线,任何两条曲线之间的法向距离(间隙)保持为常数。因此,渐开线是能够使箔片之间保持均匀间隙的一种封装方式。对如图 8.7 所示的渐开线箔片回热器,主要的问题是没有人能够制造它!

4. 选中的概念:渐开线曲面单元的同心环

我们为新型回热器选择的设计是上述渐开线箔思想的变形,如图 8.8～图 8.11所示。8.3.4 节详细讨论的批处理模式 EDM 工艺能够制造这种结构。为了增加结构完整性,把曲线"箔"元件设计得相对较短并封装在同心环内。箔元件

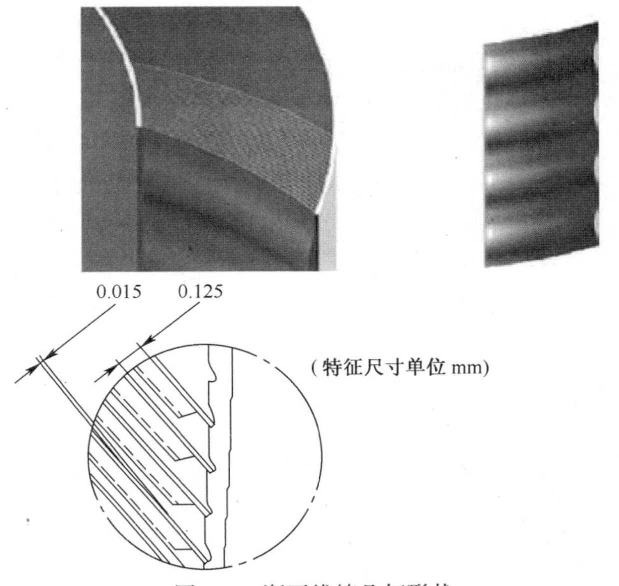

图 8.7　渐开线箔几何形状

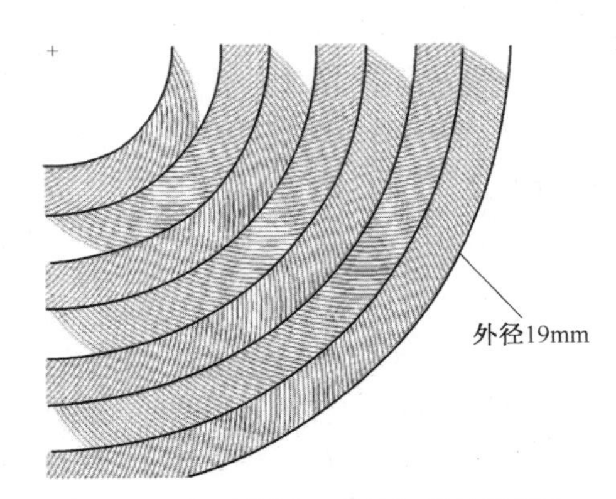

图 8.8　渐开线同心环的初始结构概念

图 8.9　渐开线同心环的实体模型

长度与间隙的比率是重要的设计准则。图中所示的比率为 10 的量级,是平行板流动的经验法则。

同心环方式与斯特林热机的薄环形回热器壳体很匹配,在这种情况下,内外壁之间可能只需要 3 个左右的同心环。为了方便测试,也可以将结构扩展到充满整个圆柱形壳体,就像计划中的第三阶段,振荡流测试所需要的那样。注意,在相继的同心环中的箔元件的径向角需逐步变化。预计这不会导致任何显着的流动不均匀性,因为板元件之间的法向间隙总是相同的,而且流体流动主要是在轴向上。

图 8.8 显示了一种渐开线同心环元件。19mm 外径(OD)对应于 NASA/ Sunpower 振荡流回热器实验装置的试样尺寸。

图 8.9 显示了测试状态回热器盘的实体模型。关键尺寸为:通道宽 86μm,壁厚 14μm,环间距 1mm,总厚度为 0.5mm。做一个完整的测试回热器大约需要 40 个盘片。

图 8.10 显示在装配过程中通过翻转后续盘片来倒转渐开线的方向,以允许流体在盘片间重新分配,并中断固体传导路径。装配过程中不需要旋转对准。在测试之前,渐开线箔片盘的设计略有改进。图 8.11 显示了两个叠在一起的最终状态盘片的端面视图,表达出了连续的渐开线元件形成的图案。图 8.11 中也显示出两种类型的盘片在堆叠中交替,以提供良好的均匀轴向(平均)流动。

图 8.10　渐开线同心环堆叠方式

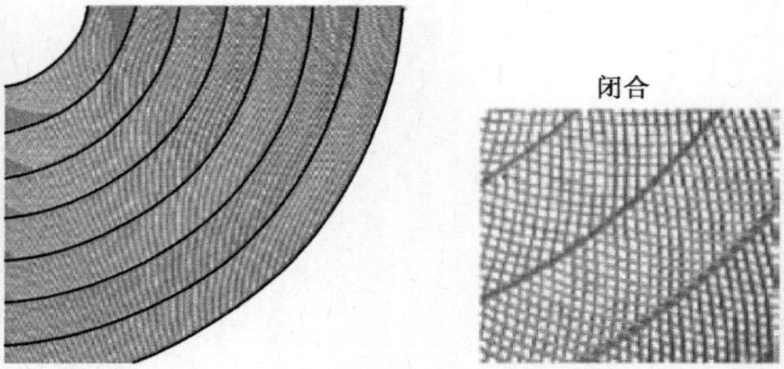

图 8.11　两盘渐开线同心环的端面视图

8.2.7　预测斯特林发动机的好处:在相同的热输入下增加 6%~9%的功率

式(8.1)的品质因数仅测量一个回热器相对于另一回热器的相对性能,覆盖对象仅限于回热器。为了评估整个斯特林发动机的预期效益,需要进行系统建模。

我们采取的方法是使用 Sage 仿真软件(Gedeon,1999,2009,2010)优化两台斯特林热机:一台装毛毡回热器;另一台装理想箔片回热器,其他都相同。为了使结果尽可能符合美国宇航局相关要求,其模型与用于先进斯特林热机(ASC)(见 Wood 等,2005)设计的模型相似。这台热机的热输入(设计规范)为 230W,输出 PV 功率大约 100W。

基本上,Sage 软件在受到大量约束的情况下,优化了 ASC 机器所有的尺寸,以便在给定热输入的条件下使 PV 功率输出最大化。以实际测得的热传递和流动摩擦关系式(这些测试是在 NASA / Sunpower 回热器测试台上测得的)为基础,建立了毛毡回热器的基线仿真模型。理想箔回热器模型以平行板之间的已发展层流的理论关系式为基础。该模型包括沿着不锈钢理想箔结构的固体部分的传导损耗。

考虑到微加工结构中弯曲的传导通道,将其固体传导减少到了真实平行板的1/10。换句话说,该模型利用了平行板回热器的所有优点(高热传递和低流动阻力),避免了缺点(固体传导)。

两个优化的结果是相对于理想箔回热器,PV 功率输出增加了 8.6%。这些数及其他感兴趣的与回热器相关的数据汇总在表 8.1 和表 8.2 中。

表 8.1　优化后理想箔回热器的尺寸

尺　寸	数　值
筒内径(内径)/ mm	36.9
筒外径(外径)/ mm	43.6
筒的长度/ mm	133
层间间隙/ mm	0.137
箔的厚度/ mm	0.018

在表 8.2 中,可用能量(AE)损失是根据可逆热机理论得出的实际损失的 PV 功率。注意,理想箔片回热器的最引人注目的改进是气体传导(热扩散)AE 损失减少,尽管大多数其他 AE 损失也减少了。令人感兴趣的是,理想箔回热器 AE 损耗总的减少量(5.6W)小于 PV 功率输出的增加量(9.4W)。这意味着 Sage 的优化器能够利用可能是由更高效的回热器在其他方面降低的损耗。例如,优化结果,理想箔材料回热器比毛毡回热器长 48%,从而也需要延长回热器压力壁、配气活塞缸和壳体,并减少它们的传导损失。然而,可能存在结构上的原因(配气活塞支撑问题),不允许将回热器长度增加这么多。

表 8.2　回热器比较

	毛毡	理想箔
水力直径/μm	345	274
平均雷诺数	54	52
瓦伦西数	1.1	0.68
流体摩擦的可用能量损耗/W	5.76	3.75
热传导的可用能量损耗/W	5.28	4.77
气体传导的可用能量损耗/W	3.38	0.22
固体传导的可用能量损耗/W	0.10	0.17[a]
回热器总的可用能量损耗/W	14.5	8.9($\Delta = -5.6$)
PV 输出功率/W	109.2	118.6($\Delta = +9.4$)

a. 使用箔固体传导乘数 $F_{mult} = 0.1$ 以计入微加工结构中预期的弯曲固体流动路径。F_{mult} 是 Sage 计算机程序(Gedeon, 1999, 2009, 2010)输入参数,在这里用于调整固体传导。

由于考虑到需要增加回热器的长度,我们将回热器长度限制为小于 70mm,又进行了一次优化。为了更加保险,我们删除了固体传导乘数 0.1,并假定 15μm 厚不锈钢箔的固体传导路径没有间断。在这些条件下,箔回热器的性能下降了一点,但对于相同的热输入,可用功率仍然增加了 6.6%。

8.3 加工工艺考虑和制造供应商选择

在选择制造厂商时,需要识别制造工艺和供应商,并评估供应商的工艺能力。制造商要有能力生产回热器并满足结构、尺寸和容差的要求,这些在 8.2 节中进行了概述。通过对微加工和快速成型行业的研究团队的调查,确定了几个可供选择的供应商并进行了接触,给所有这些供应商分发了一个文件描述了几种回热器方案(见附录 F 和附录 G)。然后与供应商洽谈,并将他们对特定问题(与工艺能力、经验和成本等相关)的反应制成一张评选表,主要依据该评选表从 20 个供应商中选出 2 个,并将招标书发给了这两个供应商,提案由整个团队进行评估,最终 Mezzo 国际科技公司被选为制造商。潜在供应商的细节讨论汇总在文献 Ibrahim (2004)中。

Mezzo 提出制造由多层金属层组成的回热器,通过电火花(EDM)将渐开线单元图案制造成每层 300~500μm 的厚度(概念上类似于图 8.9)。EDM 工具将通过微加工工艺 LiGA(光刻和电镀相结合)来实现。

8.3.1 制造工艺概述

识别出了几种可能适合于制造微尺度回热器的工艺:①挤压/粉末冶金(Tuchinskiy Loutfy,1999);②LiGA(X 射线光刻电镀)(Sandia,2004);③LiGA EDM (Takahata Gianchandani,2002);④微箔片层压(Paul 和 Terhaar,2000);⑤EFAB(电化学加工)(Cohen 等,1999);⑥LENS(激光工程净成型)(Atwood 等,1998);⑦SLS (选择性激光烧结)(Deckard 和 Beaman,1988);⑧三维打印(goldman Sachs 等,1992)。

在这些工艺中,SLS、LENS 和三维打印等技术虽然很有前景,但是不能满足微观特征尺寸和表面质量的要求。这些工艺中,三维部件是由烧结金属或陶瓷颗粒层组成的,而颗粒直径为 30~50μm,因此它们不能达到表面粗糙度和特征尺寸的要求。

根据 8.2 节提出的设计和功能准则对其余的工艺(上面的①~⑤)进行了评估,即:①倾向于使用金属;②排列整齐的平行板的最大品质因数值;③微米尺度的特征必须制造出来;④容差必须在微米级;⑤所需的粗糙度小于 7μm。下面的段落提供了这些工艺的详细描述。表 8.3 显示了基于上述选择标准对工艺①~⑤的比较。

表 8.3 各种制造技术的比较

工艺	材料	回热器设计	特征尺寸能力（显示出的）	估计的公差（包括重复性/一致性）	估计的粗糙度
挤压/粉末冶金生产的 CMOS（具有取向结构的单元材料）	Cu, Al, Ni, Ti, 钢, 不锈钢（或陶瓷）	单个组件可能高达 10cm 的蜂窝	粉末直径 15 ~ 20μm, 二至三层; 壁厚 30 ~ 50μm, 孔径无限制; 孔壁比达 95%	微米范围（见图 8.12）	中/高
LiGA 技术与放电加工（EDM）工具（使用同步辐射）	任何可放电加工的金属（包括不锈钢）	蜂窝盘, 厚度 100~300μm	约 15μm 的壁厚, 长经比范围为 10 : 1 ~ 50 : 1	亚微米范围（无锥度）	低
LiGA 技术不使用同步辐射, 因此限制了长经比导致锥形壁	镍、铜等金属	蜂窝盘, 厚度 100~300μm	锥形壁宽高比限制为 20 : 1（基于光源）	亚微米范围, 但锥度可能造成边不直的问题	低
层压箔片	优选 NiAl（金属铝化物避免翘曲）不锈钢、铜和铝等	通道对齐	当前的热交换器设计为 40 : 1 的比率, 比率受箔片厚度的限制	现有的设计在板表面上显示出一些"波纹"	低
EFAB: 具有牺牲层和金属沉积的微米级积层	可溅射的金属: 铜、铝、金	透镜设计或蜂窝	用 6μm 片积层（将有 6μm 的台阶）	微米/亚微米	中/高（6μm 台阶）

具有高长径比（即长度与单元尺寸之比）的单元材料可以通过挤压/粉末冶金的结合来生产。在这个过程中（图 8.12），双材料棒被压实和挤压成一个有取向的单元结构。双材料棒由牺牲芯及其外部包裹的金属或陶瓷粉末层组成。在压实和挤压之后，将外粉末层烧结，并去除填充材料。壁厚和孔隙率由粉末结构和烧结过程决定。在工艺中使用直径为 15~20μm 的粉末，并且需要至少两个"粉末"层来形成壁。而且，粉末结构将壁密度限制到不高于 95%。那么，这种工艺就能够生产 30~50μm 壁厚的蜂窝结构。最终部件的粗糙度将在粉末尺寸的数量级。由于这是一个挤压过程，回热器的总长度可以通过单个蜂窝单元阵列来实现（不需要

"切片")。该方法的缺点之一是难以获得微尺寸公差和单元开口与壁厚的均匀性。

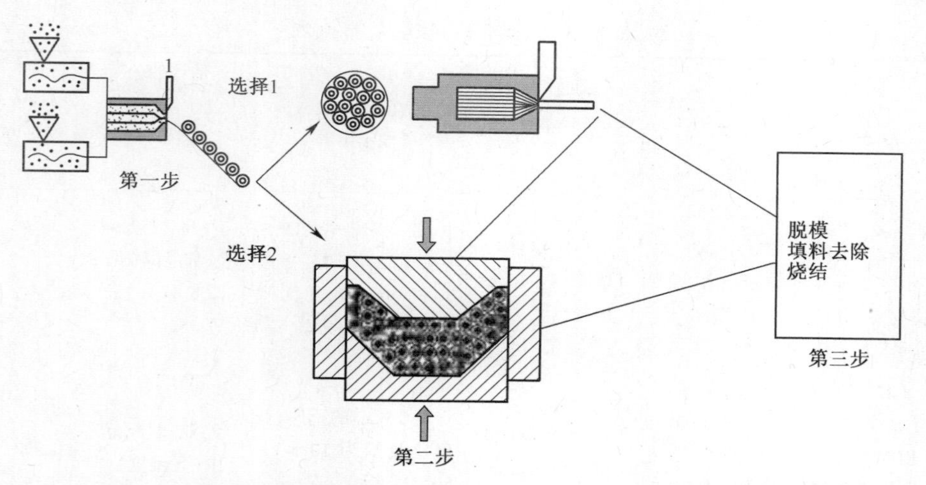

图 8.12 挤压/粉末冶金组合工艺(工艺图出自 Tuchinsky 和 Loutfy,1999)

在 LiGA 工艺中,使用 X 射线光刻和电镀的组合在硅晶片上形成金属结构。通常将聚甲基丙烯酸甲酯(PMMA)光致抗蚀剂(PR)沉积在晶片上并暴露于 X 射线光源中。需要 X 射线来暴露较厚的 PR 层,因为它们的短波波长能够处理非常精细的图案。然后去除被射线照射的材料,并将剩余的 PR /晶片进行电镀。最后,除去未曝光的 PR,留下可以用作 EDM 工具或模具的金属部件。这些部件和工具具有高的长径比,范围为 10~50(Kalpakjian and Schmidt,2003)。研究人员使用 LiGA 创建的 EDM 工具来制造具有微观特征的金属部件。图 8.13 显示了 Sandia (2004) 用 LiGA 工艺制造的 EDM 电极。所示工具特征尺寸高约 150μm、宽约 50μm。在微回热器应用场合,可以通过 LiGA 工艺制造单个回热器片,然后堆叠形成 6cm 高的回热器。或者,也可以采用 LiGA / EDM 组合工艺,先创建 EDM 工具,然后用 EDM 工具生产金属回热器"切片"。只要是平面形状的零件或工具就可以用 LiGA 工艺制造,因此,蜂窝或平行板结构都可以用 LiGA 工艺来实现。

LiGA 和 EDM 的组合可以实现光滑的表面。LiGA 工艺产生的表面粗糙度不到 50nm(Kalpakjian and Schmidt,2003)。立命馆大学(日本 Ritsumei, 2004)的研究人员使用 LiGA 工艺制造高长径比静电微作动器,发现侧壁粗糙度为 23.1nm。然而,EDM 工艺生产的零件的粗糙度值从非常粗糙到非常光滑的都有,其变化取决于金属去除率。高去除率会产生非常粗糙的表面,轨道电极与低去除率结合,可以提供非常精细的表面。在 EDM 制造中可以实现具有 0.3μm 粗糙度的表面(Kalpakjian and Schmidt,2003)。因为 LiGA 工艺产生的粗糙度可以忽略不计,所以 LiGA 和 EDM 工艺的结合产生约 0.3μm 的表面粗糙度,满足表面质量的要求。

图 8.13　生产丝网的放电加工(EDM)电极(来自 Sandia,2004,
www. mst. sandia. gov / technologies / meso-machining. html.
1400_ext/1400_ext_MesoMachining. htm. Sandia.)

微型箔层压技术已被用于制造长径比高达 40 : 1 的微型热交换器(Paul 和 Terhaar,2000)。层压工艺从精密的激光切割 25~250μm 厚度的箔片开始。这些箔片堆积、对齐、(反应)扩散结合形成微管道(图 8.14)。对准箔的公差约为 5μm。由激光加工台阶控制的表面粗糙度预期在期望的 7μm 之内。蜂窝或对齐的板阵列都可以通过这种方法生产。从层压箔片制造回热器的挑战是精确对齐 6cm 高度的一堆微通道。

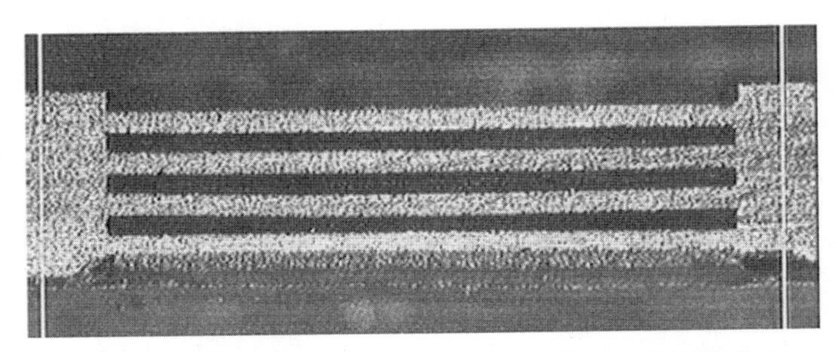

图 8.14　层压箔片,宽度约为 3.8 mm(垂直于纸面),长度约为 16 mm,
壁厚 100μm 和间隙 100μm。

EFAB(电化学制造)技术是一种基于金属(包括镍、铜、银、金、铂和不锈钢)的多层选择性电沉积的助剂微制造工艺。垂直于其高度方向的平面上的最小特征尺寸是 5~10μm。可以沉积高达 6μm 厚度的层(与通过传统的微机电系统[MEMS]沉积工艺沉积的 1~2μm 厚度的层相比),并且可以制造任何三维形状,例如透镜形元件阵列可以通过沉积牺牲层来制造。然而,这个过程是耗时的,因为需要多个牺牲层和结构层来产生复杂的几何形状。因此，尽管 EFAB 能够制造 8.2.6 节中讨论过的所有三种回热器结构，但生产单个回热器所需的时间可能超过 6 个月（在确定工艺细节后）。有关制造工艺能力和回热器设计标准的其他细节可以参考 Sun 等（2004）。

8.3.2 Mezzo 微加工工艺背景和初始、第一阶段的开发

1. LiGA-EDM 背景

LiGA 这个词是三个德语单词的缩写，翻译后代表光刻、电铸和成型。在光刻步骤中，将具有所需几何特征的掩模放置在诸如 PMMA 或 SU-8 的抗蚀剂的顶上。然后将抗蚀剂暴露于辐射或光线下。在曝光之后，抗蚀剂被显影并且抗蚀剂的暴露体积被溶解，得到具有几乎垂直侧壁的非常光滑的高长径比结构。在电铸步骤中，光刻步骤中产生的空隙通过电镀填满金属。然后去除剩余的光致抗蚀剂材料，留下具有掩模几何图案的金属结构。这种金属结构是模具，它可以作为 EDM 中的电极来形成最终的微加工元件。将 LiGA 制造的电极与 EDM 结合使用是 Mezzo 公司已投入应用的一个制造工艺，称为 LiGA-EDM 工艺。LiGA-EDM 工艺的框图如图 8.15 所示。

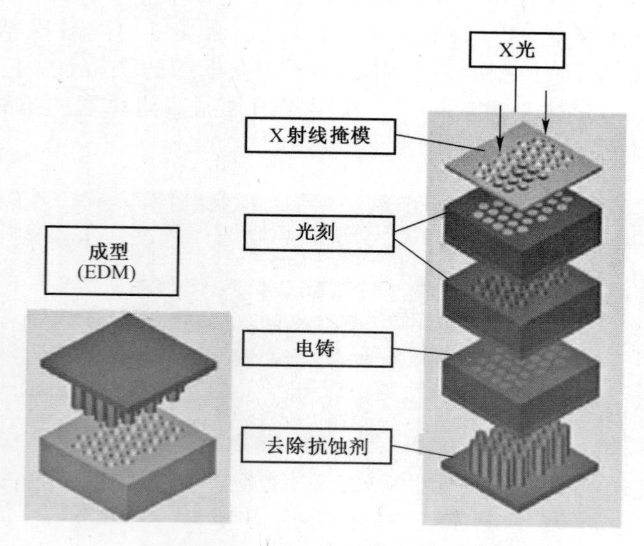

图 8.15　LiGA-EDM 制造工艺框图

新的回热器选择 LiGA-EDM 作为制造工艺。LiGA 技术已经建立了很多年，而 50 多年前就已起步的 EDM 技术在近几年来发展到了能实现高精度和全过程控制的程度。EDM 使用电火花去除材料，可以应用于任何导电材料。在这种技术

中,高频脉冲交流或直流电流通过电极或导线施加到材料上,使工件表面熔化和汽化。电极不会接触到部件,而是利用非常小的放电间隙通过绝缘流体介质放电。这种工艺已用于材料过硬或当使用传统方法不能加工所需的几何形状时。电火花加工技术已经发展到允许机器单独加工小至 25μm 的孔,但是一次只能加工一个孔。LiGA-EDM 使得该工艺可以加工更复杂的几何形状,同时通过一次合适的加工操作和单个电极加工数万个孔。通过这种工艺,几乎可以在任何金属和陶瓷上制造各种几何形状。

使用 X 射线光刻技术可以形成高长径比(5~35)微结构,可以制造更高的结构。这一点非常重要,因为在它加工每个单独的圆盘时,EDM 工艺会消耗该工具。当使用更高的微结构时,可以用单个工具加工更多的回热器盘片。该工艺可以同时加工单个圆盘的周边与微孔,从而消除微孔与装置周边对齐的相关问题。周边的加工过程包括:首先在 EDM 工具中制一个壁面,围绕着微柱阵列。当墙壁插入金属箔时,就切割出了圆盘的周边。一旦完成切割,圆盘就可以插入堆中了。这种工艺也可以同时制作多个圆盘,如图 8.16 所示。

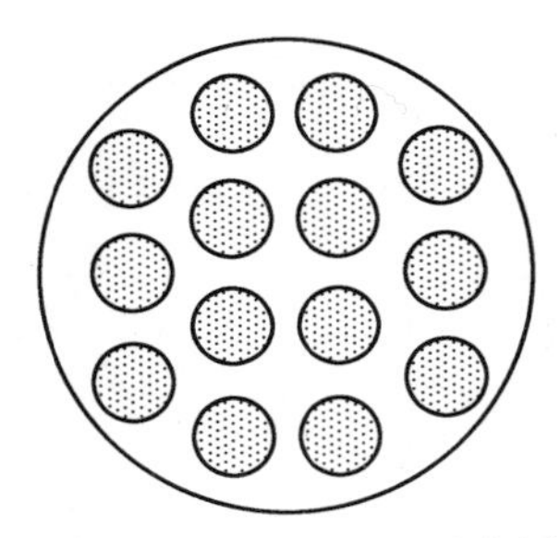

图 8.16　批量处理晶片布局

Mezzo 公司使用 LiGA-EDM 工艺以及其他微电火花加工工艺在铒金属和碳化钨中形成类似的微结构。图 8.17 显示了这两种情况的显微照片。

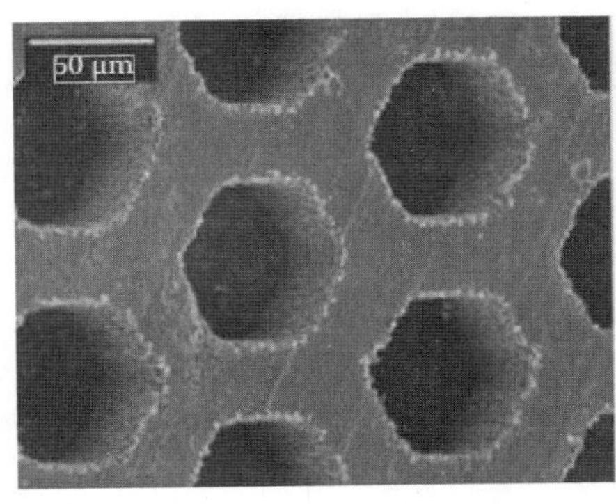

图 8.17　(a)使用 LiGA-EDM 形成的铒金属微结构;(b)使用微 EDM 形成的碳化钨微结构。

这些显微照片表明,LiGA-EDM 工艺可以应用于各种各样的材料,理论上可以用于在任何导电材料中形成这些微结构。凭借其能够在各种材料中制造高长径比微结构的能力,LiGA-EDM 方法似乎可以生产创建新型斯特林发动机回热器所需的几何结构。

2. EDM 电极设计

对于这个项目,有必要开发一个回热器模板来匹配项目的设计和 LiGA-EDM 工艺的要求。这种模板基于渐开线设计,这是本项目的焦点,用于生产掩模,在光刻过程中过滤紫外线。早期的设计如图 8.18 所示。

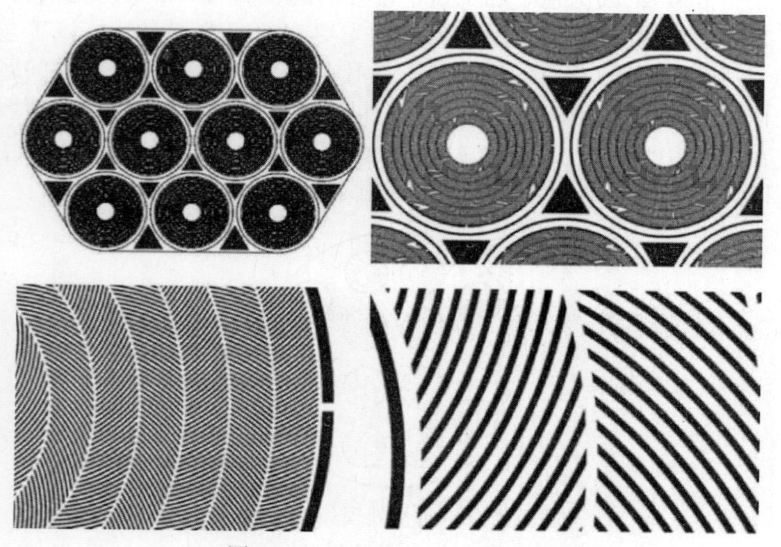

图 8.18　紫外线(UV)掩模布局

这种紫外线掩模完成后,就利用这个模板采用紫外线光刻工艺制造 X 射线掩模。这是利用 LiGA-EDM 工艺制造所需形状的斯特林回热器盘片的第一步。表 8.4列出了该掩模的尺寸,以及所需最终回热器部件的尺寸。

表 8.4　紫外线(UV)掩模尺寸

尺寸	UV 掩模	最终盘片
回热器环外径/mm	19.2	19.05
回热器环内径/mm	4.9	5.05
槽宽/μm	40	86
槽间距/μm	60	14
盘间距/μm	66	20

掩模和最终盘片之间的尺寸差是由于 EDM 工艺产生的特征尺寸总是大于

EDM 电极上相应的部分。这将导致产品具有比原始紫外线掩模更小的外径和更大的内径。

3. EDM 电极制造

在利用渐开线模型制造电极之前，首先使用由先前的回热器模型制成的 EDM 电极开始研究工作。Mezzo 公司在制造用于低温制冷机的微通道回热器时有使用此技术的经验，但那个项目形成微结构时用的是铒金属，而不是用于斯特林发动机的高温材料。这个最初的电极设计包括了一个超过 10000 个六角形柱子组成的阵列，这些柱子用于形成蜂巢式回热器。每个电极六边形的点到点直径为 55μm。这个模板使得 Mezzo 公司在渐开线模板电极完成之前可以用不锈钢进行 EDM 工作。六角形模板具有大量的特征结构，每个特征结构之间的间隔很小，实际上使得制造电极和开展 EDM 工作更加困难。图 8.19 中可以看到六角形电极的显微照片。

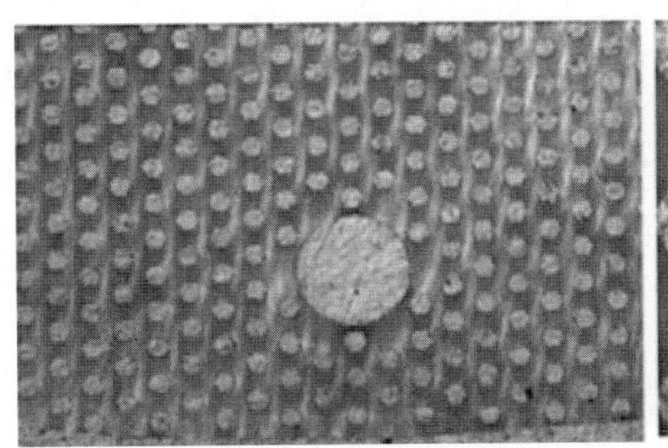
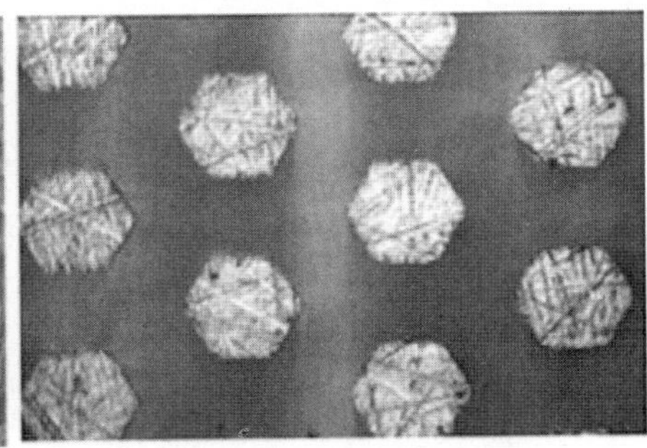

图 8.19　蜂窝回热器 EDM 电极的显微照片

当用六边电极进行测试时，镍和铜制成的渐开线电极也已制造出来，可用于接下来的研究。图 8.20 中的扫描电子显微镜(SEM)照片显示了这些电极的一些特征。渐开线电极既然已经制造出来，未来的 EDM 研究工作就应该使用这种电极，并且应该用最终的 EDM 工艺来制造基本回热器盘。

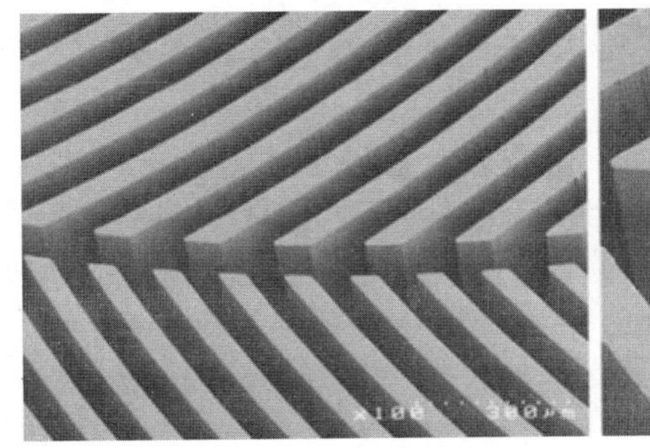

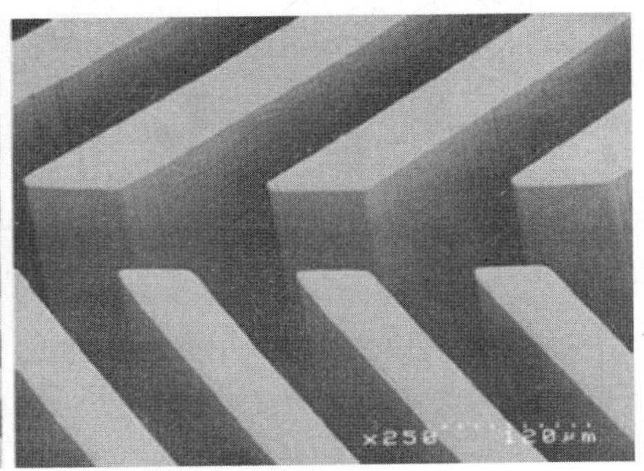

图 8.20　制造渐开线模板的电加工(EDM)电极的扫描电子显微镜照片

4. 基本 EDM 结果

在 420 不锈钢中使用六边形电极，利用 LiGA-EDM 技术制造出了不锈钢微结构。在这些初始测试中使用的钢和镍电极样品的 SEM 显微照片如图 8.21 所示。

(a) (b)

图 8.21　EDM 加工的(a)不锈钢电极；(b)Ni 电极

图 8.21(a)显微照片显示了一个相当大的区域，其中包含许多用不锈钢制成的微孔。由于初始测试的电极不是最好的，使得电极中存在的缺陷转移到了不锈钢上。若专门为这种应用定制生产电极，预计可以避免这种情况。图 8.22 为不锈钢上生成的特征的显微照片。

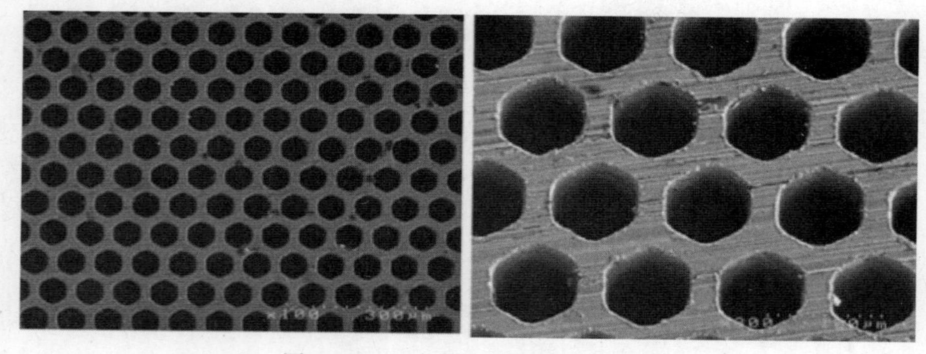

图 8.22　EDM 加工的不锈钢的特写

随不同的 EDM 设置和材料而变化的一个参数是过切(孔径扩大)。过切是指单个火花从电极行进到工件的距离。这个间隙越大，对于相同尺寸的电极，所得到的孔越大。这个间距随着电流增加和频率降低而增加。为了表征电流设置与间隙的关系，我们拍摄了其中一个孔的显微照片，如图 8.23 所示。

该显微照片说明了孔直径比原始电极大 25~30μm，导致 12~15μm 的过切。渐开线设计允许过切高达 23μm，并且能够增加 EDM 的设置以缩短加工时间、减少电极磨损。

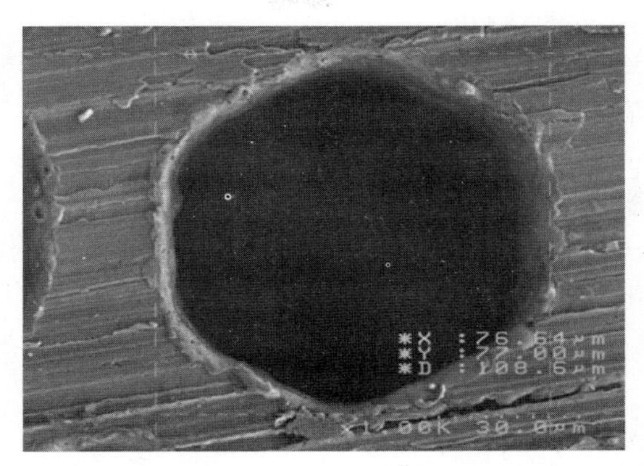

图 8.23　EDM 加工的孔的特写(显示尺寸)

设置用于加工这些特征的 EDM 参数,来获得最小的表面粗糙度和更好的特征清晰度。对表面建立表征,使得在未来精细化的设置 EDM 过程中,可以直接比较产生的表面特性,并建立最优化模型的设置。

5. 美国国家航空航天局合同的第一阶段结束时的 Mezzo 微加工工艺结论

第一阶段的 LiGA-EDM 工艺开发表明,在不锈钢中形成数以千计的微观结构是可以做到的,并且之前的研究已表明在其他更独特的金属和某些陶瓷中也可以做到。制造一些电火花电极,用于制造斯特林发动机的先进回热器;人们认为该工艺的持续发展最终将为斯特林发动机和低温制冷机提供先进的回热器。其中制冷机已经投入生产。通过使用更灵敏的 X 射线抗蚀剂、紫外光刻工具以及电火花加工工艺的进一步改进,该方法可能被开发成为制造斯特林回热器的更经济的工艺。

8.3.3　第二阶段 Mezzo 微制造工艺的持续发展

1. 第二阶段的发展

最初的研究计划涉及 Mezzo 使用 LiGA 工艺来制造定义明确、高长径比的 EDM 工具。然后,这些 LiGA 制造的 EDM 工具将用于制造微加工回热器部件,使用的材料是具有所期望的高温性能和低导热性的不锈钢、铬镍铁合金等。电火花加工工具是通过 LiGA 制造的,用不锈钢制造电火花加工部件的工作显示出初步的希望,至少能够在较浅深度的情况下加工出正确的形状。但是这个过程非常缓慢,刀具磨损率很高,显然,在现有资金资助下,利用 LiGA-EDM 制造所需的不锈钢回热器的可能性很小。

为了按期进行回热器的加工,Mezzo 改变了制造方法。他们将标准的 LiGA 工艺用于直接生产单个镍回热器部件,然后组装,随后在 Sunpower 进行测试。通过改变其制造策略,Mezzo 得以为该项目提供回热器,Sunpower 也得以通过实验验证了渐开线箔层状回热器的结构能够提供高性能。计划方面的这一改变也为将振荡流测试从 III 期(3 年)转移到 II 期(2 年)的愿望提供了支撑,因为此项工作和其他 NRA 合同的第三阶段可用资金非常紧张。有关第二阶段的细节,请参阅 Ibrahim 等(2007 年)。

2. 制造回热器

将 Ibrahim 等 (2007)描述的工艺用来制造这个项目中要测试的回热器,典型部件的显微照片如图 8.24 所示。镍网宽度大约 15μm,以一个渐开线模式排列(图 8.24(b))。每个圆盘的厚度约为 250μm。图 8.24(c)为在堆叠夹具上滑动的一个单渐开线箔。图 8.24(d)为靠在回热器外壳上的单个圆盘。图 8.25 为被测试的最终状态的回热器。

图 8.24 回热器盘的不同放大图

(a)渐开线状镍网;(b)渐开线模板的低倍放大图;(c)在堆叠夹具上的圆盘;(d)靠在外壳上的圆盘。

3. 第二阶段微制造工艺总结

在第二阶段用 LiGA 微加工工艺制造了一个回热器,这个回热器已经成功测试并且发现它能在 NASA/Sunpower 振荡流测试台提供很好的性能(见 8.4.1 节)。此外,使用 LiGA 制造的 EDM 工具来制造回热器部件,材料去除率太低,起初看起来没有什么潜力。虽然测试的回热器表现了良好的性能,但是 LiGA 和 LiGA-EDM 工艺优化能产生更好的产品,潜在的工艺方面的改进在 Ibrahim 等(2007 年)中讨论。

图 8.25 组装好的回热器(42 个圆盘堆叠)

8.3.4 发动机回热器制造(Mezzo 微加工工艺的第三阶段)

本节聚焦第三阶段期间 Mezzo 在制造斯特林发动机实验用回热器方面的贡献。标准 LiGA 工艺用于直接生产单个镍回热器组件。最初的回热器盘存在三个关键缺陷:底侵作用、回热器肋板中的一些缺陷以及电火花线切割带来的流动通道污染。

这个项目的第三阶段的目标是制造回热器,用于实际斯特林发动机测试。该回热器没有振荡流测试装置中回热器的缺陷。通过将衬底材料从不锈钢变为玻璃,消除了由高能 X 射线散射引起的底侵作用问题。有了这个简单的材料变化,X 射线能够透过基板,通过非常严格的工艺控制仔细地加工 X 射线掩模,纠正了肋板中的缺陷。最后,通过改变抛光工艺来纠正由于使用电火花线切割而引起的污染问题。

通过改变制造策略,Mezzo 得以为项目提供回热器,Sunpower 也得以通过实验确定回热器的性能。在制造过程中,Mezzo 开发了几种先进工艺用于制造第二个回热器。本节总结了修改后的制造过程。

8.4 分段渐开线箔回热器的分析、装配和振荡流测试

8.4.1 振荡流测试装置中的原型回热器测试

1. 物理描述

在 NASA / Sunpower 振荡流测试装置(参见附录 A)中被测试的回热器样品由

42 个渐开线箔片(层)组成。图 8.26 中的 CAD 实体图显示了从正面看到的典型箔片的逐级放大图。

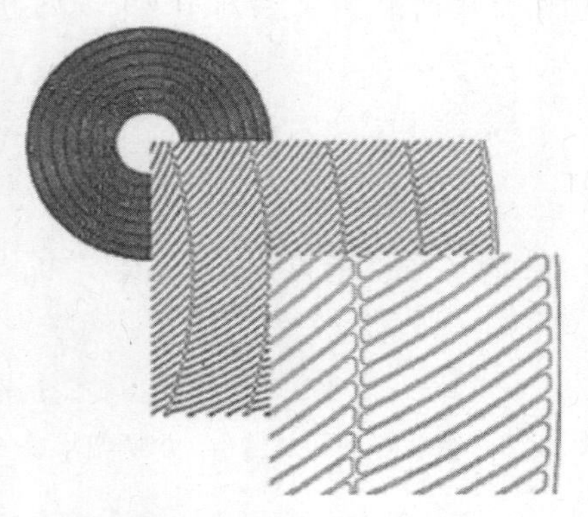

图 8.26　渐开线箔的结构

图 8.27 中的 CAD 实体图显示了基质中一个典型的单流道。它来自一个早期的实体模型,与最终状态的基质结构没有精确的对应关系,但是可以用来展示确定该结构的一些重要尺寸。

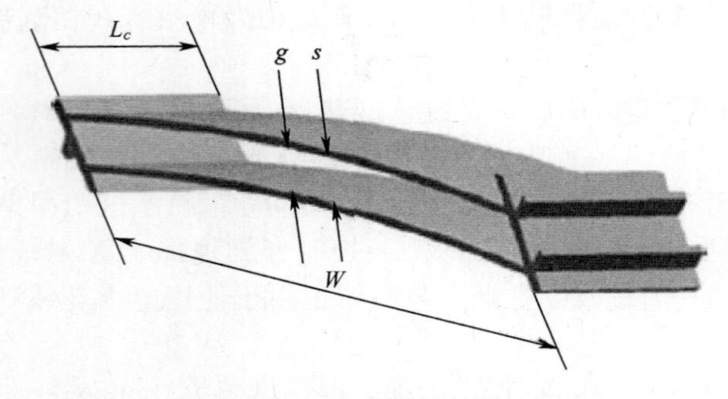

图 8.27　流道的结构

L_c是流道长度(箔片厚度),W 是通道宽度(网格的弧长),g 是通道流动间隙(法向距离),s 是基本渐开线元件间距(间隙+网格厚度)。

从 CAD 图中可以计算整个回热器基质的典型水力直径,如下所示:基质的单位单元由一个七环盘和一个八环盘组成。这种双层单元的水力直径对于整个基质来讲是合理的近似。在七环盘中有 7 种不同的基本通道形状,在八环盘中有 8 种。对于每个基本的通道形状,我们使用可用的 CAD 工具来测量单个流道面积和湿周长度。双层单元的总流道面积 A_T是所有单独通道单元的面积乘以每种通道单元在每层箔片中出现的次数的乘积的总和。采用同样的方法计算总湿周长度 W_T。每种箔片通道单元出现的次数等于其渐开线生成圆直径除以渐开线之间的距离(100μm,见附录 G)。最终典型水力直径为 $4A_T/ W_T$。这样计算的最终水力直径

$D_h = 162\mu m$。

对放大尺寸实体模型(按照 30 倍的比例因子放大),上述值(4.860mm)与 UMN 计算值(4.872mm)相比符合得很好,差异在 0.2%之内。对于平行板,水力直径将恰好是流动间隙的 2 倍(2g),接近 170μm。

对于整个基质的孔隙率,沿用 Mezzo 给出的值:$\beta = 0.8384$。该值基于镍的质量和已知材料密度的物理测量值。根据 Mezzo 的报告,它与双层单元的理论平均孔隙率 0.8299 相当一致。在一定方向上只有 1%的孔隙率差异,这表明流动通道间隙略宽于预期(约 1%)。根据观察结果可以预料,真实的水力直径也会变大,偏差数量与此相同,平均而言,会达到大约 163.7μm(如果湿周保持相同,则水力直径 D_h 与流道面积成比例)。

另一个感兴趣的参数是流道长度 L_c(箔片厚度)与水力直径的比值,在克利夫兰州立大学用 CFD 建模技术研究过这个值(见 8.5 节)。对于当前批次的箔片,平均厚度为 238μm(42 个箔片共计 10mm),所以 $L_c / D_h = 1.47$。

还有一个重要的参数是通道宽高比,或通道宽度与水力直径的比值。两种箔片的加权平均流道宽度约为 1200μm,所以平均流道宽高比为 $W/D_h = 7.4$。

除了上述参数之外,箔片堆叠在一起的方式也很重要。目前的渐开线方向交替取向和环壁交错排列的方案描述起来容易,但是却难以用任何简单的数值比来量化。

2. 测试罐的设计

回热器箔片安放在测试罐内,如图 8.28 所示,用于在 NASA / Sunpower 振荡流装置上测试。

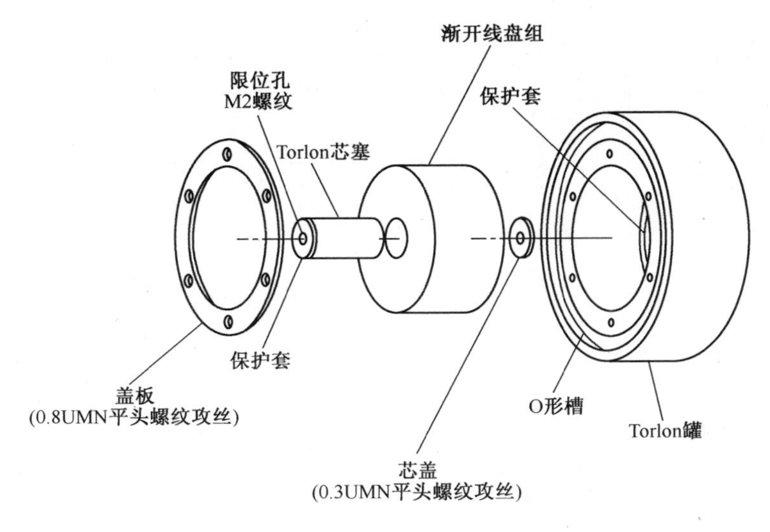

图 8.28 测试罐的结构

3. 回热器的 SEM 图像验证

渐开线箔回热器中箔片的扫描电子显微镜(SEM)图像显示:流动通道的间距均匀性极好,表面大体平滑,但也存在一些缺陷。SEM 显微照片是在 NASA 格伦研究中心(GRC)的帮助下拍摄的。

1)试样

被拍照的样品是第一个在 NASA/ Sunpower 振荡流实验台上测试的样品,其基质没有被分解。目的不是要对内部 42 个盘片中的每一个进行详尽的调查,而只是从组装好的回热器罐的两端看一下能看到什么。

2)间距均匀性

一个目标是评估基质中箔片元件间距的均匀性。先前已确定间距均匀性应在±10%以内,以避免对品质因数(附录 B)产生重大不利影响。研究发现 Mezzo 的基质明显比预期的更好,如图 8.29 所示。图 8.29(a)是一个低放大倍数的视图,给人一种间距一致的定性印象。图 8.29(b)显示了 Adobe Acrobat“测量”工具的实际测量结果,其结果表明,在基质的一个小区域内,间距均匀性在±2%以内。实际间隔可能比这个更均匀,因为用测量十字准线估计通道的法线方向、确定通道边缘的位置,其精确度有很大的误差。

测量结果难以在照片上读取,但是数据被保存下来并用 Microsoft Excel 的统计功能检查了这些值:箔间距的标准偏差为(12 次测量的)平均间距的 1.6%。

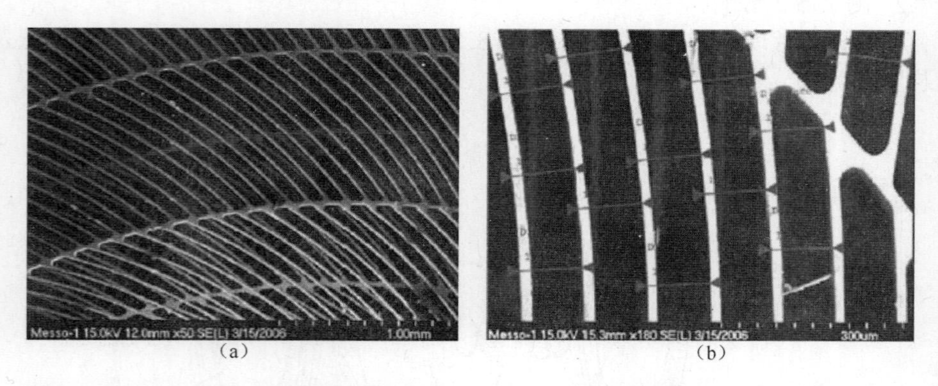

(a) (b)

图 8.29 (a)在低放大倍率下的正面视图,显示整体良好的箔间隔均匀性;(b)Adobe Acrobat 测量工具在特写图像中测量局部箔间距。

3)透视图

图 8.30 和图 8.31 为将样品倾斜 25°得到的。图 8.30 很好地展示了三维基质的结构,同时展示了流道壁非常光滑的表面。图 8.31 展示了流道壁高放大倍率视图。相对 85μm 的通道间隙,我们估计的“粗糙”高度小于 1μm。“粗糙”主要由偶发的气孔、浅槽或台阶组成,平行于流动方向。

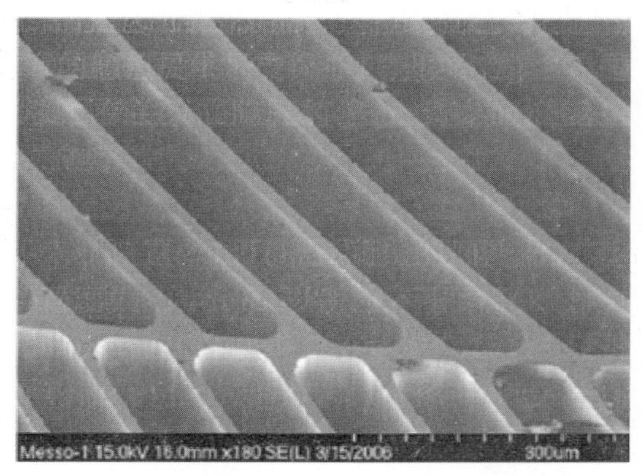

图 8.30　倾斜 25°视图,展示了三维结构,取自圆环附近,上、下都有渐开线网格。表面的灰尘可能来自测试或工艺过程

图 8.31　流道表面“粗糙”细节

4）缺陷

基质也不是没有缺陷。图 8.32 展示了回热器表面下方第二盘片表面上明显的飞溅式碎屑(显微镜操作员侧重观察缺陷)。电火花加工电镀基板去除盘面上的材料时,产生了这些碎屑。最顶上的盘片在其表面的下部也有碎屑存在的证据。其他图片也展示了类似的碎屑,包括球形颗粒,经 SEM 初步分析,其成分显示为镍。

清除这些碎屑以及边缘“粗糙”在未来发展中是一项重要的工作。粗糙度会对进入流通管道的氦产生一定影响(在振荡流测试中有记录),如果任何材料工作时松脱,还可能会造成污染问题。这个特定组合体的其他缺陷是:顶部两个盘片的渐开线定向角度是相同的,而不是如假定的那样是相对的或交叉的。Mezzo 在随后的检查中发现,尽管两种盘片是正确地交替放置的,但整个基质中还是或多或少地存在随机渐开线定向。这种堆叠问题得到了纠正,正确堆叠的回热器也进行了测试。

图 8.32　在顶部的箔片下面，附着在样品第二个盘片表面的可见碎屑

还有一种缺陷(见图 8.33)似乎与用于曝光光致抗蚀剂材料的光刻掩模中的缺陷有关。如图 8.33 所示，偶尔能看到凹痕扩展到整个盘片厚度。这种特定的凹痕扩展略小于网格厚度的 1/2。

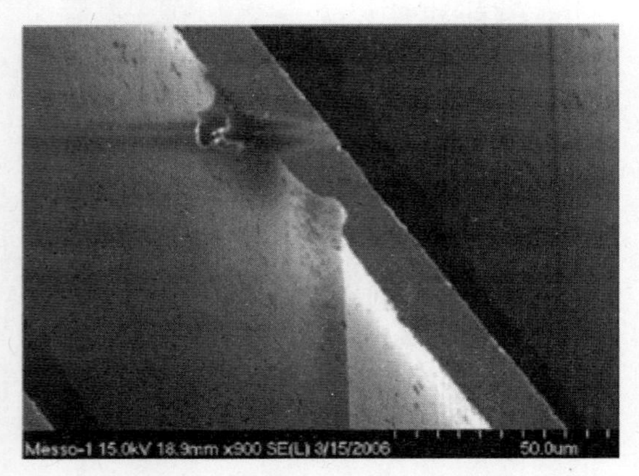

图 8.33　凹痕缺陷扩展到渐开线网格的全长

这些缺陷的存在可能会对网格的薄度设定一个有效的下限，以防止大量的网格被完全切断。事实上，这也许可以解释为什么某些情况下有些网格会被完全切断。

5) 建议

尽管有缺陷，这种基质的测试结果仍是令人鼓舞的。然而，有些缺陷事关长期可靠性，因此未来基质的质量控制工作是很有必要的。基于这些图像，两个主要关注点是流动通道末端的飞溅碎屑和完全贯穿或几乎贯穿通道壁面的凹痕缺陷。

4. 振荡流实验台测试结果

在 NASA/ Sunpower 振荡流实验台的测试结果是非常有希望的，图 8.34 总结了此实验以及其他几种回热器的测试结果。

微加工回热器的品质因数比其他类型回热器的高得多，包括 90%孔隙率的毛毡回热器,当前的空间能源斯特林发动机基本上都使用这种回热器。

式(8.1)给出的品质因数,是回热器整体性能的基本度量。它与回热器泵损耗 W_p、热耗 Q_t 和回热器平均流动面积 A_f 的平方的乘积成反比(见附录 H 中的详细信息,Gedeon),如下:

$$F_m \propto \frac{1}{W_p Q_t A_f^2}$$

A_f 受功率密度限制(空隙),所以在类似的发动机中比较回热器时,此项可以忽略不计。

1) 新的 96%孔隙率毛毡数据

在图 8.34 中,96%孔隙率毛毡的品质因数是基于最新的振荡流实验台测试数据,与之前的数据相比,精度有所提高。根据之前的数据,在某些雷诺数下,96%孔隙率毛毡的品质因数实际上高于微加工回热器。现在不同了,微加工回热器的品质因数明显高于 96%孔隙率的毛毡回热器。迄今所有在 NASA/Sunpower 实验台测试过的回热器中,微加工回热器是最佳的。

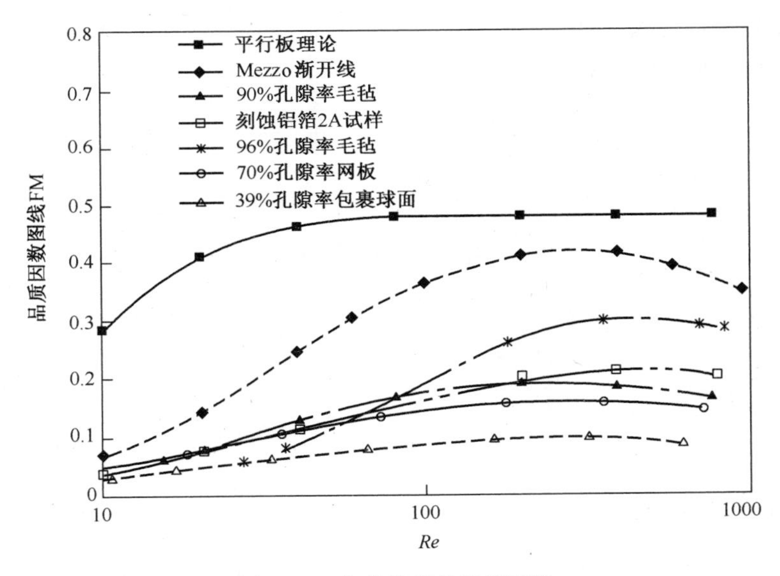

图 8.34 各种基质的品质因数

2) 未探索的无量纲比率

以下讨论的压降和换热的关系式(式(8.4)~式(8.7))是基于一种特定的回热器基质。由于关系式是用无量纲量(如雷诺数)表达的,所以它们也适用于几何相似的基质。这意味着什么呢?

除了渐开线通道必备的几何性质(包括间隙均匀的平面流道和被选定的堆叠

结构)外,重要的无量纲指标还有孔隙率β、流道长度与水力直径的比值L_c/D_h以及长径比W/D_h^*。在这些参数中,L_c/D_h可能是最重要的参数,因为它影响着在任何给定的流动通道内在一个给定的雷诺数下流动完全发展的程度。孔隙率的重要性可能稍低,因为它不直接影响流动通道的性质,但它确实影响了流动通道之间的腹板厚度,因此,影响了流体进入通道的方式(发生在流体从一个盘片流到下一个盘片的流体分配过程中)。长径比可能不是很关键的参数,只要它不显著低于10。

将下面的公式应用于具有明显不同的孔隙率、L_c/D_h或W/D_h的微加工渐开线时要小心。但是如果一定要用,在回热器孔隙率较高、L_c/D_h较高或W/D_h较高时,记住当前的公式是保守的。在其他情况下,流动会更接近理想平行板内的流动,品质因数会有所增加。

3) 重装回热器

在振荡流实验台上进行了测试之后,发现最初的测试回热器没有装好,渐开线没有按要求定向。因为渐开线方向很重要,所以需要重新测试。Mezzo使用相同的盘片重装回热器,但这次按照原计划,盘片按正确顺序排列,在每个盘片的过渡处翻转其渐开线方向。然后在振荡流实验台进行测试,发现整体品质因数相比原来的测试略有改变,如图8.35所示。

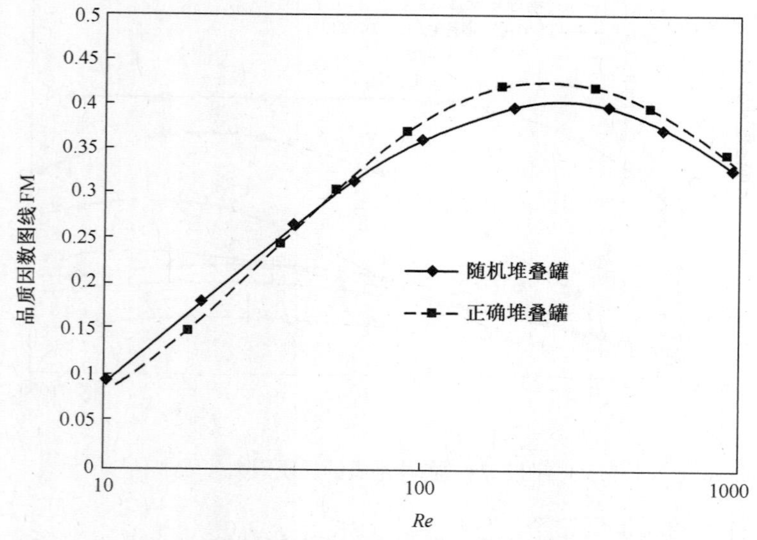

图8.35 随机和正确堆叠罐的品质因数值

* 因为孔隙率是流动间隙与元件间隔之比(g/s)的更好的度量,而填充因子($1-\beta$)是丝网厚度与元件间隔之比($1-g/s$)的更好的度量,所以,没有必要单独用(g/s)或($1-g/s$)去特征化基质。

图 8.35 表明，在高雷诺数下，正确的堆叠会有稍好的品质因数；而在低雷诺数下，品质因数稍差。下面将看到，这两种情况下的摩擦因数几乎是相同的，因此，产生这些差异的主要原因是热损耗，在低雷诺数时重装回热器产生更多的热损耗，而高雷诺数时损耗小。在雷诺数较低时，热损耗增加，可能是由于新测试台操作程序提高了测量精度，下面将进行解释。高雷诺数时减少的热损耗看起来是真实的。

为了对情况有更好的把握，在雷诺数约 400 的情况下，取品质因数曲线峰值附近的两个数据点，一个为原始回热器的数据点，另一个为重装回热器的数据点。两个数据均在 50bar(1bar=0.1MPa)氦气测试中获得。

如表 8.5 所列，两个数据点几乎在所有方面都是相同的，但有一点不同，回热器温差增大 2%，重装回热器的热损耗降低了约 2.4%(热排出到冷却器)。假设热损耗与温差成正比，这意味着，温差相同时，重装回热器产生的热损耗应降低 4.5%。这与品质因数的计算结果一致：与原来堆叠回热器相比，在雷诺数为 400 时，重装回热器的品质因数提高了 5%。

表 8.5 原始与修正堆叠回热器的有关数据

	随机堆叠	正确堆叠
平均压力/bar	50.0	50.0
活塞振幅/mm	4.001	4.000
冷却液流量/(g/s)	6.161	5.712
冷却液 ΔT/℃	2.149	2.264
散热/W	55.39	54.08
回热器热端平均温度/℃	449.2	450.5
回热器冷端平均温度/℃	340.1	339.2
回热器 ΔT/℃	109.1	111.3

雷诺数较低时，散热较低，两回热器之间的热力学差异可能是由于实验台操作程序变化造成的。对于重装回热器，采用了“单斜坡”程序，来减少长期热漂移所带来的困难。在此过程中，操作者按 1mm 的增量将活塞振幅从 0 增加到 10mm，每次改变后等待大约 30min 使实验台达到平衡。在之前的程序中，操作者按斜坡规律将活塞振幅从 0 增大到 10mm，然后减小到 0，每次改变只留约 8min 的平衡稳定时间。还采用了新方法，来测量基线冷却器散热(由静态热传导引起的)。测试台在 5mm 活塞振幅下(中间值)工作 2h，然后在记录基线静态热传导数据点之前，在零活塞振幅保持 30min。此前的实验中，在记录零振幅静态热传导数据点之前，并没有等待足够长的时间，以便实验台稳定下来进入热平衡状态。新方法使得在雷诺数处于实验范围内的低端时获得了更准确的结果。

4) 摩擦因数关系式

原始和重装实验的达西摩擦因素：

$$f = \frac{120.9}{Re} + 0.362Re^{-0.056} \text{（原始堆叠）} \tag{8.4}$$

$$f = \frac{117.3}{Re} + 0.380Re^{-0.053} \text{（正确堆叠）} \tag{8.5}$$

绘制出两个系数关于雷诺数的函数，几乎没有任何差异（正确堆叠的系数平均低约0.9%）。图8.36聚焦于小范围的雷诺数，以更好地区分这两条曲线。若在10~1000的全范围内绘制，这两条曲线就变得无法区分了，这些实验的关键无量纲量的范围列于表8.6。

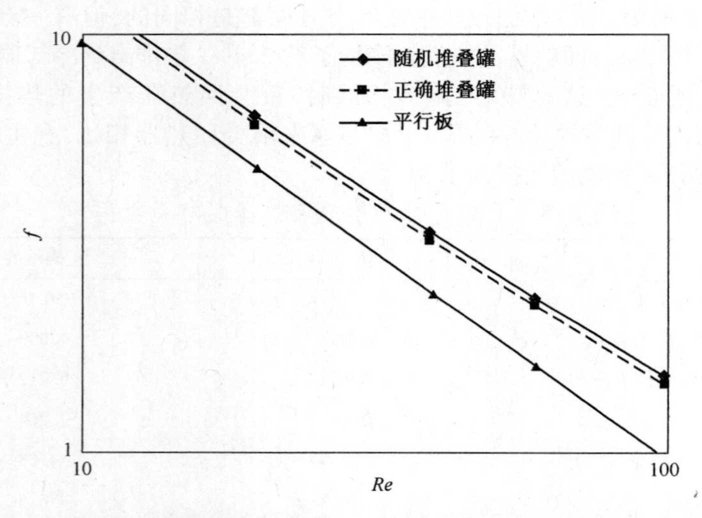

图8.36　达西摩擦因素 f 随雷诺数 Re 的变化，原始与正确堆叠的回热器

表8.6　压降实验的无量纲数组

测试参数	取　值
峰值 Re（雷诺数）范围	3.4~1190
Va 范围（瓦朗西数）	0.11~3.8
δ/L 范围（潮汐振幅比）	0.13~1.3

5）传热关系式：瞬时 Nu 和 N_k

这种基质的瞬时努塞尔数和强化传导比（热扩散）的关系式如下：

$$Nu = 1 + 1.99P_e^{0.358} N_k = 1 + 1.314P_e^{0.358} \text{（随机堆叠）} \tag{8.6}$$

$$Nu = 1 + 1.97P_e^{0.374} N_k = 1 + 2.519P_e^{0.347} \text{（正确堆叠）} \tag{8.7}$$

$P_e = ReP_r$ 是Peclet数。在 $P_r = 0.7$ 情况下，单独绘制 Nu 和 N_k 的曲线（如图8.37和图8.38）。

需要注意的是，在Sage（Gedeon（1999，2009，2010））这样的模型中，Nu 和 N_k

设计为一起使用,这里的努塞尔数可理解为基于分区平均温度而非速度加权(体积)温度。在这种假设下,相比使用体积-温度的方法,N_k 补偿了任何焓流的差异。将两个回热器的结果进行比较,图 8.37 表示二者的 Nu 值很相近。但在雷诺数较高时正确堆叠回热器的 Nu 会有轻微但明显的增加。图 8.38 中,N_k 值是很不相同的,可能是由于在雷诺数低时测到了更大的热损耗(归因于在新测试台操作程序下,测量到了更低的基线热损耗)。Nu 和 N_k 联合作用的效果在图 8.35 中的品质因数曲线中看得更清楚。该测试的关键无量纲量的范围如表 8.7 所列。

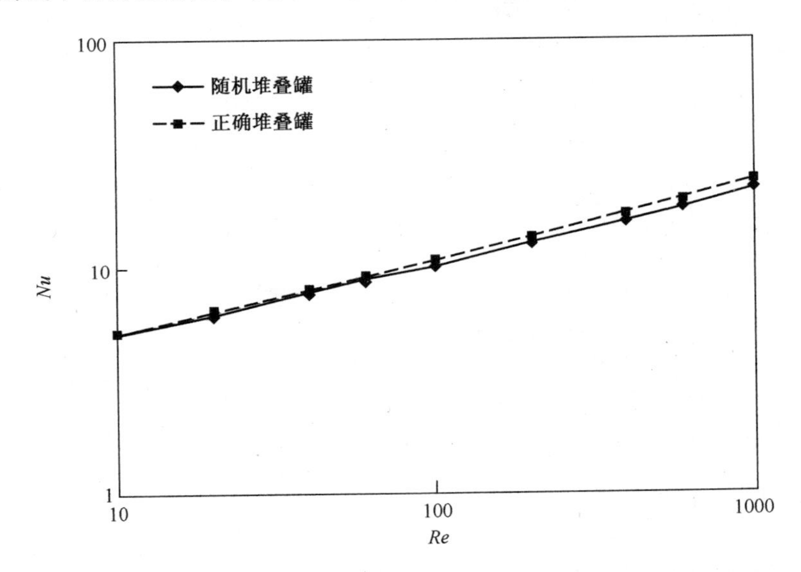

图 8.37 平均努塞尔数 Nu 值随雷诺数 Re 的变化,原始和正确堆叠的回热器

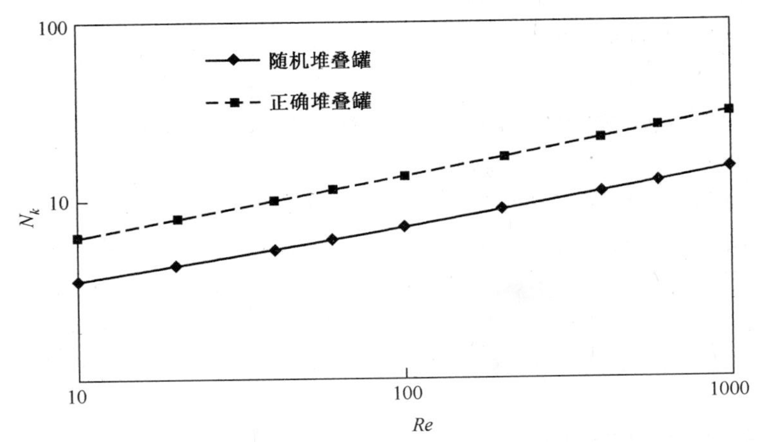

图 8.38 平均强化热导率比(热分散) N_k 值随雷诺数 Re 的变化,原始和正确堆叠的回热器

表 8.7 实验参数范围

测试参数	取 值
峰值 Re（雷诺数）范围	2.6～930
V_a 范围（瓦朗西数）	0.064～2.4
δ/L 范围（潮汐振幅比）	0.17～1.8

6）平行板比较

如图 8.39 所示，将两个从微加工渐开线回热器导出的努塞尔数（Nu 和 Nue）与均匀热流边界条件下平行板之间充分发展流动的理论努塞尔数（Nu =8.23）作对比。

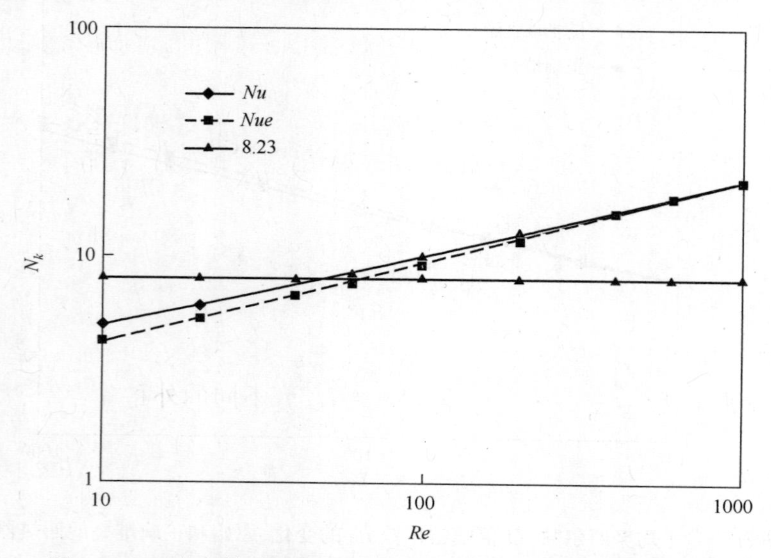

图 8.39 努塞尔数随雷诺数 Re 的变化，相比于充分发展流道的值

标有"Nu"的曲线是瞬时 Nu、N_k 的 Nu 部分。标记为"Nue"的曲线是在 $N_k=1$ 的假设下导出的 Nue 有效部分。两个导出的努塞尔数相互接近但与理论努塞尔数相差较大。在高雷诺数情况下，导出值高于理论值这是说得通的，因为微加工的流道中的流动是随着雷诺数的增加而越来越像正在发展的流动，而已知努塞尔数在发展流中更高（见 8.5 节 CSU 记录的内容）。在雷诺数较低时，导出值低于理论值，这可能由于单个回热器盘内固体（镍）热传导的影响，这个现象在低雷诺数下有一定的显著性（见 8.4.2 节）。

8.4.2 分析支持——为在频率实验台斯特林发动机上测试做准备

1. 为微加工回热器调整 Sunpower FTB

在第二阶段，将微加工回热器安装到 Sunpower FTB（频率实验台）斯特林发动机上进行测试是最终目标。为此，识别出了几种可选的方法，来调整发动机以适应渐开线箔微加工回热器。预期这些方法都能提升系统的性能水平，但会增加难度和成本。

1）背景

Sunpower FTB 斯特林热机（发动机加线性交流发电机）是 NASA 正在开发的先进斯特林热机（ASC）的原型。FTB 是试用微加工回热器的一个较优选择，因为它可用，而与 ASC（850°C）相比可以在相对较低的温度（650°C）下运行。零件更容易制造，操作不需要考虑特殊的高温。其目标是仅对 FTB 进行最少的改变就可以使用微加工回热器。

在 CSU-NRA 合同的第一阶段，对使用微加工回热器的空间动力发动机的性能优势进行了一些估计（见 8.2.7 节）。在研究中，曾经有个奢望，即对发动机进行彻底优化，以利用新回热器的优点，而利用 FTB 就没有这种优化的自由。一个固定的发动机是可用的，允许将毛毡回热器换为微加工回热器，可能还有一些其他的小变化。

以下是 Sunpower 计划做的改变，按增加难度和成本的顺序排列如下：

（1）使用两个可用加热器头，适应两种长度不同的回热器；

（2）制作一个新的加热器头，适应增加长度、但外径相同的回热器；制作一个新的受热器换热器插件，但会增加流动阻力（调整配气活塞时会增加压降）；

（3）制作一个如上所述的新加热器头，但具有不同的外径去容纳“更薄”回热器。

Sunpower 要求遵循以下约束条件：

（1）保持现有的配气活塞杆的直径不变，以便在新回热器实验时能使用现有的活塞/气缸组件，从而消除试验的不确定性；

（2）限制回热器长度不超过 60mm，以避免配气活塞悬臂支撑的问题。

2）Sage 一维模型

Sage 程序（Gedeon，1999，2009，2010）建模是在渐开线箔实验回热器的实际测试之前完成的，所以把回热器建模为简单的箔式回热器。材料是不锈钢，箔元件厚度固定在 15μm。流动间隙（渐开线元件之间）允许作为优化变量浮动。在对中断固体传导路径的优势有更好的理解之前，将固体传导经验乘数 Kmult 设置为 1（作为保守估计）。

为了保持配气活塞与固定棒的相位角同步，必须保持散热器+回热器+受热器总的流体阻力不变。这样，微加工回热器较低的流动阻力（与其替代的毛毡回热器相比）这一优势就不能充分利用了。该模型通过施加额外的配气活塞驱动功率（Wdis）为零的约束来间接维持流阻。配气活塞受到“配气活塞驱动器”部件的约束，而 Wdis 是驱动器按输出期望的幅度和相位移动所需的功率。为了满足这个约束条件，该模型优化了回热器流动间隙，有时还优化了受热器流道尺寸。当受热器流道尺寸得到优化后,会有足够的余地使效率最大化。否则,回热器流动间隙仅用于满足调整约束而不考虑效率。

3）性能估计

使用上述逐步改进过的 FTB,对微加工回热器进行仿真,其性能列于表 8.8。作为对比,表中还列出了基线毛毡的性能(以效率比的形式)。

最终的效率值在早期预测的增加效率 6%~9%范围内(见 8.2.7 节)。大部分效率增益是通过研制一个新的加热器头来实现的,这个加热器头稍长一些,但是直径相同。减少加热头直径的方法几乎没有提高效率,但它的确将功率水平提高了。

表 8.8 后面两个微加工案例具有较高效率值的原因,是加热器提供了额外的泵送耗散以维持配气活塞相位角,使得回热器间隙可以自由优化,以提高效率。受热器是提供附加耗散的最佳场所,因为理论上在高温下,它是可以部分恢复的。额外耗散多少要消耗一些可用的 PV 功率,不如减小配气活塞的直径。但是这在目前的 FTB 是不允许的,而要等到未来当太空能源发动机/发电机采用微加工回热器重新设计时,才可以采用这一方案(减小配气活塞直径)。

4）回热器的尺寸

表 8.9 给出了表 8.8 中微加工回热器案例的流道间隙。

后两者由于受热器提供了附加阻尼来维持配气活塞的相位角,所以具有更大的间隙(更易于加工)。表中不包括整体回热器尺寸,以避免泄露任何私密的 FTB 尺寸。

表 8.8 仿真性能结果

	$W_{pv}(w)$	$Q_{in}(w)$	PV 效率	效率/基线
基线毛毡回热器	128.0	303.7	0.422	—
微加工-现有热头, Lregen = short①	123.8	292.1	0.424	1.005
微加工-现有热头, Lregen = long①	113.2	260.8	0.434	1.028
微加工-新热头, 相同外径,Lregen = 60mm, 较小的受热器通道	101.7	227.5	0.447	1.059
微加工-新热头, 较小外径,Lregen= 60mm, 较小的受热器通道	110.7	247.2	0.448	1.062

①短和长指的是允许设计的两个不同尺寸的回热器,但并没有具体尺寸

表 8.9 流道间隙

	流道间隙/μm
微加工-现有热头, Lregen = short①	52.3
微加工-现有热头, Lregen = long①	58.0
微加工-新热头, 相同外径, Lregen = 60mm, 较小的受热器通道	92.7
微加工-新热头, 较小外径, Lregen= 60mm, 较小的受热器通道	91.6

①短和长指的是允许设计的两个不同尺寸的回热器,但并没有具体尺寸

5）建议

将 FTB 转换为使用微加工的回热器是可行的，最好选择倒数第二个改造方案：新的更长的、具有相同外径的加热器头，以及重新设计的受热器插件。至于具体如何安装新的回热器，两端都需要用什么措施来分配受热器和散热器的流量，这些问题仍需进行研究。

2. 辐射损耗理论分析

在第一阶段的终审期间，要求对通过回热器的辐射的影响进行评估。通过对一个长薄管的辐射进行简化理论分析（之后进行了 CSU CFD 分析）完成了评估工作，长薄管高估了穿过一叠渐开线箔片的辐射，因为沿着管的整个长度都有清晰的视线。而在实际的渐开线箔堆叠中，即使有一个明亮的光源，也看不到任何光通过它。

分析得到的结论是沿回热器的辐射热量很小，靠近冷端约 18W 的 6×10^{-4}倍，或者约为 10 mW。靠近热端约为 18W 的 1×10^{-2}倍或约为 200mW。从时间平均焓通量（13W）和固体热传导（7W）的角度来看，辐射损耗小两个数量级。辐射传热损耗的详细推导见附录 C。

3. 分段箔回热器的固体热传导（由 Gedeon Associates 提供）

堆叠盘设计的一个好处是它中断了从一端到另一端的固态热传导路径。本节详细探讨了这一说法，发现事实更为复杂，取决于盘的厚度、固体导热系数以及流过其中的气体的性质和雷诺数。

分段箔回热器的分析显示了复杂的现实情况：在一种极端情况下，回热器气体和固体之间的耦合桥接了分段之间的接触热阻，在独立的各段中产生了接近连续箔片回热器的固体传导；在另一种极端情况下，每个区段内的高热导产生阶梯式的固体温度分布，各区段之间具有明显的温差，增加了沿着回热器的净焓流。无论哪种情况，固体传导都表现为回热器热损耗。Mezzo 回热器更接近于第二种极端情况，这可能是最近测试中雷诺数低的情况下品质因数降低的原因。这种情况引发了人们对于使用高热导率材料的兴趣，例如目前电镀制造工艺（LiGA）所推崇的纯金属（镍，金和铂）。如果使用这种材料，那么最佳的回热器需要比由较低热导率材料制成的更短、壁更薄。

1）平均固体传导

式（8.8）是分段箔回热器平均固体传导的简单近似（该部分的符号定义列于表 8.10 中）：

$$\frac{\overline{Q_s}}{Q_{s0}} \approx \frac{1}{1 + 2\dfrac{(1-\beta)^k}{\beta}\dfrac{s}{k}\cdot\dfrac{1}{F}} \tag{8.8}$$

其中 F 是复杂因子：

$$F = \langle ReP_r \rangle \frac{L_c}{D_h}\left(1 - e - \frac{2Nu}{\langle ReP_r \rangle} \frac{L_c}{D_h}\right)^2 \quad (8.9)$$

这种近似的物理原理是气体和固体之间的传热耦合趋向于使各固体段之间的接触热阻短路,从而减小各段端点之间的温差。这使固体段内温度增大梯度,并因此增强热传导。热传导沿着段长度变化,但是平均值是我们关注的,以下各小节将详细推导。

表 8.10　本节的符号定义

$\overline{Q_s}$	分段箔回热器的空间平均固体传导值
Q_{s0}	具有相同固体面积的连续箔回热器的传导值
β	回热器孔隙率(空隙分数)
D_h	水力直径(流动间隙的 2 倍)
L_c	箔片段长度(Mezzo 设计的盘片厚度)
k_s	固体热导率
k	气体热导率
$<Re\ P_r>$	积 $Re\ P_r$的时间平均
Re	基于水力直径的雷诺数
P_r	普朗特数
Nu	努塞尔数(hD_h/k)

从平均固体传导的角度来看,当它很高,接近连续箔基质的值时,各段之间的任何接触阻力都不起作用。Mezzo 回热器是这样吗? 表 8.11 列出了该回热器的一些关键参数值。

表 8.11　Mezzo 渐开线箔回热器的关键参数值

参　数	取　值
β	0.84
L_c/D_h	250/2(85) = 1.5
k_s/k	86/0.18 = 480

采用这些值,式(8.8)的平均固体传导率比值简化为:

$$\frac{\overline{Q_s}}{Q_{s0}} \approx \frac{1}{1 + \dfrac{180}{F}} \quad (8.10)$$

因子 F 主要取决于雷诺数和相对段长度 L_c/D_h ,如图 8.40 所示。此处普朗特数 P_r = 0.7 和努塞尔数 Nu = 8.23(在平行板之间的发展流,恒定热通量边界条件)。

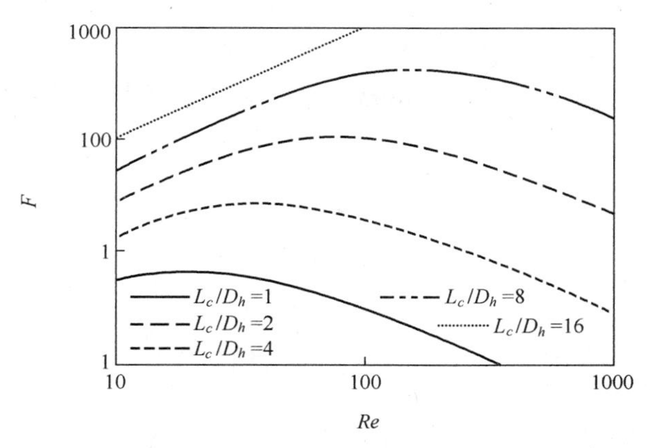

图 8.40　式(8.9)的因子 F 随雷诺数变化,不同的段长度 L_c/D_h , P_r = 0.7、Nu = 8.23

随着相对段长度 L_c/D_h 增加, F 快速增长,使得固体传导接近连续箔回热器的传导。对于 L_c/D_h = 1.5 时的 Mezzo 回热器,因子峰值 $F\approx15$,$Re\approx30$,这意味着根据式(8.10),固体传导永远不会超过连续箔传导的约 8%。换句话说,Mezzo 回热器段平均温度梯度不会超过约 8%(回热器平均温度梯度)。每一段是相对等温的。高接触热阻阻挡了大部分固体热传导。

2) 局部固体传导的代价

等温回热器段并不是没有成本。阶梯式固体温度分布(每一段的温度均为常数)导致的每单位流动面积的最小焓流量:

$$h_{\min} = -c_p\rho < u > \Delta Tg \tag{8.11}$$

式中:$<u>$ 为时间平均流速(截面平均值,绝对值);ΔT_g 是连续的回热器段之间的固体温度差(见图 8.41)。

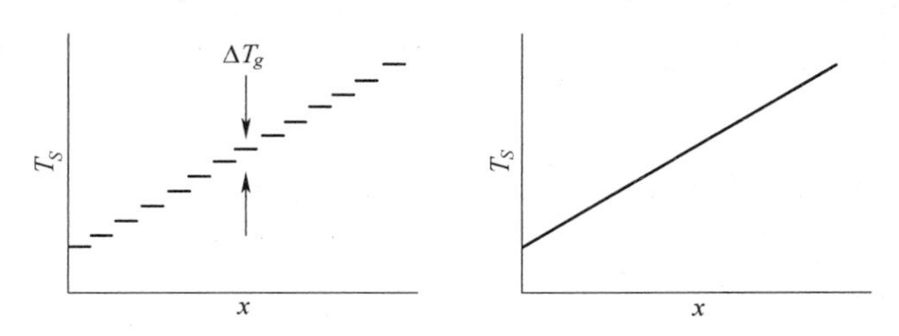

图 8.41　分段箔回热器中固体温度分布的极端情况

这很容易理解:考虑任意两段(盘)之间的回热器横截面,将其定义成零平面,并定义回热器温度升高的方向为正流动方向,正向气流从正段出来,穿过零平面进入负段。对于正向流动,因为它是整体加热的,所以气体温度总是低于反段的固体温度。对于反向流动,气体温度总是高于正段的固体温度。所以穿过间隙的气体温度的时间平均至少为 ΔT_g 。最小焓流可以(通过除以分子气体传导率 $-k\mathrm{d}T/\mathrm{d}x$)化为无量纲量。一个关键的发现是,对于梯度温度分布,总的回热器温度梯度 $\mathrm{d}T/\mathrm{d}x$ 就是 $\Delta T_g/L_c$ 。经过简化后,阶梯温度分布的最小焓流简化为

$$h_{\min} = -k\frac{\mathrm{d}T}{\mathrm{d}x}\langle ReP_r\rangle\frac{L_c}{D_h} \tag{8.12}$$

连续回热器焓流方程为(Gedeon 和 Wood,1996):

$$h = -k\frac{\mathrm{d}T}{\mathrm{d}x}\langle\frac{(ReP_r)^2}{4Nu}\rangle \tag{8.13}$$

式(8.12)和式(8.13)比较可知,在低雷诺数下,最小焓流 $h_{\min}$ 占主导地位,而高雷诺数则相反。两者相同的雷诺数是通过将 $h_{\min}$ 等同于 h 并求解得到的。假设 Nusselt 和 Prandtl 数字不变,那么临界雷诺数是

$$\langle Re\rangle_c = \frac{4Nu}{P_r}\frac{L_c}{D_h} \tag{8.14}$$

当雷诺数高于此值时,阶梯温度分布的影响将会减小。对于 Mezzo 回热器,$\langle Re\rangle_c\approx 50$,式(8.12)中 $h_{\min}$ 的值比氦气的静态传导损耗大约高 50 倍。如果回热器是连续的箔片,则固体传导损耗将比氦气静态传导(传导率比乘以面积比)高出 $k_s/k(1-\beta)/\beta$ 约 91 倍。局部化的分段固体传导产生不利的氦焓流动,其不利程度就好像固体传导根本不受接触阻抗的影响、能畅通无阻地通过整个回热器一样。

这种局部固体传导与氦焓流动的耦合似乎解释了为什么 Mezzo 回热器的实验测试结果测出了令人怀疑的低努塞尔数(在 $Re<75$ 的条件下,见图 8.39)。导出的努塞尔数必须根据没有假设阶梯温度分布的回热器模型解释 $h_{\min}$ 焓流量。尽管回热器盘之间的接触阻抗很高,但是高的固体传导率仍是问题的根源。如果固体传导率较低,温差就会更小, $h_{\min}$ 也会更小。

对于这个问题可以做些什么?明显的解决方案是用较低传导率的材料制造回热器盘。镍回热器中固体–气体传导率比 k_s/k 的比值相当高,约为不锈钢回热器的 5 倍。根据经验,合金的热导率比纯金属低。表 8.12 给出了纯金属回热器固体传导损耗,也与不锈钢回热器作了对比。

表 8.12　固体传导损耗

材料	室温导热系数[①](W/m·℃)	相对于 316 不锈钢的比率
316 不锈钢	16	1
铂	73	4.6
镍	86	5.4
金	300	19

①出自 1985 年材料工程材料选择器手册

镍回热器测得的良好品质因数包括了固体传导损耗的影响。但是,如果采用

较低热传导率材料或较薄壁厚，未来渐开线箔片会做得更好，尤其是在 Re 较低的情况下，此时温差效应占主导地位。Mezzo 回热器品质因数在 $Re \approx 200$ 时达到峰值，而在过去进行的大部分斯特林发动机优化都倾向于雷诺数的幅度在 100 的量级或更低。

3）固体传导推导

分段箔片式回热器中的固体温度介于图 8.41 所示的两个极端点之间，即在分

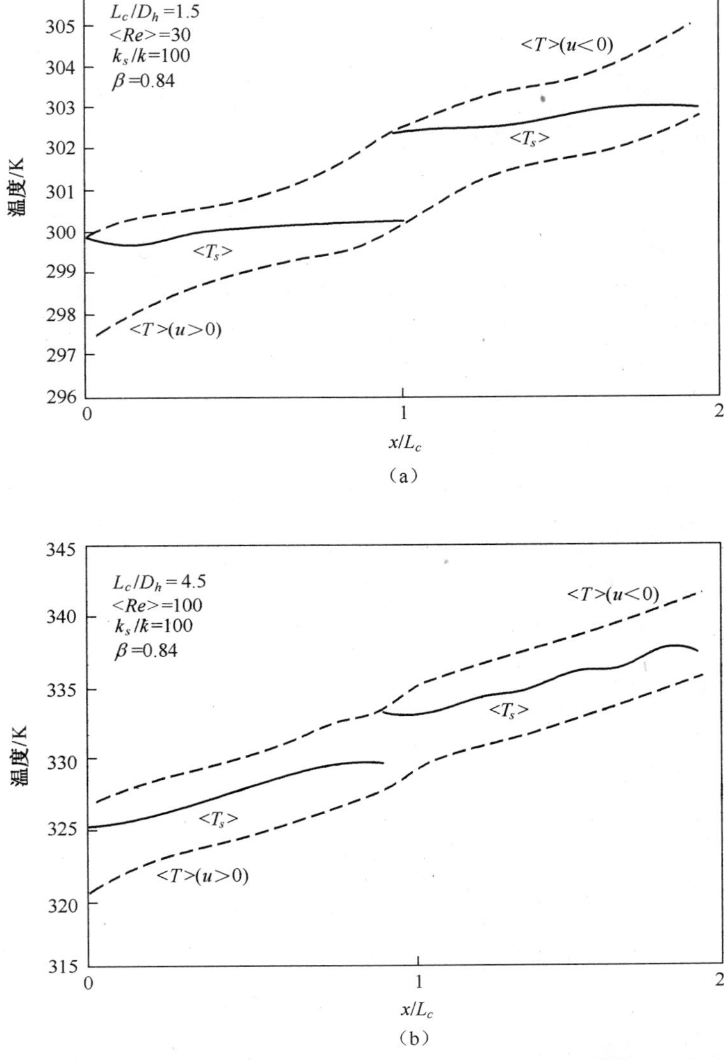

图 8.42　六段箔片回热器的中间两段的时间平均固体和气体温度分布

（a）250μm 长（较短）段；（b）750μm 长（更长）段。

段恒定的阶梯式分布和连续分布之间。第一种情况对应于真空中的静态传导，各段之间的接触阻抗非常高，各段之间存在温差 ΔT_g 。在第二种情况下，气体与固体具有良好的热接触并且具有足够的热容量，以便在段入口区域储存任何所需的热量以消除温度不连续性。

实际情况是介于这两种情况之间的，如图 8.42 所示。图中展示了六段(较短)分段回热器的中间两段的气体和固体的温度分布(时间平均值)。一组 Sage 程序仿真(后面要详细讨论)给出了解。气体温度分别在正和负的半周期内单独计算平均值。没有时间平均，则温度随时间的变化(由于有限的固体热容量)在这个尺度上将显得很重要，但是它们与质量流速的相位大致相差 90°，所以它们不影响净焓流。图 8.42(a)显示了针对分段回热器的解，这个回热器具有与渐开线箔回热器(厚度为 250μm)相同的性质，但为了更好地显示固体温度的变化而使用了不锈钢固体材料。图 8.42(b)针对不锈钢回热器，三倍长的分段，对应 750μm 厚度的盘，以及较高的雷诺数，其中固体温度梯度增加到回热器平均值的约 60%。

在任何情况下，段内的平均固体传导正比于平均固体温度梯度，可写为 $(\Delta T_m - \Delta T_g)/L_c$ ，其中 ΔT_m 是相邻段中心之间的温差，ΔT_g 是相邻段端点之间的温差，L_c 是段长度。平均固体传导率是固体传导率 k_s 、固体横截面积 A_s 和平均温度梯度的乘积：

$$\overline{Q_s} = - k_s A_s \frac{\Delta T_m - \Delta T_s}{L_c} \tag{8.15}$$

固体温差 ΔT_g 取决于总能量平衡，可以用回热器段起点(左)和中心点(右)之间的控制体积粗略地表示，如图 8.43 所示。

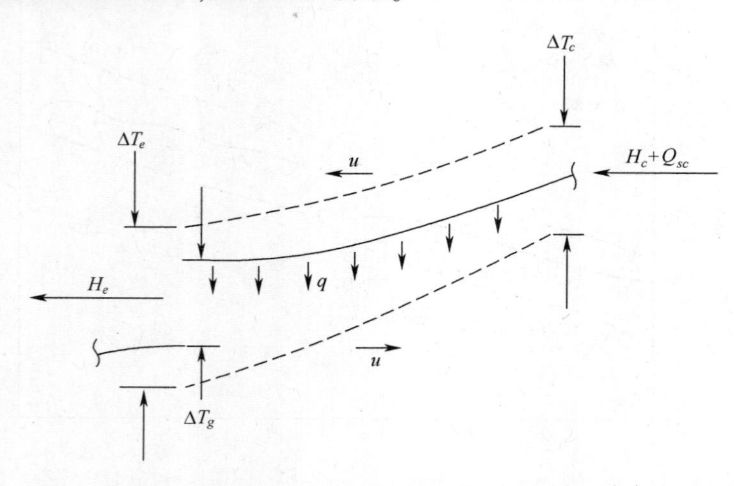

图 8.43　段起点(左)和中心(右)之间的能量平衡，由垂直线表示，实曲线表示时间平均固体温度，上下的虚线曲线分别表示正和负流动方向的气体温度时间平均值

能量平衡用气体携带的时间平均焓流 H 和轴向固体传导 Q_s 来表示。在左边界（段端点），这些值分别为 H_e 和零（由于假设段之间的高接触阻抗、零固体传导）。在右边界（段中点），值是 H_c 和 Q_{sc}。因此，半段能量平衡可以写成

$$H_e = H_c + Q_{sc} \tag{8.16}$$

气体和固体之间的热传递 q 如图 8.43 所示，它并不是能量平衡的一部分，因为所有的气体和固体都包括在一起，它从一处出来，又进入了另一处。

核心思想是：段间温度差 ΔT_g 导致段入口处净焓流的增加（与段内部深处的平衡态值相比，当气体有时间将额外的热量传递给固体后，就达到了平衡态）。对于长段，增加的焓流等于 $-c_p < \dot{m} > T_g$，其中 $< \dot{m} >$ 是时间平均绝对质量流率。对于短段，焓流的增幅不是很大。在任一长度的段内，段末端和段中点之间的净气体焓流的差为

$$H_e - H_c \approx -c_p \langle \dot{m} \rangle \Delta T_g (1 - \mathrm{e}^{-A/2})^2 \tag{8.17}$$

其中额外因子 $(1 - \mathrm{e}^{-A/2})$ 在本节后面推导，A 由式（8.23）给出。

将热从气体转移到固体，这导致固体传导率从零（段端点）平滑变化到了段中点处的最大值。如果段不太长，则认为平均固体传导处于端点和中点值之间是合理的，即

$$Q_{sc} = 2\overline{Q_s} \tag{8.18}$$

根据上述简化，能量平衡可以写成

$$-c_p \langle \dot{m} \rangle \Delta T_g (1 - \mathrm{e}^{-A/2})^2 \approx 2\overline{Q_s} \tag{8.19}$$

求解 ΔT_g 并代入式（8.15），得到平均固体热通量：

$$\overline{Q_s} \approx k_s A_s \frac{\Delta T_m}{L_c} - 2\frac{k_s A_s}{L_c} \frac{1}{c_p \langle \dot{m} \rangle (1 - \mathrm{e}^{-A/2})^2} \overline{Q_s} \tag{8.20}$$

右边的第一项是具有相同的固体横截面和边界温度的连续箔的传导 Q_{s0}。第二项包含可以改写成更标准的无量纲的几个参数。求解 Q_s/Q_{s0}，结果为式（8.8）。

当式（8.8）中的 $2\frac{(1-\beta)}{\beta}\frac{k_s}{k}\frac{1}{F}$ 项趋于零时，分段回热器平均传导等于连续箔传导。发生这种情况有多种原因，如高孔隙率 β（薄箔）、低固体传导率 k_s、长段长度 L_c 或低雷诺数。另外，当 $2\frac{(1-\beta)}{\beta}\frac{k_s}{k}\frac{1}{F}$ 接近无穷时，分段回热器平均传导接近于零，其原因正好相反。

4）Sage 模型

图 8.42 是使用 Sage 程序对箔片回热器的各个独立段建模的结果。以这种方式来对整个回热器（由数百个分段组成）建模将是非常难以处理和耗时的，但是对六段回热器进行建模以便理解建模过程，却并不是很困难。图 8.44 展示的就是这

样建立的 Sage 模型。

这个 Sage 模型相当于 NASA / Sunpower 回热器实验台,它包含一个相当短的六盘渐开线箔回热器。模型中的每个罐都有一个渐开线箔回热器盘的模拟,除了是由不锈钢而非镍制成的外,这个模型与 Mezzo 制造的回热器相同。使用不锈钢的原因是其较低的导热率导致更高的固体温度变化,这样在曲线图上显示得更好。回热器段通过气流(包括气体导热连续性)相互连接,但固态域不连通,相当于圆盘之间的高接触阻抗。

图 8.44 中,中间段 A 和 B 是主要的研究段(它们的解如图 8.42 所示),每一边都包含“缓冲”段,使其发展到平衡状态(空间周期性)值,为温度的求解提供机会。

5）基线 Sage 模型

气体工质为氦气,充气压力为 25bar,驱动活塞运动是正弦的,调整其幅度使其在回热器段中产生平均雷诺数(数值为 30)。根据图 8.40 此雷诺数给出最大的 F 因子。调节端点边界温度使各分段之间的温度差约为 2.5°,对应实际的斯特林发动机应该取的数值(即,在 320 个盘上 800℃ 的温度差)。这个分段温度范围为 293~308K,因此这个模型对应的实物是接近回热器冷端的一部分。

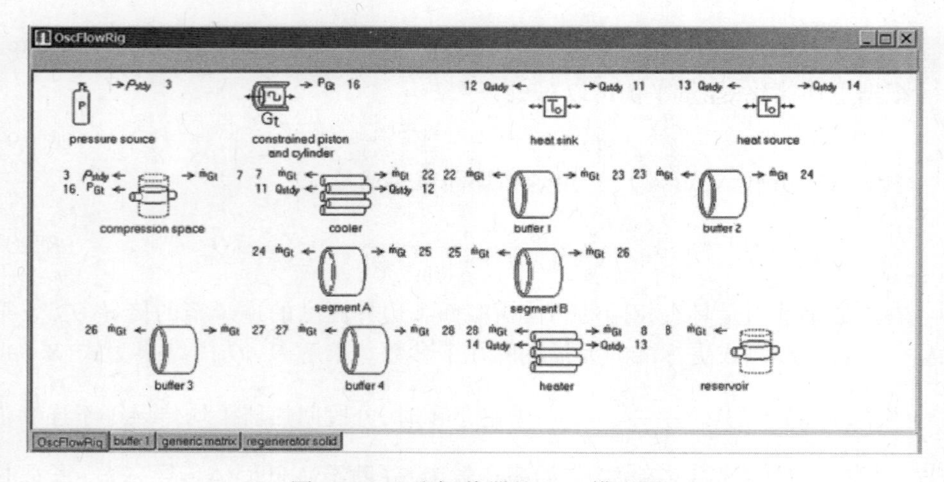

图 8.44　六段回热器的 Sage 模型图

每段中的努塞尔数设置为常数 8.23,对应于在平行板之间发展的层流(恒定热通量边界条件)。这是模型中最不符合实际的部分,因为它忽略了发展流区域增加的努塞尔数,这个区域基本上就是整个回热器。但模型的目的只是为了对正在进行的工作形成一个粗略的概念,这些工作都是验证在本节中推导出的简化理论。使用 Mezzo 回热器最新测试的努塞尔数是没有意义的,因为这个努塞尔数适用于整个回热器,而不适用于回热器详细模型中的特定段。

6）较长的段

从学术角度来看，基线模型不是很令人满意，因为在段内没有太多的固体温度变化。这可以通过将段长度增加 3 倍使比率 $L_c/D_h = 4.5$ 来补救。为了保持相同的整体温度梯度，各段之间的温度差也增加 3 倍。通过将平均雷诺数增加到 100（增加充气压力和冲程），图 8.40 的 F 因子大致处于其最大值约为 100，根据式(8.8)，固体的平均温度应约为回热器平均值的 70%。这与图 8.42(b)展示的 Sage 仿真解——60%已经相差不远了。

7）稳态传热解

前述固体传导推导的核心是回热器单段中的能量平衡。能量平衡是简化的固体段与两个稳态气流之间传热稳态解的结果。其中固体段长度为 L_c，具有时不变线性温度分布 $T_s(x) = mx$；稳态气流的质量速度为 $\pm\rho u$，如图 8.45 所示。

控制方程式(8.21)是不可压缩稳态流的简化能量方程，仅考虑向固体的热传递：

$$\frac{\mathrm{d}T}{\mathrm{d}x} = -\frac{hs}{c_p\rho u}(T - T_x) \tag{8.21}$$

在图 8.45 中，正向流动的气体温度解表示为 T_+，负向流动的气体温度解表示为 T_-。边界条件是在气体和固体之间存在温度差 ΔT_0，在负端以 T_+ 为基准，在正端以 T_- 为基准。

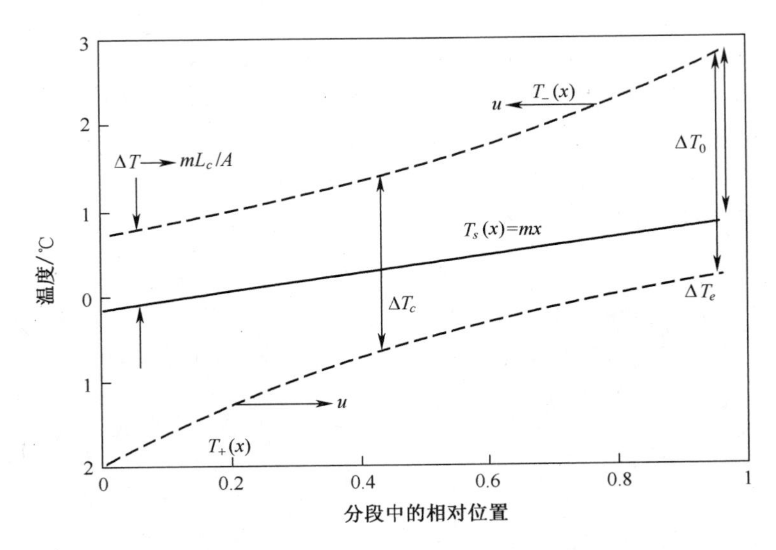

图 8.45　回热器固体段在线性温度分布下的稳定气体温度解

感兴趣的是两个入口处的温度差 $T_- - T_+$，记为 ΔT_e，与段中点处的温度差，记为 ΔT_c 的比较。该温差决定了在段端部到中点之间传给固体或从固体吸收的热

量。跳过所有细节，最终结果是

$$\Delta T_e - \Delta T_c = \left(\Delta T_0 + \frac{mL_c}{A}\right)(1 - e^{-A/2})^2 \tag{8.22}$$

其中 A 是

$$A = \frac{4Nu}{ReP_r}\frac{L_c}{D_h} \tag{8.23}$$

长段的渐近温差 $T - T_s$ 就是 $\pm mL_c/A$，正负号取决于流动方向。在这种情况下，式(8.22)右端第一个因子是从段入口到出口的总气体温度变化，这与回热器段之间的固体温差 ΔT_g 相同。这种忽略段长度的近似方法可以推出以下近似等式(8.24)，即回热器段的端部和中点之间的净气体焓通量(每单位流动面积)的变化为

$$h_e - h_c \approx - c_p\rho|u|\Delta T_g(1 - e^{-A/2})^2 \tag{8.24}$$

这基本上就是能量平衡方程(8.17)中使用到的近似。在从稳态流到正弦流的跃变中，因子$|u|$以时间平均绝对质量流率的形式出现在式(8.17)中，忽略因子$(1 - e^{-A/2})$的时间变化，其中 A 根据平均雷诺数来计算。

8.5 分段渐开线箔回热器的 CFD 计算结果

8.5.1 实际尺寸回热器的描述及其放大尺寸实体模型

实际尺寸的回热器(图 8.46)由一叠(42 层)渐开线箔片(或盘片的环形部分)组成，这些盘片均是利用 LiGA 工艺微加工而成。与丝网和毛毡相比，它的分离区

(a)

(b)

图 8.46 (a)盘倚靠在实际尺寸的渐开线箔回热器的外壳上；
(b)装配好的实际尺寸的渐开线箔回热器(42 个盘的堆叠)

域较少,所以流动阻力较低。其品质因素(正比于传热与压力降之比)已证明优于目前使用的毛毡和丝网回热器。放大尺寸实体模型(LSMU)的尺寸是实际尺寸的30倍,测试条件与预期的发动机条件动力学相似(见图8.47)。制造和测试均在明尼苏达大学完成。

图8.48(类似图8.26)显示了一个逐级放大的渐开线箔回热器盘的流动方向视图。在第二张放大图中,通道可以看得更清楚。图8.48描绘的盘有6条肋。另一种盘有7条肋。这使得在堆叠时肋能错开,以减少轴向传导和改善轴向流动通道。

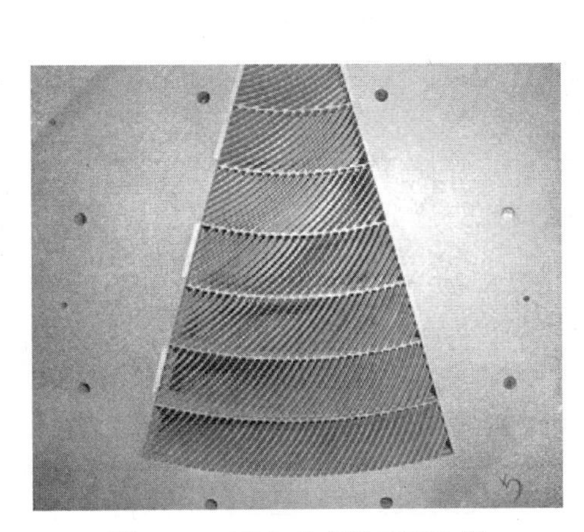

图8.47　五个对齐的LSMU板

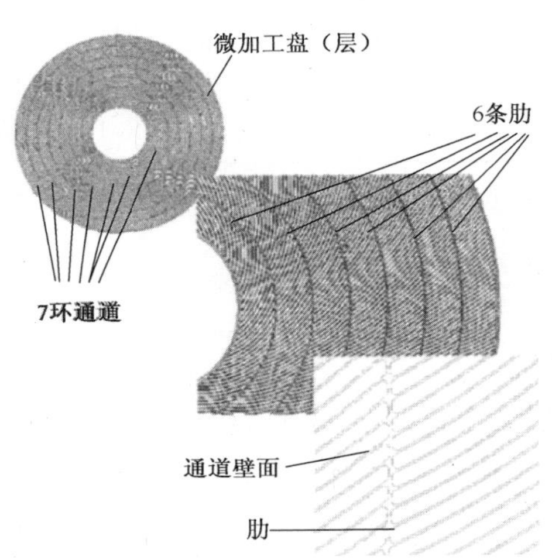

图8.48　微加工盘的分解视图

图8.49显示了单层单个通道的三维视图,并带有尺寸标注。从图中可以看出,通道的壁是具有渐开线箔轮廓的曲线。表8.13列出了渐开线箔通道的尺寸和段或层的长度(在表中叫厚度)。注意表8.13给出的通道“宽度”(W)是标称值,从图8.48的中间视图可以看出,实际大小的渐开线箔片中,从每层的内环到外环,W在一定程度上都有所变化(由图8.47可以看出,W值的变化对于LSMU的放大尺寸的分段渐开线箔同样适用)。

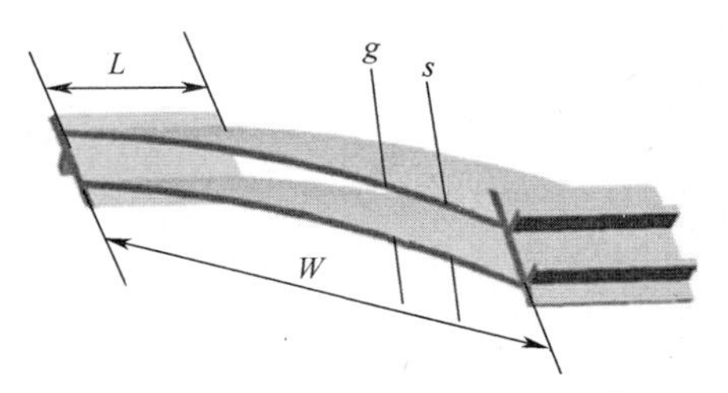

图8.49　一层分段渐开线箔通道

Sage 的仿真(Gedeon,1999,2009,2010)和早期的有限元分析(Ibrahim 等,2007)表明,这种设计与现有的设计(如毛毡和丝网基质)相比,有几个潜在的优势。实际的微加工硬件和测试结果表明,该设计提高了传热与压降的比值(也就是说品质因数高);由于盘片之间接触面积最小而实现了低轴向传导;更好的复现性和对结构参数的控制;高度的结构完整性和耐久性。

通过 CFD 分析这种结构的流体流动和传热,曾经是一个挑战(若能实现,则能方便地将这种结构与其他类型的回热器结构进行对比)。第一个难题是复杂的三维几何形状,见图 8.46(b)。二是斯特林发动机中流动的振荡特性。

下面给出用于分析这个问题的建模设置的描述。这包括计算域和所研究基质的网格生成。将给出针对所提出问题的不同参数的数值研究结果,之后是结论。

表 8.13　渐开线箔通道尺寸

尺寸	单位	数值
间隙 g	μm, 10^{-6} m	86
间隙+壁 s	μm	100
壁厚 $s-g$	μm	14
通道宽度 W	μm	1000
盘(层、段)厚 L_c	μm	265
孔隙率	—	0.838
水力直径 $D_h=4$ * 湿周面积/湿周周长	μm	162

8.5.2　CFD 计算域

早有定论,从微观计算的角度,对整个回热器建模是不可行的。因此,有必要通过对称性与边界条件近似进行简化。据此,我们在用 CFD 分析渐开线箔基质的过程中,采取了几个渐进性的简化步骤。下面是每个用到的 CFD 模型的简要描述,从复杂到简单的模型。在这个研究中使用的是商业程序 FLUENT(2005)。

1. 模型 1:三维渐开线通道

利用径向和周向的结构周期性,我们能够基于一个扇区(8.87°)建立整个盘片的模型,并应用如图 8.50 所示的周期边界条件。图 8.51 显示了图 8.50 中扇区中间区域的放大图。在图 8.51 中,可以看到通道壁、两个连续层的通道壁之间形成的夹角(在中间环处为 81°),以及渐开线箔壁面偏离平坦壁面的情况(约为 2°)。该图表明,用直线逼近渐开线箔轮廓、用直角逼近连续层壁面的夹角,可实现进一步的简化。

回热器是一种只有两类交替层的堆栈。因此,重复单元由两层组成。可以将

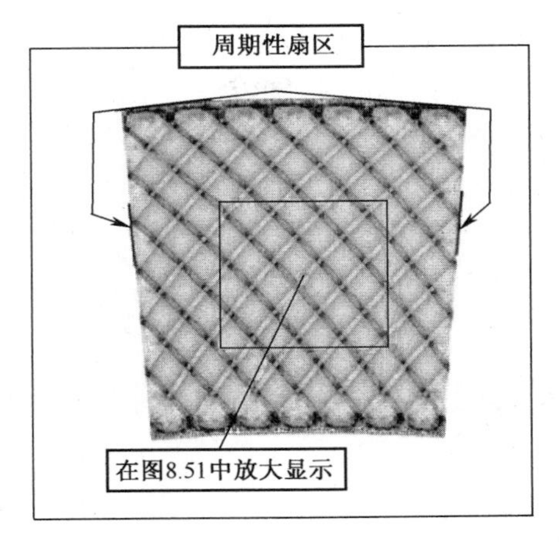

图 8. 50　来自图 8. 48 中的周期性扇区,显示了两层,带计算网格

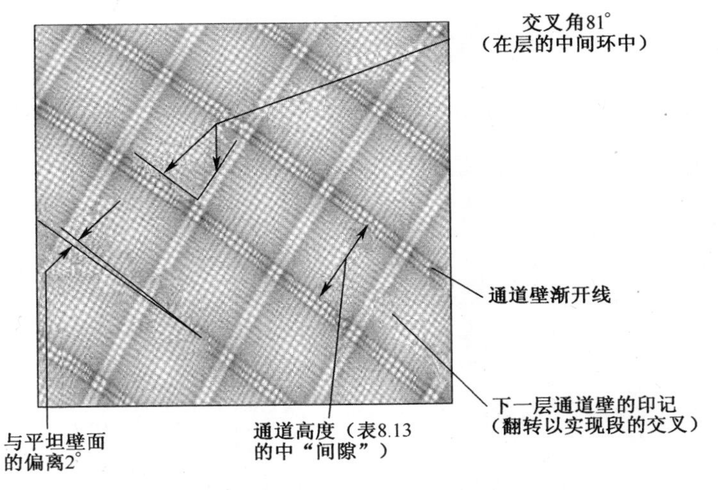

图 8. 51　周期性扇区中间区域的放大图

其中一个重复单元的输出作为另一个的输入。图 8. 52 显示了连续三层的轴测图(更精确地说,是这三层的四个边界)。相比于其余部分,肋占据的正面面积很小,因此可以将各盘上的肋条排列整齐以进行简化。在实际结构中,各盘上的肋条是交错排列的。通道壁的定向(夹角)并没有因为肋条对齐而发生明显的变化。如图 8. 52 所示,虽然两个连续层的肋条已对齐,但通道壁仍大致垂直。对齐肋条在这两层的径向形成了一个有界域,可构成一个重复单元。

如上所述,重复单元的最小厚度必须是两层的厚度。然而,两层之间的接口具有结构不连续性。一个重复单元的出口(速度和温度分布)将被用作下一个的边界入口。如果能在边界的入口和出口处避免结构不连续性,就更好了。因此,所选

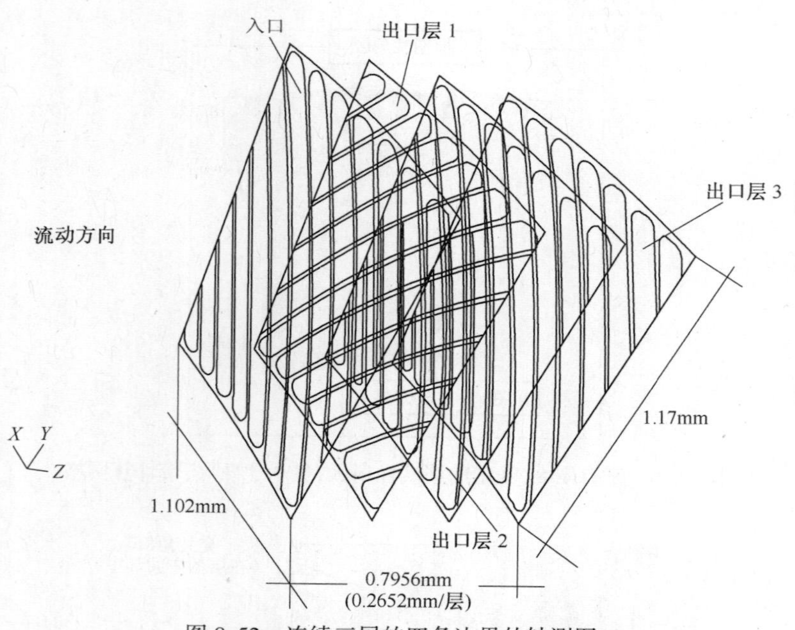

图 8.52　连续三层的四条边界的轴测图

择的重复单元包括一层的 1/2 厚度，接下来是一个全厚层，以一个半厚层结束。因此，各一个半厚层分别用于入口和出口。图 8.53 显示了这种布置。

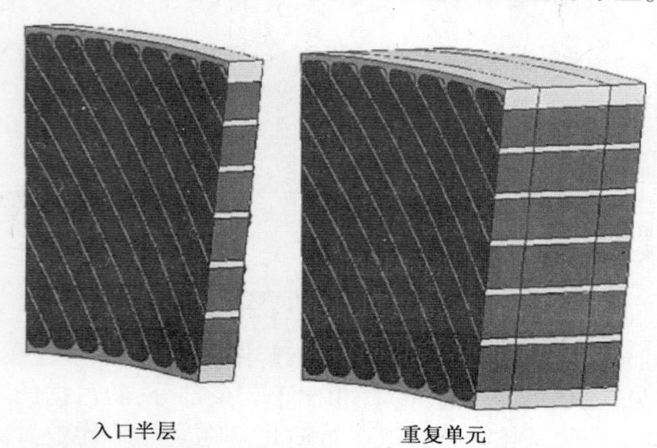

图 8.53　模型 1：三维渐开线箔层计算域，入口半厚层和重复单元，半一全一半计算域单元可以周期性重复堆叠，直到达到所需的高度

2. 模型 2：三维直通道

流动方向的周期性仅适用于稳态建模。而正在研究的瞬态仿真，需要方向交变、均值为零的振荡流，因此计算域中需要包含多个箔层组成的堆栈。捕捉振荡流

动现象的规律,至少需要 6 层。然而,即使利用了径向和周向周期性,网格尺寸还是太大,超过了可用的计算能力。必须进行图 8.54 所示的进一步简化。如果两层箔的夹角大约在 90°(而不是 81°),则渐开线箔轮廓近似为直线,再忽略通道端部圆角,这样就可以建立一个可行的网格,有望捕捉到大部分微加工方案的三维振荡流现象。图 8.54 显示了这样的计算域。

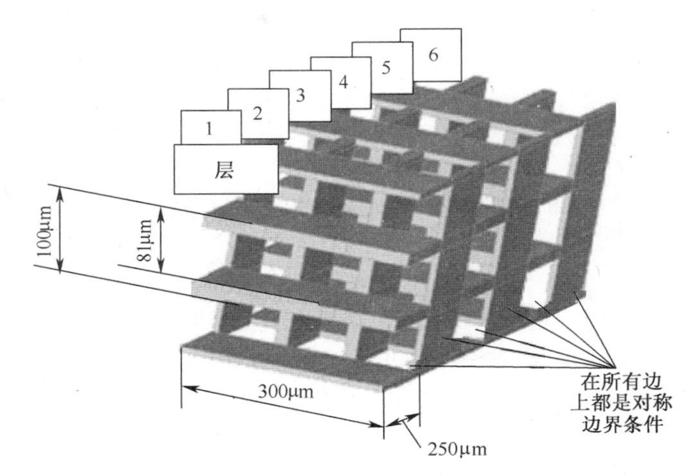

图 8.54 模型 2:6 层直通道的三维计算域

表 8.14 显示了图 8.54 所示计算域的尺寸。为了保持与实际渐开线箔结构相同的水力直径,间隙从 86μm(见表 8.13)调整到 81μm。为了保持相同的间距,壁厚从 14μm 调整到 19μm。另一个调整是层厚度从 265μm 减少到 250μm。这样做是为了更好地匹配用于实验测试的实际盘片。由于原设计为 265μm 厚的盘片,但制造商(Mezzo)生产的是 250μm 厚度的盘片。由此产生的孔隙率为 0.81,而不是实际回热器的 0.84,如表 8.14 所列。

表 8.14 三维直通道计算域尺寸

尺寸	单位	值
间隙 g	μm, 10^{-6} m	81
间隙+壁 s	μm	100
壁厚 $s-g$	μm	19
通道宽度 W	μm	300,对称
盘(层、段)厚度 L_c	μm	250
孔隙率	—	0.81
水力直径 $D_h = 2g$	μm	162

3. 模型 3:二维计算域

为了进行 CFD 研究,利用二维计算域进一步简化。对于正在研究的情况,二维计算域由一个单一的平行通道和连续 6 段固体壁组成。从一段出来进入下一段时,流体结构特征不发生变化。然而,通过改变固体界面设置,可以设定不同壁段之间的接触热阻值(TCR)。通过改变二维域中的通道壁方向,预计可以捕捉到壁热传导的中断特性。图 8.55 显示了这样的二维计算域。此二维域允许快速参数化研究,并能够发现变化趋势,这些趋势稍后可在三维域中通过较少次数的计算得到确认。

4. 全部模型的代码验证

如前所述,确定了三种不同的模型用于研究回热器的结构。模型 1 是三维的渐开线箔层模型;模型 2 为三维直线通道层模型;模型 3 为二维直线通道层模型。它们代表了在实际问题和对问题建模所需的资源之间进行折中的不同程度。表 8.15 列出了三种不同的模型,每种模型使用的网格数,以及利用每种模型进行的研究。

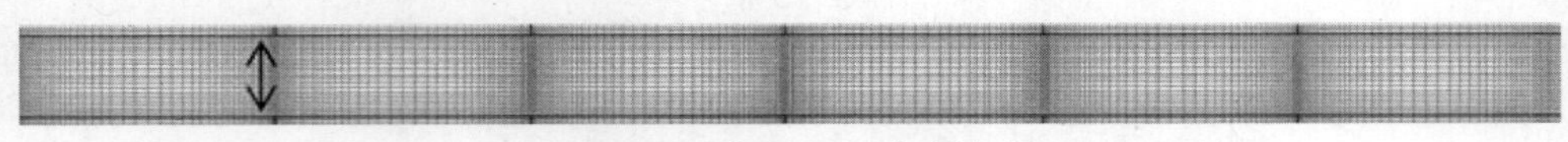

图 8.55　模型 3:二维计算域

在模型 1 中使用了超过 500 万个网格,用于稳态流动,$Re=50,94,183,449,1005,2213$。采用的固体材料为不锈钢,层间采用零接触热阻。据我们所知,已公开的文献当中,没有 f 或者 Nu 沿流动方向变化的数据,仅有的数据是整个堆栈的 f 或 Nu 值(式(8.27)和式(8.28))。因此,这些数据用于验证模型(见图 8.72)。验证此模型的另一种方法是将其结果与二维数据(模型 3)比较(只在第一层,见图 8.69 和图 8.70)。

表 8.15　用于不同模型检查的总单元数、检查条件、雷诺数范围

模型	总单元数	条件	已检查的雷诺数范围		验证模型的数据(来自文献)
			稳定流	振荡流	
模型(1)(三维)	5408640	* 固体材料:不锈钢 * 层之间的 TCR:0	Re = 50,94,183, 449, 1005 & 2213	NA	明尼苏达大学(UMN)数据,式(8.27)(Ibrahim 等, 2007), GedeonZQ 式(8.28)(Ibrahim 等, 2007; Kays 和 London, 1964)(见图 8.72)
模型(2)(三维)	3650400	* 固体材料:不锈钢和镍 * 层之间的 TCR:0 和∞	Re = 50	Re_{max} = 50 Re_{ω} = 0.229	对于稳态:式(8.25)(Shah, 1978)和式(8.26)(Stephan,1959),见图 8.64 和图 8.65。模型 2 和 3 在第一层中匹配很好 对于振荡流:式(8.28)和式(8.29)(Ibrahim 等, 2007),见图 8.46和图 8.47。模型 2 与式(8.28)(Ibrahim 等,2007)匹配很好

(续)

模型	总单元数	条件	已检查的数字范围		针对其验证模型的数据（来自文献）
			稳定流	振荡流	
模型(3)（二维）	15600	* 固体材料：不锈钢和镍 * 层之间的TCR：0 和∞	Re = 50，150，1000	Re_{max} = 50,150 Re_{ω} = 0.229,0.687	对于稳态：式(8.25)(Shah,1978)和式(8.26)(Stephan，1959)，参见图8.64，图8.65，图8.69和图8.70 对于振荡流：式(8.28)和式(8.29)，参见图8.60，图8.61；图8.66和图8.67

模型2中，350万以上网格用于稳态流($Re=50$)和振荡流($Re_{max}=50$，$Re_{\omega}=0.229$)。应用的固体材料是不锈钢和镍。零接触热阻和无限接触热阻应用于层与层之间。同样，三维的情况下，公开文献没有 f 或者 Nu 沿流动方向变化的数据，唯一的数据是整个堆栈的 f 或者 Nu 值。因此，对于振荡流，使用方程式(8.28)和式(8.29)(见图8.66及图8.67)。模型与式(8.28)(Ibrahim et al.，2007)吻合得很好。在稳态情况下，我们利用式(8.25)(Shah，1978)与式(8.26)(Stephan，1959)(见图8.64和图8.65)。因为这些方程((式8.25)和式(8.26))是从二维结构得到的，我们只能验证第一层，如图8.64和图8.65。

模型3中，15600个网格用于稳态流($Re=50,150,1000$)和振荡流($Re_{max}=50,150$，$Re_{\omega}=0.229,0.687$)。应用的固体材料是不锈钢和镍。零接触热阻和无限接触热阻应用于层与层之间。稳态情况下，式(8.25)(Shah，1978)和式(8 26)(Stephan，1959)用于代码验证(见图8.64，图8.65，图8.69，和图8.70)。至于振荡流，则使用方程(8.28)和方程(8.29)(Ibrahim et al.，2007)(见图8.60，图8.61，图8.66和图8.67)。

我们为三种模型建立计算网格(网格独立)的方式，是从二维到三维。因此，对二维模型(模型3)进行了网格独立性研究(见8.5.4节)，网格数量为15600。然后，三维模型扩展到超过360万网格(模型2)和超过540万网格(模型1)。

5. 边界条件

研究的问题涉及稳态和振荡流动条件下的三维(模型1和2)和二维(模型3)计算模型。三维模型代表较大的回热器堆栈中的一个“岛”，其他的边界(非入口或出口)均为对称或周期性边界条件。当研究对象为8.87°扇形区时(详细内容参见本节的模型1)，固体层之间的接触热阻(模型2和3中)选为零或无穷大。

1) 稳态运行

对于稳态运行，固体温度保持在673K，而流体进入通道时温度为660K。在西部边界条件选择均匀的入口速度,出口压力作为东部的边界条件。

2）振荡流运行

振荡流研究的运行条件如表 8.16 所列。

表 8.16 振荡流研究的基本条件

瓦朗西数 Re_{ω}	0.22885
最大雷诺数 Re_{max}	49.78
频率/Hz	27.98
水力直径/m	0.000162
最大质量通量/(kg/m² · s)	6.17215
冷端固体边界条件	绝热
热端固体边界条件	绝热
入口流体温度,冷端/K	293.1
入口流体温度,热端/K	310.2
平均压力/Pa	2500000
平均值,最大速度/(m / s)	1.5488

8.5.3 摩擦因数与努塞尔数的关系式

下面讨论的关系式用于此项 CFD 研究。

1. 稳态关系式

1）平行板摩擦因数与传热关系式

为了将稳定流动的 CFD 计算结果与文献比较,从 Shah 和 London(1978)选取了以下关系式。范宁摩擦因子关系式(8.25)归因于 Shah(1978),适用于层流、流体动力学发展流,也就是我们正在研究的流动型态:

$$f_F = \frac{1}{Re}\left(\frac{3.44}{(x^+)^{1/2}} + \frac{24 + \dfrac{0.674}{4x^+} - \dfrac{3.44}{(x^+)^{1/2}}}{1 + 0.000029\,(x^+)^{-2}}\right) \tag{8.25}$$

对于稳态传热,从 Shah 和 London(1978)选取了式(8.26),此方程归因于 Stephan(1959),适用于正在研究的流动和传热型态(层流、热和流体动力学发展流)。

下面的关系式对恒定的壁面温度以及 0.1~1000 之间的普朗特数有效:

$$Nu\_m = 7.55 + \frac{0.024\,(x^*)^{-1.14}}{1 + 0.0358\,(x^*)^{-0.64}\,Pr^{0.17}} \tag{8.26}$$

2）放大尺寸实体模型的达西摩擦因数

动量方程的研究指出,发动机的代表性参数瓦朗西数和雷诺数,瞬态项是无关紧要的,压力降测量可以在稳定、单向流动状态下进行。这样的测量引出了以下的 LSMU 摩擦系数关系式(Ibrahim et al.,2007):

$$f = \frac{153}{Re} + 0.127\, Re^{0.01} \tag{8.27}$$

2. 振荡流——实际尺寸

对于振荡流,渐开线箔的摩擦系数和传热关系式(8.28)和式(8.29)归功于 Gedeon Associates (Ibrahim et al.,2007)。这些关系式得自于渐开线箔实验数据。实验在 Sunpower 公司完成,使用了配备有微加工渐开线箔回热器的 NASA/Sunpower 振荡流测试台。该回热器在其堆栈中有 42 个盘片(见图 8.46)。用于盘片的材料是镍。确定了振荡流动条件下的摩擦因子为

$$f_D = \frac{117.3}{Re} + 0.38\, Re^{-0.053} \tag{8.28}$$

这些测试的关键无量纲数的范围在表 8.17 给出。振荡流动条件下的传热按下式给出:

$$Nu\_m = 1 + 1.97 Pe^{0.374} \tag{8.29}$$

这些测试的关键无量纲数的范围见表 8.18。

表 8.17　压降测试的无量纲数

Re 峰值范围	3.4~1190
Va 的范围	0.11~3.8
δ/L 的范围	0.13~1.3

表 8.18　传热测试的无量纲数

Re 峰值范围	2.6~930
Va 的范围	0.064~2.4
δ/L 的范围	0.17~1.8

8.5.4　CFD 网格独立性测试和代码验证

为对研究问题建模,确定了 3 个良好的候选计算域。一个是二维域(模型 3),其他两个是三维域(模型 1 和 2)。实际的结构(见图 8.49)和 Re 的范围(见表 8.17和表 8.18)表明,层流、热和流体动力学发展流,能够充分表达正在研究的情况。至于可获得的代码验证用数据,也确认了以下来源:①稳定流,二维结构,作为轴向流动位置的函数的局部摩擦因子 f(式(8.25))(Shah, 1978)和 Nu(式(8.26))(Stephan,1959);②稳定流,三维结构(LSMU),f 平均值(式(8.27))(Ibrahim et al.,2007);③振荡流,三维结构(实际尺寸),f 的平均值(式(8.28))

(Ibrahim et al.,2007),Nu 的平均值(式(8.29))(Ibrahim et al.,2007)。因此,开发了一种方法用于获得二维结构(模型 3)网格独立性测试。这种结构用于三维模型中(模型 1 和 2)。因此,二维结构局部 f 和 Nu 的可获得性,将保证在 CFD 实验中能选到好的网格。利用稳态和振荡流动条件下的 f 和 Nu 的平均值,能够验证三维结构(作为该网格的扩展)。

选择了 4 种不同网格尺寸的二维计算域(模型 3)。网格数(x 方向×y 方向,每层)为 20 × 10、30 × 20、50 × 20、100 × 40。这些数据均汇总在表 8.19 中。图 8.56只表示了 20×10 的网格。

表 8.19 在网格独立性研究中测试过的网格汇总

网格/轴段	板间单元数	垂直网格间距比	沿轴向段(层)的单元数	水平或轴向(段)间距比
20 × 10	10	1.15	20	1,均匀
30 × 20	20	1.15	30	1,均匀
50 × 20	20	1.1	50	1.1
100 × 40	40	1.1	100	1.05

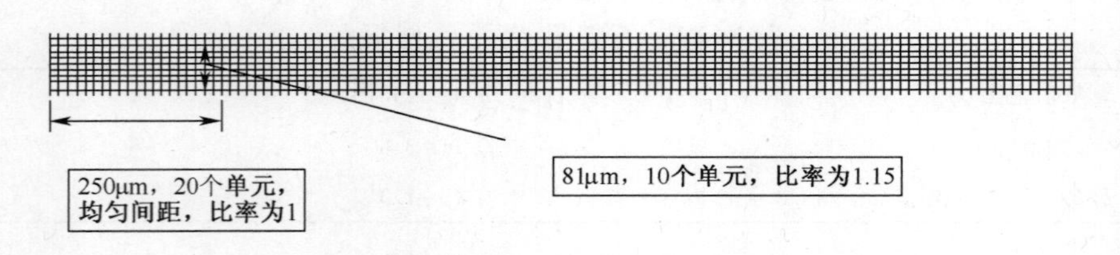

图 8.56 20×10 的两维网格

对上述 4 个网格尺寸进行了测试,摩擦因数随无量纲长度 x^+变化的情况,绘制在图 8.57 中(Re = 150)。同样,努塞尔数的平均值 Nu_m 随无量纲长度 x^+变化的情况,绘制在图 8.58 中(Re = 150)。最小网格(20 × 10)的结果并不理想,但网格从 50×20 扩展到 100×40,精度也只提高了少许。最终选择 50×20 网格,作为精度和计算资源之间最好的折中,用来完成后续的网格独立性研究。更多细节参见 Danila(2006)。

8.5.5 二维和三维建模结果

CFD 数据展示从二维(模型 3)开始,此时进行了大量计算;然后是三维直通道(模型 2),最后是三维渐开线通道(模型 1)。

1. 模型 3 渐开线箔层二维 CFD 仿真结果

为了与现有关系式进行对比,首先在 Re=50 时进行稳态检查。比较结果良好,

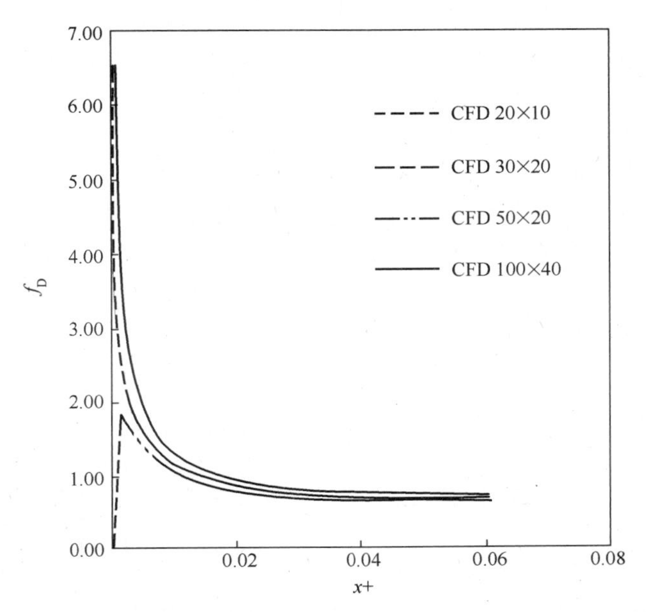

图 8.57　网格独立性研究:达西摩擦因素 f_D 随无量纲长度 x^+ 变化,雷诺数 Re = 150

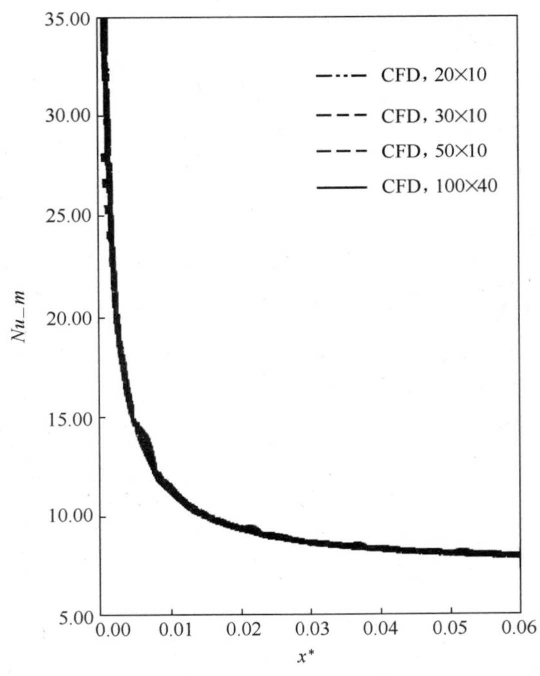

图 8.58　网格独立性研究:平均努塞尔数 Nu_m 随无量纲长度 x^* 变化,雷诺数 Re = 150

特别是远离入口端处。之后针对振荡流检查了以下参数变化对摩擦因数和努塞尔数的影响：①6 层之间的接触热阻；②振荡幅度；③振荡频率；④固体材料的类型。

1）二维振荡流的基本情况

针对振荡流仿真，基本强迫函数（27.98Hz）为

$$质量通量=6.17215\times\cos(2\pi\times 27.98t+1.56556)\,(\mathrm{kg/m^2\cdot s}) \tag{8.30}$$

式(8.30)应用于左侧流体边界。图 8.59 是质量通量随曲柄角的变化曲线。所有后续的二维振荡流仿真均是反复运行直至达到逐周期收敛后，再提取数据。

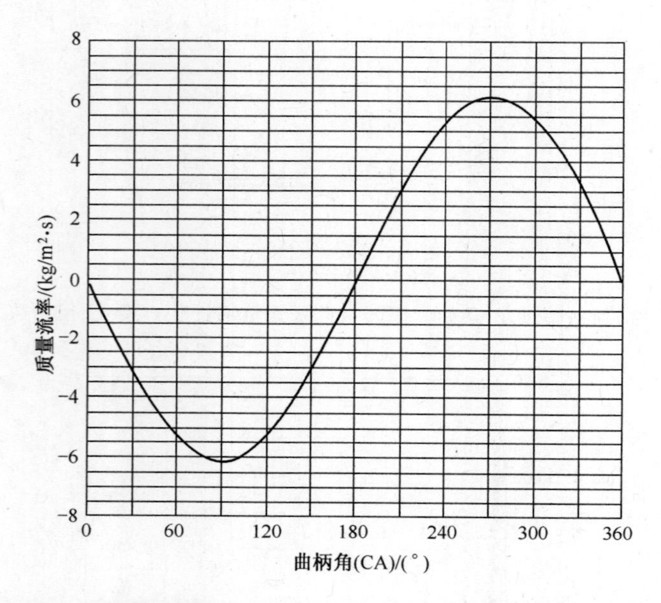

图 8.59　基本振荡流状态质量通量(强迫函数)随曲柄角的变化曲线

为了将振荡流参数化表征出来，将渐开线箔的摩擦因数与 Gedeon 得到的实验关系式(8.28)进行了对比。摩擦因数随曲柄角的变化曲线见图 8.60。现有仿真得到的数值低于 Gedeon 关系式中的数值。这是预期中的结果，因为 Gedeon 关系式是由真实渐开线箔回热器实验得到，而现在的二维仿真结果代表的是理想状态，即流过箔通道的流体并不会绕过箔片而流到相邻的层去（也就是说，在流动路径中没有任何阻碍）。

为了将振荡流运行中发生的热传递参数化表征出来，将平均努塞尔数随曲柄角的变化曲线画在图 8.61 中。为了对比，用了实验测得的平均努塞尔数（来自 Gedeon，见式(8.29)）。然而，Gedeon 关系式代表的是整个 42 层堆叠长度上的平均值，这个值是在 Sunpower 公司用振荡流实验台测得的。

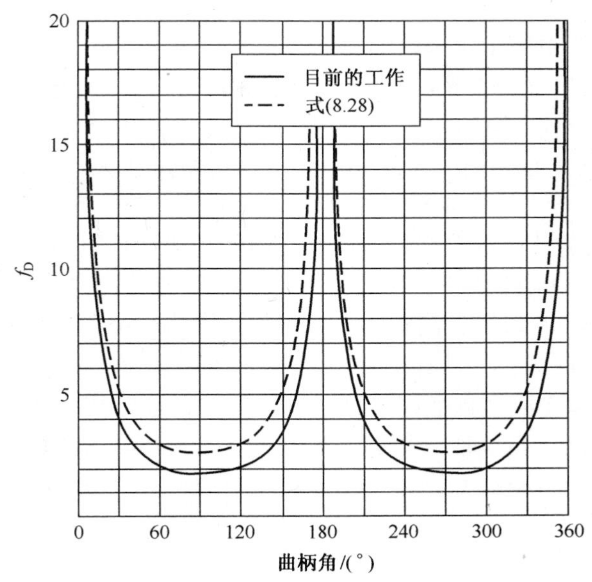

图 8.60　达西摩擦因数 f_D 随曲柄角的变化曲线。该曲线基于 Gedeon 渐开线箔层关系式(8.28),采用二维-CFD 基础振荡流模型(50×20 网格/片段)的仿真计算结果

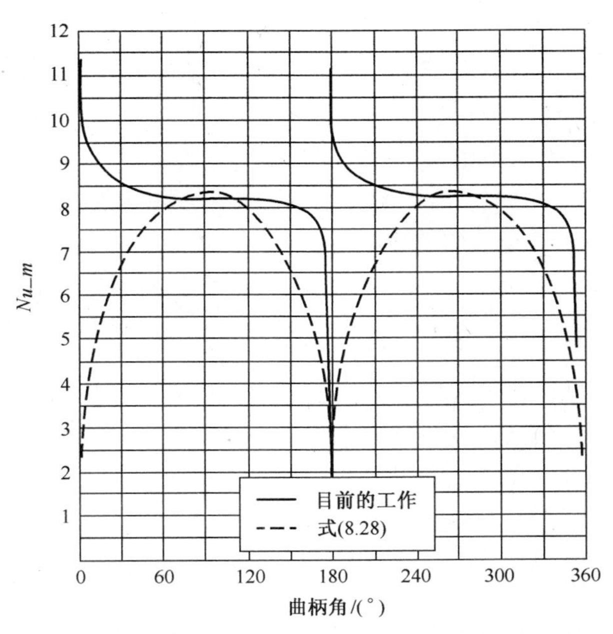

图 8.61　平均努塞尔数 Nu_m 数随曲柄角的变化曲线。该曲线基于 Gedeon 渐开线箔层关系数(式(8.29)),采用二维-CFD 基础振荡流模型(50×20 网格/片段)的仿真计算结果(CFD 模型假定箔层之间是完美接触,即接触热阻 TCR = 0)

当前的工作只关注第三层中间至第四层中间的区域。所以，当前工作中求平均努塞尔数的长度只等于一层箔的厚度。这样做是为了远离端部，避免入口段效应扭曲结果。另外，在一个6层箔的长度上计算得出的平均努塞尔数，对真实结构也不具备代表性。而且，UMN基于在两层之间计算平均努塞尔数的方法，开展了实验测试工作，结果与当前的工作相似。平均努塞尔数 Nu_m 随曲柄角变化的曲线与从Gedeon关系式得到的不同，这个区别是由于努塞尔数取平均值的方法不同产生的。UMN实验所得的努塞尔数曲线与当前的工作相似。当然，进行仿真分析与Gedeon关系式的对比还是有用的，在雷诺数最大区域，在两个方向的流速最大处，也就是曲柄角90°和270°附近雷诺数最大。在这些位置处，二维仿真分析结果数值略低于Gedeon关系式计算结果。

通过对第三层中间横截平面的流体焓在整个循环中进行积分，可以得到一个循环的净焓损失量。如果对一个循环中第三层中间截面固体传导热量进行积分，可以得到一个循环的净传导损失。因为上述两种损失都是通过第三层中间截面的，叠加这两种损失可以得到一个循环总的轴向热损失。针对基础振荡流情形，表8.20列出了轴向热损失的二维CFD结果。

表 8.20 基础振荡流情形的二维计算流体动力学(CFD)焓损失、传导损失以及总轴向热损失

	焓损失/W	传导损失/W	总损失/W
基础情形	1.722	1.174	2.896

2）改变接触热阻(TCR)的影响

为了研究箔层之间TCR的影响，让箔层之间界面处的TCR从零变到无穷大(或者说在固体箔层之间，从理想热接触状态变为理想热隔离状态)。研究TCR的影响非常重要，因为箔层之间的接触实际上并不是理想状态。接触热阻增加，阻碍了箔层之间的固体热传导。箔层之间的接触热阻导致界面处冷端和热端的固体壁温分布不连续。改变后的壁温分布会影响流体与壁面之间的热传递，这反过来又影响努塞尔数曲线。但是，摩擦因数没有受到影响(预料之中)。图8.62比较了0-TCR以及无穷大TCR时的努塞尔数曲线。

无穷大的TCR(绝热接触情况)导致努塞尔数上升，尤其是在低雷诺数区域即靠近流体换向的区域(曲柄角接近180°和360°处)。这是预期中的结果。当不存在接触热阻时，固体箔层间接触面两侧的固体壁温是相同的。当引入无穷大TCR时，接触区两侧的固体壁上就出现了温度差。在通道内流过两个固体层接触处的流体，会受到壁温分布不连续的影响。壁面和流体之间温差 ΔT 增加，会导致热传递加剧，表现为努塞尔数升高。当雷诺数较低时，流体吸收热量的时间较多，无穷大的TCR的作用会更加明显。然而，当流体换向时会出现流体停止运动现象，此时流体与固体的温度相同，ΔT 变得非常小并趋于零。这也导致了努塞尔数计算过

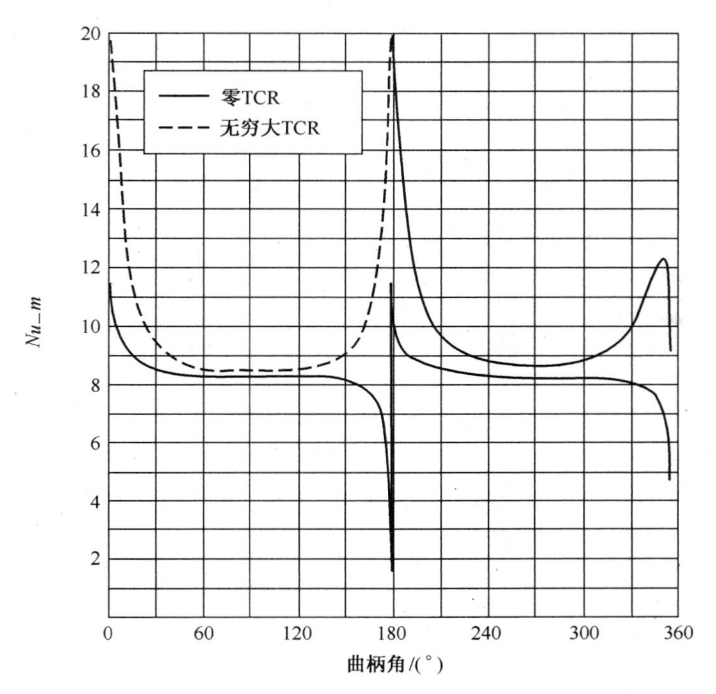

图 8.62　平均努塞尔数 Nu_m 随曲柄角的变化曲线。该曲线采用二维 CFD 振荡流模型(50×20 网格/段)在不同接触条件下的仿真计算结果:①TCR=0(基础情形,理想接触情况);②TCR 为无穷大(绝热或理想隔离情况)

程中的不连续现象,即图 8.62 中曲柄角为 180°和 360°处。其他的变化与一个循环内冷却和加热部分具有不同的特性有关。一个循环中,冷却过程发生在曲柄角 0~180°区间内,这时流体从冷边流向热边;加热过程发生在曲柄角 180°~360°区间内。当 TCR=0 时(即基础情形),平均努塞尔数曲线在升、降温两区域内相似。但是引入无穷大 TCR 时,循环中加热区间内平均努塞尔数更高。

从热损失的角度,表 8.21 列出了一个循环内焓损失、传导损失积分计算的结果。对于固体传导的情形,当 TCR 从零(基础情形)增至无穷大时,传导损失减少了 54.7%,焓损失增加了 13.8%,总损失减少了 14%。结果表明,增加 TCR 减少热损失是一个好主意(这也可以看做是三维渐开线箔盘的一个近似:在相邻的盘层之间交换渐开线箔段的方向,并且偏置隔离环,因此盘之间的接触面积大幅度减小,热阻大幅度上升)。

表 8.21　TCR 为零(基础情形)和 TCR 无穷大情形的热损失对比

	焓损失/W	变化	热传导损失/W	变化	总损失/W	变化
基础情形	1.722		1.174		2.896	
无穷大 TCR	1.960	13.8%	0.531	−54.7%	2.491	−14.0%

3a）改变振荡幅度的影响

振荡幅度的增加会导致最大雷诺数在90°和270°曲柄角附近增大。与稳态仿真一致，摩擦因数减小；当雷诺数增大时，摩擦因数变得更小。努塞尔数几乎不变。

从热损失的角度，表8.22列出了基础情形和增加振荡幅度情形、一个循环内焓损失、传导损失积分计算的结果。

振荡幅度增加3倍之后，传导损失减小了。然而，由于流量较高，焓损失增加了10.6倍，总损失增加了6.6倍。更高的瞬时气体质量流量导致气体与金属之间的径向热流升高，因而减少了轴向固体传导。

表8.22　基础情形（$Re_{max}=50$）和增大振荡幅度情形（$Re_{max}=150$）的热损失对比

	焓损失/W	变化	热传导损失/W	变化	总损失/W	变化
基础情形	1.722		1.174		2.896	
$Re_{max}=150$	18.249	10.6×	0.956	−18.6%	19.204	6.6×

3b）改变振荡频率的影响

为了研究振荡频率的作用，选用基础情形振荡频率的三倍用于实验研究。因此，振荡频率从27.98Hz增至84Hz，瓦朗西数Re_{ω}或者说Va从0.229增至0.687，这也使得Re_{max}增加了3倍。振荡频率的改变可以影响流体流动以及热传递行为。

表8.23是分别对基础情形（$Re_{max}=50, Re_{\omega}=0.229$）、增大振荡幅度情形（$Re_{max}=150, Re_{\omega}=0.229$）和增大振荡频率情形（$Re_{max}=150, Re_{\omega}=0.687$）三种状态在一个循环内进行焓损失、传导损失积分计算的结果。

表8.23　基础情形（$Re_{max}=50, Re_{\omega}=0.229$）、增大振荡幅度情形（$Re_{max}=150, Re_{\omega}=0.229$）和增大振荡频率情形（$Re_{max}=150, Re_{\omega}=0.687$）的热损失对比

	焓损失/W	变化	热传导损失/W	变化	总损失/W	变化
基础情形 $Re_{max}=50$，$Re_{\omega}=0.229$	1.722		1.174		2.896	
增大振荡幅度情形 $Re_{max}=150, Re_{\omega}=0.229$	18.249	10.6×	0.956	−18.6%	19.204	6.6×
增大振荡频率情形 $Re_{max}=150, Re_{\omega}=0.687$	13.466	7.8×	1.009	−14.1%	14.474	5.0×

与基础情形相比，振荡频率增加3倍之后，轴向传导减少14%，焓损失增加了7.8倍，总损失净增加5倍。同样的，更高的瞬时气体质量流量导致气体与金属之间的轴向热流升高，因而轴向固体传导减少。

4）改变固体材料的影响

固体材料性能对于整个实验的影响非常有趣。众所周知，纯金属比合金的传

导性能好。受时间与成本限制,考虑到镍金属回热器可以只用 LiGA 加工方法完成制造,因此回热器的原型样机选用镍来制作。但是,镍比不锈钢(推荐材料)的传导性高大约 5.5 倍,但在本小节对比时,假定箔层之间的 TCR 无穷大,那么,在材料研究中作为比对材料的不锈钢材料 TCR 不为零,与基础状态不同。(由于盘之间接触面积的减小,无穷大 TCR 这个假设更接近真实的三维结构)。如预期一样,将材料从不锈钢换为镍没有影响摩擦因数。图 8.63 是更换材料之后的平均努塞尔数随曲柄角的变化。由于镍有更高的传导性,在长度为一层的区域内(介于两个无穷大接触热阻界面之间),壁温分布图比不锈钢材料的回热器曲线更扁平,这会引起热传递变化。图 8.63 对比了镍在 TCR 无穷大(绝热接触)、不锈钢在 TCR 无穷大(绝热接触)与不锈钢在 TCR 为零(完美接触,即基础情形)时的平均努塞尔数。

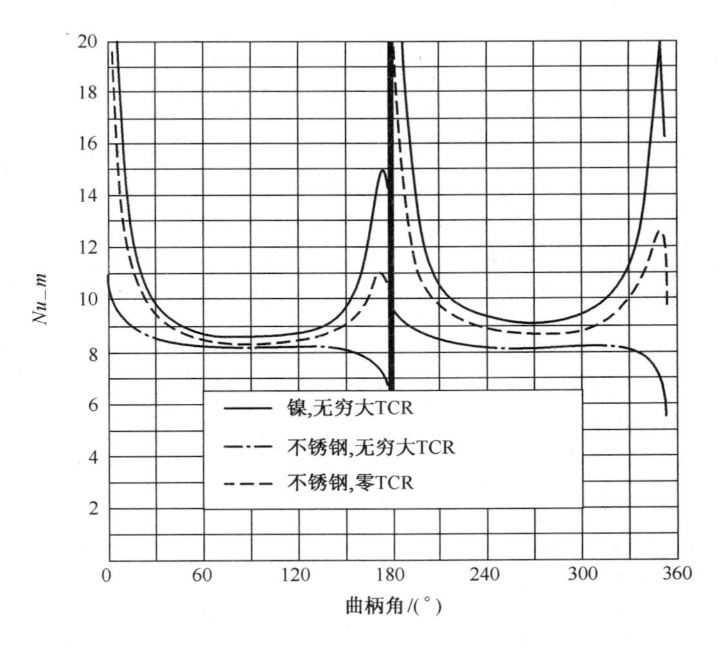

图 8.63 镍在 TCR 无穷大(绝热接触)、不锈钢在 TCR 无穷大(绝热接触)与不锈钢在 TCR = 0(完美接触,即基础情形)时的平均努塞尔数随曲柄角变化的对比曲线

结果显示,对于段间 TCR 无穷大的情形,镍金属材料的平均努塞尔数整体大于不锈钢材料,尤其是在低雷诺数区域(也就是接近流体换向处:-180°和 360°)。出现这种情况,也是由于在给定的箔层内,镍的温度分布更加扁平,导致固体壁与流体之间较高的温差。在单层箔内,传导性能较低的不锈钢温度分布保持更加陡峭的状态。这个陡峭的温度分布更接近流体的体积温度曲线,导致流体与固体之

间温差较小。表 8.24 是镍与不锈钢金属材料的轴向热损失对比结果(均在 TCR 无穷大条件下或者箔层之间绝缘条件下)。

表 8.24　不锈钢(SS)以及镍金属材料在 TCR 无穷大(绝热接触)条件下的热损失对比

	焓损失/W	变化	热传导损失/W	变化	总损失/W	变化
不锈钢	1.960		0.531		2.491	
镍	1.862	-5.1%	0.724	36.3%	2.586	3.8%

结果显示,传导损失增加 36.3%,焓损失减少 5.1%。使用镍材料增加了 3.8%的回热器轴向损失,增加的传导损失是由镍较高(相比较不锈钢)的导热率造成的。TCR 无穷大近似表达了箔层之间接触面积有限的影响,从而弱化了不同金属材料热导率的影响,例如,尽管镍的热导率比不锈钢的大 5.5 倍,但热传导的损失只增加了 36.3%。

2. 模型 2 用直通道箔层近似渐开线箔层的三维 CFD 计算结果

前面已经讨论过了,计算渐开线箔层用的网格非常细密,用于仿真振荡流动时因对计算资源需求太大而不具备可行性。本节用三维直通道网格和振荡流动边界条件,其计算结果如下(其结构见图 8.54)。

1) 稳态仿真(模型 2,三维,直通道箔层)

为了与文献以及二维结果进行对比,进行了稳态三维仿真实验($Re=50$)。对比分析是基于达西(Darcy)摩擦因数随无因次流体动力轴向坐标 x^+ 的变化曲线。使用前文已经讨论过的与 Shah 和 London(1978)一样的关系式。图 8.64 中,Shah 和 London 关系式曲线在入口段低于二维 CFD 仿真结果曲线,之后随着 x^+ 值的增加,两条曲线匹配得很好。

同样在图 8.64 中,在第一箔层内,三维结果与二维结果一致。但是进入到第二层箔层时,由于第二箔层垂直于流体方向,因此流体会受到阻碍。正是这些阻碍导致三维仿真结果的摩擦因数增高,与二维仿真结果不一致。随着 x^+ 的增加,流体趋于平缓,直到进入第三箔层再次遇到结构改变。当流体通过箔层堆叠时,流体周期性平缓下来,在每一次进入下一箔层时,其摩擦因数均会升高,因此其平均值要高于二维仿真结果。这个结果是预料之中的,仿真结果对摩擦因数增大的幅度给出了一个解释。

为了将热传递参数化表征出来,将平均努塞尔数随无因次热轴向坐标(x^*)的变化曲线绘于图 8.65 中,并与二维仿真结果和 Stephan(1959)关系式结果进行比较。前文讨论过,交替换向的箔层相较于二维以及均匀管流,预期会改进热传递。这也会导致在每一个流道不连续的地方,三维努塞尔数都会更高,见图 8.65。

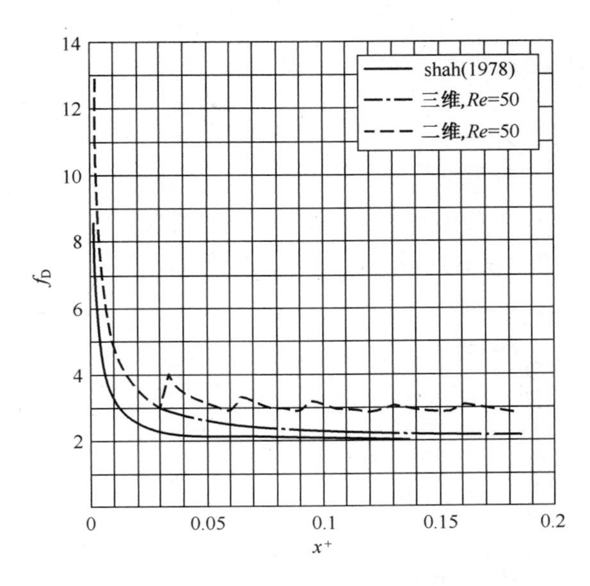

图 8.64　三维直通道箔层模型、稳态流的摩擦系数,并与二维结果以及 Shah(1978)关系式计算结果对比,所有雷诺数 $Re=50$

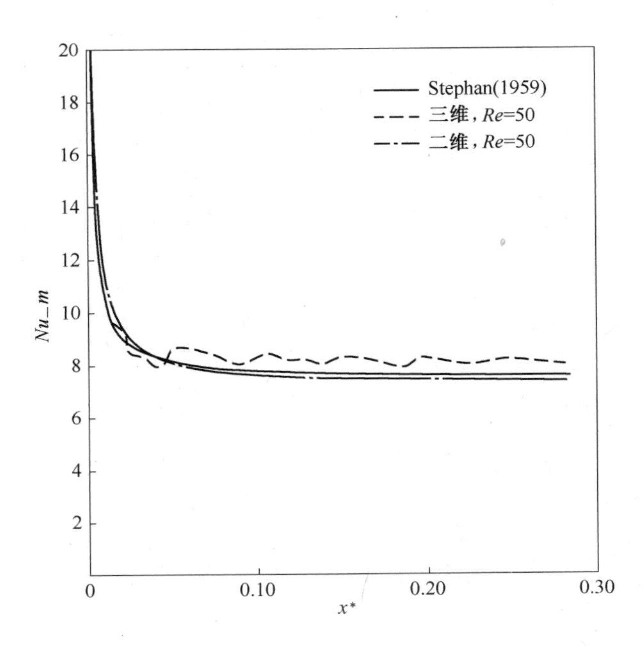

图 8.65　三维直通道箔层模型、稳态流的平均努塞尔数,并与二维结果以及 Shah(1978)关系式计算结果对比,所有雷诺数 $Re=50$

2）振荡流仿真(三维,直通道箔层)

(1) 三维振荡流道(基础情形)。

三维直通道箔层振荡流仿真时,使用与二维仿真相同的质量通量强迫函数(见式(8.30))。与二维仿真时一样的,也需要大约10个周期才能达到逐周期收敛。预期的结果是,三维模型的摩擦因数与努塞尔数都更高一些。

与二维仿真时一样,将摩擦因数随曲柄角变化的曲线画于图8.66中,并与二维仿真结果以及Gedeon渐开线箔层实验关系式(见式8.28)进行对比。

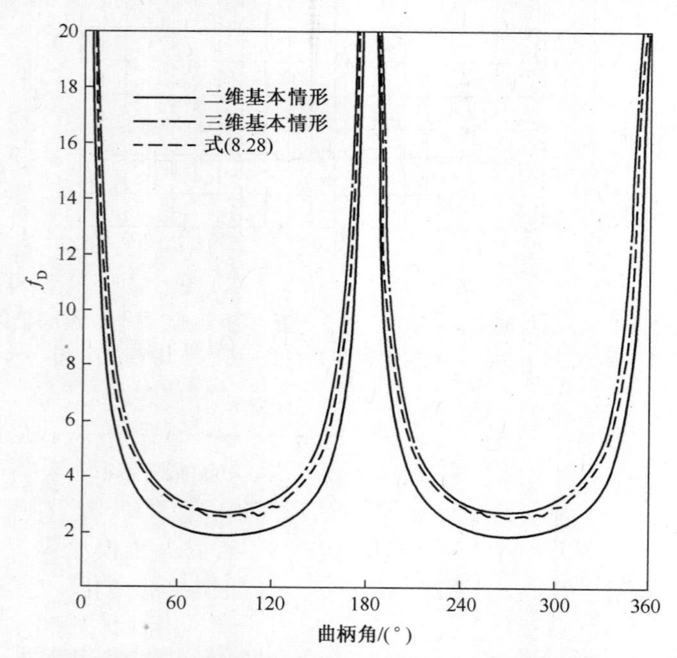

图8.66　三维直通道箔层模型、振荡流的摩擦因数,并与二维振荡流基础情形以及Gedeon渐开线箔层实验关系式(8.28)计算结果对比

如预期一样,三维仿真分析的摩擦因数整体高于二维仿真分析结果,并且与Gedeon实验测得的渐开线箔关系式(见式(8.28))符合得很好。图8.67是渐开线箔层模型三维仿真分析、二维仿真分析以及Gedeon关系式(见式(8.29))的平均努塞尔数随曲柄角的变化曲线。如之前提到的,Gedeon关系式计算平均努塞尔数时是在整个箔层堆叠上求平均,而三维仿真模型中的平均努塞尔数则来源于单片箔层。如预期一样,三维仿真结果的平均努塞尔数高于二维平行板箔层仿真结果,也高于Gedeon关系式(见式(8.29))得到的最大值。

(2) 改变接触热阻(TCR)的影响(三维,直通道箔层)。

如在二维情形中,为了研究箔层之间TCR的影响,假定箔层之间界面的TCR无穷大(取代基础情形中TCR等于零的条件)。预期它的摩擦因数与完美接触情

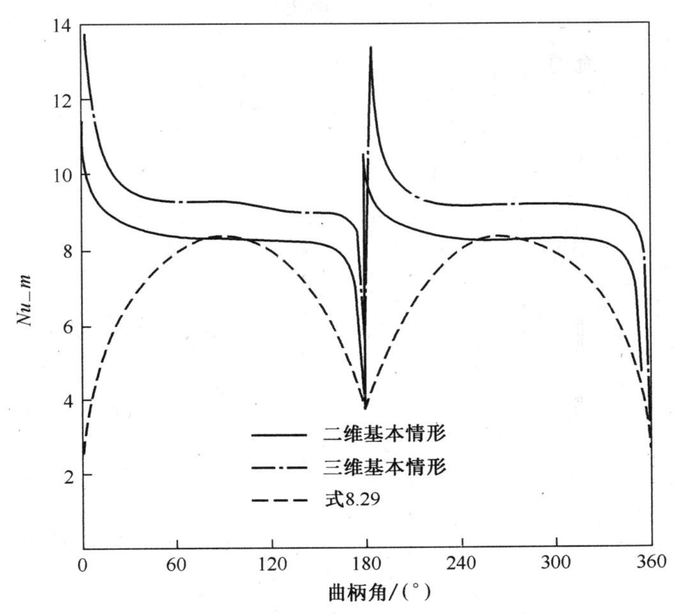

图 8.67　三维直通道箔层模型、振荡流的平均努塞尔数，并与二维振荡流基础情形以及 Gedeon 渐开线箔层模型关系式（式(8.29)）计算结果对比

况（TCR 等于零）相比不会变化。然而，平均努塞尔数的变化方式应该与相同仿真条件下二维仿真的结果一致。也就是说，努塞尔数应该整体升高，尤其是在雷诺数较小时（即流体换向，角度接近 180°和 360°附近）。图 8.68 是 TCR 为零（完美接触状态）的三维模型、TCR 无穷大（绝热接触状态）的三维模型以及 TCR 无穷大（绝热接触状态）的二维模型的平均努塞尔数随曲柄角的变化。与 TCR 为零（完美接触状态）的三维仿真结果相比，TCR 无穷大（绝热接触状态）的三维仿真结果的努塞尔数更高，尤其是在靠近流体换向的低雷诺数区域。这是预料之中的结果，也与二维仿真时的结果类似。

3. 模型 1 渐开线箔层模型三维稳态仿真结果

在本节，三维渐开线箔层仿真结果（见图 8.53）被提出来并加以讨论。这个三维仿真计算域在通道外形方面更接近于实际微加工设计。然而，这种更好地抓住通道结构特征的努力，导致了致密的网格。即使将堆叠的箔层减少至只有 2 层，计算的单元依然高于 270 万。前文讲过，可以通过将 2 层箔层作为一个单元。重复使用这个单元，将其出口处的速度剖面与温度剖面应用到下一个单元的入口，从而进行更长堆叠的仿真分析。不过这样做的缺点是不能进行振荡流仿真分析。因此本节用稳态条件在几个不同雷诺数条件下进行仿真，而不进行振荡流分析。

三维渐开线箔层模型网格实际上包含两种，即半长网络、全长网格。其重复单元包含半个箔层厚度的入口、一个完整厚度箔层以及半个箔层厚度的出口（见

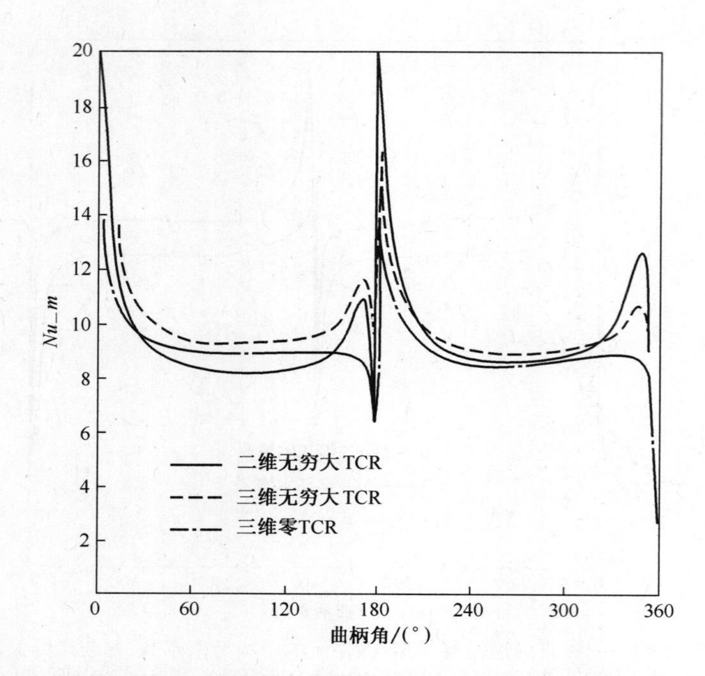

图 8.68　平均努塞尔数对比:三维直通道箔层模型、振荡流、TCR 为零(完美接触状态)和 TCR 无穷大(绝热接触状态),二维振荡流、TCR 无穷大(绝热接触状态)

图 8.53)。将第一个箔层切成两半,可以使两个网格在传递边界条件时正确对齐。同样地,两个重复单元也能正确对齐,这时结构是连续的,边界可以传递。如图 8.53所示,重复网格单元中间含有一个完整的渐开线箔层。由于在边界上施加了周期性边界条件,其他的通道也可以按完整的单元来模拟。实际上,考虑到周期性,这样的网格可以用来仿真完整的环形通道。箔层之间的接触是理想的,TCR 为零。

为这种结构划分网格是非常具有挑战性的。即便是通道正确地对齐了,为了在传递边界条件时不出现不连续的情况,也需要保证将出口面的单元格坐标与下一个单元入口面的单元格坐标匹配。通道的圆形尾端,无法生成结构化网格,只能采用非结构化网格。然而,当要在入口、出口面间进行网格坐标匹配时,非结构化网格的生成过程是很难控制的。这就需要将出口、入口面连接起来,这是个单调乏味的过程。

1) 稳态仿真($Re=50$,对比摩擦因数、平均努塞尔数)

与二维平行板箔层和三维直通道箔层一样,对三维渐开线箔层也在 $Re=50$ 进行了仿真分析。为了与二维仿真分析结果和文献中的结果进行对比,将 Darcy 摩擦因数随无因次流体动力轴向坐标(x^+)的变化曲线绘于图 8.69。使用了同样的文献(Shah(1978))。

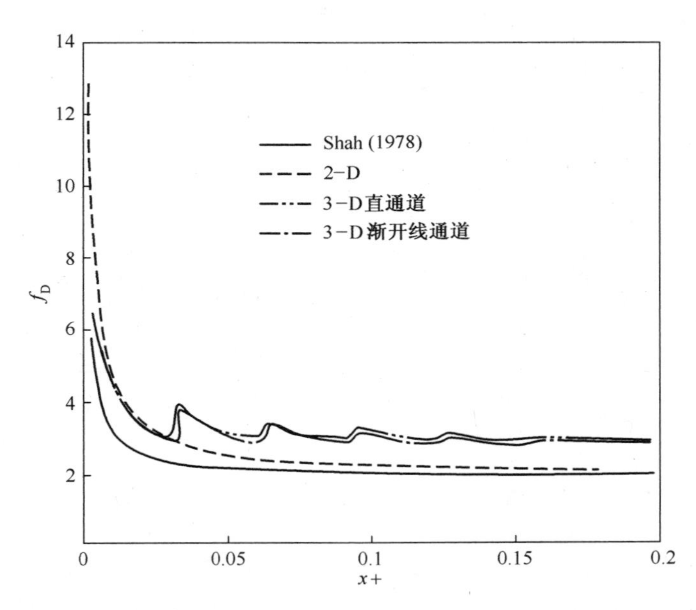

图 8.69　当雷诺数 $Re=50$ 时，稳态流的摩擦因数对比：三维渐开线箔层模型、三维直通道箔层模型、二维平行板箔层模型以及 Shah(1978)关系式计算结果

三维渐开线箔层仿真结果显示，摩擦因数的变化（其曲线呈锯齿形），与三维直通道箔层结果近似，这与预期相符。需要注意的是，渐开线箔层的长度在流动方向上比直通道箔层的长度大 15um。随着工作的进展，发现实际加工的箔层比原计划的长度短。三维直通道改短了长度，仿真也是在这种状态下做的。然而，三维渐开线箔层仿真采用了原计划的长度。上述比较用图形化的方式抓住了这个差别：三维渐开线箔层与层之间摩擦因数的上升，发生在三维直通道箔层上升之后。

为了将热传导参数化表征出来，将三维渐开线箔层、二维仿真、三维直通道仿真以及 Stephan(1959)关系式得到的平均努塞尔数随热轴向坐标(x^*)变化的曲线绘于图 8.70。平均努塞尔数 Nu_m 的变化趋势与三维直通道箔层网格类似。层与层之间转变的不同步仍可以用之前讲过的箔层长度不同来进行解释。

2）总结：稳态三维渐开线箔层摩擦因数——所有雷诺数

雷诺数不等于 50 时，也进行了很多仿真分析用以确定摩擦因数随雷诺数的变化趋势。仿真分析总共选取了 6 个点，分别是 $Re=50,94,183,449,1005$ 和 2213。

图 8.71 是雷诺数分别在 50，94 以及 183 时，摩擦因数随 x^+ 的变化曲线。与预期一致，雷诺数高时，摩擦因数低。与之前的仿真一样，在其他雷诺数时，在层与层间过渡时仍然观察到了摩擦因数有规律的上升。图中的过渡点没有对齐，这是人为的，因为在图中的横坐标，即无量纲轴向坐标 x^+ 的分母中，包含了雷诺数。

图 8.72 是 4 条摩擦因数随雷诺数变化的曲线对比图，分别来源于：三维渐开

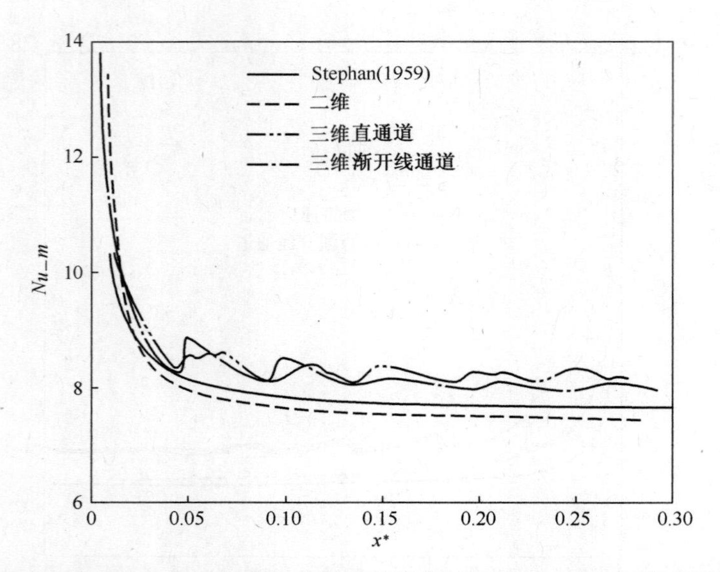

图 8.70　当雷诺数 $Re=50$ 时,稳态流的平均努塞尔数对比:三维渐开线箔层模型、三维直通道箔层模型、二维平行板箔层模型以及 Stephan(1959)关系式计算结果

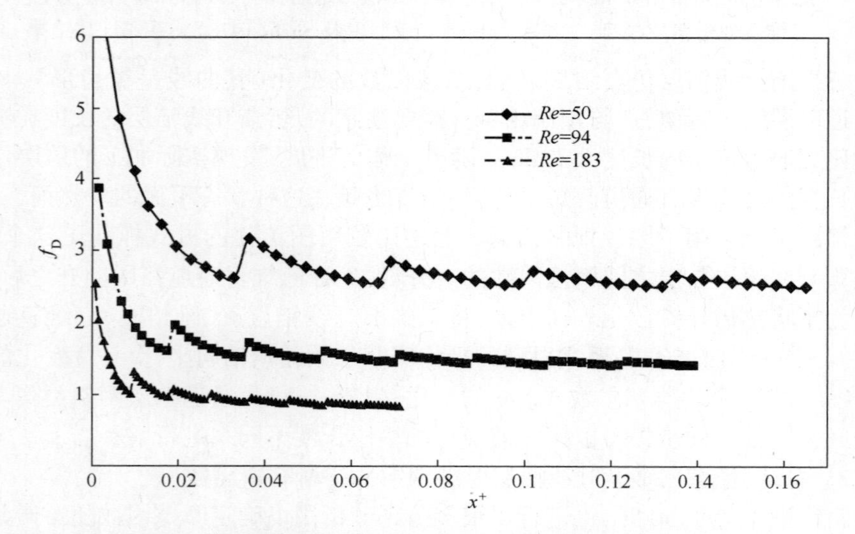

图 8.71　稳态三维渐开线箔层仿真,其雷诺数分别在 50,94 以及 183 时,摩擦因数随无量纲长度 x^+ 的变化曲线

线箔层仿真结果,明尼苏达大学完成的 8 层和 10 层放大尺寸堆叠实验结果,Kays 和 London(1964)的错列平板热交换器关系式计算结果,以及根据 Gedeon 渐开线箔实验关系式(式(8.28),在 NASA/Sunpower 振荡流测试台完成)得到的结果。

现有三维渐开线箔层仿真得到的结果与 UMN 实验结果匹配。在雷诺数较低的区域内(100~200),CFD 和 UMN 数据都与 Gedeon 关系式(式(8.28))相匹配。然而,当雷诺数处于范围的高端(约 1000)时,式(8.28)给出了更高的摩擦因数值。这可能是由于加工过程粗糙所致。

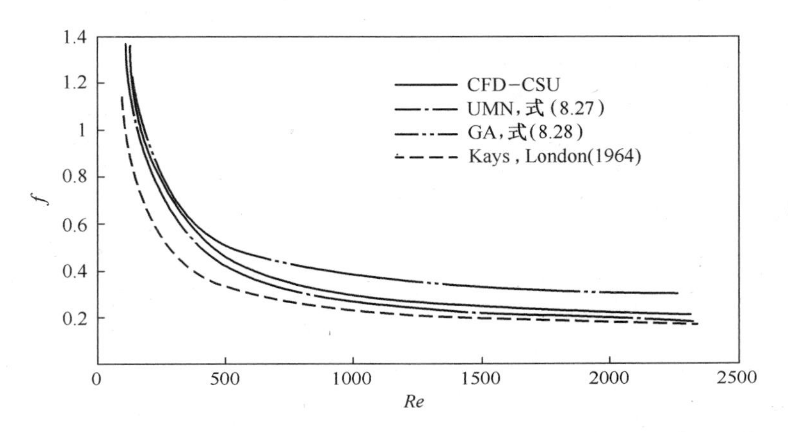

图 8.72　4 条摩擦因数随雷诺数变化的曲线对比图:三维渐开线箔层,UMN 完成的 8 层和 10 层厚放大尺寸实验,Kays 和 London(1964)错列平板关系式,以及 Gedeon 渐开线箔层实验关系式(GA-42-1,原始堆叠方式)

8.5.6　总结和结论

1. 模型 3,二维平行板仿真(稳态以及振荡流)(图 8.55)的结论

二维平行板箔稳态仿真结果与文献中的关系式推导结果基本一致(Shah,1978;Stephan,1959)。本研究设立的技术基线为:选用氦作为工作介质,压力为 2.5×10^6Pa(25atm 即 25 个标准大气压);选择不锈钢作为固体材料并假定接触热阻(TCR)在六层箔之间为 0;选择振荡频率以及振幅使最大雷诺数 $Re_{max}=50$,瓦伦西数 $Re_{\omega}=0.229$。对于这个基础模型,单个循环的焓损失为 1.722W,轴向传导损失为 1.174W,总轴向热传递损失为 2.896W。为了得到最优化的回热器方案,总轴向传递热损失与黏性流体损失应该降到最小。表 8.25 列出了基线模型以及其他 4 个模型用模型 3 进行仿真的结果。

将固体的层间 TCR 从 0 增至无穷大(情形 2:改变 TCR)导致(与基线情形 1 相比)轴向传导损失减少 54.7%,焓损失增加 13.8%,回热器轴向热损失减少 13.8%。情形 3 中,增加振荡流的速度幅值(增加 3 倍),可以使轴向传导减少 18.6%,焓损失增加 10.6 倍,回热器轴向热损失增加 6.6 倍。情形 4 中,增加振荡频率(增加 3 倍),可以使轴向传导减少 14%,焓损失增加 7.8 倍,回热器总净损失增加 5 倍。情形 5 中,增加固体金属材料热传导(将材料从不锈钢换成镍)(两种材料都是 TCR 无穷大情况),与情形 2 相比,可以使轴向传导增加 36.3%,焓损失减少5%,回热器总净损失增加3.8%。

表8.25 模型3所有检查情形的总结

情形	描　述	焓损失/W(从基线变化,除情形5外)	传导损失/W(从基线变化,除情形5外)	总损失/W(从基线变化,除情形5外)
1	基线: $Re_{max}=50$,$Re_{\omega}=0.229$,接触热阻(TCR)=0,不锈钢	1.722	1.174	2.896
2	$Re_{max}=50$,$Re_{\omega}=0.229$, TCR=无穷大,不锈钢	1.96 (13.8%)	0.531 (−54.7%)	2.491 (−14%)
3	$Re_{max}=150$,$Re_{\omega}=0.229$, TCR=0,不锈钢	18.249 (10.6×)	0.956 (−18.6%)	19.204 (6.6×)
4	$Re_{max}=150$,$Re_{\omega}=0.687$, TCR=0,不锈钢	13.466 (7.8×)	1.009 (−14.1%)	14.474 (5×)
5	$Re_{max}=50$,$Re_{\omega}=0.229$, TCR=无穷大,镍(与情形2对比)	1.862 (−5.1%)	0.724 (36.3%)	2.586 (3.8%)

根据情形1(基线情形)与情形2的结果可以知道,TCR从0(下限)升至无穷大(上限),可以降低回热器总净损失。在不锈钢的情形中(情形2),轴向传导减少部分(−54.7%)抵消焓损失增加(+13.8%),回热器总净损失降低(14%)。然而,对于镍却不是这样(情形5),镍的热传导性能是不锈钢的5.5倍,高热传导率使回热器总净损失增加3.8%(见情形2和情形5)。改变振荡流的速度幅值或频率都会使焓损失大幅升高(约9倍)。

2. 模型2,三维直通道箔层仿真(稳态以及振荡流)(图8.54)的结论

对于三维直通道箔层稳态仿真,摩擦因数和平均努塞尔数与二维的仿真结果在第一箔层时基本相同。当进入第二箔层时,三维效应变得明显并且在轴向坐标方向持续增长。在每一箔层的入口,被强制改变方向的流体导致摩擦因数和平均努塞尔数小范围的升高,之后随着流体进入箔层内稳定下来后,这两个参数也降低。总的来说,随着流体达到完全发展条件,三维仿真的摩擦因数与平均努塞尔数曲线逐渐扁平,并且其数值高于二维仿真结果。

对于三维直通道箔层振荡流仿真,摩擦因数整体都高于二维振荡流仿真结果,但是与Gedeon渐开线箔实验关系式(见Ibrahim等,2007)得到的结果一致。平均努塞尔数整体都高于二维仿真结果,在最大雷诺数区域,也高于Gedeon关系式(见Ibrahim et al.,2007)得到的结果。三维仿真结果中摩擦因数与平均努塞尔数曲线的形状与二维仿真结果一致。所以说,将建模仿真由二维变为三维之后,摩擦因数和平均努塞尔数曲线整体上移是预期中的结果,因为二维仿真没有考虑箔层末端的流体扰动带来的影响。

对于三维直通道箔层振荡流模型仿真,将箔层之间的 TCR 从 0 增至无穷大对于摩擦因数没有影响;平均努塞尔数会整体升高,但在曲柄角靠近流体换向的地方有更为显著的升高。尽管三维仿真时实际平均努塞尔数更高,但更为方便的二维仿真也能很好地抓住平均努塞尔数随 TCR 的变化规律。值得注意的是,Nu 关系式是基于 42 层厚箔层模型实验,而模型 2 的计算只基于单层箔层模型。

3. 模型 1,三维渐开线箔层模型仿真(稳态)(图 8.53)的结论

相较于三维直通道箔层来说,三维渐开线箔层仿真的摩擦因数和平均努塞尔数在箔层间结构过渡处会升高。此外,当雷诺数为 50 时,三维直通道箔层模型与三维渐开线箔层模型的趋势相同。根据这些共性,可以推测出,当雷诺数较低时,采用三维直通道箔层这种更简单的网格模型,可以在一个相当好的程度上抓住三维渐开线箔层模型的三维特征。这个结论对于实际 CFD 仿真分析非常有用。尽管在今天,能得到比以往更强大的计算能力,研究人员依然需要在计算时间与准确性之间寻找平衡。

仿真分析的摩擦因数在整个区间内与实验结果(见 Ibrahim et al. ,2007)相吻合,使人们可以信任三维渐开线箔层模型仿真分析结果。具体的工作就是构建网格,进行 CFD 仿真分析,数据后处理得出有意义的结果,进一步通过实验验证。由于仿真本身的特点,仿真能够以一种更为便利的方式,完成甚至超越实验能做的事,能为优化提供预测,还能与其他方案进行对比。

对重复单元进行递归分析的技术也已经得到验证。这使得包含大量箔层的堆叠的稳态仿真可以只对一个由两个箔层组成的重复单元进行。这不仅节约了计算时间和资源,也使大尺寸堆叠的仿真成为可能。

8.6 渐开线箔回热器的结构分析

8.6.1 第一阶段结构分析计划——渐开线箔回热器的概念

渐开线箔回热器由以轴对称模式规则排列的重复单元阵列组成。

在最低层级,回热器由卷曲的“箔状”元件组成。需要研究这些元件的刚度、共振频率以及对不同负载的响应。特别有趣的是端点受约束时热膨胀增长导致的曲率变化。由于这些低层元件本质上就是弯曲梁,因此它的分析可以采用通常的解析解法而不是有限元分析方法。

在稍微高一点的层次,是独立的闭合的单元,这些单元由两个箔元件和附着在其上面的圆形壁片段组成,见图 8.73。最高层级,就是闭合的单元组成的阵列,有的阵列只有几个单元,有的是整个回热器盘,类似于图 8.24 所示的阵列(及这些盘

的堆叠)。

图 8.73　第一阶段渐开线箔回热器的基本结构单元

需要注意的是,图 8.73 与图 8.74 都属于第一阶段的渐开线箔回热器概念,其中相邻箔元件中箔元件的方向(斜率)相反。对于最终的渐开线箔概念(之后仔细分析),尽管平均斜率在变化,但是在任意一个回热器盘内每一个环中箔元件的大方向相同。同样地,在最终概念中,交替的回热器盘内的箔元件环是交错排列的,因此交替环并没有对齐,这就使得通过回热器的流体可以在径向重新分布,当需要时可以在主流动方向形成更加均匀的流动。

在最高层级(如图 8.74,示出了第一阶段的多个环),感兴趣的是整体结构刚度以及结构如何响应变化的负载。特别重要的是它如何响应:①将回热器固定到发动机内的夹紧力;②不均匀加热或者外部边界受到约束的加热导致的热应力。

下面给出第一阶段渐开线箔概念的有限元分析(FEA)模型及 FEA 结果。

对微加工回热器进行 FEA 分析,从而确定轴向压缩对回热器的影响。为了将回热器安装到热头内,Stirling Technology 公司(现 Infinia 公司)采用先轴向压进去再微调的方法。在加热器内固定回热器是极其重要的一步,因为二者之间任何相对运动很快就会导致回热器损坏。

采用二维 CAD,用一个代表性的现有回热器的内外径尺寸创建了 1/4 模型,见图 8.74。每一环之间的间距相同,与被推荐用来在振荡流测试装置上进行测试的回热器类似。附录 G(Gedeon Associates 提供)提供了生成渐开线的数学方法。附录 F 提供了在定义分段渐开线箔结构时需要考虑的其他因素。为了简化模型,每一个环中小单元的数量一致。将二维 CAD 图输入至 Algor 有限元软件包，并建立板元件三维模型。圆环以及回热器壁的厚度直接选用推荐的振荡流实验台回热器的数据。

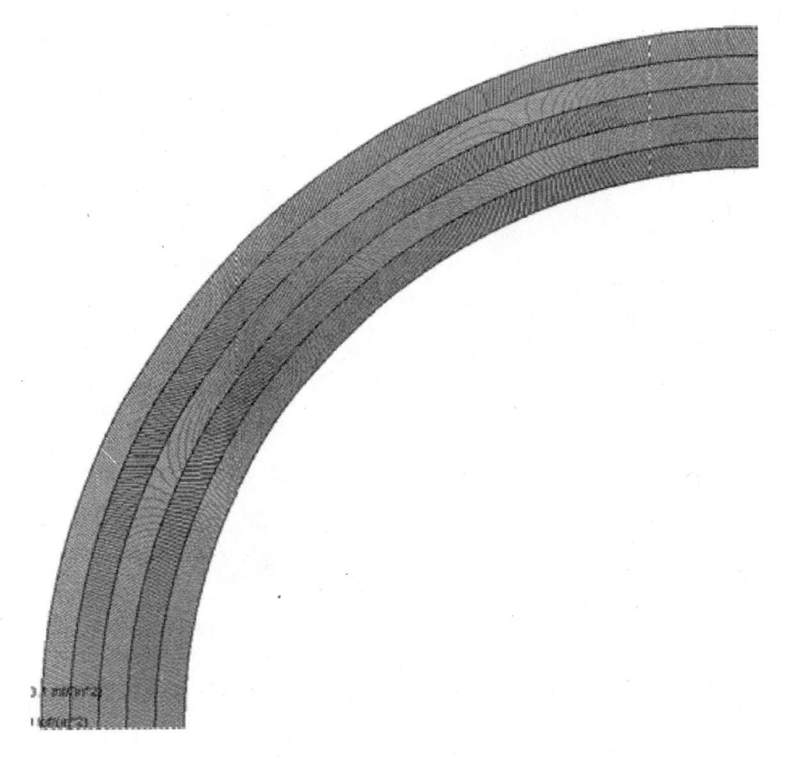

图 8.74　环状渐开线箔回热器模型的俯视图

为模型加上了边界条件。第一种要研究的负载情形是将回热器轴向插入并压入到加热器头部。回热器底部端面在 z 轴方向受到约束，不能平移。在上端面加压，在主轴负方向产生 59μm（即 0.0015 英寸）的位移，这个位移大约占回热器名义压缩量的 10%。Algor 并没有能力直接进行周期性建模，只能进行 1/2、1/4 对称性建模。选用 1/4 对称模型并在两侧面加入了 x 和 y 轴平移约束。Ibrahim 等（2004d）的图形显示：定义了边界条件的 3D 模型，三维彩色线条图显示了以下情况的结果，即 z 轴位移；x 轴位移；等效应力。

结果表明，刚度特别高的结构可能不适合于通常的名义压缩量级（STC 公司/Infinia 公司之前制作毛毡回热器时采用过）。要得到仅仅 10%的名义压缩量就需要 2000lbf（1lbf = 4.45N）的力，导致应力超过了 316 不锈钢的屈服强度。这就得出一个结论，即回热器安装应该施加一个固定的力，而不是要达到一个固定的位移量。需要注意的是，径向增长非常小，也就是说回热器在安装过程中，不会明显改变通道尺寸,并不会发生较大的变形。

在安装过程中,应尽一切努力来保证回热器安装在轴上,侧面不受力。第二种FEA模型就是研究侧面载荷对这种回热器的影响的。边界条件与之前的模型类似,只不过将轴向的位移改成10个径向加载点。图8.75是施加载荷(力)后回热器发生的形变位移,一组轮廓线代表没有变形的回热器,另外一组轮廓线代表受到侧向载荷变形后的回热器。

图8.75 施加10磅侧向载荷后发生变形的回热器

在靠近载荷施加点的位置,模型发生变形约0.787mm(0.020英寸),并在相邻象限内产生类似的变形。在热头安装时,回热器应该由热头约束住(这个过程没有在加载建模时考虑进去)。该回热器在径向方向上刚度较低,因此任何安装过程都需要保证回热器不会径向受力。

细化Algor模型很困难,因为节点和元素数量已经非常庞大了。ANSYS软件可以进行周期性建模,很可能用于后续的建模分析。然而,任何细化过程都不能大范围地改变回热器刚度,或者得出有关安装微加工渐开线箔回热器的其他结论。

初步分析结果显示,渐开线箔回热器的结构设计合理。极高的轴向刚度保证了在适当的轴向压缩力下,回热器可以稳固地固定在加热器内,其形变可以忽略。由于回热器的径向刚度相对较低,在安装回热器时需要小心,避免由于没有对齐而造成回热器横向变形。

8.6.2 修改后的渐开线箔回热器结构分析

1. 总结

研究结论表明,修改后的回热器结构有很高的轴向刚度,而且应力水平对径向扰动敏感。本节也讨论了未来可能开展的工作。需要说明的是,在这些结构分析中用的材料都是不锈钢(原计划的微加工材料),但是热测试数据(摩擦系数与平均努塞尔数)却来源于镍制回热器。

2. 引言

感兴趣的回热器由高孔隙率材料制成,便于径向传热(即在气体与基体之间传热),而且表面积很大。大部分现有的空间能源回热器都是由毛毡制成,这种材料不易精确地进行重复加工而且易受变形的影响,这些问题会导致性能损失。CSU NRA 回热器微加工项目团队提出了一种微加工渐开线箔回热器,可能替代毛毡和丝网回热器。图 8.76 和图 8.77 显示了最终回热器结构的圆环形和渐开线部分。之前的分析表明,优化后的回热器结构具有显著提升性能的潜力,同时减少可制造性变数,提高结构稳定性(Qin and Augenblick,2005)。

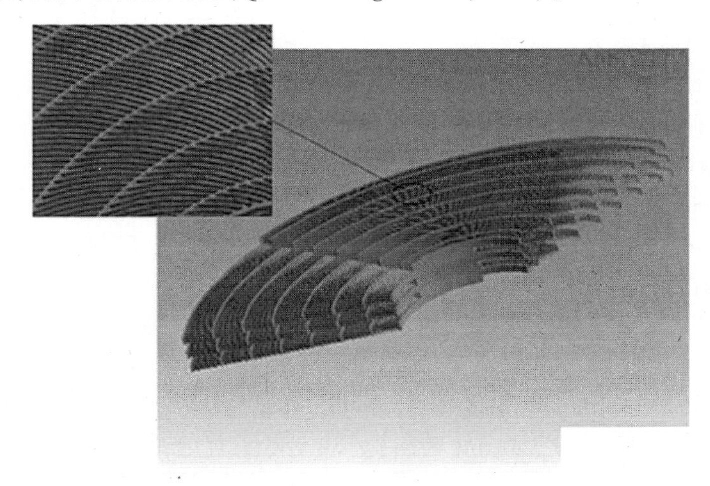

图 8.76 实体模型的一部分

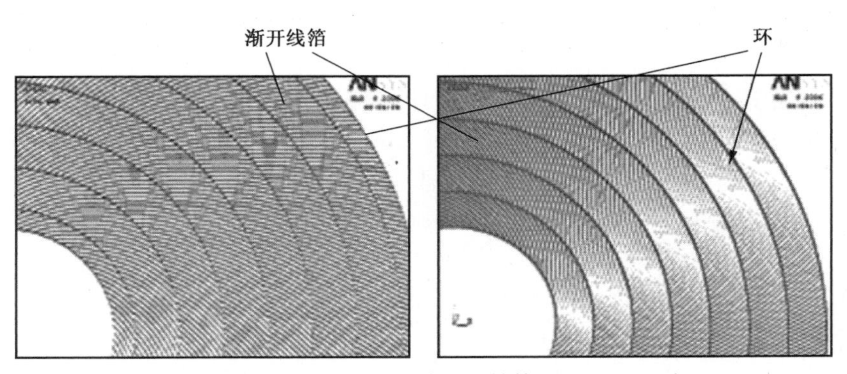

图 8.77 箔层的结构

为了确保刚度和应力水平满足设计准则要求，对所提出的新型回热器进行了线应力分析，本节列出了微加工箔回热器在轴向力44N(10lbs)以及侧扰动力4.4N(1lbs)时的FEA结果。

表8.26 用于有限元分析(FEA)的316L不锈钢材料的性能

项目	数 值
杨氏模量	1.9×10^{11} N/m^2(2.796×10^7 psi)
泊松比	0.3
抗拉强度	4.97×10^8 N/m^2(7.21×10^4 psi)
屈服强度	1.8×10^8 N/m^2(2.61×10^4 psi)

3. FEA(修改后的渐开线箔结构)

为了表达回热器的结构特征，创建了FEA模型并且采用3种不同的载荷来检测刚度以及应力水平。

在不使用对称或周期性对称条件时，全部结构(360°)都包含在FEA模型中。圆形环以及渐开线片段的厚度比另外两个维度的尺寸小得多。为了确保现有计算机能力可以对模型进行计算，FEA模型简化为在轴向有4个箔层的三维空间的几个表面。ANSYS的壳单元shell63被用在FEA中以降低模型的尺寸。该仿真中回热器由316L不锈钢制成，假定材料属性在分析过程中对温度变化不敏感。

1) 结构模型

模型中渐开线部分的厚度、内侧圆形环以及外侧圆形环的厚度分别是12.7μm(0.0005英寸)、25.4μm(0.0001英寸)和127μm(0.005英寸)。总模型体积为270mm^3(0.0165in^3)，质量体积为44.5mm^3(0.0027163in^3)，孔隙率约为84%。单个箔层的厚度为250μm(轴向)。FEA基于首选的不锈钢材料，尽管在早期渐开线箔结构性能测试中，为了方便选择了镍(所用不锈钢性能见表8.26)。

2) FEA模型

使用每个节点拥有6个自由度的ANSYS 3D壳单元“shell63”。总单元数为136422，总节点数为170220。模型包含4个箔层。Ibrahim等(2007)展示了4个箔层的模型。

3) 边界条件以及加载条件

实例1(轴向压缩)

将回热器正确地安装至加热器内是非常重要的一步，因为二者之间任何的相对运动都会导致回热器结构振荡以及失效。轴向压缩以及轻微压配合方法是Infinia公司用来稳固加热器内的回热器的方法。44N(10lb)的轴向力均匀加载在上表面用来模拟轴向配合，下表面受到约束以防止轴向移动。为了避免FEA中的刚体运动，最低约束条件为：$U_x=R_x=R_y=R_z=0$和$U_y=R_x=R_y=R_z=0$，该条件用于圆环内两个节点。实例1,2和3的边界条件见(Ibrahim等,2007)。

实例 2(径向侧面加载)

在安装过程中,应使回热器只受到轴向压缩力,径向不受力。为了模拟侧面载荷干扰,在案例 1 的基础上,在外环顶层 0.047%的面积上施加 4.45N(1lb)的侧向力来研究侧向力加载的影响。为了避免 FEA 中的刚体运动,模型下表面加了轴向约束,底面内圆的旋转方向和平移方向都设为固定。

实例 3(分散的径向侧面加载)

设置这种加载方式,是为了研究应力对径向载荷作用面积的敏感度。边界条件以及负载条件都与实例 2 相似,但 4.45N(1lb)的径向载荷作用在外环顶层约 10%的面积上。

4) 实例 1,2 和 3 的 FEA 结果

实例 1,2 和 3 的 FEA 结果见表 8.27。文献(Ibrahim 等,2007)用 15 种不同颜色的等位线图表示了这些结果。

表 8.27　最大位移以及 Mises 应力

加载情况	位移 U_x/in	位移 U_y/in	位移 U_z/in	总位移/in	Mises 应力/psi
实例 1	0.734×10^{-6}	0.736×10^{-6}	0.646×10^{-6}	0.804×10^{-6}	1732
实例 2	0.111×10^{-3}	0.148×10^{-3}	0.289×10^{-5}	0.148×10^{-3}	40624
实例 3	0.462×10^{-4}	0.304×10^{-4}	0.735×10^{-6}	0.462×10^{-4}	6374

1 psi = 6.895kPa

5) 结构分析总结及结论

微加工渐开线箔回热器的 FEA 仿真分析结果显示其在轴向上的平均刚度非常高(3.75×10^7lb/in)。没有任何径向扰动时,应力水平比材料的屈服强度低很多;当类似未对准这样的径向扰动局限在小范围时,即近似实例 2 时,Von Mises 应力会高于材料的屈服强度,而且在这个区域会产生永久形变,这可能降低斯特林机的效率。为了避免局部区域永久形变,径向载荷必须小或者负载面积必须大,即达到实例 3 的条件。

总的来说,本书提出的微加工箔回热器轴向刚度非常高,应力水平对径向侧面扰动非常敏感。因此在安装回热器的过程中需要非常小心,并要有正确的工艺方法,从而避免回热器横向产生永久形变。

8.7　斯特林发动机回热器的研究结论

本项目第三阶段的斯特林发动机回热器,采用早前描述的加工工艺制造。典型零件的一部分见图 8.30。镍网金属宽度约为 15μm,按渐开线模式排列,与第一

个回热器相似(Ibrahim et al.,2007),每一个盘的厚度约为 475μm。

8.7.1 回热器的检查与安装

图 8.78 是到达 Sunpower 公司时处于运输工装中的回热器。因为加工公差很小,我们中的一些人觉得回热器堆叠的外表面应该是光滑的圆柱,单个盘片之间的分割线几乎看不见,事实并非如此,见图 8.79 的特写照片。

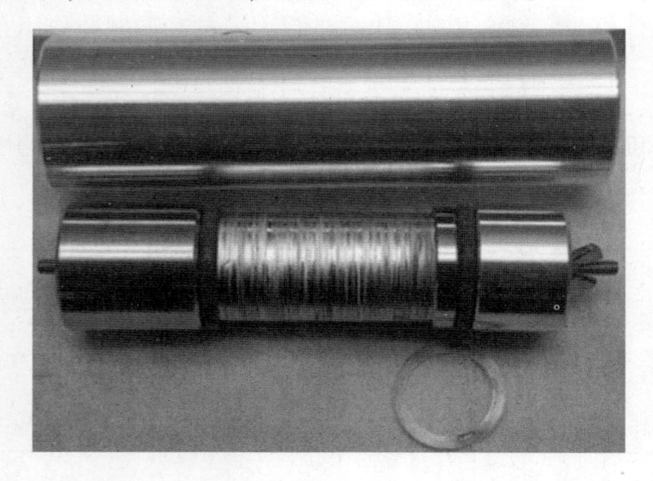

图 8.78　到达 Sunpower 公司(Athens,Ohio)时处于工装中的回热器

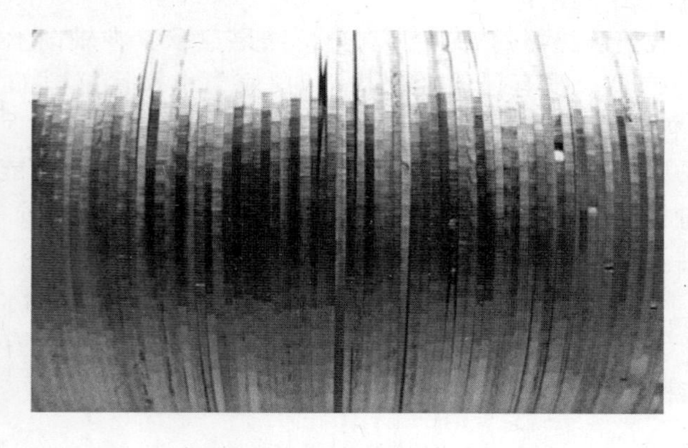

图 8.79　回热器特写照片

如图 8.79 所示,有一些盘看上去要比其他的薄得多,而且在单个盘内厚度也有变化,导致好几处可见的空隙。某些情况下局部盘厚度甚至会减少至 0(见照片的中上侧)。

1. 外径测量

在 Sunpower 光学比测仪上测量装配好的回热器外径(OD),发现回热器的外径比名义值略小(0.009 或者 0.016mm,取决于测量人员)。图 8.80 是 Sunpower 光学比测仪上观察到的回热器表面,可以看出回热器的一端比另一端略大。

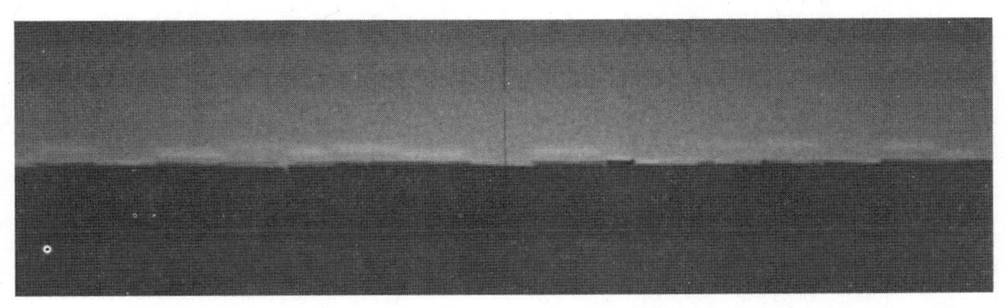

图 8.80 Sunpower 公司(Athens,Ohio)光学比测仪上观察到的回热器表面

根据测量结果可知,回热器与热头之间直径方向的平均间隙在 19~51μm 之间变化(回热器外径最大测量值与热头最小内径组合得到最小间隙,反之得到最大间隙)。假定二者同心,则在最坏情况下二者径向间隙值约为 25μm,与渐开线箔通道的 85μm 间隙相比,这仍然是小量。

2. 总长

测量回热器堆叠体长度时,测量值有一个 0.14mm 的变化,具体结果取决于夹具一端的蝶型螺母拧得有多紧。也许是因为箔盘厚度的变化产生了很多小间隙,使得堆叠体能够弹性变形。

3. 箔片厚度变化

我们利用光学比测仪,通过测量图 8.80 中投影剖面中的台阶间距离的方法,测量了单个箔片的厚度。沿着回热器母线来回测试了两次(两次测量位置隔开了 120°),测试结果绘于图 8.81。越靠近回热器的端部,箔片的平均厚度越小,与此同时,盘与盘之间厚度的散布增大。通过 Excel 计算,平均箔片厚度为 0.465mm,标准差为 0.045mm。

4. 光学比测仪的测量方法

首先将回热器放置在光学比测仪的平台上,此时可以观察到有十字线的屏幕上出现模糊的阴影图,见图 8.80。平台上有两个拨盘可以控制平台 X 和 Y 轴向运动,该平台的位置可以通过数字显示精确到 2μm。

回热器直径的测量需要将十字线中的水平线调至与回热器表面对齐的高度。这里我们忽略了几个“凸起物”,有的箔片凸起物高度达 100μm。但是研究发现这些“凸起物”只是局部现象(回热器旋转 10°左右,这些“凸起物”就消失了),而且很容易就可以压回原位。所以可以假定这些“凸起物”在最终回热器装配时也很容易地被推回原位。

测量单个箔片厚度,首先要将垂直十字线定位在相邻两个箔片的阶梯过渡处,

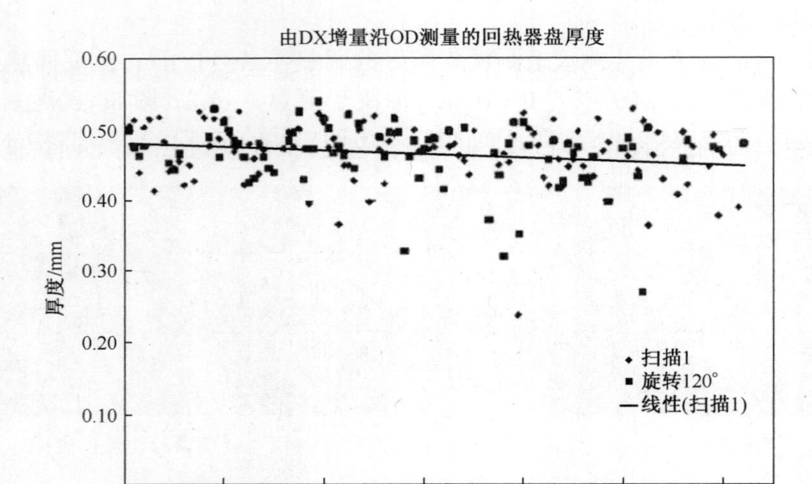

图 8.81　回热器盘的厚度测量值

这个位置有时清晰可见,但通常都是一个模糊的圆形凸起,难以辨别,见图 8.80。我们采用这种方法扫描大部分回热器,然后将回热器旋转 120°并再次扫描。很难扫描开始几个箔片以及最后几个箔片,因为回热器两端装夹工具带来的视觉干扰会影响观察。

8.7.2　FTB 测试结果与 Sage 预测结果对比

本节数据由 Sunpower 公司和 Gedeon 团队提供。有关回热器最终设计的进一步信息在附录 J 给出,这个回热器在发动机内测试过。

1. 结果汇总

在 FTB 热机内测试微加工回热器,其效率与原有的毛毡回热器效率一样。但是,这是由于镍的热传导性能过高,导致微加工回热器明显的性能降级。如果微加工回热器由低传导性材料制成,回热器的性能会提升约 1.04 倍。如果 FTB 发动机在设计时能够充分利用微加工回热器的低流阻特性,效率应该会更高。在很多情况下,实验数据与 Sage 计算机仿真结果近似,这也说明之后微加工回热器的设计与优化都可以通过 Sage 来实现。

将实验结果与 Sage 模型预测结果对比没有看起来那么容易。最初实验测试测量的是传递给负载的电功率和输入给环绕在发动机热头外的加热元件的总热量。而初始的 Sage 输出值为传递至动力活塞的压力–容积(PV)功率和发动机边界内的净热输入。所以二者之间需要有合适的转换方式。本书采用将实验测试数据转换为 Sage 输出的方法。即将输出的电能转换为估算的 PV 能,将总热输入变为净热输入。具体的细节将会在后面给出。

首先给出结果，表 8.28 是 FTB 发动机测试数据与 Sage 模型预测的对比，数据分别来自最初的毛毡回热器和微加工回热器。选取用于对比的毛毡数据点时，只选取那些对应的动力活塞、配气活塞的运动幅度和相位接近微加工回热器数据点的点。

表 8.28A　FTB 发动机测试数据与 Sage 模型数据对比，测试数据

测试数据	毛毡回热器			微加工回热器	
日期	04/7/12	04/9/20	04/9/20	08/1/7	08/1/7
测试点	4	3	11	2	3
充气压力/bar	32.94	36.39	36.39	31.22	31.15
频率/Hz	106.7	105.4	105.4	104.9	103
加热头温度/℃	650	650	649.5	650	649.5
散热器温度/℃	35	30	30	30.1	30.1
活塞幅度/mm	4.5	4.6	4.55	4.5	4.5
电能输出/W	88.90	85.75	85.75	82.6	89.1
交流电相位/(°)	122.00	87.1	86.6	125.7	103.1
交流发电机效率	0.88	0.91	0.91	0.87	0.91
估算 PV 能/W	101.0	93.8	93.8	95.5	98.0
总热输入/W	303.9	303	303.6	310.1	325.1
热绝缘损失/W	-56.3	-56.3	-56.3	-71.7	-71.7
净热输入/W	247.6	246.7	247.3	238.4	253.4
电效率	0.3590	0.3476	0.3467	0.3465	0.3516
PV 效率	0.4078	0.3804	0.3795	0.3984	0.3867

1bar = 0.1MPa

表 8.28B　FTB 发动机测试数据与 Sage 模型对比，Sage 预测数据

Sage 对比数据	毛毡回热器				微加工回热器	
日期	04/7/12	04/9/20	04/9/20	08/1/7	08/1/7	08/1/7
PV 能输出/W	107.47	113.59	112.72	105.45	110.45	110.45
净热输入/W	242.3	254	251.7	222.2	234.1	234.1
PV 效率	0.4435	0.4472	0.4478	0.4746	0.4718	0.4718
Sage/测试比						
PV 能输出比	1.06	1.21	1.20	1.11	1.13	1.13
净热输入比	0.98	1.03	1.02	0.93	0.92	0.92
PV 效率比	1.09	1.18	1.18	1.19	1.22	1.22

有 n 行数字(即“交流发电机效率”“估算 PV 能”“净热输入”和“PV 效率”)是间接得出的,见附录 A。Sage 软件在估算 PV 能时总是比真实值高约 10%~20%,但是一旦将镍回热器的传导损耗数据计入,热输入的估算值就可以相当准确,在所有情况下偏差都只有百分之几。

2. 镍制回热器热传导的修正

在第二阶段过程中,我们在 FTB 发动机内的微加工回热器镍制零件的热传导损耗值为估算值。估算的热损耗与箔盘厚度呈函数关系,见表 8.29。

表 8.29 厚度为 250μm 以及 500μm 的箔盘的固体传导损耗

箔盘厚度/μm	250	500
平均固体传导/W	3.8	11.8

250μm 厚箔盘回热器 3.8W 损耗,作为热传递关系的研究结果,已成为 Saga 仿真程序的一部分,可用于从同等厚度的测试样本中推导微加工回热器的模型。对于 500μm 厚的箔盘(用于 FTB 回热器箔盘的实际厚度),附加的 8W 预估热传导损失并不包含在仿真程序中。有研究人员认为,应该把这增加的 8W 加入到 Sage 模型的净热输入值中,这样仿真的结果就更加接近实验数据。加入增加的 8W 到 Sage 模型后的数据见表 8.30。

结果表明,Sage 仿真结果的净热输入与实验结果值相差约 3%~4%,说明热传导确实增加了。

换一个思路,也可以问,若用低热导率材料制作微加工回热器,会测试得到一个什么样的效率值呢?在这种情况下,证据表明,测试的热输入会降低约 12W,电效率上升约 1.04 倍。因此实验测得的电效率(数据点 3 处,见表 8.30),就应该是 36.53%而不是 35.16%。

表 8.30 FTB 发动机测试数据以及 Sage 模型预测数据对比(包含 8W 的传导损失)

测试数据					
日期	2004/7/12	2004/9/20	2004/9/20	2008/1/7	2008/1/7
测试点	4	3	11	2	3
估算 PV 能/W	101.0	93.8	93.8	95.5	98.0
总热输入/W	303.9	303	303.6	310.1	325.1
热绝缘损失/W	-56.3	-56.3	-56.3	-71.7	-71.7
净热输入/W	247.6	246.7	247.3	238.4	253.4
电效率	0.3590	0.3476	0.3467	0.3465	0.3516
PV 效率	0.4078	0.3804	0.3795	0.3984	0.3867
Sage 对比					
PV 能输出/W	107.47	113.59	112.72	105.45	110.45

（续）

测试数据					
日期	2004/7/12	2004/9/20	2004/9/20	2008/1/7	2008/1/7
净热输入/W	242.3	254	251.7	**230.2**	**242.1**
PV 效率比	0.4435	0.4472	0.4478	0.4581	0.4562
Sage/测试比					
PV 能输出比	1.06	1.21	1.20	1.11	1.13
净热输入比	0.98	1.03	**1.02**	**0.97**	0.96
PV 效率比	1.09	1.18	**1.18**	**1.15**	1.18
注:变化的值均用斜体加粗表示					

3. 回热器流动摩擦和焓损失折中

我们已经知道,对于演示微加工回热器这一使命来说,FTB 发动机不是最好。它不能充分利用渐开线箔结构提供的低流阻特性。FTB 发动机需要在换热器和回热器流道横向上消耗一定量的压降功率,以平衡配气活塞驱动杆做的功。而我们并没有为了新设计的微加工回热器而去修改那根驱动杆。因此,微加工回热器的压降要比本来的高,其他部件的压降也会高一些。

表 8.31 是两个 FTB 回热器的主要损耗对比(Sage 仿真结果)。流阻损失即表中的有效能量损失,也就是实际泵送损耗乘以适当的温度比,$T_{\mathrm{ambient}}/T_{\mathrm{hx}}$(环境温度/热交换器温度)。这实际上假定了高温时,一些泵送损耗是可恢复的。焓流损失是真正的热能流,可直接加入到净热输入中。

斜体的“Wdis”项(见表 8.31)是仿真得出的、传输给以观察到的幅值和相位角运动的配气活塞的功率,这个值不包括所有流体摩擦损耗。对于毛毡回热器来说,多出来了 1.95W 的驱动功率,表明在实际发动机中,也许就在回热器中,存在附加流阻。对于微加工回热器,总的流动损耗比测试结果略少一点。

根据 Sage 软件在设计过程中处理问题的方式,在微加工回热器设计时,Sage 软件需要保持大约 5.9W 的泵送损耗,这是通过将损耗进行分配做到的,见表 8.31。Saga 设法做到了这一点,同时还减少了约 6W(40%,与毛毡焓损失相比)的焓流损失。如果不是要保持 5.9W 的泵送损耗,Sage 仿真结果可以更好,不过具体程度不得而知。在泵送损耗中节省的每一瓦功率,均会增加在 PV 输出功上。

表 8.31 中微加工回热器比毛毡回热器的焓损失少 6W,说明微加工回热器的效率略高于后者。但是,由于镍制回热器传导性能提高,因此结果并不是如此,发动机效率还是差不多。如果未来 Sage 模型正确地考虑了回热器的固体传导性能,则 Sage 软件就非常接近能预测微加工回热器性能的程度了。

表 8.31 Sage 模型预测的焓损失,FTB 发动机测试数据作为参考

	毛毡回热器	微加工回热器
测试参考		
日期	2004/7/2	2008/1/7
测试点	2	3
Sage AEfric,有效能量摩擦损失/W		
散热器(Rejector)	0.32	0.41
射流扩散 C(Jet diffuserC)	NA	0.61
回热器	3.34	4.7
射流扩散 H(Jet diffuserC)	NA	0.34
受热器	0.16	0.14
Wdis	**1.95**	**-0.35**
总计	5.8	5.9
Sage 焓流损失/W		
回热器	16.5	10.4

4. 估算交流发电机效率

表 8.28A 中,交流发电机效率并不是实际测量值,而是通过用数据标定的简化交流发电机损耗模型得到的估计值。PV 功率输出的估计值是测量得到的电能输出值除以估算的交流发电机效率。附录 K 详细介绍了如何估算交流发电机效率。

5. 净热输入

表 8.28 和表 8.30 中的净热输入是从输入到加热元件的总电输入推算得出来的,从单独的测试和数据分析中估计的热绝缘损失较小。热绝缘损失其实是一个相对大的值,对于毛毡回热器大约为 56.3W(占总热输入的 19%);对于微加工回热器为 71.7W(占总热输入的 23%)。对于这两种回热器,其热绝缘损失不同,这是由于实验过程中采用的加热热头的方式不同造成的。对于毛毡回热器而言,加热元件直接附着在圆顶和受热器壁上,而对于微加工回热器而言,加热元件附着在螺栓固定的镍块上再传至受热器。

上述两种加热方式,热绝缘损失都是通过以下方式测得。在发动机不运行的情况下,将整体实验部件加热至运行温度。总电热输入通过测量得到,发动机结构上损失的热能通过计算得到。这两个值的差归结为热绝缘损失。主要的误差来源是:对于不同的发动机或者结构部件,计算的热绝缘损失不同。

对于毛毡回热器实验而言,在热泄漏测试中包含的发动机结构有:压力壁、回热器、配气缸、配气活塞以及加热器的支撑结构。

对于微加工回热器实验而言,热泄漏测试通过两种方法完成。第一种,实验在全尺寸发动机中完成,如上所述;第二种,实验在一种“模拟”发动机上完成,这种发动机只包含一个塞满了陶瓷纤维绝缘层的压力壁。第二种实验方法更加准确,

因为除了通过热流的加热器的绝缘之外,部件数量更少。这是表 8.30 中出现 71.7W 这个数的基础。

微加工回热器的 71.7W 热绝缘损失可能比毛毡回热器 56.3W 的热绝缘损失更加准确一些,尽管其误差带还不得而知。

8.8 整个渐开线箔回热器的结论以及未来工作建议

微加工回热器装入 Sunpower 的频率测试台(FTB)热机,然后进行测试。测试结果表明 PV 能输出为 98W,电效率为 35.16%。Sage 模型计算的净热输入与实验结果偏差在 3%~4%内(见表 8.30)。

在 FTB 热机中进行测试时,微加工回热器与原始毛毡回热器的效率差不多。这是由于微加工回热器用的镍金属的热传导性能很好,造成了回热器的性能明显下降。假如微加工回热器由传导性能较差的材料制成,其效率会增加到 1.04 倍。如果 FTB 发动机在重新设计时,充分利用微加工回热器的低流阻特性,回热器的效率应该会更高。在所有情况下,实验数据与 Sage 计算机仿真结果一致,说明之后微加工回热器的设计与优化都可以使用 Sage 程序。

需要说明的是,上述工作已选入 NASA 技术简报"斯特林发动机中的微加工分段渐开线箔回热器",LEW-18431-1。

在第三阶段研究之后,微加工工艺需要进一步开发,以便微加工比镍温度更高的高温材料。NASA 和 Sunpower 目前正在开发 850°C 的空间用发动机。同时,未来可能应用于金星项目的动力/冷却系统需要回热器的材料能耐受 1200°C 的高温。之前,Mezzo 公司尝试利用 EDM(电火花技术)加工不锈钢,利用 LiGA 技术研制 EDM 工具,这种工艺需要的火花燃烧时间(取决于 EDM 机床的设定值)太长,不具有实用性。为进一步开发高温渐开线箔微加工工艺,有以下几个可能的途径:

(1) 针对仅靠 LiGA 不能处理的高温材料,优化 EDM 工艺。燃烧时间可通过提高 EDM 机床功率(比第一阶段 Mzzo 公司最初使用的设置要高)而大幅度缩短。不过,功率提高,"过烧"(即 EDM 工具与成品渐开线箔通道之间的空隙)也增加。

(2) 针对适合于回热器应用的高温合金或纯金属,开发只需要 LiGA 的单一工艺过程。纯铂可用该工艺加工,但其热导率太高,会增大回热器的轴向损失,而且太贵。

(3) 可以选用合适的陶瓷材料微加工高温回热器。但是陶瓷材料的结构性能(易碎性)却是个问题。陶瓷回热器和回热器金属容器的热膨胀系数的匹配性同样是个问题。

第9章　分段渐开线箔回热器——放大尺寸

9.1　简介

为了支持真实尺寸渐开线箔的开发,设计了一个放大尺寸的渐开线箔测试装置。放大尺寸渐开线箔的设计、加工以及测试均在明尼苏达大学进行,同时也得到了 NASA　NRA 团队其他成员的支持。Gedeon Associates 公司(Athens,Ohio)提供系统仿真支持,克利夫兰州立大学提供详细的 CFD 支持。本章详细讨论放大尺寸渐开线箔测试的结果。

本研究的主要目标是确定渐开线箔回热器的性能特征。在 NASA/Sunpower (Athens,Ohio)的振荡流测试装置上进行的测试实现了部分目标。这些测试的条件与真实发动机的有些条件接近,如发动机回热器的特征尺寸和发动机振荡频率。当然,也希望能深入研究回热器内的流动和传热,但这些特性在真实尺寸的发动机回热器内却无法测量。为了研究上述问题,我们放大了微加工回热器的尺寸(为原尺寸的 30 倍,后面会详细介绍),但保持了对流体流动及热传导有重要影响的各项比例关系。采用这种方式放大的系统是"动力学相似的"系统,这种方法就叫做"动力学相似"。在设计和测试过程中,经常用到相似法。比如在涡轮机领域,水轮机的真实尺寸太大不易进行直接测试,航空燃气轮机的尺寸太小、速度太高而不易进行高分辨率测试。对微加工回热器采用动力学相似法,就是为了测量局部流动特征以及局部传热率,这些特征在真实尺寸的回热器测试或计算中不能得到确定性的结果。这些需要确定的流动特征包括:回热器基质中离散射流(来自加热器或冷却器流道)的生长过程;可能存在的入口流或温度的不均匀性引起的流动再分配;近壁区域的热输运(壁面与基质的轴向温度梯度也许不相同,这会导致近壁区域形成径向热梯度,引起径向热输运);从基质固体材料到附近流体的非稳态热传递(这是为了研究流体振荡对局部、瞬时热传导率的影响)。

其他的测试,是对 Sunpower 测试台数据的补充,这些数据包括多孔介质物性参数,如多孔介质模型使用的扩散率以及惯性系数。

这些实验测试的数学模拟工作同时进行。当计算仿真结果得到实验数据的验证后，仿真计算用的程序就可以在更大的范围进行推广，比如用于参数分析以支持发动机和回热器的设计。

9.2 动力学相似

应用动力学相似法的第一步就是识别出流体内重要的效应(即在实体模型中必须正确建模的效应)。附录 B 更详细地阐述了动力学相似法，并且列出了很多可以应用的参数。在下面讨论对本研究重要的参数。

对于动量方程中的动力学相似项，主要有：基于周期内局部最大速度(u_{max})的雷诺数；多孔介质内流道的水力直径(d_h)；瓦朗西数，即无量纲振荡频率，表示受黏度影响的动量扩散 $d_h/2$ 距离所需时间与周期特征时间($1/\omega$，秒每弧度)之比。瓦朗西数也叫做“动态雷诺数”。Simon 和 Seume(1988)给出了斯特林发动机热交换器(加热器、冷却器、回热器)中这两个无量纲参数典型值的范围(见第 3 章)。

对于振荡流条件下固体基质内热传导的相似性，可以引入傅里叶数($F_o=\alpha\tau/L_c^2$)，其中 α 是回热器固体材料的热扩散系数，τ 是振荡周期，L_c是热扩散深度。傅里叶数表示周期时间与热扩散需要的时间(热扩散到距离 L_c)的比值。

对于对流传热中的相似性，我们考虑无量纲热传递系数，也就是努塞尔数：

$$N_u = \frac{hd_h}{k_f}$$

其中，

$$h = \frac{\dot{q}''}{(T_{\text{solid,surface}} - T_{\text{fulid,bulk}})}$$

在振荡流中，建立在瞬时热通量和瞬时固体表面至流体的体积平均温度差基础上的努塞尔数及其热传递系数 h 并不总是好用(Niu et al.，2003b)。不过它还是可以用在准稳态流或者在一个周期内对流非常强的那部分(避免了流体换向的时间)。

瓦朗西数和雷诺数用于流体状态设置，傅里叶数用于选择基质材料以及确定基质特征尺寸，以建立动力学相似的实体模型测试件，该测试件可用于振荡流设备。

9.3 放大尺寸实体模型设计

作为放大尺寸实体模型(Large-Scale Mock-Up，LSMU)设计的基础，我们需要发动机的运行数据。为此，我们请求 NASA 考虑一种“模式发动机”，它能代表正在开发的用于空间动力的现代斯特林发动机。模式发动机应该设计成使用毛毡回热器。我们发现将模式发动机放大 30 倍适合我们的测试设备。如果放大倍数太大,模型中的流体流速就会太慢以致于不能精确测量;如果放大倍数太小,模型的特征尺寸太小无法准确测量,而且生产成本会非常高。然后我们选定了发动机冲程、活塞直径以及频率,以得到在放大尺寸实验中与真实尺寸相匹配的无量纲数。当冲程为 252mm、活塞直径为 216mm、频率为 0. 2Hz 时,在放大尺寸实验中,雷诺数为 77. 2,瓦朗西数为 0. 53,与微加工回热器的无量纲数匹配合理。假定微加工回热器箔片厚 250μm,我们选择放大尺寸箔片名义厚度为 30×250μm = 7. 5mm,这样就可以选用 5/16 英寸标准叠片,因此将模型箔片的厚度修改为 7. 9mm。

回热器安装在振荡流驱动器中,该驱动器通过活塞缸筒与止转棒轭机构产生纯正弦流动。回热器的一端的头几层箔片由通入交流电(AC)的电阻线加热,另一端连接到壳体,在工作流体由冷却器进入回热器的阶段,由管式热交换器提供冷却后的工作流体。经过计算发现,模式发动机基质材料的傅里叶数非常高,尽管在整个循环过程中,温度在时间域会快速地变化,但在回热器基质内整个空间域上都是均匀分布的。通过判据"实体模型必须有空间均匀分布的温度场"可知,任何金属都是合适的,但陶瓷和塑料不行。我们选择了铝。

下一步就是选择加工方法。放大尺寸实验的重点是对流体流动、热传递以及入口处质量通量或温度分布从非均匀变为均匀的过程进行测量。微加工回热器采用的是环形设计(见 8. 2. 6 节 4),若对整个结构进行 30 倍放大就不能在振荡流设备中进行实验了。所以,我们做了微加工回热器一部分的模型。

放大尺寸实体模型回热器基质加工,有三种加工工艺可以考虑,即 3D 打印、熔融沉积造型(FDM)以及线切割电加工(EDM)(Sun 等,2004)。其中,线 EDM 可以在自有工厂中进行加工,也满足要求,看起来是最合适的方法。铝材的选用也受到 EDM 工艺的影响,与不锈钢相比,线切割加工铝材速度更快。通过线 EDM,加工了几个放大尺寸回热器样品,加工过程以及结果都令人满意。

9. 3. 1 LSMU 的最终设计

微加工回热器采用的是环形设计,若对整个结构进行 30 倍放大就不能在振荡流设备中进行实验了。所以只选择了 30°扇形区域的微加工回热器进行放大建模。图 9. 1(a)和图 9. 1(b)分别是两种箔片结构。第二种结构是通过对第一种结构进行偏移和翻转得到的。图 9. 2 是典型的 LSMU 通道的尺寸。该通道宽 2. 58mm,肋片厚 0. 42mm。通道长度是变化的,在第一种箔片中,最内侧和最外侧通道的最大长度分别为 54. 56mm 和 32. 72mm,在中间区域,通道长度从 49. 73mm 变到 34. 65mm。在第二种箔片中,最内侧和最外侧通道的最大长度分别为 22. 43mm 和 14. 32mm。箔层堆叠起来从而组成 LSMU 模型,图 9. 3 是第一种箔片堆叠在第二种箔片上形成的网格图样。

LSMU 回热器箔片通过线切割加工而成。图 9.4 是 LSMU 箔片照片，是第一种箔片的 30°扇形区域。通过检查，发现该表面平整但是没有光泽。有文献研究显示，线切割后的金属表面粗糙度为 0.05μm。

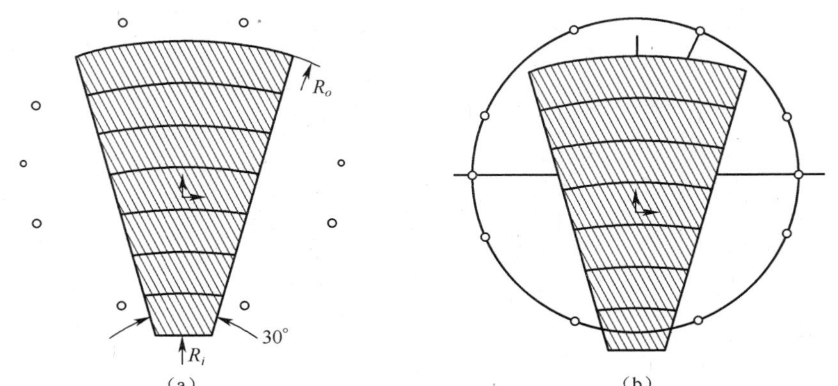

图 9.1 (a)放大尺寸回热器模型第一层的几何形状(有 6 个肋板)；
(b) 放大尺寸回热器模型第二层的几何形状(有 7 个肋板)①

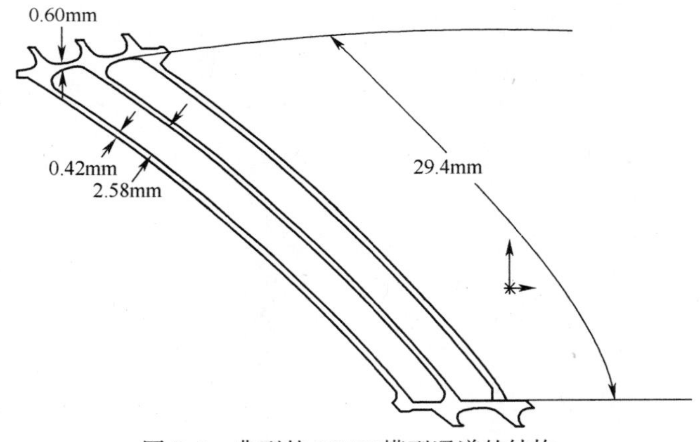

图 9.2 典型的 LSMU 模型通道的结构

9.3.2 工作条件

LSMU 设计需要发动机的运行数据，因此采用了“模式发动机”的方法。这个模式发动机是 NASA 正在为空间动力应用开发的现代斯特林发动机的代表，使用毛毡回热器工作。这个模式发动机的运行数据和微加工回热器的水力直径，用于

① 这幅图有问题，图 9.27 是正确的图。译者注。

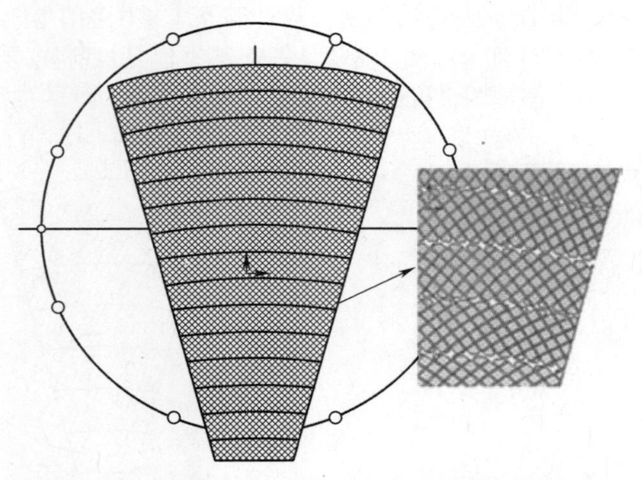

图 9.3　第一种箔片堆叠在第二种箔片上形成的网格图样

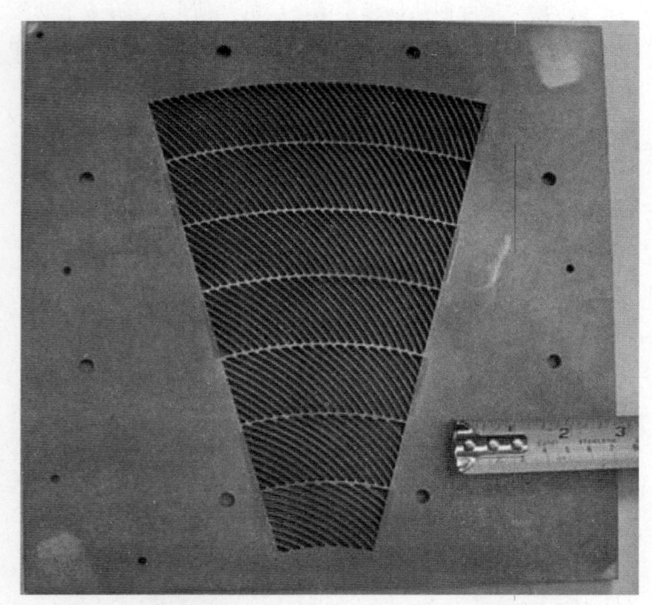

图 9.4　采用线切割工艺(EDM)加工的放大尺寸(LSMU)箔片

计算安装有微加工回热器的模式发动机的雷诺数和瓦朗西数。由回热器热端至冷端的计算雷诺数分别从 19.7 变到 75.7,瓦朗西数从 0.12 变到 0.6。为了在放大尺寸实验中与这些无量纲数相匹配,选定了振荡流测试设备的冲程、活塞直径以及频率。采用止转棒轭机构在振荡流实验设备中驱动活塞产生精确的正弦运动,且其平均速度为 0。图 9.5 是振荡流发生器的示意图,详细信息可以查阅 NASA 报告(Seume 等,1992)。

图 9.1(a)显示了第一种模式回热器的箔片结构(有 6 个肋板),其中外径 R_o = 284.25mm,内径 R_i=77.25mm。第二种回热器箔片(有 7 个肋板)与第一种的内外径尺寸相同。放大回热器是真实回热器的 30 倍。对于第一种模式回热器箔片,按比例放大的通道长度在靠近内径处为 54.56mm,靠近外径处为 32.72mm。按比例放大的通道宽度为 2.58mm(101 毫英寸),水力直径 d_h=4.87mm(197 毫英寸),壁厚为 0.42mm(17 毫英寸)。箔片的厚度为 7.95mm(312 毫英寸即 5/16 英寸),孔隙率为 86%。圆环 30°扇面的面积为:$\pi \times (R_o^2 - R_i^2) \times \frac{30}{360} = 0.01959\ \mathrm{m}^2$ 。

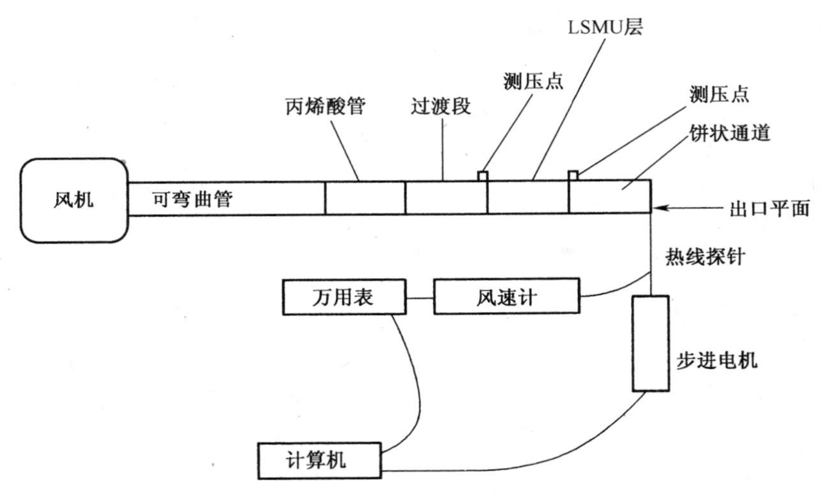

图 9.5　单向流测试的实验装置示意图

为与模式发动机的瓦朗西数以及雷诺数相匹配,确定了发动机的冲程、活塞直径以及频率。在正常大气压力和温度条件下,空气黏度为 v=15.9×$10^{-6}\mathrm{m}^2$/s。根据该实验装置提供的选择范围,确定最合适的冲程、活塞直径为:冲程=178mm(7 英寸),活塞直径 D_p = 216mm (8.5 英寸)。假定流体不可压缩而且回热器内的体积流量与驱动活塞/缸套是相适应的,则有:$Re_{\max}$ = 74.5, V_a = 0.47,这与模式发动机的无量纲数是很匹配的。局部最大流速 $U_{\max}$=0.24m/s。Adolfson(2003)发现当流体流速超过 0.12m/s 时,利用热线风速仪测量准稳态流速的不确定度在 10%以内。

表 9.1 是微加工回热器和 LSMU 回热器结构参数和运行参数对比。

表 9.1　两种渐开线箔回热器:微加工回热器和 LSMU 回热器的参数对比

项　目	微加工回热器	LSMU 回热器
结构参数		
通道宽度/mm	0.086	2.58
通道壁厚/mm	0.014	0.42

（续）

项　目	微加工回热器	LSMU 回热器
回热器箔片厚度/mm	0.25	7.9
水力直径 d_h/mm	0.162	4.87
工作条件		
工作介质	氦气	空气
工作频率/Hz	83	0.2
压强/MPa	2.59	0.101
热端温度/K	923	313
冷端温度/K	353	303
热端 U_{max}/(m/s)	3.7	0.24
冷端 U_{max}/(m/s)	2.85	0.24
热端动力黏度/(m^2/s)	32.3×10^{-6}	15.9×10^{-6}
冷端动力黏度/(m^2/s)	6.48×10^{-6}	15.9×10^{-6}
热端雷诺数 Re_{max}	19.7	74.5
冷端雷诺数 Re_{max}	75.7	74.5
热端瓦朗西数	0.12	0.47
冷端瓦朗西数	0.6	0.47

9.4　在单向流条件下的 LSMU 实验

在单向流条件下测得 LSMU 箔片的达西摩擦因数(Darcy friction factor),渗透率,惯性系数。

9.4.1　LSMU 实验准备

图 9.5 是在单向流条件下实验设置示意图。在 LSMU 箔片一侧,过渡件与风机通过 11.08m(12 英尺)的柔性管以及 0.54m(21 英寸)的丙烯酸管相连。在另一侧,过渡件将环扇形开口与 LSMU 盘相连。过渡件完成了圆形截面与环扇形截面过渡的工作。该连接件由九层环扇形开口板以及一层圆形开口板组成,见图 9.6。每一层板的厚度是 12.7mm(0.5 英寸)。丝网材料(图 9.6 中没有显示)夹在每两层板之间从而有利于流体的扩散。LSMU 箔片之间的压降通过微压计测得。热线风速仪用来测量出口处的流体速度。风速仪的电压读数输入万用表,然后存储在计算机中。

图 9.6　两个过渡件(不含丝网)

9.4.2　用热线探针测量整个环扇形区域

用 C 语言编一个程序,使热线探针遍历整个环扇形区域,测量网格见图 9.7。

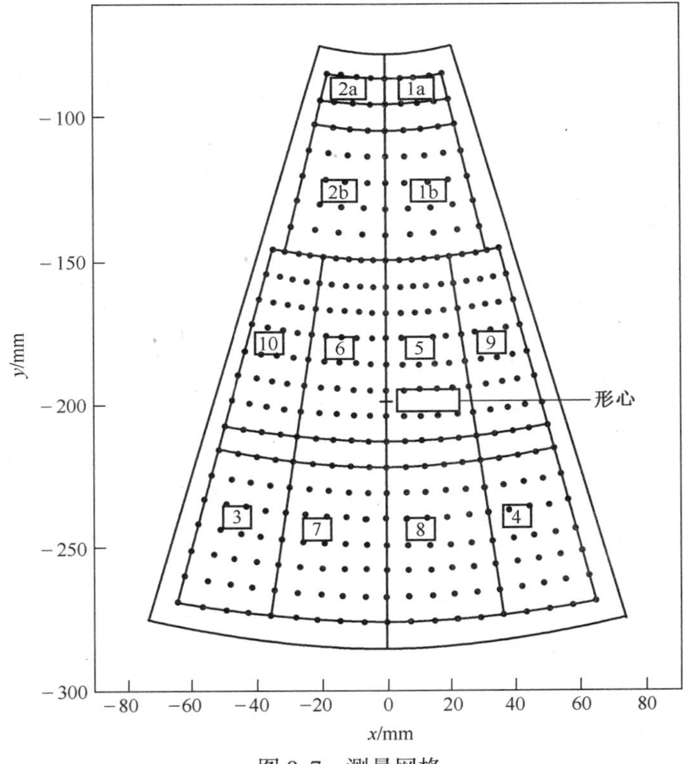

图 9.7　测量网格

图中的圆点代表测速点，其在径向方向上间距为 9mm。在上部区域中，包括 1a、1b、2a 和 2b，测速点之间的角间隔为 $\pi/60$。在下部区域中，测速点之间的角间隔为 $\pi/120$。总共含有 348 个测速点。探针的测量顺序为 1a、2a、2b、1b、3 到 10。在进入每个区域前和离开每个区域后，探针会访问形心（在图 9.7 中以十字标出），这给检查速度随时间的变化情况带来了机会。

9.4.3 摩擦因数

1. LSMU 箔片

为了测量摩擦因数，测量了 LSMU 内 8 个箔片的达西速度（Darcy velocity）（也就是 LSMU 的接近速度）。LSMU 测试区域内通道内的局部速度 V，可以由达西速度除以孔隙率获得。雷诺数取决于通道内的局部速度和通道内的水力直径（4.87mm）。除此之外，还测量了 LSMU 测试区域的压降 Δp，从而得到了摩擦因数 f。该结果将会与平行板连续通道、交错平行板通道、毛毡基质以及编织丝网基质的摩擦因数进行对比，见图 9.8。下面的段落介绍了与 LSMU 实测摩擦因数对比的摩擦因数的来源。

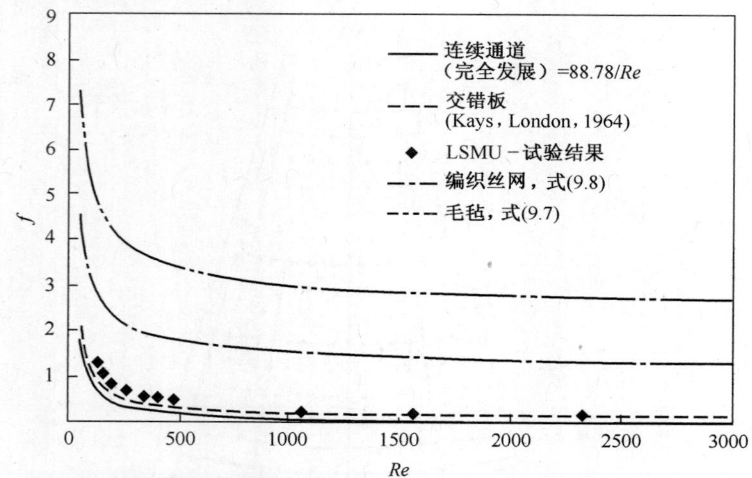

图 9.8　不同结构的摩擦因数（Darcy-Weisbach friction factor）随雷诺数的变化曲线。雷诺数基于局部流速以及水力直径

2. 不同结构的摩擦因数

首先，介绍一下与 LSMU 回热器等效的连续通道结构。对于含有 6 个肋的板，LSMU 通道的长度从 54.5mm 变到 32.7mm。选用平均长度 43.6mm 来计算长宽比，作为连续通道比较的基线。这样，长宽比就是 43.6/2.58 = 17。等效连续通道的水力直径为 4.87mm。对于连续通道中的充分发展流，长宽比为 20 时，$f*Re=89.9$；当长宽比无穷大时（Munson et al.，1994），$f*Re=96$。在长 43.6mm、宽

2.58mm 的连续通道内,充分发展流的摩擦因数利用插值法计算可得 $f=88.78/Re$。

图 9.8 是不同结构的摩擦因数随 Re 的变化曲线。这些结构分别是:①连续通道($\beta=0.86$);②交错排列平行板通道($\beta=0.86$),Key 和 London(1964);③LSMU 模型($\beta=0.86$);④编织丝网($\beta=0.9$),式(3.35)(Gedeon,1999);⑤毛毡($\beta=0.9$),式(3.35)(Gedeon,1999)。在式(3.36)和式(3.36)中,用局部体积平均速度(而不是达西速度)计算雷诺数。

9.4.4 渗透系数以及惯性系数

用经验系数渗透率 K 以及惯性系数 C_f 可将 Darcy-Forchheimer 方程(稳态流的一维动量方程)写为

$$\frac{\Delta p}{L}=\frac{\mu}{K}U+\frac{C_f}{\sqrt{K}}\rho U^2 \tag{9.1}$$

式(9.1)可以重写为

$$\frac{\Delta p}{LU}=\frac{\mu}{K}+\frac{C_f}{\sqrt{K}}\rho U \tag{9.2}$$

达西速度 U 可以通过 $U=\beta\cdot V$ 计算得到,其中 β 是孔隙率。

根据 $\Delta p/LU$ 随 U 变化的关系曲线,截距为 μ/K。渗透率由动力黏度除以该截距得到。

图 9.9(a)和(b)分别是连续通道、交错排列平行板通道、LSMU 箔、编织丝网以及毛毡的 $\Delta p/(LU)$ 随 U 变化的关系曲线。连续通道没有惯性效应(由于流体流通路径上没有任何“阻碍”),因此该模型曲线为一条水平线,μ/K 取 40.7。

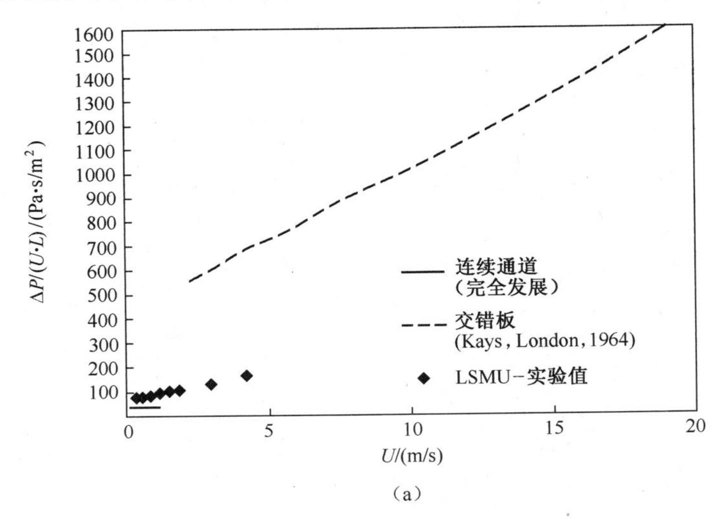

(a)

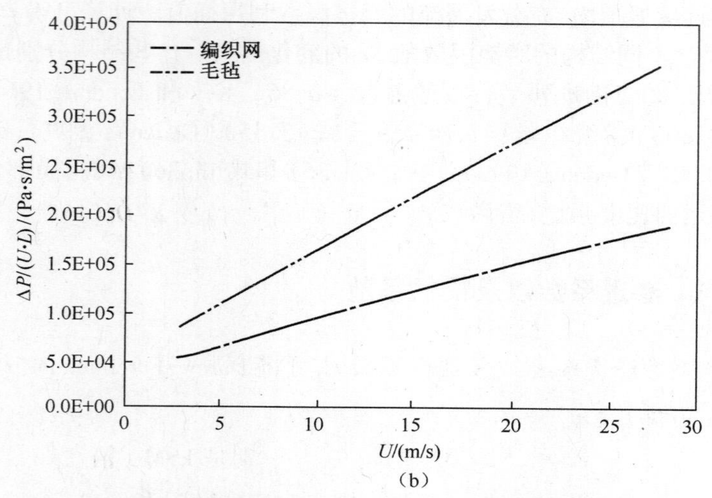

（b）

图 9.9　不同结构的 $\Delta p/(L \cdot U)$ 随 U 的变化曲线

表 9.2 是不同结构的渗透率。

表 9.2　不同结构的渗透率

	D_h/mm	K/m^2	$K/{D_h}^2$
连续通道	4.872	4.54E-07	1/52.3
交错平行板通道[a]	1.539	4.26E-08	1/55.6
LSMU 箔	4.872	2.40E-07	1/98.98
编织丝网[a]	0.2	5.07E-10	1/78.9
毛毡[a]	0.2	3.47E-10	1/115.2

[a]外推至达西区域

后文将证明编织丝网和毛毡的水力直径大小对 K/D_h^2 值没有影响。摩擦压降关系式重写如下：

$$\frac{\Delta p}{V \cdot L} = \frac{f \cdot \rho \cdot V}{2\,D_h} \tag{9.3}$$

由于 $Re = V \cdot D_h/\nu$ 和 $U = V \cdot \beta$，式(9.3)可以写为

$$\frac{\Delta p}{U \cdot L} = \frac{f \cdot \rho \cdot Re \cdot \nu}{2\beta \cdot D_h^2} \tag{9.4}$$

如式(9.2)所示，当流体速度比较小时，$\Delta p/LU$ 主要受黏度项 μ/K 影响，因此：

$$\frac{\Delta p}{U \cdot L} = \frac{f \cdot \rho Re \cdot \nu}{2\beta \cdot D_h^2} = \frac{\mu}{K} \tag{9.5}$$

$$\frac{K}{D_h^2} = \frac{2\beta}{f \cdot Re} \tag{9.6}$$

对于毛毡基质,由式(3.36)可得

$$f \cdot Re = 192 + 4.53Re^{0.933} \tag{9.7}$$

对于编织丝网基质,由式(3.35)可得

$$f \cdot Re = 129 + 2.91\, Re^{0.897} \tag{9.8}$$

因此,当雷诺数较小时,$f * Re$ 是常数,对于毛毡和编织丝网,这个常数分别为 192 和 129。因此,基质的水力直径如何选择并不会改变 K/D_h^2(只要空隙率保持不变)。

式(9.2)可以重写为

$$\frac{\Delta p}{L \cdot U^2} = \frac{\mu}{K \cdot U} + \frac{C_f}{\sqrt{K}} \cdot \rho \tag{9.9}$$

随着速度趋于无限大,惯性系数 C_f 可以精确估计。然而,由于设备的局限性,6.5m/s 是可以达到的最大平均速度。图 9.10 分别是 LSMU 箔片和交错平行板的 $\Delta p/(L \cdot U^2)$ 随 U 的变化曲线。对于 LSMU,$\frac{\mu}{K \cdot 6.473} + \frac{C_f}{\sqrt{K}} \cdot \rho$ 取为 34.6;对于交错平行板,$\frac{\mu}{K \cdot 27.37} + \frac{C_f}{\sqrt{K}} \cdot \rho$ 取为 77.5。上述两者的惯性系数分别是 0.00939 和 0.01075。

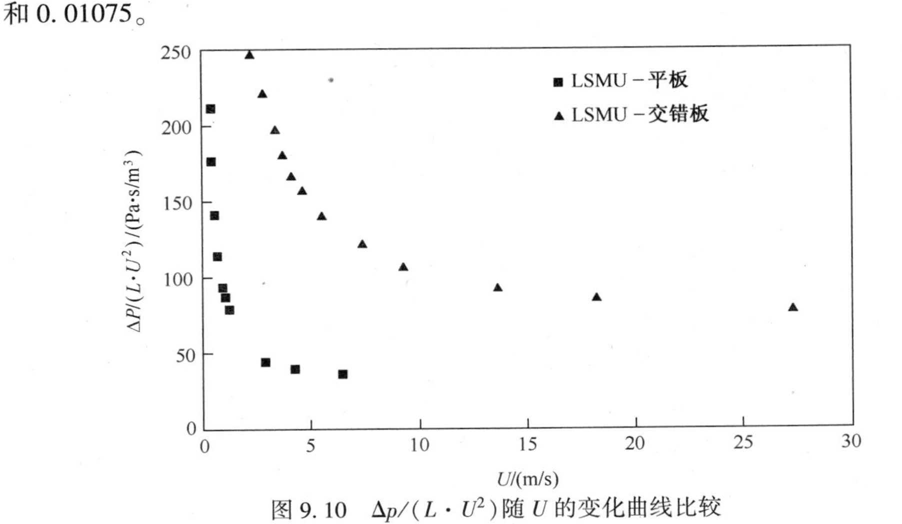

图 9.10　$\Delta p/(L \cdot U^2)$ 随 U 的变化曲线比较

9.4.5　不同 LSMU 配置的摩擦因数

图 9.11 是不同 LSMU 配置的达西摩擦因数比较,包括:8 层 LSMU 板、10 层 LSMU 板、5 层对齐 LSMU 板以及 8 层 LSMU 板(双倍厚度)。在“对齐”测试中,5

个 6 肋 LSMU 箔片堆叠在一起通入单向流进行测试。图 9.12 是 5 个对齐后的 LS-MU 板的实物照片，整个区域内各个箔片之间的翼片都对齐了。5 层箔片的厚度总计 39.7mm，流道的水力直径 $D_h = 4.87\text{mm}$，通道总长与水力直径的比值为 8.15。对于连续通道内的层流，入口段长度与水力直径的比值为 0.06 * Re。在当前实验的条件下，雷诺数在 207 ~1618 范围变化。因此，入口段长度在 $12.4D_h \sim 97.1D_h$ 范围变化，而且 5 层对齐 LSMU 板中的流动属于发展流。图 9.11 表明，对齐 LSMU 板的摩擦因数比标准的 LSMU 板的摩擦因数低。这是由于流体通过时是连续的，流动分离最小；反之，标准配置的 LSMU 板的后缘有尾迹，前缘有流动分离，因而摩擦因数会上升。

10 层 LSMU 箔片以标准配置堆叠的情形，可以与 8 层 LSMU 箔片以类似配置堆叠的情形进行摩擦因数对比，二者非常接近。较短的组件，其摩擦因数略高。这说明流体在组件内发展的速度非常快，也许是在头 3 层或者 4 层箔片内就已完全发展。8 层 LSMU 板的摩擦因数随雷诺数变化的拟合方程为

$$f = \frac{153.1}{Re} + 0.127\, Re^{-0.01} \tag{9.10}$$

式(9.10)同样适用于 10 层 LSMU 板数据的拟合。

为了确定板厚度加倍后 LSMU 结构的摩擦因数，将 2 个 6 肋条 LSMU 盘片叠在一起，再叠上 2 个 7 肋条 LSMU 盘片，如此反复进行，得到一个 4 组 8 个 LSMU 盘片的组件（等效为 4 个双倍厚度的盘）。图 9.11 结果显示，采用新的堆叠方式（厚度加倍）之后，摩擦因数减小了。这是由于与传统的堆叠方式相比，新的堆叠方式时流体从 6 肋片结构进入 7 肋片结构，或相反，从 7 肋片结构进入 6 肋片结构，重新分布的流体都更少，因而摩擦小。图 9.12 为 5 层对齐 LSMU 板实物照片。

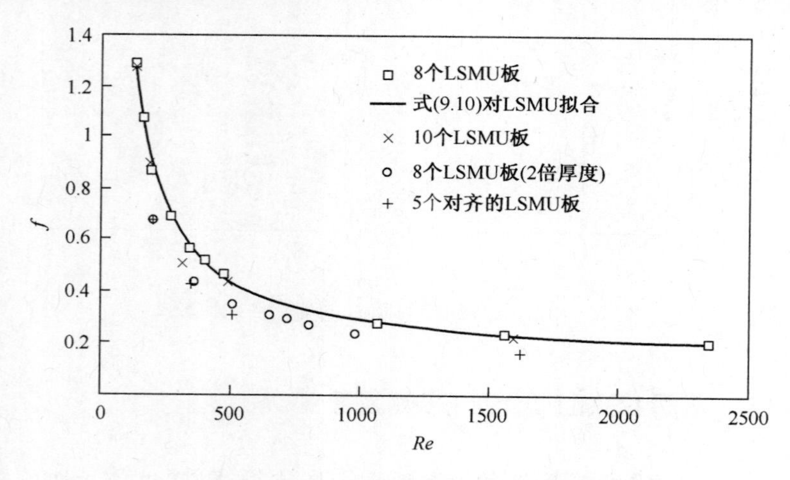

图 9.11　不同 LSMU 配置的达西摩擦因数

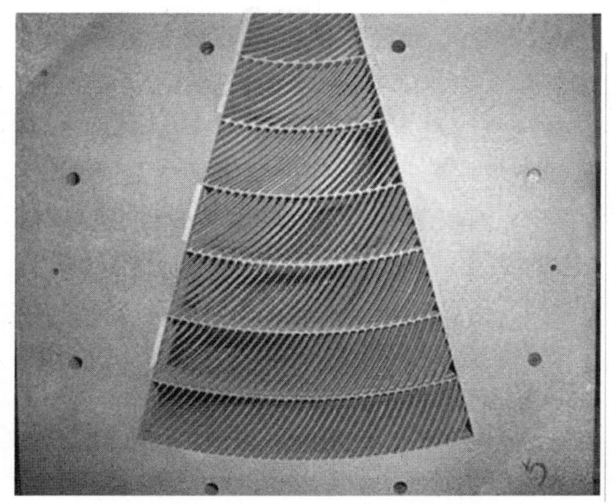

图 9.12　5 层对齐 LSMU 板实物照片

9.5　射流侵彻研究

9.5.1　圆形射流发生器的射流侵彻研究

图 9.13 是圆形射流发生器的结构。图 9.14 是圆形射流发生器的实物图,其

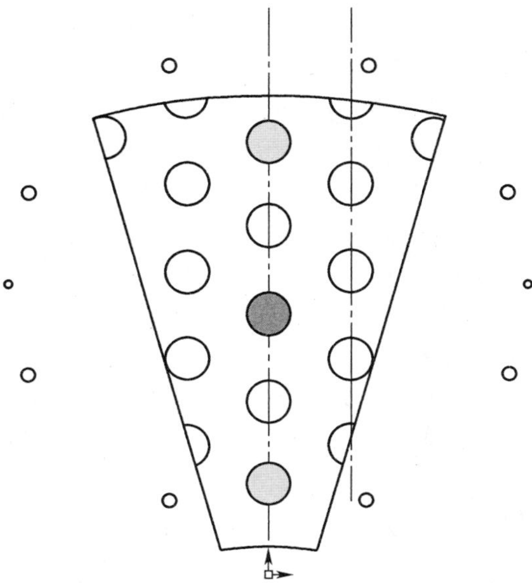

图 9.13　环扇形段内的圆形射流发生器以及间隔空腔示意图。中间阴影标出的射流是主射流

图 9.14　圆形射流发生器

圆孔呈等边三角形排布。圆孔直径为 20mm,圆心到圆心的距离为 40mm。回热器长度为 30.5cm(12 英寸),其长度与孔径比 $L/D=15.2$。

1. 实验设置

由于热线支撑管直径为 4.57mm,为了安装热线探针加工了垫片,其厚度大于 4.57mm,小于 LSMU 盘片的厚度(7.95mm 或者说 5/16 英寸)。因此,热线探针只能插入到射流发生器与基质之间的空间,也就得不到 LSMU 箔片之间的速度数据。温度数据用来记录基质的热场,该热场受到侵彻射流的影响。为了测量温度,将热电偶(比热线探针薄很多)嵌入更薄的垫片中然后插入相邻的两片 LSMU 箔片之间。回热器内射流的热影响可以用温度剖面来记录,而温度数据来源于上述热电偶。为了形成一个合适的温度剖面,将热电偶在被测环扇形区内沿径向排布(见图 9.13),并覆盖测试区内的一个主射流和径向上相邻的两个射流(见图 9.13)。当流体离开射流发生器时,其热影响范围扩大,为此,在几个轴向位置巡回测试以记录其温度变化。由于射流在基质中发生流体动力学以及热力学扩散,使其温度降低,热场可能会借助基质材料从中心沿径向向外围转移。

图 9.15 是放大尺寸振荡流实验装置的原理图。该实验装置的主要组成部分有振荡流发生器冷却器、两个过渡件(回热器两端各一个)、射流发生器、10 层 LSMU 箔盘、感应加热线圈以及隔离管。冷却器是一个紧凑型热交换器(用于汽车的车厢内加热,也称暖气风箱)。一个过渡件安装在回热器和加热线圈之间,另一个放置在射流发生器和冷却器之间。隔离管是一个长的开口管,它具有主动混合功能,将实验与室内环境隔离开。振荡流发生器的冲程为 178mm,活塞直径为 216mm,频率为 0.2Hz。选取这些参数,都是为了与模式发动机中的微加工回热器的雷诺数以及瓦朗西数(分别为 79 和 0.53)相匹配。在射流发生器与 LSMU 箔盘之间有一个空腔,这就允许热线探针沿着穿过孔心的半径方向(图 9.13 中着重显示)来回移动,以便记录射流的周期性数据。确定射流发生器与 LSMU 箔盘之间的

空腔额定厚度 δ,使轴向流动面积 $\pi d_c^2/4$ 与径向流动面积 $\pi d_c^2\delta$ 相等。射流通道的直径 d_c 为 20mm,因此空腔额定厚度 $\delta = 5\text{mm}$。这个空腔允许单个热线探针(加上支撑管的直径为 4.57mm)插入以便测速。

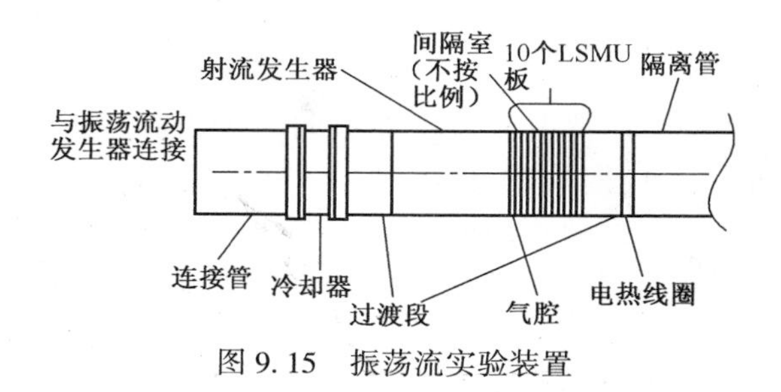

图 9.15 振荡流实验装置

包含两个 0.76mm(0.030 英寸)厚不锈钢薄片的垫片(图 9.16 的左右两侧)嵌入到两个相邻的 LSMU 箔片之间,使得可以安装热电偶进行被测基质的温度剖面测量。垫片的开口宽度,即两个不锈钢薄片之间的间隙为 0.51mm(0.020 英寸)。

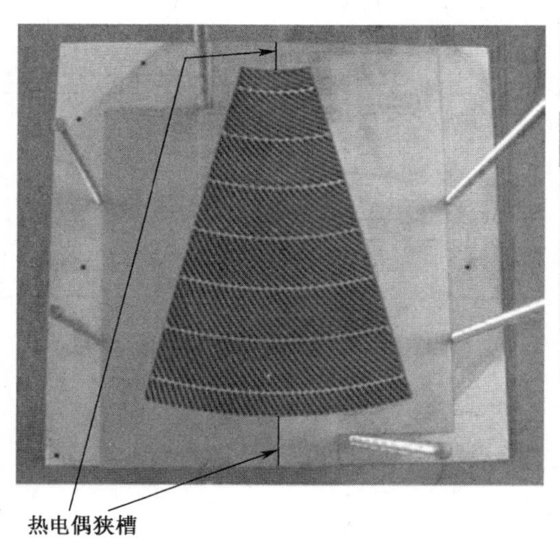

图 9.16 LSMU 箔盘上的垫片

E 型热电偶(直径为 76μm 即 3 毫英寸)用于 LSMU 箔层实验的非稳态温度的测量。热电偶的时间常数为 0.05s,也就是说热电偶能足够快地对流体温度变化作出反应。用于测量 LSMU 箔层内基质温度的热电偶安装在一个步进电机驱动的导轨上,使得热电偶可以在两个 LSMU 箔层之间的垫片开口内来回运动。垫片也可移动到 LSMU 箔层内的其他轴向位置,这样就可以记录不同轴向位置的温度。LSMU 基质内的温度 $T(x,r,\theta)$ 为 x,r,θ 的函数,其中,x 为轴向距离;r 为沿中心线的径向距离;θ 为曲柄角。将一个热电偶固定在射流发生器的一端,紧邻空腔,用

于测量冷端温度 $T_c(\theta)$；另一个热电偶固定在紧挨着 LSMU 箔层的过渡件处，用于测量热端温度 $T_h(\theta)$。在每一个位置，这三个热电偶的采样频率均为 500Hz，采集 50 个周期。为了消除温度漂移，无量纲温度计算如下：

$$\phi(x,r,\theta) = \frac{T(x,r,\theta) - T_c}{T_h - T_c} \tag{9.11}$$

冷端温度 $T_c(\theta)$ 是流体从射流发生器流向 LSMU 箔盘在一个周期内的平均值。因此，可以得到每个周期的平均温度 T_c。热端温度 $T_h(\theta)$ 是流体从加热器流向回热器箔盘在一个周期内的平均值。因此，可以得到每个周期的平均温度 T_h。无量纲温度 $\phi(x,r,\theta)$ 是以每个周期的温度值计算得来的，而 $\phi(x,r,\theta)$ 的平均值是从 50 个周期值求得的。

2. 圆形射流阵列的射流之间的均匀性

为了验证在振荡流条件下圆形射流发生器内的流动是均匀分布的，测量了射流发生器与 LSMU 回热器箔片之间空腔内的流速。实验结果以一个周期内速度随时间的变化曲线给出，而速度是 50 个周期总的平均值。图 9.13 示出了圆形射流发生器以及环扇形空腔。热线探针是由步进电机驱动的，可以沿着图 9.13 中标出的三个圆孔的中心连线水平运动。速度测量的采样频率为 500Hz，共测 50 个周期。当流体从射流发生器流向 LSMU 箔盘时，在流体吹入的这半个周期内的速度剖面见图 9.17。图中横坐标轴的“0”点代表中心射流的中点。当流体从 LSMU 箔盘反向流回射流发生器时，在流体回流的这半个周期内的速度剖面见图 9.18。速度剖面曲线说明三个圆孔流出的射流是相似的。这也证明当中间的射流情况确定后，其数据就可以作为所有内部流动的代表。

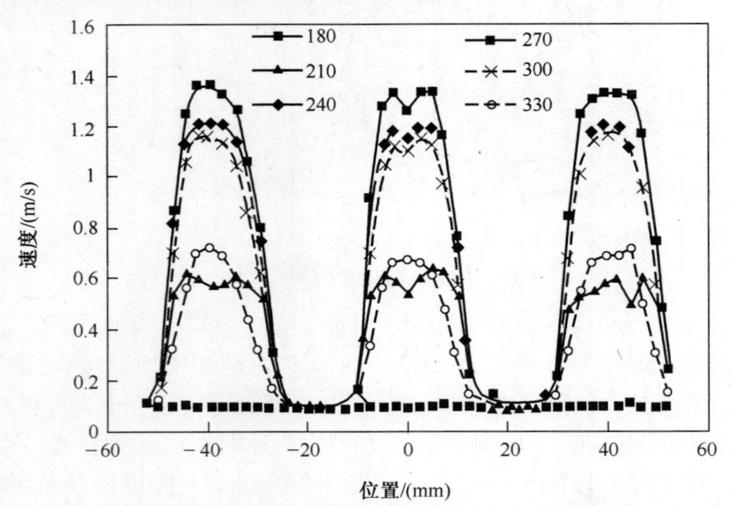

图 9.17　当流体从射流发生器流向 LSMU 箔盘时，在流体吹入的这半个周期内的速度剖面。图中横坐标轴的“0”点代表中心射流的中点

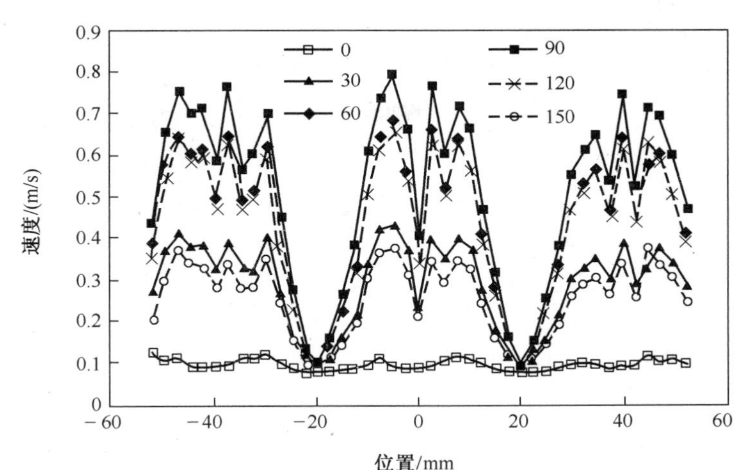

图 9.18　当流体从 LSMU 箔盘反向流回射流发生器时，在流体回流的这半个周期内的速度剖面。图中横坐标轴的“0”点代表中心射流的中点

当曲柄角为 270°时，射流的平均速度为 0.988m/s。根据不可压缩流的质量守恒方程，圆形射流内的面积平均流速为

$$U_c A_c = \frac{\pi D_p^2}{4} U_p \tag{9.12}$$

式中：A_c为射流发生器的开口面积；U_c为圆形射流发生器的平均速度；D_p为活塞直径；U_p为活塞速度。在振荡流发生器中，活塞运动轨迹为正弦曲线。位移 X_p 可以通过冲程以及频率来计算：

$$X_p = \frac{冲程}{2}\cos(2\pi ft) \tag{9.13}$$

活塞速度可以根据活塞位移的一阶导数来计算：

$$U_p = \dot{X}_p = \pi \cdot f \cdot 冲程 \cdot \sin(2\pi ft) \tag{9.14}$$

射流发生器的开口面积为 4308mm²，活塞速度为

$$U_p = 0.112\sin(2\pi ft)\,\text{m/s}$$

那么，整个圆形射流发生器的平均速度为：

$$U_c = 0.95\sin(2\pi ft)\,\text{m/s}$$

速度平均值接近 0.988m/s，这个值是在曲柄角 270°时用热线探针测得的平均速度。

3. 圆形射流发生器以及 LSMU 箔盘的几个重要参数

圆形射流中流体质点的位移也可以通过不可压缩流的质量守恒方程来计算：

$$X_c A_c = \frac{\pi D_p^2}{4} X_p \tag{9.15}$$

因此，$X_c = 757\cos(2\pi ft)$ mm。

振幅比 A_R 是半个周期中流体位移与管道长度的比值。对于圆形射流发生器，其长度为 305mm(12 英寸)，振幅比为 2.48。因此，圆形射流发生器的最大雷诺数为

$$Re_{\max} = \frac{Uc_{\max} d}{\nu} = \frac{0.95 \times 0.02}{15.9 \times 10^{-6}} = 1195$$

圆形射流发生器的瓦朗西数为

$$V_a = \frac{d^2 \overline{\omega}}{4\nu} = \frac{0.02^2 \times 2\pi \times 0.2}{4 \times 15.9 \times 10^{-6}} = 7.9$$

LSMU 箔盘内的流体速度可以通过以下公式计算：

$$U_r A_r = \frac{\pi D_p^2}{4} U_p \tag{9.16}$$

式中：A_r 是 LSMU 箔盘的开口面积。LSMU 箔盘内流体速度为

$$U_r = 0.243\sin(2\pi ft)\ \mathrm{m/s}$$

LSMU 箔盘内流体质点的位移也可以通过以下公式计算：

$$X_r A_r = \frac{\pi D_p^2}{4} X_p$$

其中 $X_r = 194\cos(2\pi ft)$ mm。

对于 10 个箔盘的 LSMU，其长度为 79.4mm，振幅比为 2.44。

4. 圆形射流发生器的射流侵彻

在 6 个轴向点测量了无量纲温度。这 6 个点分别位于 LSMU 的第一箔层与射流发生器一侧的空腔之间、LSMU 的第二箔层与第三箔层之间、LSMU 的第三箔层与第四箔层之间、LSMU 的第五箔层与第六箔层之间、LSMU 的第八箔层与第九箔层之间、LSMU 的第十箔层外。文献(Ibrahim et al.，2007)用彩色等值线图说明了在 6 个不同的水平(轴向)位置无量纲温度随曲柄角与径向位置变化的函数关系。

在流体吹入的这半个周期内(当流体从射流发生器流向 LSMU 箔盘时)，曲柄角从 180°增至 360°。三个冷射流(区别于其他区域)在文献(Ibrahim et al.，2007)的多个彩色等值线上出现，其中一条线显示，在流动的下游，射流边缘几乎感觉不到。射流侵彻深度大约是 8 个 LSMU 箔层厚度，即 63.5mm。LSMU 箔盘的水力直径为 4.872mm，这样射流侵彻深度约为水力直径的 13 倍。UMN 的 T. Simon(请联系：tsimon@me.umn.edu)录有射流侵彻的影片。圆形射流研究的结果见 9.5.2 节。

5. 射流生长以及未激活基质材料的占比

当射流沿着轴向方向扩展时，将中心射流的边缘定义为一个点，这个点的无量纲温度为横穿整个射流的最高和最低无量纲温度值的平均值(在特定的轴向位置以及特定曲柄角时)。要重新表述这个关于射流宽度 b 的假设，一种方法是通过温度表达式：

$$\phi(x, b/2, \theta) = \frac{1}{2}(\phi_{\max}(x, \theta) + \phi_{\min}(x, \theta)) \tag{9.17}$$

其中$\pm b/2$代表射流沿径向的两个边缘(射流的中心为原点)。纵观流体吹入的半个周期,射流直径几乎不随曲柄角变化而变化。选取曲柄角为270°时的无量纲温度数据用来评估射流生长情况。图9.19显示沿轴向射流生长情况(需要注意的是,在第五箔层与第六箔层之间的射流边缘难以识别,因此该处的射流宽度是推断出来的)。

图9.20显示了基质内的射流侵彻情况和侵彻深度X_p。在整个侵彻深度上,没有完全参与到与工作介质进行热交换的基质材料称为未激活基质材料。对图9.19的数据进行拟合得到的方程,可用于确定射流直径$b(x)$,其中对于LSMU板$0< x/ d_h <13$。对于一个射流,其相应的基质区域为边长为23.1mm的六边形,如图9.21所示。六边形面积为A_j,则未激活基质材料占比可以计算:

$$F = \frac{1}{X_p}\int_0^{X_p} \frac{\left[A_j - \frac{\pi b(x)^2}{4}\right]}{A_j} \mathrm{d}x \tag{9.18}$$

对于采用圆形射流发生器的LSMU板,未激活基质材料占比约为47%。

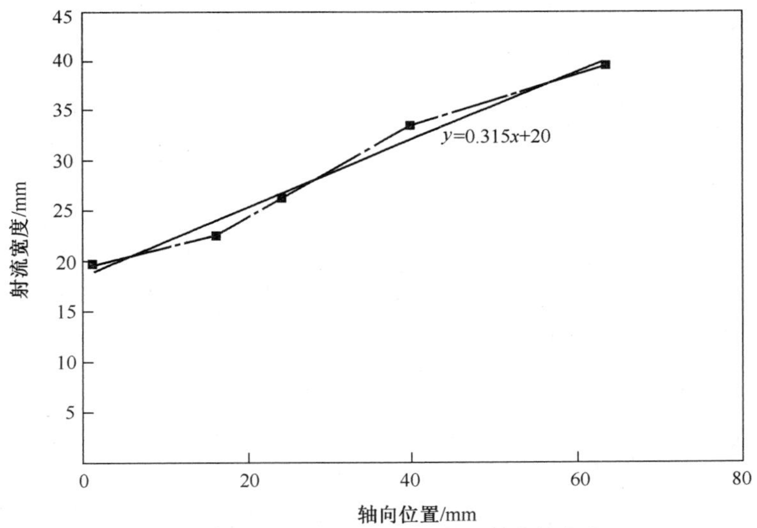

图9.19 曲柄角为270°时,中心射流的宽度

9.5.2 狭槽射流发生器的射流侵彻研究

图9.22显示了狭槽射流发生器和环扇形空腔。图9.23为加工好的狭槽射流发生器。狭槽射流发生器中的狭槽通道由翼片隔开。该狭槽宽度为8.5mm,翼片厚度为23mm。射流发生器长30.5cm(12英寸)。实验设置如图9.15所示。

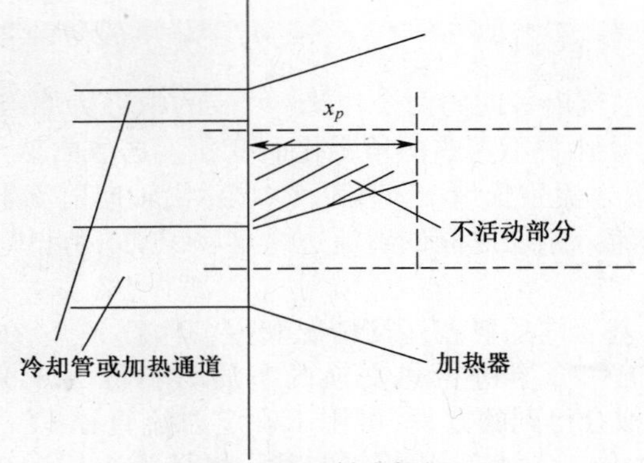

图 9.20　射流侵彻

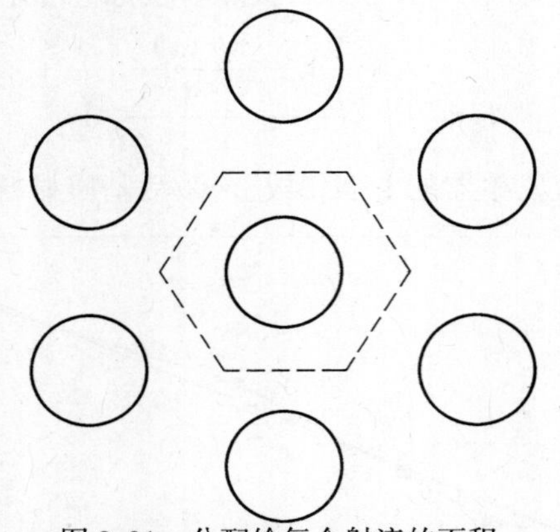

图 9.21　分配给每个射流的面积

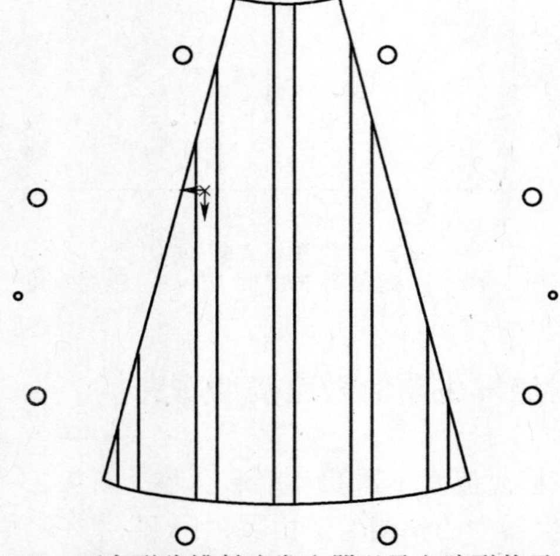

图 9.22　环扇形狭槽射流发生器以及空腔形状示意图

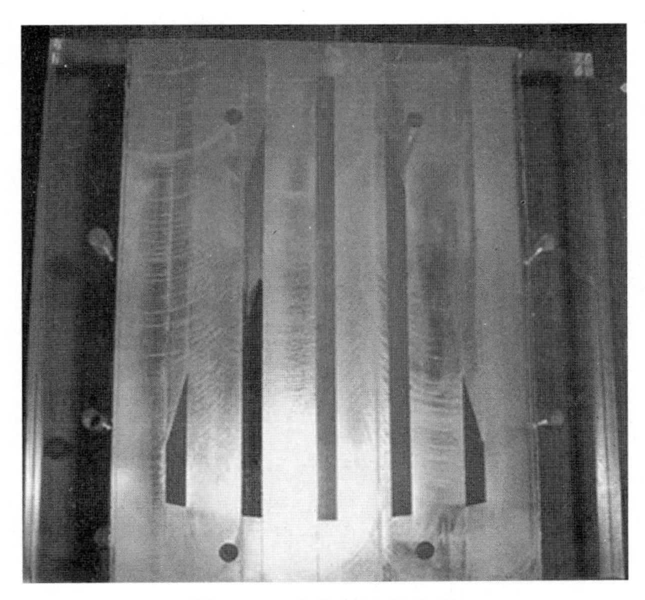

图 9.23　狭槽射流发生器

1. 狭槽射流阵列的射流之间的均匀性

为了验证在振荡流条件下,狭槽射流发生器内的流动是均匀的,测量了射流发生器与 LSMU 板之间的空腔内的流速。实验结果以一个周期内速度随时间的变化曲线给出,而速度值是 50 个周期总的平均值。热线探针由步进电机驱动,可以沿着穿过射流发生器中心线的轨迹(垂直于狭槽)水平运动。

速度测量的采样频率为 500Hz,共测 50 个周期。当流体从射流发生器流向 LSMU 箔盘时,在流体吹入的这半个周期内的速度剖面见图 9.24。横坐标轴的原点是中心射流的中点。速度剖面曲线说明三个通道流出的射流是相似的。当流体从 LSMU 箔盘反向流回射流发生器时,在流体回流的这半个周期内的速度剖面见图 9.25。速度剖面曲线说明中心狭槽射流速度略低于远离中心处的射流速度。图 9.26 为含有 6 个肋条的 LSMU 板的结构以及热线探针穿行的路线。中心的流体非常靠近六肋 LSMU 板的肋条,降低了流体速度。图 9.27 为含有 7 个肋条的 LSMU 板的结构以及热线探针穿行的路线。

当曲柄角为 270°时,射流的平均速度为 0.783m/s。根据不可压缩流的质量守恒方程,狭槽内射流的流速计算为:

$$U_h A_h = \frac{\pi D_p^2}{4} U_p \tag{9.19}$$

式中:A_h 为狭槽射流发生器的开口面积;U_h 为狭槽射流发生器的平均速度;D_p 为活塞直径;U_p 为活塞速度。

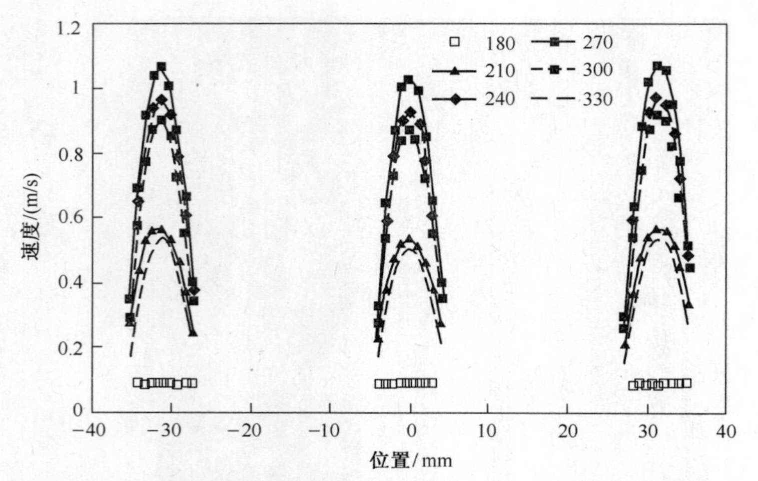

图 9.24　当流体从射流发生器流向 LSMU 箔盘时,在流体吹入的这半个周期内的速度剖面。图中横坐标轴的“0”点代表中心射流的中点

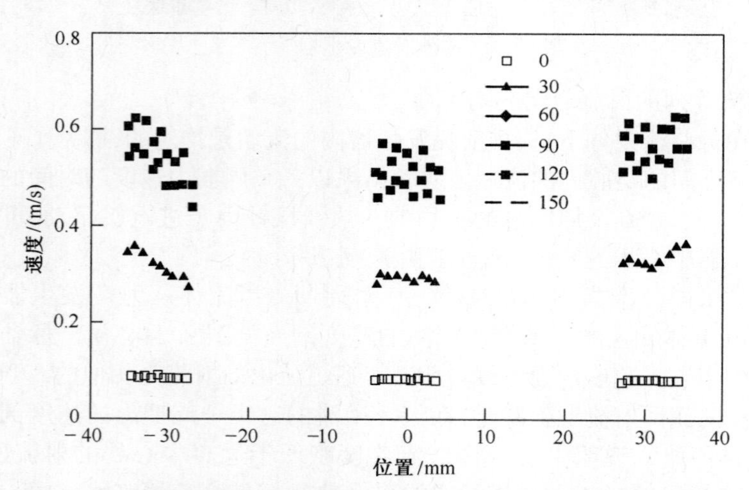

图 9.25　当流体从 LSMU 箔盘反向流回射流发生器时,在流体回流的这半个周期内的速度剖面。图中横坐标轴的“0”点代表中心射流的中点

在振荡流发生器中,活塞运动轨迹为正弦曲线。位移 X_p 可以通过冲程以及频率来计算:

$$X_p = \frac{\text{Stroke}}{2}\cos(2\pi ft) \tag{9.20}$$

活塞速度可以根据活塞位移的一阶导数来计算:

$$U_p = \dot{X}_p = \pi \cdot f \cdot \text{Stroke}\,[\sin(2\pi ft)\,] \tag{9.21}$$

狭槽射流发生器的开口面积为 5278mm^2,活塞速度为

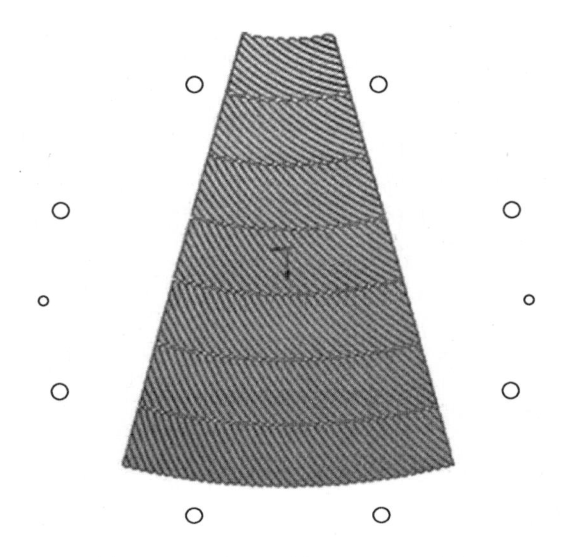

图 9.26　含有 6 个肋条的 LSMU 结构

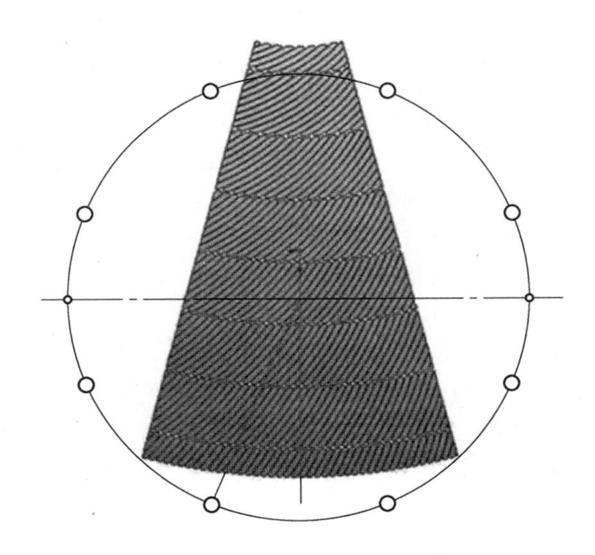

图 9.27　含有 7 个肋条的 LSMU 结构

$$U_p = 0.112\sin(2\pi ft)\ \mathrm{m/s}$$

整个狭槽射流发生器的平均速度为

$$U_c = 0.776\sin(2\pi ft)\ \mathrm{m/s}$$

该计算值与实测平均速度 0.783m/s 吻合很好。平均速度是在曲柄角为 270°时用热线探针测得的。

2. 狭槽射流发生器的几个重要参数

狭槽射流中流体质点的位移也可以通过不可压缩流的质量守恒方程来计算：

$$X_h A_h = \frac{\pi D_p^2}{4} X_p \tag{9.22}$$

因此，$X_h = 618\cos(2\pi ft)$ mm。

振幅比 A_R 是半个周期中流体位移与管道长度的比值。对于狭槽射流发生器，其长度为 304.8mm（12 英寸），振幅比为 2.03。

因此，狭槽射流发生器的最大雷诺数为

$$Re_{\max} = \frac{U_{h,\max} d}{\nu} = \frac{0.776 \times 0.017}{15.9 \times 10^{-6}} = 830$$

狭槽射流发生器的瓦朗西数为

$$V_a = \frac{d^2 \omega}{4\nu} = \frac{0.017 \times 2\pi \times 0.2}{4 \times 15.9 \times 10^{-6}} = 5.7$$

3. 狭槽射流发生器的射流侵彻

本实验选取轴向五个点测量无量纲温度。这五个点分别位于 LSMU 的第一箔层与射流发生器侧的空腔之间、LSMU 的第三箔层与第四箔层之间、LSMU 的第五箔层与第六箔层之间、LSMU 的第六箔层与第七箔层之间、LSMU 的第八箔层与第九箔层之间。文献（Ibrahim 等，2007）用彩色等值线图说明了在基质内五个不同的水平（轴向）位置的无量纲温度随曲柄角与径向位置变化的函数关系。T. Simon（请联系：tsimon@ me. umn. edu）录有射流侵彻的影片。

在流体吹入的这半个周期内（当流体从射流发生器流向 LSMU 箔盘时），曲柄角从 180°增至 360°。位置介于 LSMU 第一箔层与空腔之间的三个冷射流（区别于其他区域），可以在一条彩色等值线上观察出来，见 Ibrahim 等（2007）。

随着射流的前进到达 LSMU 的第六箔层与第七箔层之间时，射流边缘就很难观测到了。因此，射流侵彻深度大约是 6 个 LSMU 箔层厚度，即 47.6mm。LSMU 箔盘的水力直径为 4.872mm，所以射流侵彻深度约为水力直径的 10 倍。狭槽射流研究的结果见下一小节。

4. 射流生长以及未激活基质材料的占比

在整个流体吹入的半个周期，射流直径几乎不随曲柄角变化而变化。选取曲柄角为 270°时的无量纲温度用来评估射流生长情况。图 9.28 是射流生长曲线。其中，第六箔层与第七箔层之间的射流边缘已经难以辨认，因此该处的射流宽度是推断出来的。未激活基质材料所占的比例计算如下：

$$F = \frac{1}{X_p} \int_0^{x_p} \frac{[S - b(x)] L}{SL} \mathrm{d}x \tag{9.23}$$

式中：$b(x)$ 为射流宽度；x_p 为射流侵彻深度；S 为两个射流中点到中点的距离（31.5mm），L 为射流长度。对于采用狭槽射流发生器的 LSMU 箔层，未激活基质材料占比约为 69%。相比之下，圆形射流进入 LSMU 回热器，其占比为 47%；圆形射流进入90%孔隙率丝网回热器,其占比为55%,见 Niu 等(2003a,2003b)。

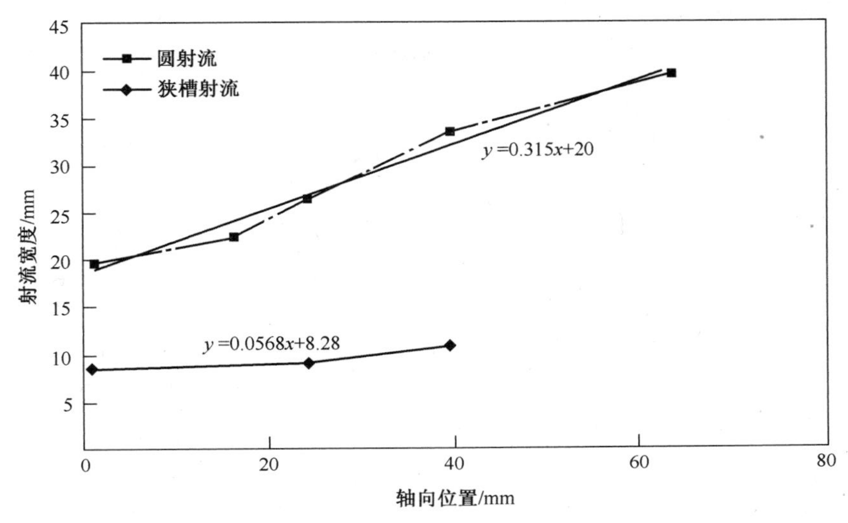

图 9.28 曲柄角为270°时,狭槽射流和圆形射流的宽度

从上述研究中可以提取出两个基本参数(均在流体浸入基质过程中周期内最大速度点取值):①射流侵彻深度,即射流进入基质的深度,一旦到达这个深度,就不再能区分单个射流的热力学信号了;②未激活基质材料占比 F,即当射流从基质的一端扩展到侵彻深度时,射流影响区外的基质体积占整个基质体积的比例。由于射流在侵彻的过程中也会发生扩散,不能完全按定义来使用 F 参数。实际上,在浸入射流的边界外,基质和射流之间存在着可观的热传递。表 9.3 列出了这两个参数。

表 9.3 射流侵彻研究结果——LSMU 模型

射流形状	侵彻深度 x_p/d_h (基质水力直径的数倍)	未激活基质材料体积分数 F (基质边缘至侵彻深度之间)	未激活基质的无量纲总体积 $F \cdot x_p/d_h$ (用体积 $A_j d_h$ 归一化)
圆形射流	13	0.47	6.1
狭槽射流	10	0.69	6.9

9.6 非稳态传热的测量

本节研究 LSMU 箔层的非稳态热传递。LSMU 与分段渐开线箔回热器的微加工回热器箔动力学相似。

9.6.1 嵌入式热电偶

图 9.29 是嵌入式热电偶简图。图中钻孔直径为 0.30mm(0.012 英寸),深度为 2mm(0.080 英寸)。图 9.30 是安装好的嵌入式热电偶。

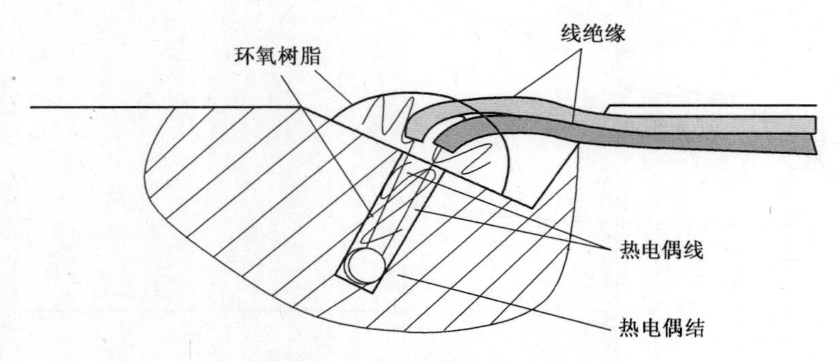

图 9.29 嵌入式热电偶示意图

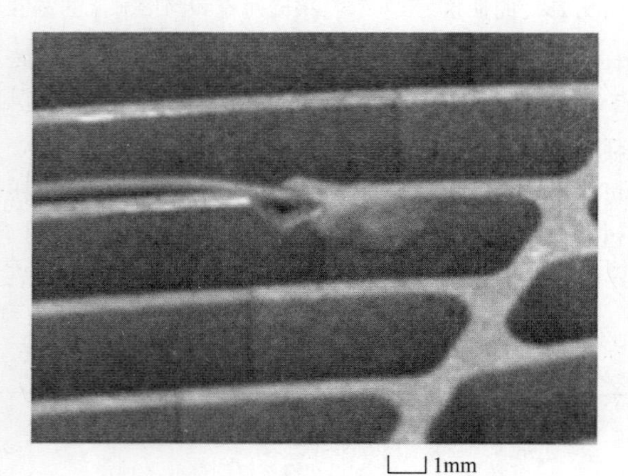

图 9.30 单只嵌入式热电偶

9.6.2 实验流程

在六肋板和七肋板中,分别嵌入 3 个热电偶。这 3 个热电偶标记为 1~3,沿径向分布,并指向圆弧的中心,如图 9.31 所示。在本次实验中,10 个箔盘按设计顺序堆叠起来,其中,一块带热电偶的六肋板作为 5#板,一块带热电偶的七肋板作为 6#板。另外还有一个热电偶在 5#板和 6#板之间巡回测量空气温度,如图 9.32 所示。其中,在 5#板上的热电偶结靠近巡回热电偶,而第 6#板上的热电偶结距离巡回热电偶较远。对于每一个嵌入了热电偶的位置，都由巡回热电偶在5个位置测量其附近的空气温度，这5个点在同一条径向直线上，在径向方向上与嵌入式热电偶的距离分别是：-2mm，-1mm，0，1mm和2mm，依次编号为“1”～“5”。进行了两轮实验，其预热时间不同，但都足够长。表9.4列出了两轮实验的基本情况。选择情况B13展示数据处理过程。

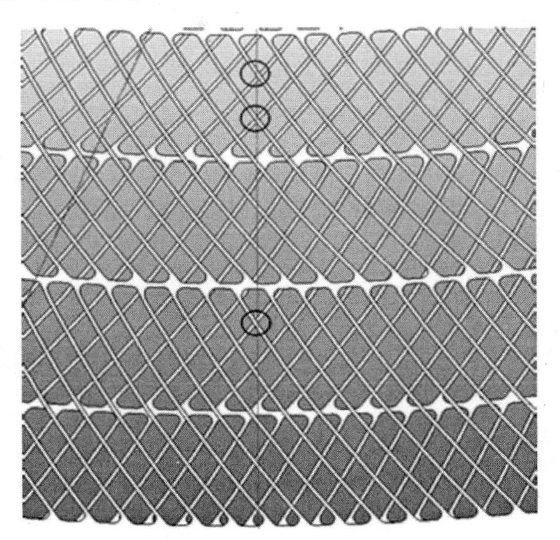

图9.31　嵌入式热电偶位置示意图

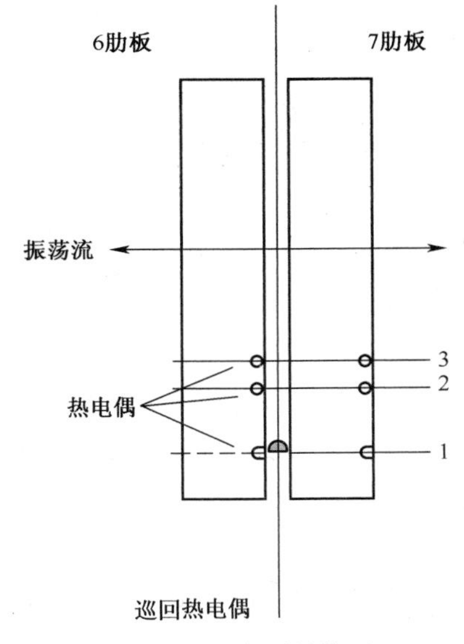

图9.32　温度测量位置

表 9.4 两轮实验的基本情况

序号	情况	日期	箔盘数量	巡回热电偶所在箔层之间	嵌入式热电偶的位置	巡回热电偶的位置
1	A11	8月11日	10	5和6	1	1
2	A12	8月11日	10	5和6	1	2
3	A13	8月11日	10	5和6	1	3
4	A14	8月11日	10	5和6	1	4
5	A15	8月11日	10	5和6	1	5
6	A21	8月11日	10	5和6	2	1
7	A12	8月11日	10	5和6	2	2
8	A23	8月11日	10	5和6	2	3
9	A24	8月11日	10	5和6	2	4
10	A25	8月11日	10	5和6	2	5
11	A31	8月11日	10	5和6	3	1
12	A32	8月11日	10	5和6	3	2
13	A33	8月11日	10	5和6	3	3
14	A34	8月11日	10	5和6	3	4
15	A35	8月11日	10	5和6	3	5
16	B11	8月11日	10	5和6	1	1
17	B12	8月11日	10	5和6	1	2
18	B13	8月11日	10	5和6	1	3
19	B14	8月11日	10	5和6	1	4
20	B15	8月11日	10	5和6	1	5
21	B21	8月11日	10	5和6	2	1
22	B22	8月11日	10	5和6	2	2
23	B23	8月11日	10	5和6	2	3
24	B24	8月11日	10	5和6	2	4
25	B25	8月11日	10	5和6	2	5
26	B31	8月11日	10	5和6	3	1
27	B32	8月11日	10	5和6	3	2
28	B33	8月11日	10	5和6	3	3
29	B34	8月11日	10	5和6	3	4
30	B35	8月11日	10	5和6	3	5

在至少5个小时的预热之后,开始数据采集:

步骤1:采集LSMU测试装置热端和冷端空腔温度,20个周期。

步骤2:同时采集六肋板(和七肋板)中位置“1”处的固体温度、位置“1”附近的空气温度。超过50个周期。

步骤 3:采集 LSMU 测试装置热端和冷端空腔温度,20 个周期。

步骤 4:同时采集六肋板(和七肋板)中位置“2”处的固体温度、位置“2”附近的空气温度。超过 50 个周期。

步骤 5:采集 LSMU 测试装置热端和冷端空腔温度,20 个周期。

步骤 6:同时采集六肋板(和七肋板)中位置“3”处的固体温度、位置“3”附近的空气温度。超过 50 个周期。

步骤 7:采集 LSMU 测试装置热端和冷端空腔温度,20 个周期。

9.6.3 LSMU 非稳态传热测试结果

假定翼片轴向温度分布是线性的,那么可以在嵌入式热电偶的邻域内构造板翼的能量平衡方程:

$$h(x,r,t)\,A_s(T_f(x,r,t)-T_s(x,r,t))=mC\frac{\partial T_s(x,r,t)}{\partial t} \tag{9.24}$$

式中:h 为对流传热系数;A_s是箔盘表面积;T_f是空气温度;T_s是箔盘温度,m 是箔盘质量;C 是箔盘材料的比热容。式(9.24)可以写成:

$$h(x,r,t)(T_f(x,r,t)-T_s(x,r,t))=\rho C\frac{s}{2}\cdot\frac{\partial T_s(x,r,t)}{\partial t} \tag{9.25}$$

式中:s 为箔盘厚度;ρ 为箔盘材料密度。对流传热系数可以通过测得的空气与箔盘之间的温差以及箔盘的瞬时温度梯度计算出来。努塞尔数通过公式 $Nu=\frac{h\cdot D_h}{k}$ 计算,其中 D_h是通道的水力直径(4.87mm),k 是空气的热导率。

图 9.33 所示为情况“B13”中位置“3”处的空气温度,和位置“1”处的 6 肋板和 7 肋板的固体温度。考虑巡回热电偶结与最近平板(6 肋板)上嵌入式热电偶结在轴向位置的差异。由于系统中存在轴向梯度,空气热电偶处的空气温度并不等于平板嵌入热电偶接点轴向位置处的空气温度,所以需要进行一个小修正。假定空气的轴向温度梯度可以由六肋板和七肋板之间的温度差值获得。那么,这个温度梯度可以用来将空气热电偶处的空气温度转换为 1.3mm(0.05 英寸)外的嵌入式热电偶处(六肋板)的空气温度。图 9.34 是转换后的空气与固体之间的温差曲线。这个温差剖面不平衡,也就是说最高值与最低值不匹配。图 9.35 是当前实验结果的努塞尔数与来自 NASA/Sunpower 振荡流测试台的关系式的对比。回想之前 Niu 等(2003a,2003b,2003c)的相似的实验(用丝网基质),二者努塞尔数随周期位置的变化曲线是相似的。以下特点需要注意:当温差不为 0,从固体瞬时梯度计算得到的热通量为 0 时,就得到 0 值努塞尔数。当热通量不为 0,而温差变为 0 时,就得到无穷大的努塞尔数。Niu 等(2003b)将实验测量结果与假定准稳态下的计算结果进行了对比,发现只有当流体速度接近峰值或者在一个周期内的减速部

分,两种结果才接近。我们希望在这里也有类似的结果。

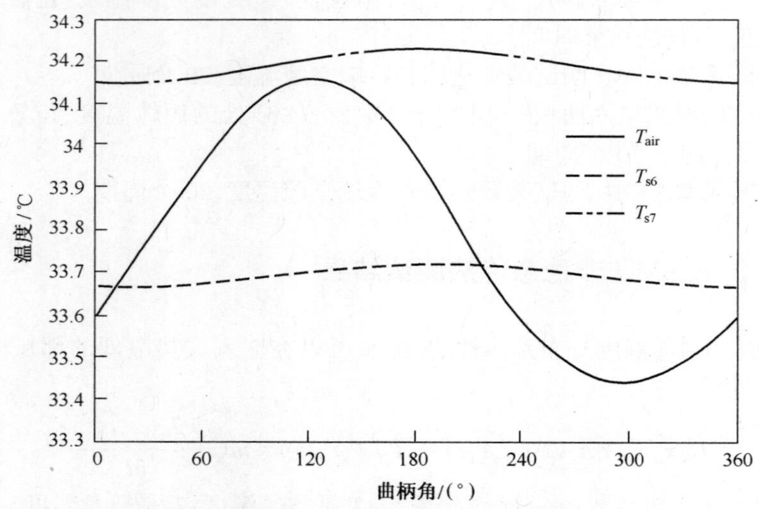

图 9.33　情况“B13”的位置“3”处的空气温度(T_{air}),
位置“1”处六肋板和七肋板的固体温度(T_{s6}和T_{s7})

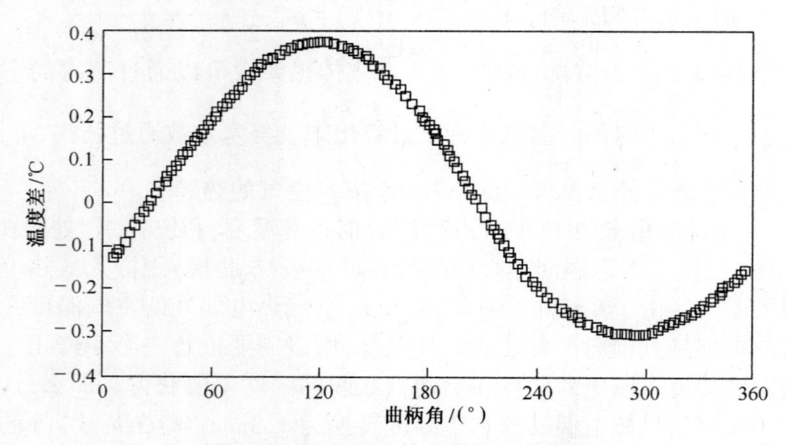

图 9.34　空气与固体之间的温差曲线

图 9.36 是 LSMU 实验得到的热通量与来自 NASA/Sunpower 振荡流测试台的关系式得到的热通量对比。现有实验结果的努塞尔数与热通量均不对称,都是由于温差剖面曲线的不对称造成的。通过一些小的修改,即将图 9.34 中的曲线垂直上移 0.04°C,可以得到平衡的温差剖面曲线。这个修改在该系统温度测量的不确定度范围内。这就得到了我们期望的对称曲线(由于测量是在 LSMU 箔盘的轴向中心处进行的)。图 9.37 是修正后的空气与固体的温差曲线。图 9.38 和图 9.39 是修正后的努塞尔对比曲线以及热通量对比曲线。

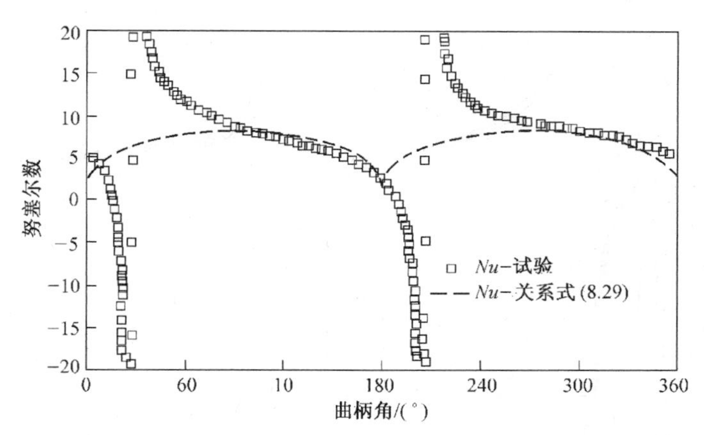

图 9.35　努塞尔数对比:当前 LSMU 实验结果,来自 NASA/Sunpower 振荡流测试台的关系式

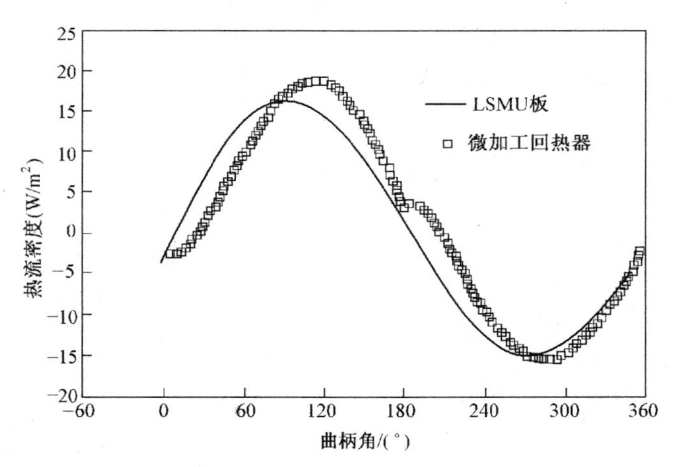

图 9.36　热通量对比:当前 LSMU 实验结果,来自 NASA/Sunpower 振荡流测试台的关系式

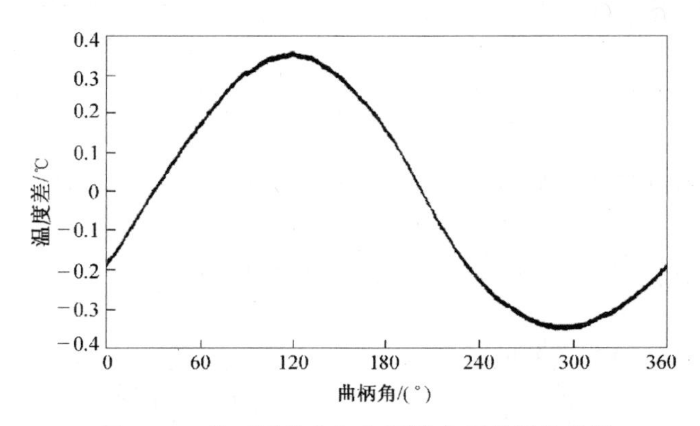

图 9.37　修正后的空气与固体之间的温差曲线

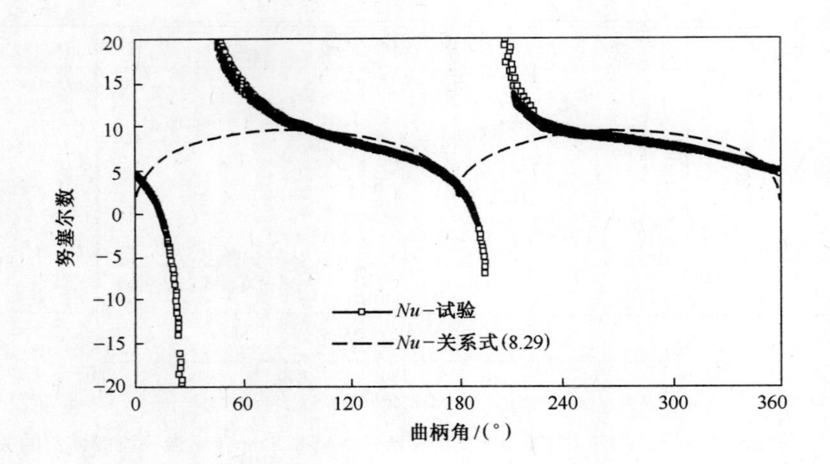

图 9.38　努塞尔数对比：当前 LSMU 实验（修正后的空气温度），来自 NASA/Sunpower 振荡流测试台的关系式（式(8.29)）

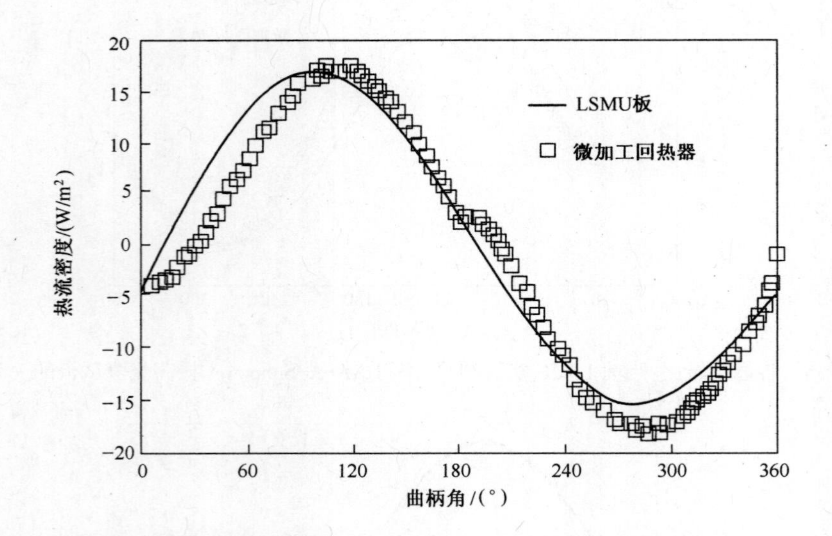

图 9.39　热通量对比：当前 LSMU 实验（修正后的空气温度），来自 NASA/Sunpower 振荡流测试台的关系式

下面的计算，只使用最初的温度修正曲线（即将空气热电偶轴向移动至嵌入式热电偶处）。

计算了 6 种情况下的努塞尔数，结果列于表 9.5。所有 6 种情况下，巡回热电偶都处于位置“3”（最靠近嵌入式热电偶），并对两个周期位置，即曲柄角为 120°和 300°进行了计算，努塞尔数的平均值为 7.14，均方根为 1.07。

表 9.5　不同情况下的努塞尔数

情况	曲柄角 120°	曲柄角 300°
A13	7. 7302	7. 5696
A23	8. 2965	6. 545
A33	6. 5366	5. 3525
B13	7. 3799	8. 6731
B23	7. 2222	7. 9134
B33	5. 1717	7. 2729

之后,进行第二种温度变换,使温差曲线对称,即平均空气温度与平均金属温度相等。重复上述计算,结果列于表 9. 6。平均努塞尔数为 7. 07,均方根为 0. 86。我们注意到,在曲柄角为 300°时,我们测得的局部速度为 0. 21m/s。用这个数据,由式(8. 29)(Gedeon,1999)计算得到的努塞尔数为 9. 1。根据表 9. 6 得到的均值为 7. 07,比计算结果低 22%,其二者相差 2. 4 个标准差,这是值得注意的。我们注意到,微加工回热器通道的入口处由于存在碎屑,比较粗糙,而 LSMU 回热器没有这个问题。粗糙的表面会加强热传导。

表 9.6　采用第二种温度变换后,不同情况下的努塞尔数

情况	曲柄角 120°	曲柄角 300°
A13	7. 7302	7. 5696
A23	7. 3766	7. 2917
A33	6. 0522	5. 7459
B13	8. 2363	7. 6841
B23	7. 7836	7. 3048
B33	6. 1025	5. 9403

第10章　网板和其他回热器基体

10.1　引言

在日本国防研究院，Noboru Kagawa 与他的同事和学生一起开发了一种“网板”回热器，这种网板与传统的丝网类似，但其网眼更规则(Furutani et al.，2006；Kitahama et al.，2003；Matsuguchi et al.，2005，2008；Takeuchi et al.，2004，；Takizawa et al.，2002)。丝网是用丝线编织成近似正方形的网格，其中丝线垂直于斯特林回热器中流体的流动方向。与之相反，网板是在金属板上用化学方法蚀刻出近似正方形的开口，以便流体流过。化学蚀刻方法给了制造商选择不同网眼尺寸的灵活性，而这种灵活性在传统的编织方法中是没有的。针对一种特定的斯特林发动机(约 3kW 的 NS03T，Kagawa，1988，2002)进行了网板尺寸的优化，几种网板组合(两种不同的网板交替堆叠)也在 NS03T 和相对新一些的约 3kW 双作用发动机 SERENUM05(Kagawa et al.，2007)上完成了测试。

Matt Mitchell 开发了几种蚀刻箔回热器(Mitchell et al.，2005)，其中一种在 NASA/Sunpower 振荡流动测试台上进行了测试。下面对这些工作作一个简要介绍。

Sandia 实验室设计、制造了平板回热器，用在热声斯特林发动机上(Backhaus and Swift，2000，2001)。这些工作在美国能源部/Sandia 国家实验室的一篇论文中有报道，本章也将简要介绍。分段渐开线箔方案就是要利用平板回热器的优势，而避开它的难题。

10.2　网板回热器

Noboru Kagawa 与他在日本国防研究院的同事和学生开发了网板回热器，这些回热器与丝网回热器类似。当然，通过化学蚀刻方法制造的网板，提供了设计灵活性,使得可以对固体和流道尺寸进行优化,达到回热器和发动机性能最优的目的。这种网板的几代产品都在 NS03T 发动机(这种发动机本来是为住宅热泵开发的)上进行了测试。最近,网板组合回热器完成了在 NS03T 发动机和双作用 SERENUM05 发动机(Kagawa et al,2007;Matsuguchi et al,2009)上的测试。

10.2.1 NS03T 3kW 发动机

NS03T 发动机的原理图如图 10.1 所示,表 10.1 和表 10.2 给出了设计参数和规格。

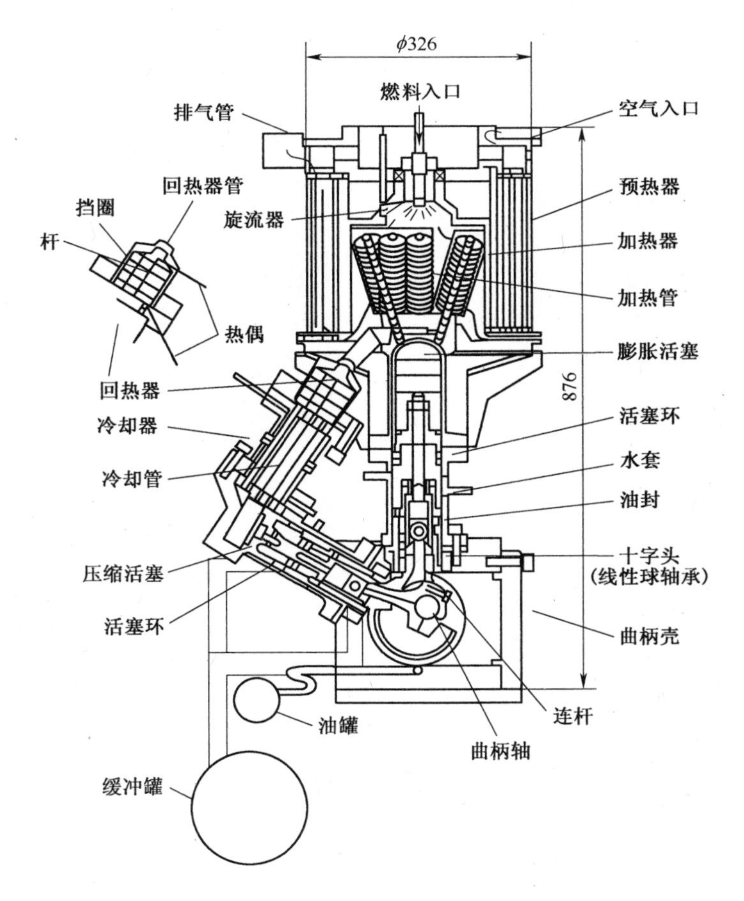

图 10.1 NS03T 3kW 发动机(尺寸单位为 mm)
(来源于 Takizawa, H. et al, 2002)

表 10.1　3kW NS03T 发动机的设计参数

项目	参数
燃料	天然气
工质	氦
平均压力/MPa	3~6
膨胀空间最高温度/K	975+50
压缩空间温度/K	<323(水冷)
发动机转速/(r/min)	约 1500
最大输出功率/kW	>3
最大热效率/(%)	32
质量/kg	<75

来源:Takizawa,H. 等,2002.

表 10.2　3kW NS03T 发动机的规格

项目	数据
1. 发动机	
类型	双活塞
扫过的容积	
膨胀/cm^3	192
压缩/cm^3	173
容积相角/(°)	100
2. 活塞	
直径×行程	
膨胀/(mm×mm)	70×50
压缩/(mm×mm)	70×45
3. 回热器	
类型	铠装
数量	1
死容积/cm^3	150
基体外径×长度/(mm×mm)	70×54

来源:Takizawa, H.et al.,2002.

10.2.2　3kW NS03T 发动机的回热器

筒形回热器长 60mm,一开始采用堆叠丝网作为基质,每张网中心有一个直径

3mm 的孔,用一根杆穿过这个孔形成柱形基体,基体直径 70mm,与活塞直径相同。3 个 1mm 厚的车轮形平板嵌入在基体中,还有 2 个在基体两端以减小边缘泄漏损失。

10.2.3 带沟槽的网板设计

图 10.2 和图 10.3 是带沟槽网板的概念图。如图 10.3 所示,在一张薄盘上分布有槽和孔。这些方形孔和浅槽是在金属圆盘的一面蚀刻出来的。围绕蚀刻区有一圈平坦边缘,宽为 0.1mm,厚为 0.04mm。这种精密加工出的边缘减小了工作气体的边缘泄漏。在每一片网板的中心留有一个直径 3mm 的孔,使基体保持架的轴能穿过去。

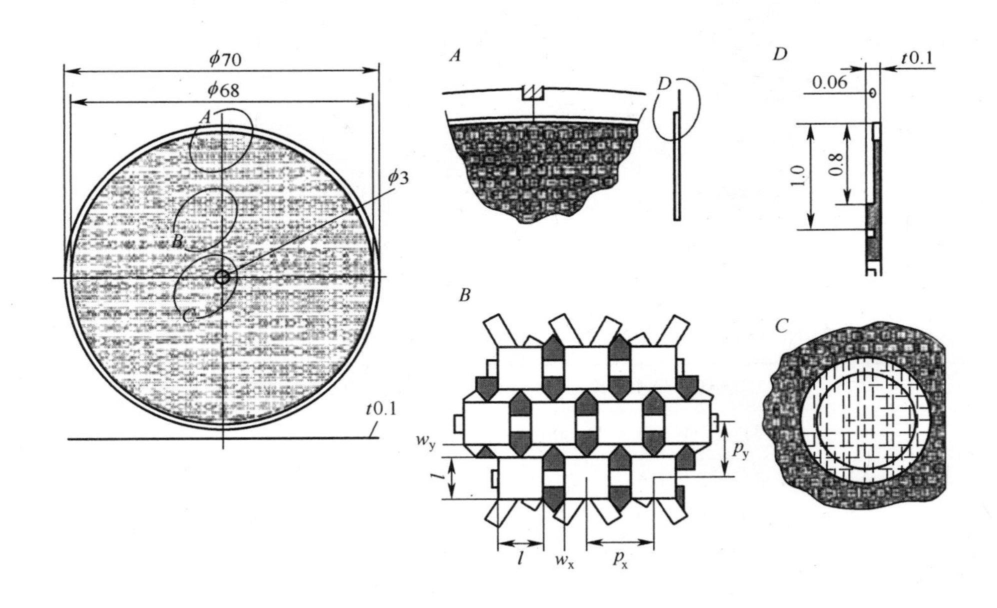

图 10.2 带沟槽网板的结构平面图

(来源于 Takeuchi, T.et al., 2004)

这些孔、沟槽和网板形状都是基于先进蚀刻技术设计制造的。表 10.3 列出了原始丝网基体和 1#、2#、3#、4#网板基体的结构参数。所有这些基体,加上一些其他网板,都在 3kW NS03T 斯特林发动机上完成了测试。如表 10.3 所列,这 4 种网板中,孔的分布(纵、横向间隔参数 p_x和 p_y)均相同,但其他参数,如开口宽度 l、厚度 t、沟槽深 d_g等各不相同。为了比较网板和丝网,最好使用列在表 10.4 中定义的特征结构参数,如开口面积比 β、孔隙率 Φ、比表面积 σ。

在表 10.3 中，1#网板的孔隙率最小，200 目丝网的比表面积是 100 目的 2 倍，因而能储存更多的热量以减小再加热损失。3#网板设计得比其他网板要厚 20% 以提供更大的热容量。4#网板用镍制成，也是为了得到比用 304 不锈钢制成的网板更大的热容量。表 10.5 比较了镍和 304 不锈钢的特性。

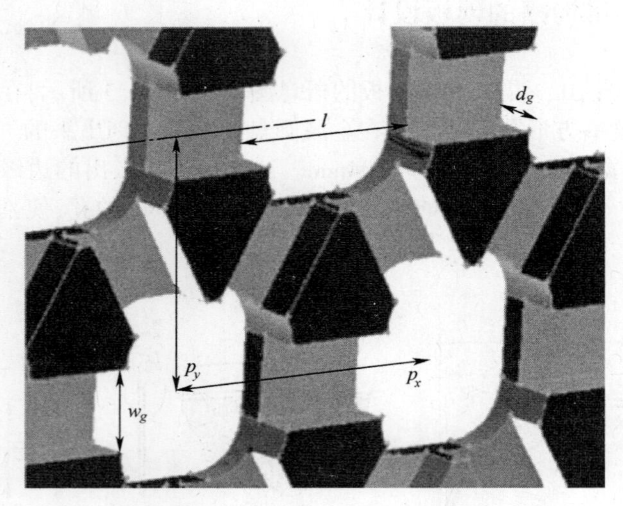

图 10.3　带沟槽网板的三维结构图

(来源于 Takeuchi, T. et al., 2004)

表 10.3　在 NS03T 斯特林发动机上测试过的丝网和带沟槽网板的结构参数

参数	丝网(每英寸孔数)			网板			
	100 目	150 目	200 目	1#	2#	3#	4#
开口/mm	0.132	0.113	0.066	0.242	0.280	0.300	0.300
线径 d_m/mm	0.122	0.056	0.061	—	—	—	—
单元尺寸/mm	—	—	—	w_x:0.199 w_y:0.140	w_x:0.161 w_y:0.102	w_x:0.141 w_y:0.082	w_x:0.141 w_y:0.082
开口分布 p/mm	0.254	0.169	0.127	p_x:0.441 p_y:0.382	p_x:0.441 p_y:0.382	p_x:0.441 p_y:0.382	p_x:0.441 p_y:0.382
沟槽宽度 w_g/mm	—	—	—	0.120	0.120	0.150	0.140
沟槽深度 d_g/mm	—	—	—	0.060	0.060	0.072	0.060
厚度 t/mm	0.244	0.112	0.122	0.100	0.100	0.120	0.100
开口面积比 β	0.270	0.447	0.270	0.315	0.433	0.487	0.502
孔隙率 ϕ	0.582	0.726	0.582	0.543	0.606	0.667	0.668
比表面积 σ/mm	10.751	16.503	21.502	21.508	17.990	14.487	16.141

来源于：From Takeuchi, T., et al., 2004.

当回热器固体的热容量变大时,再生的热量也增加。表 10.5 显示镍的热容量比不锈钢大 3%。表 10.3 显示 3#网板(不锈钢)和 4#网板(镍)的开口尺寸、单元尺寸和开口分布等参数都相同,只有沟槽尺寸不同,这导致孔隙率有微小差别,而开口面积比和比表面积的差别要大一些。

表 10.4 开口面积比、孔隙率和比表面积的定义
(用表 10.3 和图 10.2、图 10.3 给出的基质尺寸)

基质类型	定义方程
1. 开口面积比 β	
丝网	$\beta = \left(\frac{l}{P}\right)^2$
网板	$\beta = \frac{l^2}{P_x P_y}$
2. 孔隙率 ϕ	
丝网	$\phi = 1 - \frac{\pi d_m \sqrt{p^2 + d_m^2}}{4p^2}$
网板	$\phi = \frac{l^2 t + w_g d_g (w_x + 4/\sqrt{3} w_y)}{p_x p_y t}$
3. 比表面积 σ	
丝网	$\sigma = \frac{\pi(2\sqrt{p^2 + d_m^2} - d_m)}{2p^2}$
网板	$\sigma = \frac{2(p_x p_y - l^2) + 4lt + d_g(w_x + \frac{8}{\sqrt{3}} w_y - (2 + \frac{8}{\sqrt{3}}) w_g + p_x - l)^{*}}{p_x p_y t}$

来源于 Takeuchi, T.et al., 2004.

表 10.5 镍和 304 不锈钢的性质

	密度/(kg/m³)	比热/(kJ/kg-K)	热容/(kJ/m³-K)	热导率/(kJ/m³-K)
镍	8906	0.46	4090	64
不锈钢 304	7930	0.50	3960	16.3

来源于 Takeuchi, T. et al., 2004.

回热器的再热容量 H_R 是输入总热量 Q_{in} 的 2.6 倍。因此,当输出 $W_{out}=3$kW、效率 $\eta_{gross}=27\%$ 时,Q_{in} 和 H_R 分别是 11.2kW、28.9kW。(这些数据表明损失的热量达到 11.2−3=8.2kW。让人感兴趣的是,用这些数据来说明回热器对提高发动机性能的重要作用。假定去掉回热器,为了维持 3kW 的输出功率不变,输入热量 Q_{in} 需要增加,以弥补回热器再加热的 28.9kW 热量,即 $Q_{in}=11.2+28.9=40.1$kW。

* 原书公式有问题,根据 A1AA 2004—5648 订正。译者注

因此，发动机效率将从 27%下降到 3/40.1 = 7.5%，下降非常显著。废热从 8.2kW 增加到 40.1-3 = 37.1kW。并且，为了真正得到 3kW 输出功率，在没有回热器的条件下，如果可能，必须重新设计加热器和冷却器，以输入更多的热量，并同时散发掉更多的热量。这种低效的、很可能更重的发动机，根本没有实用价值。因此，在帮助斯特林发动机获取能与其他热机竞争的高效率方面，回热器是一个关键部件。）

3#网板的热穿透深度是不够的，若改成由镍制成的 4#网板，H_R 将提高 3%，再生热量增加大约 430W。4#板的开口设计得与 3#板一样，因为 3#板的压力损失比传统的丝网略低。

10.2.4 无沟槽及带不同类型沟槽的新型网板设计

早期网板上的沟槽固然减小了流阻，但也增加了网板的厚度和孔隙率，因此增加了发动机死容积。后面将要讨论的测试结果表明，虽然带沟槽的网板改进了回热器的性能，但由于增加了死容积，整个发动机的性能并没有明显变化（Matsuguchi et al. ,2005）。

采用通用有限元流体分析程序 FIDAP，再次优化了网板尺寸，以确保可制造性（Matsuguchi et al. ,2005）。仿真了 3 层基质材料，在基质材料的所有边缘应用了周期边界条件，使用了大约 60000 个四面体单元。假定均匀流入的氦气流是定常层流，流体与基质材料的温度差为 1K，固体基质的温度是均匀的。流入氦气压力为 4MPa，温度 900K。控制方程包括连续性方程、N-S 方程、能量方程。

图 10.4 是几种网板的概要图，包括：由 Kagawa 和 Takizawa 开发的早期带沟槽网板（参见图 10.3），由 Matsuguchi 等（2005）开发的网板，及在文献（Furutani et al. ,2006）中提出的一种网板。表 10.6 尽可能比较了几种网板的尺寸，包括带沟槽的网板 3 及网板 5M、6M、7M。网板 5 没有沟槽，网板 6 和 7 与网板 3 的沟槽类型不同，其沟槽位于方形开口的周围。

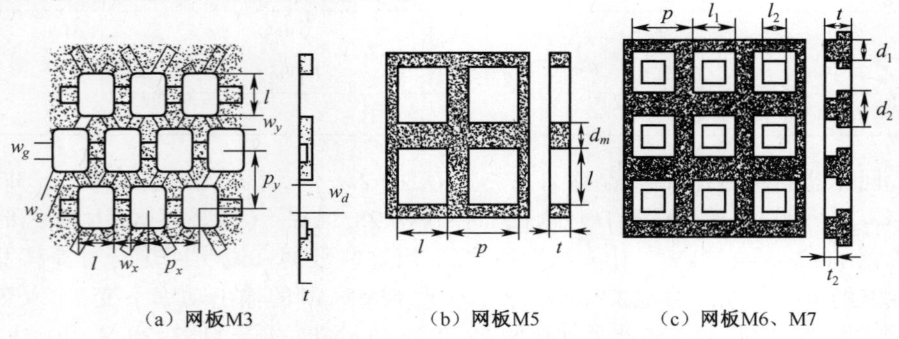

图 10.4 网板 3（带沟槽）与网板 5、6、7 的比较

（来源于 Furutani，S.，et al. ,2006）

表 10.6 网板 3、5、6、7 的尺寸和结构特性参数
(除无量纲比 β、ϕ 外,单位为 mm)

基质	l	w_x	w_y	p_x	p_y	t	w_g	w_d	β	ϕ
M3	0.3	0.141	0.082	0.441	0.382	0.12	0.15	0.072	0.487	0.667
基质	l_1	l_2	d_m	d_1	d_2	p	t	β	ϕ	
M5	0.65		0.15			0.8	0.1	0.66	0.66	
M6	0.68	0.58		0.1	0.2	0.78	0.1	0.65	0.65	
M7	0.68	0.66		0.1	0.12	0.78	0.1	0.738	0.738	

来源:Matsuguchi 等., 2008.

10.2.5 NS03T 发动机性能参数的定义

发动机性能测试在日本国防研究院进行(Kagawa,2002),发动机上安装了热电偶、压力变送器、曲轴角度传感器,输出功率用功率计测量。数据记录器和数字转换器将来自变送器和传感器的模拟信号转换为数字信号,然后由 PC 机采集。燃料(天然气)流量计也将数据提供给 PC 机,到冷却器、膨胀缸和压缩缸的空气和冷却水的流量数据则由人工输入到 PC 机中。发动机性能计算、计算结果和发动机运行状态的显示、数据采集和存储则由软件自动执行。该软件是用图形编程语言(HP Vee)编写的。

表 10.7 给出了功率、热、损失和效率的定义。由于压力降带来的功损失 ΔW_p ,就是真实视在功 W_{ind}和不考虑压力损失的计算视在功之差。有效输入热量 Q_{eff}和回热器损失 Q_{rloss}是从发动机热通量推导出来的(Takizawa et al. ,2002)。典型工作状态示于表 10.8。

表 10.7 功率、热流和效率的定义

项目	方程
1. 功率	
膨胀功(功率)	$W_e = n\oint P_e \mathrm{d}V_e$
压缩功(功率)	$W_c = n\oint P_c \mathrm{d}V_c$
视在功(功率)	$W_{\text{ind}} = W_e - W_c$
压力损失	$\Delta W_p = \left(\oint P_e \mathrm{d}V_e + \oint P_c \mathrm{d}V_c - W_{\text{ind}}\right)/2$
2. 热量	
输入热	
冷却器中的冷却热(量)	Q_c
膨胀缸水套的冷却热(量)	Q_{ec}
压缩缸水套的冷却热(量)	Q_{cc}
回热器损失	$Q_{\text{rloss}} = Q_c + Q_{ec} - W_c$

（续）

项目	方程
有效输入热	$Q_{eff}=Q_{rloss}+W_e$
3. 效率	
视在效率	$\eta_{ind} = W_{ind}/Q_{eff}$
内部转换效率	$\eta_{int} = W_{ind}/W_e$

来源：Takeuchi, T. et al., 2004

表 10.8　用于回热器测试的 NS03T 发动机工作状态

项目	参数
平均压力	2~5MPa
发动机转速	650~1200r/min
加热器温度	(993±10)K
膨胀腔温度	883~908K
压缩腔温度	293~303K(水冷)

来源：Takeuchi, T. et al., 2004。

10.2.6　使用不同基质时 NS03T 斯特林发动机的性能

Kitahama 等(2003)比较了分别采用 100 目、150 目、200 目丝网和 1#、2#、3#网板的斯特林发动机的性能。Takeuchi 等(2004)讨论了采用 3#(不锈钢)和 4#(镍)网板的发动机性能。Matsuguchi 等(2005)引入了一种无沟槽网板,并比较了无沟槽 5#网板与带沟槽 3#网板的发动机性能。Furutani 等(2006)引入了一种不同类型的沟槽,以减小网板接触面积,试图优化设计,得到了 6#网板,采用 5#和 6#网板制成回热器在 NS03T 发动机上进行了测试,并比较了性能。

1. NS03T 发动机性能比较,丝网对带沟槽网板 1、2、3、4(Kitahama et al.,2003;Takeuchi et al.,2004)

1）功率比较:100 目、150 目、200 目丝网对 1#、2#、3#网板

图 10.5 和图 10.6 给出了每一种基质的视在比功率 $W_{ind}/(P_{e,mean}\cdot v_e\cdot n)$ 的变化 。在图中,数据点用曲线连起来以更清晰地表达其变化。图中分别画出了不同基质的视在比功率随膨胀腔氦气压力(发动机转速 900r/min)、和发动机转速(平均压力 3.7MPa)的变化情况。图 10.5 表明,视在比功率随膨胀腔压力升高而升高。2#、3#板和 100 目、150 目丝网的峰值比功率差不多,而 200 目丝网和 1#网板的峰值比功率则要小。峰值出现在不同的平均压力条件下。在不同发动机运行条件下,2#、3#网板的功率和效率比传统堆叠式丝网高出 20%。图 10.6 表明,随着转

速升高，视在比功率减少。

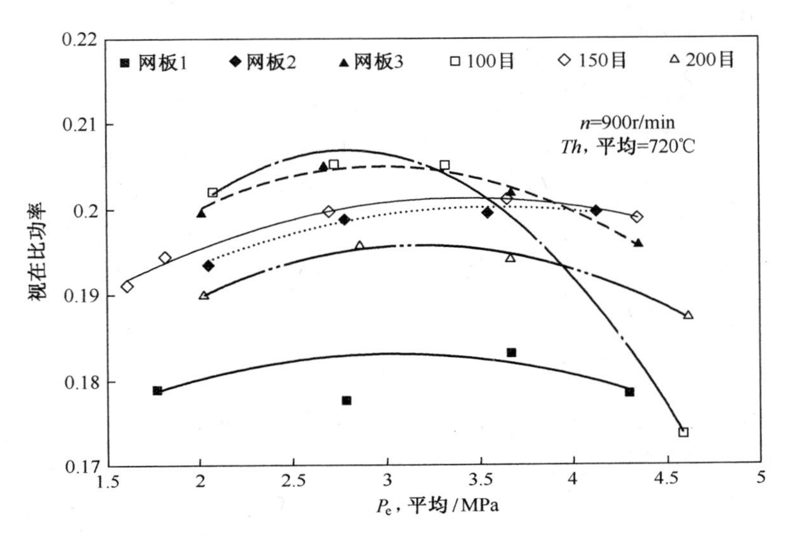

图 10.5　作为压力的函数的视在比功率

（来源 Kitahama，D.et al.，2003）

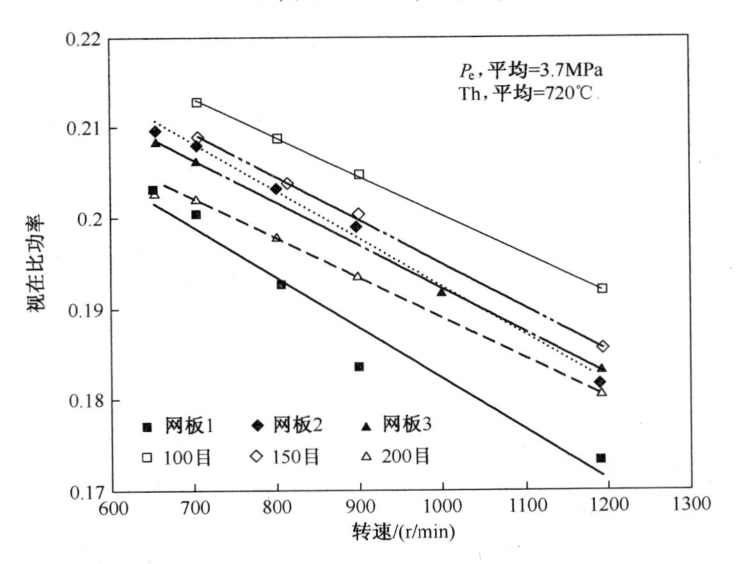

图 10.6　作为发动机转速的函数的视在比功率

（来源 Kitahama，D.et al.，2003）

2）效率比较：100 目、150 目、200 目丝网对 1#、2#、3#网板

图 10.7 和图 10.8 给出了视在效率 η_{ind} 的实验结果。在图 10.7 中，除 100 目丝网外，当膨胀腔平均压力 $P_{e,mean}$ 增大时，η_{ind} 基本保持不变。对于 100 目丝网，

平均压力升高时,效率明显降低。如图 10.8 所示,对每一种基质,随着转速升高,其效率近乎线性降低。

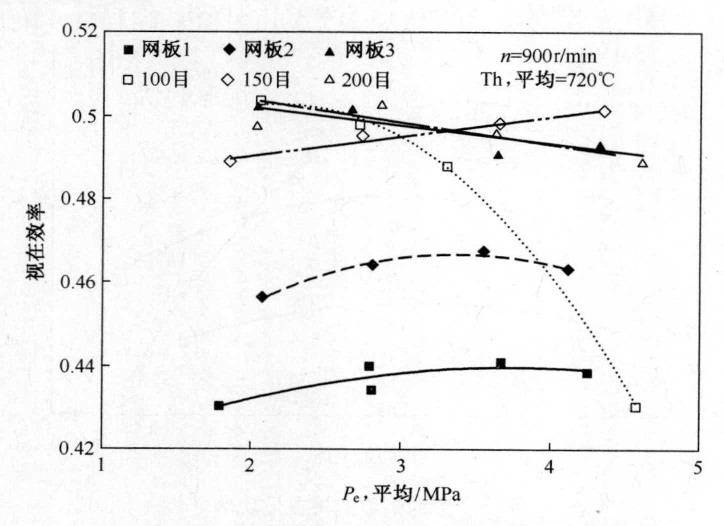

图 10.7 作为膨胀腔压力的函数的视在效率

(来源 Kitahama, D.et al.,2003)

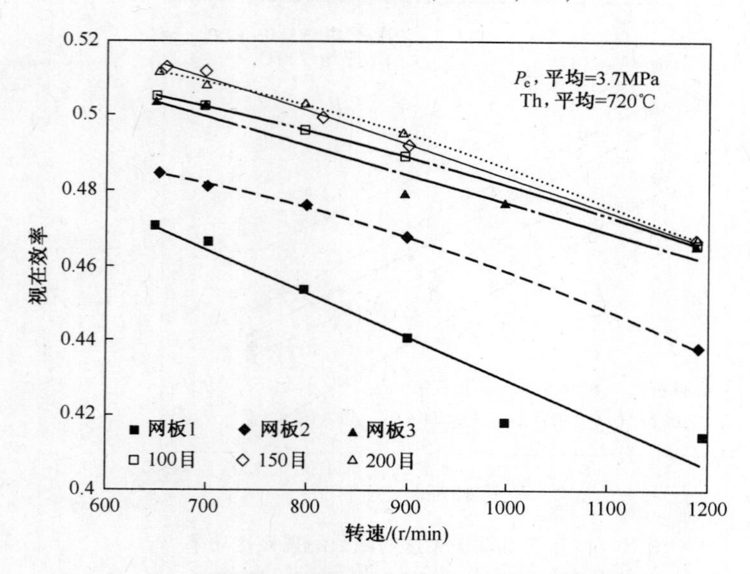

图 10.8 作为发动机转速的函数的视在效率

(来源 Kitahama, D. et al., 2003)

3) 压力损失比较:100 目、150 目、200 目丝网对 1#、2#、3#网板

比压力损失 $\Delta W_p/(P_{e,\mathrm{mean}}.\ v_e.\ n)$ 示于图 10.9 和图 10.10。这些损失是由热交换器中的摩擦阻力引起的,直接减小了视在功。在图 10.9 中,随着膨胀腔压力

升高，每种基质的比压力损失略有减小。所有被评估的丝网和网板基质中，3#网板的损失最小，1#网板的损失最大，其差值在 150～300W。图 10.10 表明，当发动机转速提高时，比压力损失迅速增加。1#网板有最大的压力损失值，而且其压力损失（随转速升高）增加的速率也最大。

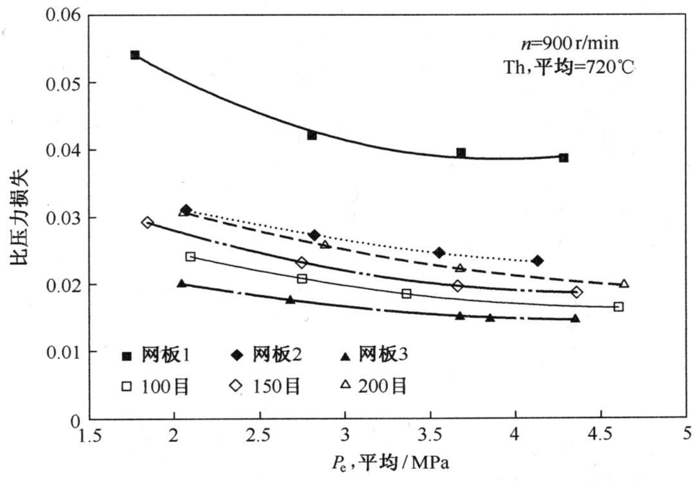

图 10.9　作为膨胀腔压力的函数的比压力损失

（来源 Kitahama，D. et al.，2003）

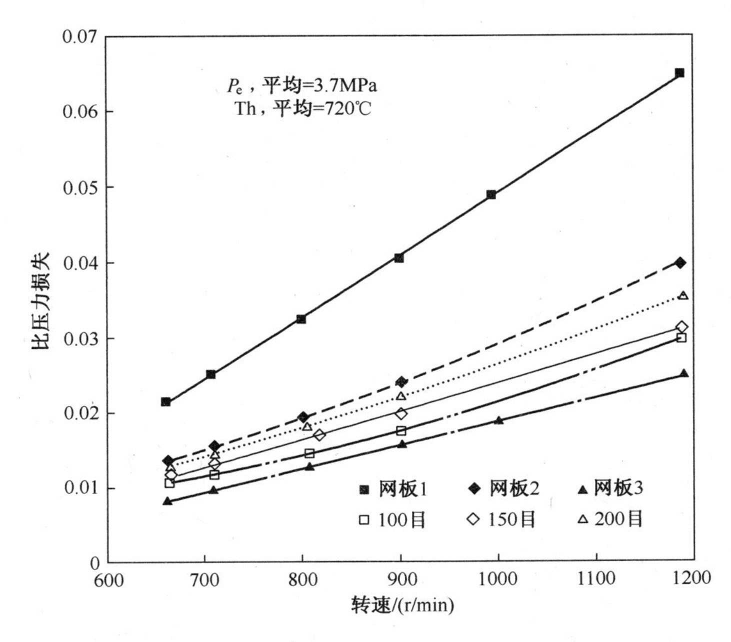

图 10.10　作为发动机转速的函数的比压力损失

（来源 Kitahama，D.et al.，2003）

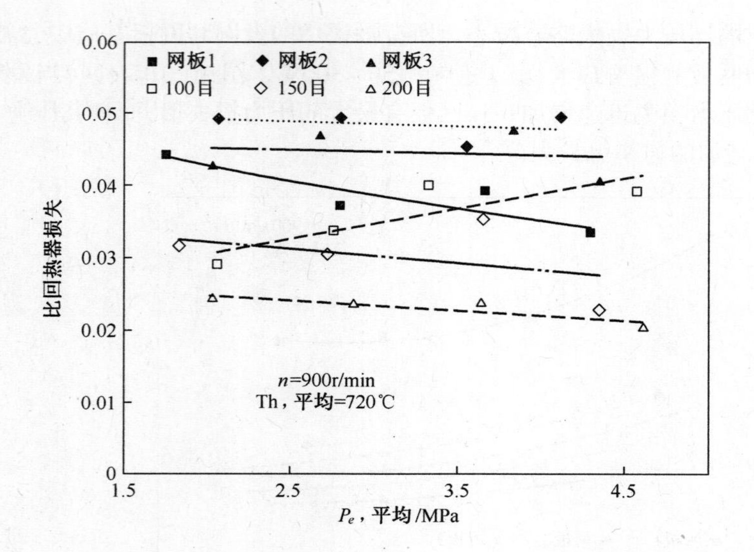

图 10.11　作为压力的函数的比回热器损失

（来源 Kitahama，D.et al.，2003）

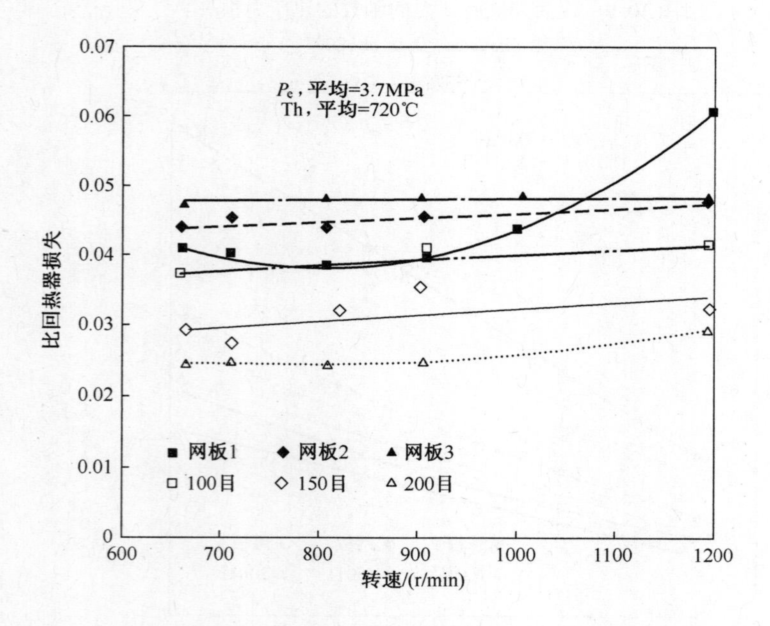

图 10.12　作为发动机转速的函数的比回热器损失

（来源 Kitahama，D.et al.，2003）

4）回热器损失比较：100 目、150 目、200 目丝网对 1#、2#、3#网板

图 10.11 和图 10.12 示出了基质的比回热器损失 $Q_{\mathrm{rloss}}/P_{e,\mathrm{mean}} \cdot v_e \cdot n$）。回热器损失包括再加热损失和热传导损失，由冷却器散掉的热、水套中的冷却热和压缩功等计算得出。因此，得出的数据有一定的不确定性，图形有波动。考虑到这种不确定性和波动，只能认为这些基质的比回热器损失是大致相等的。随着压力升高，比回热器损失略有减小，如图 10.11 所示。如图 10.12 所示，随着发动机转速升高，比回热器损失逐步增加，1#网板的比回热器损失增加最快，在 1200r/min 时达到所有基质中的最大值。1#网板的回热器损失快速增加与工作介质的速度有关。通过快速增加比压力损失可以将流体速度降下来，通过提高发动机转速可以减少基质内的热传递。

5）效率比较：3#网板（不锈钢）对 4#网板（镍）

本小节及随后 4 个小节有关 3#和 4#网板比较、讨论所用数据均来自 Takeuchi 等（2004）。图 10.13 示出了视在效率 η_{ind} 的实验结果。3#和 4#网板的峰值相同，但 4#网板的峰值是在更高的膨胀腔平均压力条件下得到的。因此，4#网板更适合更高负载工况。

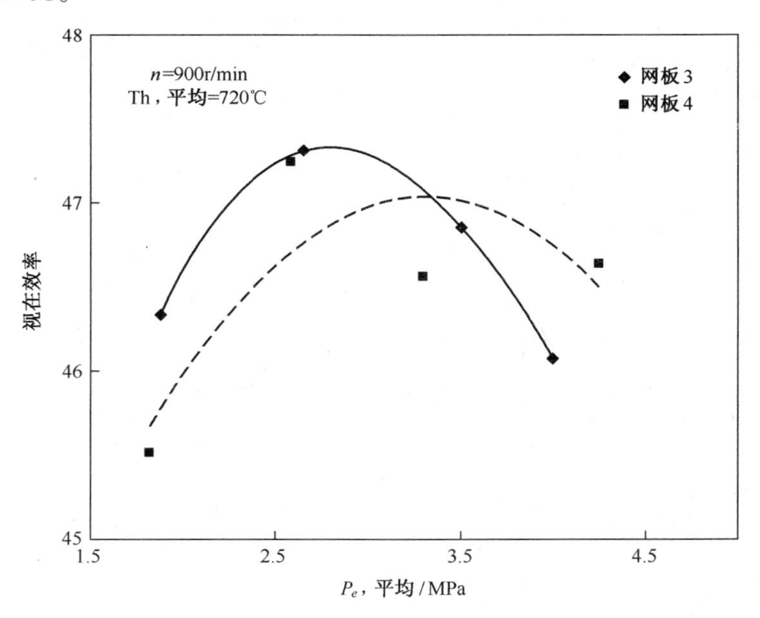

图 10.13　3#和 4#网板的视在效率，作为膨胀腔氦气平均压力的函数

（来自 Takeuchi，T. et al.，2004）

6）功率比较：3#网板（不锈钢）对 4#网板（镍）

图 10.14 示出了两种基体的比视在功率 $W_{\mathrm{ind}}/(P_{e,\mathrm{mean}} \cdot v_e \cdot n)$ 的变化。在图中，每一个数据集中的数据点都用曲线连起来以更清晰地反映其变化。图中横轴

为膨胀腔氦气平均压力,发动机转速为 900r/min。该图表明,在整个工作区间,4#网板的比视在功率要比 3#网板高出约 2%。

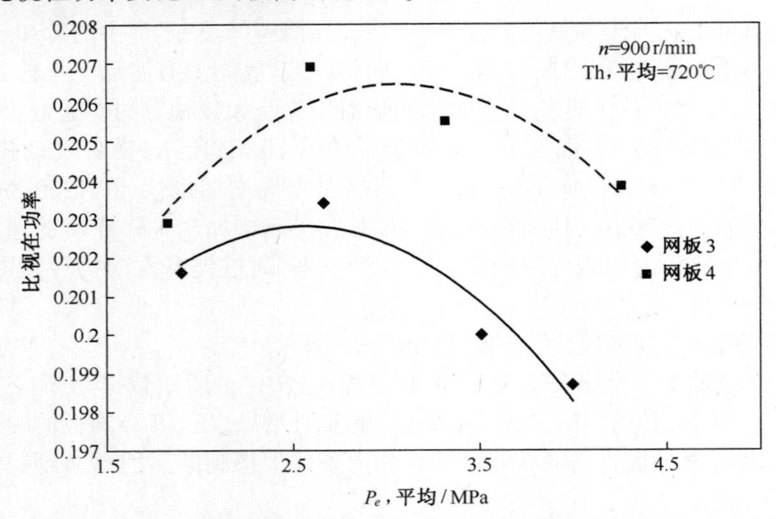

图 10.14　3#和 4#网板的比视在功率,作为膨胀腔氦气平均压力的函数

(来自 Takeuchi, T.et al., 2004)

7) 压力损失比较:3#网板(不锈钢)对 4#网板(镍)

两种网板的比压力损失 $\Delta W_p/(P_{e,\text{mean}}.v_e.n)$ 示在图 10.15 中。这种损失是由热交换器内部摩擦阻力引起的,包括加热器、冷却器和回热器。这种损失直接减少了视在功率。在图 10.15 中,当膨胀腔平均压力升高时,两种基质的比压力损失都减小。4#网板比 3#网板的比压力损失更大,尽管两种网板的开口尺寸一样,但压力损失的绝对差值却达到了 45W,其原因是 4#网板的层数更多而其厚度比 3#网板少 20%。

8) 回热器损失比较:3#网板(不锈钢)对 4#网板(镍)

在图 10.16 中,4#网板的比回热器损失 $Q_{\text{rloss}}/(P_{e,\text{mean}}.v_e.n)$ 比 3#网板的小,特别是在高压段。在平均压力为 4MPa 时,回热器损失的绝对差值达到 140W。4#网板的回热器损失较小,其原因在于镍的热容量更大。考虑到数据的波动性,可以这么说,在工作条件下,两种基质的比回热器损失基本上没有变化。

9) 对 3#网板(不锈钢)和 4#网板(镍)比较的评注

如果考察 3#和 4#网板回热器的内部变换效率,可以看到,3#网板的内部效率比 4#网板高出 1.5%(Takeuchi et al.,2004),而 4#网板回热器冷、热端的温度效率比 3#网板低 1%。这是因为镍的传导率比不锈钢要高。Takeuchi 等(2004)的定义和附图支持这些结论。镍回热器的热传导损失还可进一步减小,其途径有:在镍的表面贴一薄层不锈钢,比较昂贵;在镍网板之间堆叠不锈钢丝网或网板。

2. NS03T 发动机性能比较,针对带沟槽 3#网板、无沟槽 5#网板、6#和 7#网板

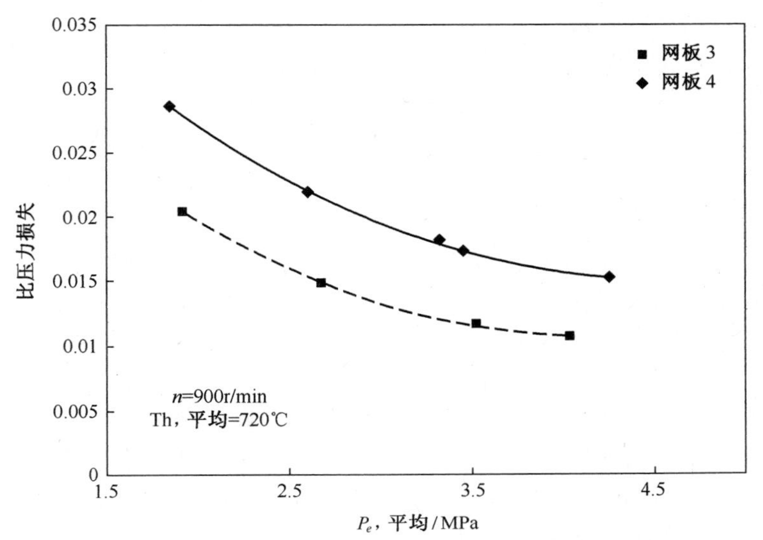

图 10.15　比压力损失，作为膨胀腔氦气平均压力的函数
（来自 Takeuchi，T. et al.，2004）

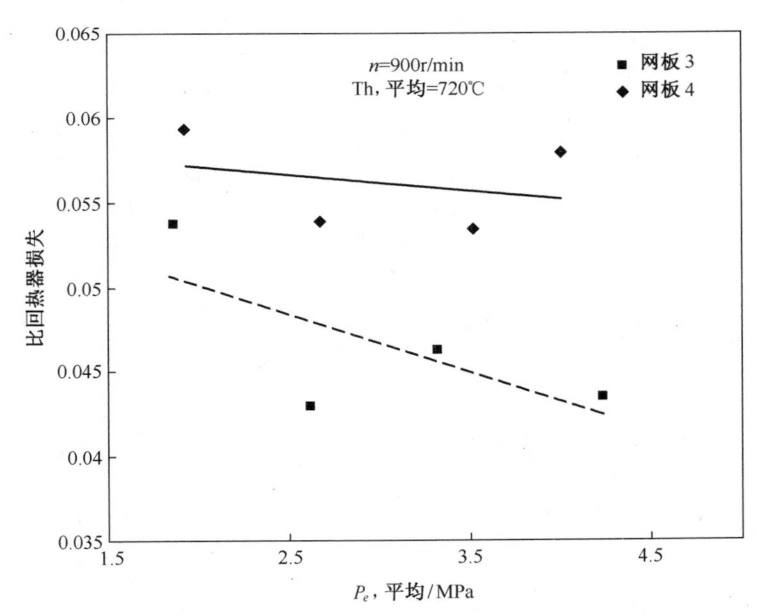

图 10.16　3#和 4#网板的比回热器损失，作为膨胀腔氦气平均压力的函数
（来自 Takeuchi，T. et al.，2004）

（Furutani et al.，2006；Matsuguchi et al.，2005，2008）

按先前的讨论，决定去掉网板上的沟槽，以减小回热器的孔隙率和发动机的死容积，并采用 FIDAP 进行回热器仿真以优化无沟槽网板。在整个网板尺寸范围内

考察了摩擦系数、努塞尔数和性能比(即品质因数,定义为摩擦因子除以努塞尔数)等参数。通过这种方法,开发出了一种新的无沟槽网板,即5#网板。表10.6对其尺寸与带沟槽的3#网板进行了对比。5#网板的孔隙率比3#网板低约7%,而开口面积比明显比3#网板大,使得5#网板的压力降损失小于3#网板。

FIDAP程序预估的发动机性能的提高与实验数据吻合较好,可以得出结论:数字计算足够可靠,足以满足实际使用要求;这种设计方法对于开发带高性能回热器的斯特林发动机是有用的。

Furatani等(2006)进一步推进了网板的开发工作:1)测量了3#和5#网板的角度定向的影响;2)为了减小网板之间的接触面积的影响,在5#网板上增加不同类型的沟槽,这就形成了6#网板方案。

对于5#网板来说,网板角度随机定向比相邻网板超前45°或60°的有规律定向更好。对于3#网板,随机定向或超前45°规则定向,都没有明显影响(没有考虑超前60°定向,因为3#网板是60°对称的)。因此,在6#网板的测试中,采用的是相邻网板随机角度定向的模式。

使用FIDAP对6#网板的设计进行了优化,考察了摩擦因子、努塞尔数和摩擦因子与努塞尔数的比。小比值对应低摩擦损失和高热传递,因此小比值能够得到更好的性能。

后来对6#网板的结构进行了更改,得到7#网板(Matsuguchi等,2008)。表10.6表明,6#网板改成7#网板,增大了流道开口,导致开口比β、孔隙率ϕ都增大。

在图10.17~图10.19中,以3kW的NS03T发动机为性能基线,比较了3#、5#、6#和7#网板的性能。图10.17比较了这四种网板压力损失的实验数据和摩擦因子的数值分析结果,图10.18比较了回热器损失的实验数据和努塞尔数的数值分析结果,图10.19比较了NS03T视在效率的实验数据和品质因数(摩擦因子比努塞尔数)的数值分析结果。

图10.17实测压力损失数据表明,6#网板的压力损失最大,在此基础上通过增大开口得到7#网板,其压力损失却是最小的,但也只是略小于3#网板。数值计算得出的摩擦因子曲线与实测的压力损失几乎一致,但例外的是,3#板的摩擦因子曲线却略低于7#网板的。

图10.18表明,3#网板回热器损失的实测值明显低于其他网板,7#网板在最高、最低发动机转速时的回热器损失略低于5#和6#网板,其效率曲线处于第二位,网板5和6实测效率最差,并且其数值几乎相同。然而,3#网板努塞尔数的计算值只是略高于其他网板。

图10.19表明,3#网板在整个发动机转速范围内均有最好的视在效率,这主要归功于其出色的低回热器损失和相对低的压力损失。7#网板的实测效率排第二,5#和6#网板最差并且数值几乎相同。品质因数f/Nu的数值计算结果与实测效率不完全一致,6#网板的品质因数明显高于5#网板。

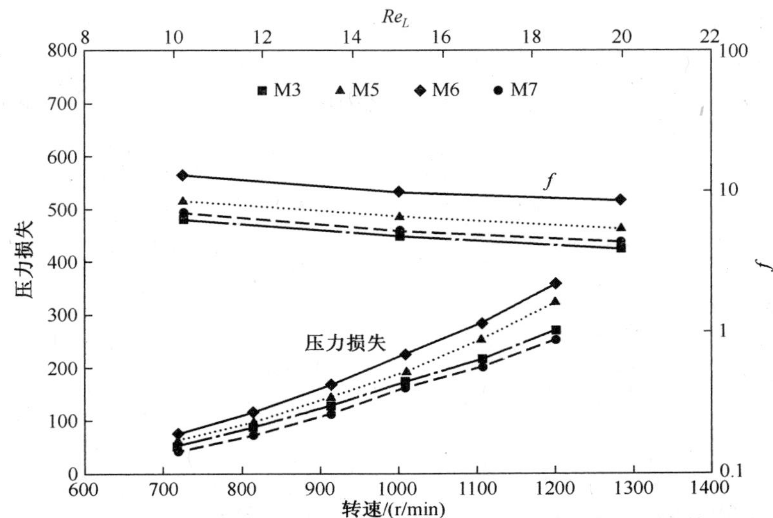

图 10.17　作为发动机转速函数的压力损失实测值与作为雷诺数函数的摩擦因子 f 计算值
（来自 Matsuguchi, A.et al., 2008）

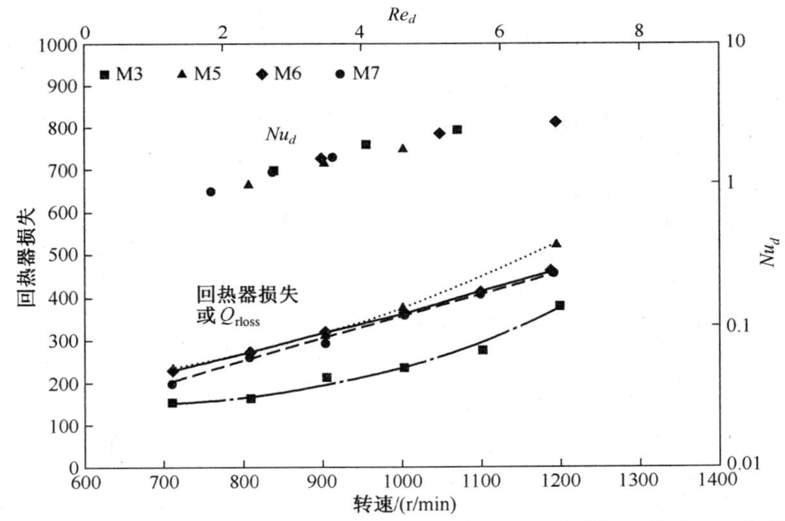

图 10.18　作为发动机转速函数的回热器损失实测值与作为雷诺数函数的努塞尔数计算值
（来自 Matsuguchi, A. et al., 2008）

3. 组合网板在 SERENUM05 和 NS03T 发动机上的测试结果

1）SERENUM05 发动机

本章前面已介绍过 NS03T,这里集中简要介绍 SERENUM05。

Kagawa 等(2007)相当详细地介绍了 SERENUM05 发动机的设计过程,使用了斯特林发动机热动力学和力学分析(Stirling Engine Thermodynamic and Mechanical Analysis, SETMA)数学模型作为设计辅助。

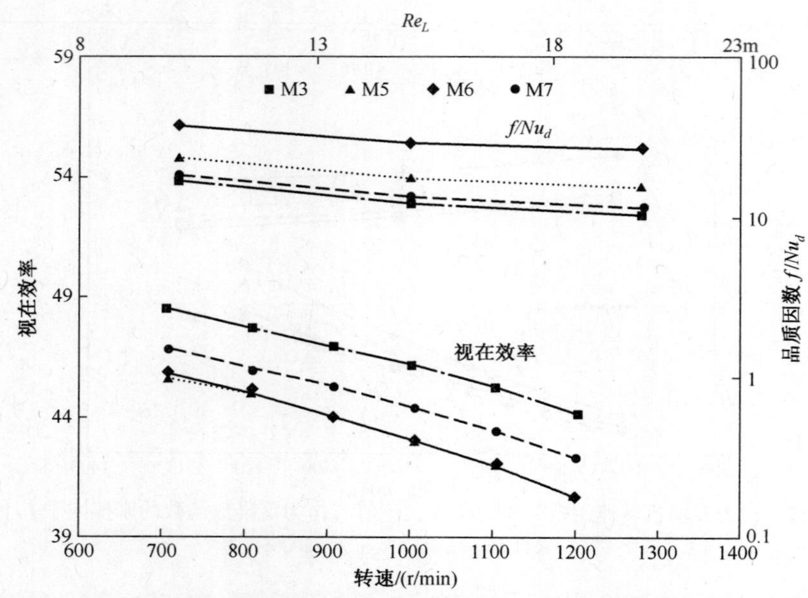

图 10.19　作为发动机转速函数的视在效率实测值与作为雷诺数函数的品质因数计算值
（来自 Matsuguchi，A.et al.，2008）

和 NS03T 一样，SERENUM05 也设计成约 3kW 发动机，但其开发目标是作为可移动的军用和传统用途发电机。SERENUM05 是双作用发动机，四活塞，U 形缸，Z 曲轴机构，采用紧凑型交流发电机。与 NS03T 的筒形回热器不同，SERENUM05 的回热器和冷却器都是环形，围绕着气缸布置。环形回热器的内径、外径分别为 45mm 和 65mm，长度 55mm，包含 500 片环形网板。SERENUM05 最初由日本国防研究院设计，东芝公司在 2005 年制造。

SERENUM05 发动机的设计参数列于表 10.9，图 10.20 是其工作原理图。采用不同部件时发动机的详细指标在参考文献（Kagawa et al.，2007；Matsuguchi et al.，2009）中能找到。

表 10.9　SERENUM05 发动机的设计参数

主燃料	天然气
工作流体	氦
平均压强/MPa	3~5
最高膨胀空间温度/K	975±50
压缩空间温度/K	<323（水冷）
发动机转速/（r/m）	500~1500
最大输出功率/kW	>3kW
最大发电效率/（%）	30

（续）

主燃料	天然气
$NO_x/\times10^{-6}$	<150
噪声水平/dB(A)	<60
质量/kg	<80
高度/mm	<700

来源：$1ppm=10^{-6}$ Mastuguchi, A. ,Kagawa, N. ,and Koyama, S. ,2009.

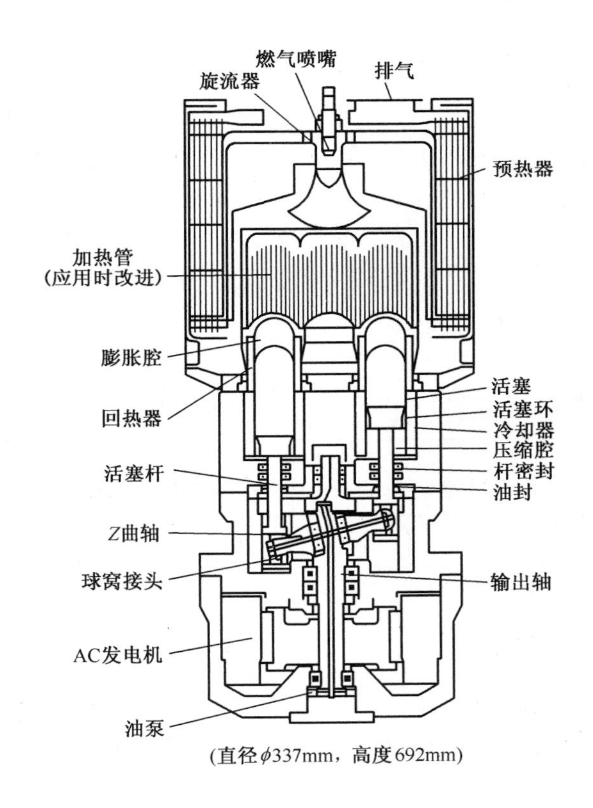

图 10.20　SERENUM05 发动机,双作用、U 形缸、Z 曲轴机构、环形回热器和冷却器（来源:Matsuguchi, A., Kagawa, N., and Koyama, S., 2009.）

2）组合网板回热器在 NS03T 和 SERENUM05 发动机上测试

图 10.21 是几种要进行组合测试的网板的结构图,表 10.10 比较了这几种网板的参数,表 10.11 列出了用于测试的 2 台发动机的工作状态。

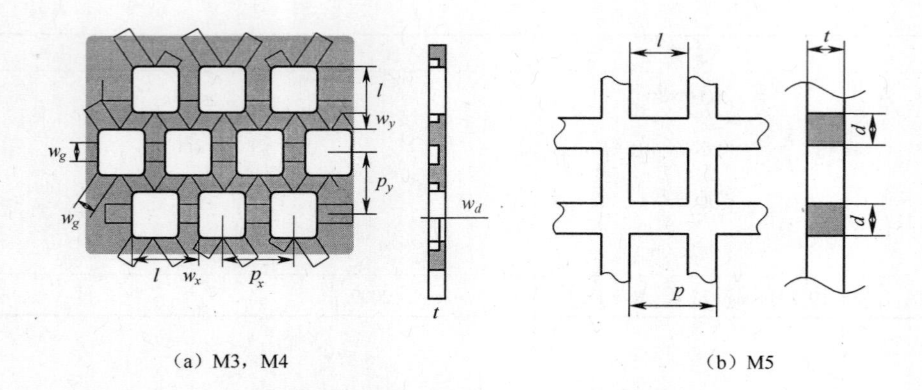

（a）M3，M4

（b）M5

图 10.21　NS03T 和 SERENUM05 发动机组合网板测试中使用的网板
（来自 Matsuguchi，A.，Kagawa，N.，and Koyama，S.，2009）

表 10.10　网板 3、4 和 5 部分参数比较

参数	M3	M4	M5
开口 l/mm	0.300	0.300	0.650
厚度 t/mm	0.120	0.100	0.100
开口面积比 β	0.487	0.487	0.660
孔隙率 ϕ	0.711	0.711	0.660

来源：Matsuguchi，A.，Kagawa，N. and Koyama，S.，2009.

表 10.11　用于组合网板实验的 NS03T 和 SERENUM05 发动机的工作状态

状态	SERENUM05	NS03T
发动机转速/(r/min)	600~1200	600~1200
加热器管平均温度/℃	550	725
氦气充气压力 /MPa	2.0~2.5	2.0~2.5

来源：Matsuguchi，A.，Kagawa，N.，and Koyama，S.，2009.

注意：3#和 4#网板一开始就是有沟槽的，而 5#网板没有沟槽；3#和 5#网板是用不锈钢做的，而 4#网板用的是镍。测试了两种组合：①M3+M4，整个回热器由 M3 和 M4 两种网板交替堆叠而成；②M3+M5，由 M3 和 M5 两种网板交替堆叠而成。

3）组合网板测试结果

图 10.22~图 10.25 示出了组合网板在 NS03T 和 SERENUM05 发动机上的测试结果。

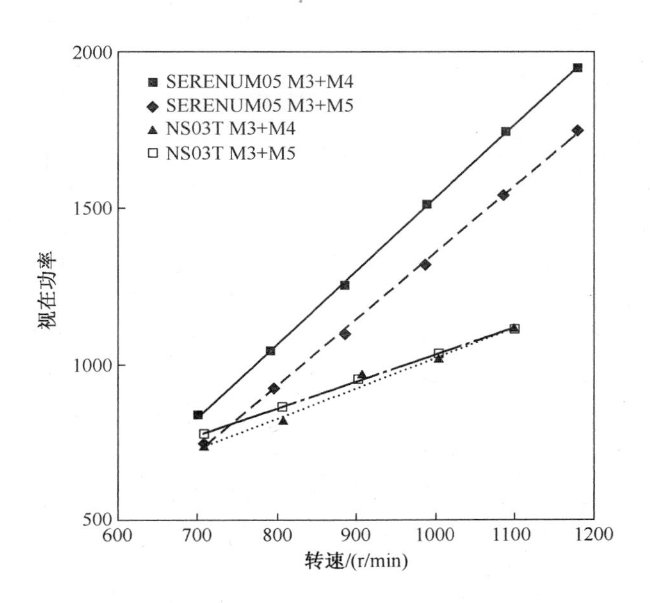

图 10.22　视在功率与发动机转速的关系

（来自 Matsuguchi，A.，Kagawa，N.，and Koyama，S.，2009）

图 10.22 给出了发动机转速与视在功率的关系。图中，视在功率随发动机转速上升而增加，在 600r/min 左右，两台发动机的视在功率相等。当然，在更高的转速区间，SERENUM05 的视在功率比 NS03T 大，1200r/min 时，其差值达到 600～800W。

图 10.23 示出了作为发动机转速函数的视在效率。随着转速升高，SERENUM05 的视在效率提高，但 NS03T 的则下降。另外，尽管 SERENUM05 加热器的温度较低，两台发动机在 1200r/min 左右的视在效率却是一样的。对 SERENUM05 来说，M3+M4 组合具有最高的视在效率；而对于 NS03T 来说，M3+M5 组合的视在效率最高。

图 10.24 给出了机械损失的结果。图中，NS03T 的机械损失在测量范围内几乎不变，而 SERENUM05 的机械损失则随转速升高而增加。还可看出，Z 曲轴机构的摩擦损失要大于传统的机构。

4）组合网板发动机测试结论

（1）M3+M4 回热器在 SERENUM05 上效率最高，而 M3+M5 在 NS03T 上效率最高。

（2）SERENUM05 在大部分转速区间视在功率较大、视在效率较低，但在 1200r/min，两台发动机的效率基本相同。

（3）SERENUM05 的机械损失和回热器损失都比 NS03T 要大。

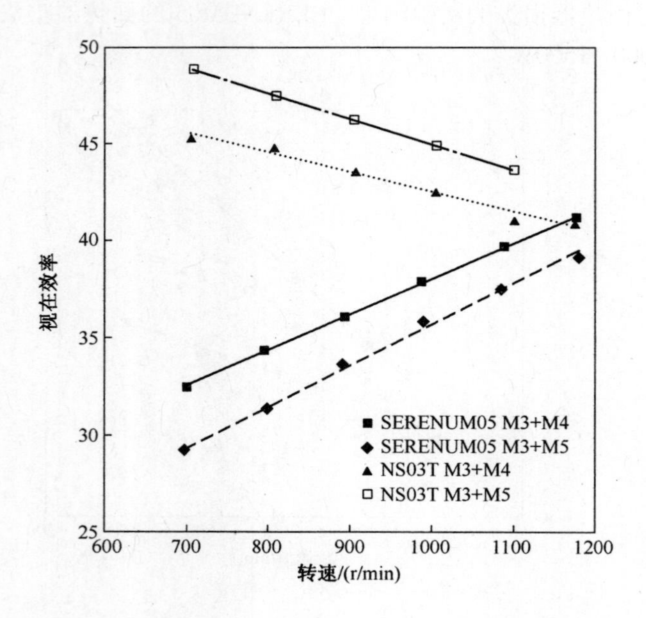

图 10.23　视在效率与发动机转速的关系
（来自 Matsuguchi，A.，Kagawa，N.，and Koyama，S.，2009）

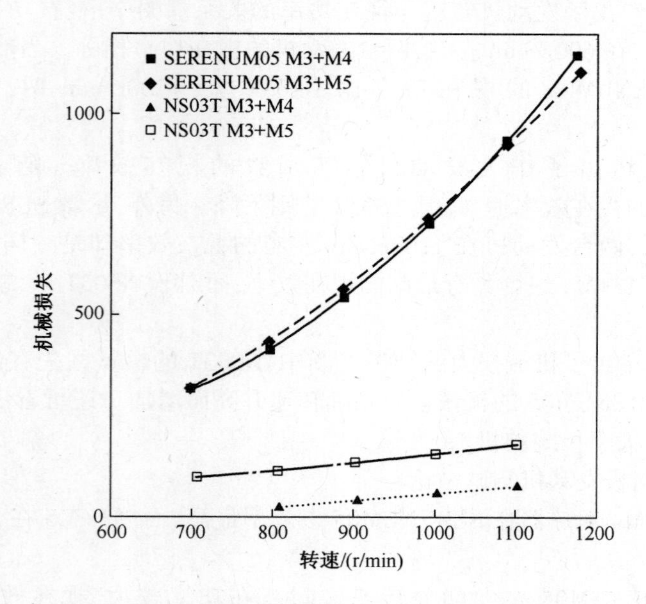

图 10.24　机械损失与发动机转速的关系
（来自 Matsuguchi，A.，Kagawa，N.，and Koyama，S.，2009.）

图 10.25 是回热器损失的实验结果。SERENUM05 的回热器损失比 NS03T 要大得多,达到 1000~1500W。

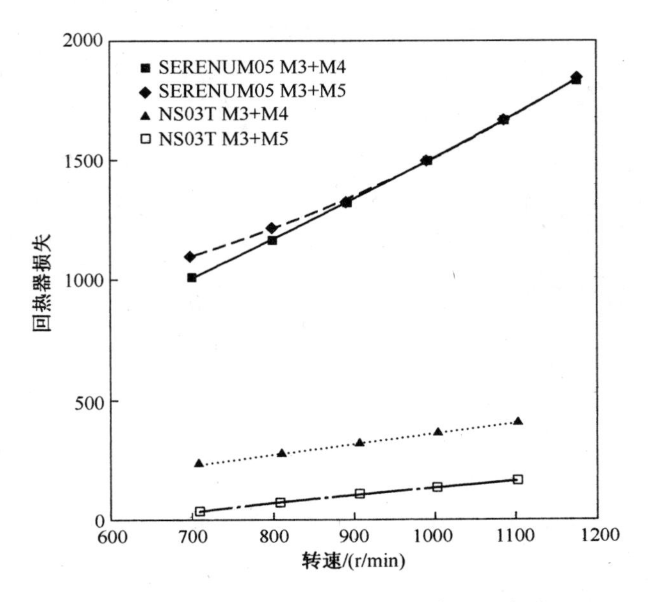

图 10.25 回热器损失与发动机转速的关系
(来 Matsuguchi, A., Kagawa, N., and Koyama, S., 2009。)

10.3 Matt Mitchell 的蚀刻箔回热器

为在 NASA/Sunpower 振荡流动测试台上进行测试,Matt Mitchell 制造了三型蚀刻箔回热器(Mitchell 等,2005,2007)。其中两型是直通流道,孔隙率分别为 76%、60%。第三型为 Z 形流道,孔隙率约 59%。

所有三型蚀刻箔尺寸一致,约为长度 49.53mm、宽度 16.59mm、厚度 0.076mm,名义蚀刻深度约为 0.045mm,都用 316L 不锈钢制造。在距两边相同的位置蚀刻形成空洞,而蚀刻剩余的平行板构成主传热面。所有 3 个成形的回热器都有 52 层板,但板的宽度和板的间隔各不相同。

在图 10.26 中,标记"1A"的是一片低密度直通箔的局部放大照片,是孔隙率最大的一种,其条带名义宽度 0.483mm,四周分布着相同尺寸的沟槽。平行板之间的流道尺寸约为:厚度 0.045mm,宽度 0.56mm,流动方向长 0.48mm。宽厚比达 12.4:1,说明这种流道确实是平行板,而不是矩形管。流道长度略大于厚度的 10 倍,与期望的雷诺数所需的入口长度在同一个量级。一片低密度、高孔隙率箔的平均质量约为 0.141g。

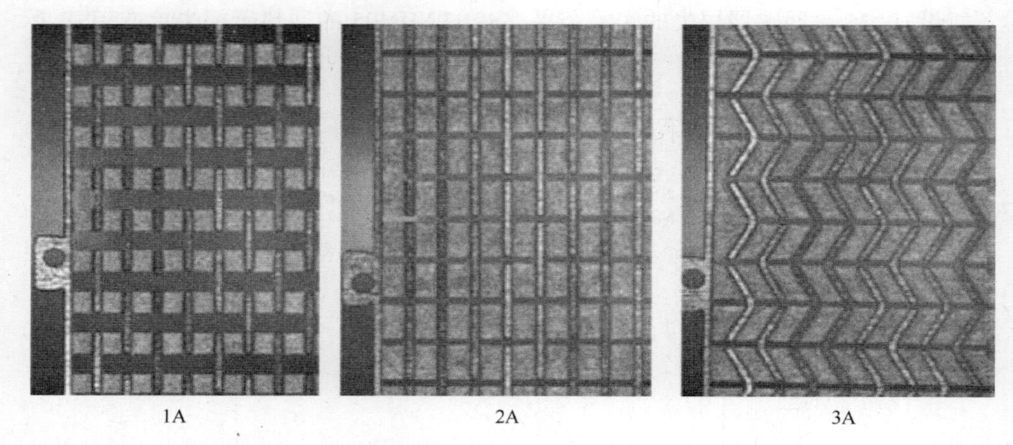

图 10.26　3 种 Mitchell 蚀刻箔

（来自 Mitchell，M. P.等.,2007。）

1A：低密度、高孔隙率蚀刻箔前边局部放大照片，流动方向从左至右；2A：高密度、低孔隙箔放大照片，完成了测试；3A：Z 形箔。

第二型也具有直通流道，但属于高密度型，在图 10.26 中标记为“2A”，它与“1A”仅有的不同点在于条带的面积及其相互间的间隔。条带的名义宽度（即流动方向的长度）是 0.787mm，条带之间的间隙宽度为 0.178mm。更宽的条带、更窄的间隙，形成了更重的箔，其单片平均质量约为 0.222g。

第三型具有 Z 形间隔和桥接，在图 10.26 中标记为“3A”，其条带间隔与比较重的直通型一致，但 Z 条带却是长度最长的，也因此该型箔是三种箔中最重的，平均质量达到 0.230g。Z 形流道的工作机理是这样的：Z 形流道每次改变方向时，箔后部的沟槽都会将部分流量在横向重新分布，从而改善流动特性。据报道（Mitchell and Fabris，2003），在带环形回热器的共轴脉管低温制冷机中，Z 形箔的性能远优于直通箔。

由于时间和经费的原因，在 3 种 Mitchell 蚀刻箔中，只有一种能在 NASA/Sunpower 振荡流动测试台上进行测试。经过仔细分析，3 种回热器箔堆叠成的回热器中，有一种的质量明显好于另外 2 种。这种箔密度高，孔隙率低，在图 10.26 中标记为“2A”，被选出来在振荡流动测试台上进行测试。在图 8.34 中，Mitchell 蚀刻箔的品质因数测试结果与其他回热器的测试结果进行了对比（在图中，这种箔标记为“蚀刻箔 2A 样本”）。

10.4　Sandia 国家实验室的平板回热器

完整的平行板回热器是一个直径 88.9mm、长度 73mm 的圆柱体，用不锈钢板交替堆叠而成。A 和 B 两型板用 316L 不锈钢经光化铣(Photochemical Milling, PCM)工艺制成。PCM 完成后,紧接着就是清洗、排序、堆叠和扩散粘合,粘合好的板片堆叠体采用电火花(Electric Discharge Machining, EDM)加工成圆柱体。有关结构、制造的更详细的材料参见文献(Backhaus and Swift, 2001)。据报道(Backhaus and Swift,2001),采用平行板回热器的热声发动机的输出功率,几乎是采用早期丝网回热器发动机的 2 倍,在最大声功率输入时的效率也有明显提升。

David Gedeon 后来报告,按照与 Backhaus 交流的结果,准备拿出这个平板回热器,或其一部分,到 NASA/Sunpower 振荡流动测试台上进行测试。然而,据说,平板回热器已经有了一些明显的变形,其尺寸公差已不再符合初始设计要求。Sandia 平板回热器没有在振荡流动台上测试。

第 11 章　多孔材料的其他应用

11.1　引言

本章解释有关斯特林回热器的知识是如何应用到其他领域的。这包括所有用到多孔介质的领域，如：燃烧过程、催化反应器、填充床热交换器、电子制冷、热管、绝热工程、核废料储存、迷你冰箱、生物介质热输运特征化、组织工程学的多孔支架，等等。本章只讨论前面几项应用。

11.2　燃烧过程中的多孔材料

多孔介质这个词有很广泛的内涵，如孔尺寸、孔的连通性、孔隙率等。固相可以是金属、陶瓷或是有机材料，流体相的范围则从液态高分子材料到低压气体。另外，物理和化学过程虽然有不同的空间和时间尺度，但在现象上却彼此相关。热穿透深度、停留时间、火焰长度和火焰厚度是说明这些尺度概念的例子。不同空间尺度和材料的组合，进一步扩大了多孔材料的应用范围。

包含大范围空间尺度的系统的例子有：燃烧合成、固体燃料燃烧、催化转换器和催化反应器（图 11.1）。Oliveira 和 Kaviany（2001）给出了在多孔介质中反应物输运的空间尺度。

在涉及燃烧的过程中，对更高效的热交换器有着很大的需求。

通过这种技术（高效热交换），能同时实现污染物低排放和提高传热速度。图 11.2示出了一个双管空气/多孔燃烧器的热交换器（Moraga et al.，2009），其中内管使用多孔介质，外部环形管作为预热器，在空气进入燃烧区之前对其进行预热。

在燃烧过程中使用多孔介质的主要原因有（Zhdanok et al.，2000）：①多孔介质为流-固体提供了更大的界面表面积，这有利于改善燃烧和传热过程；②通过对流和辐射对燃气进行预热，实现了完全燃烧，达到了比绝热燃烧更高的温度；③多孔介质中固体材料的热导率是燃气的 100 倍，这大大改善了温度的均匀性，避免了

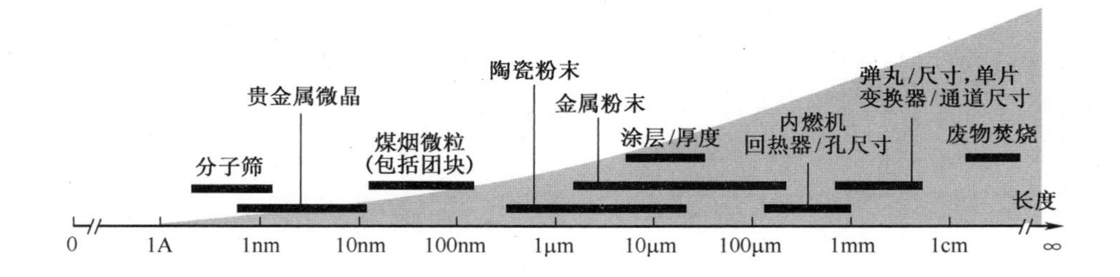

图 11.1　在不同系统中多孔介质的空间尺度和特征尺寸

(来自 *Progress in Energy and Combustion Science*, 27(5), A. A. M. Oliveira and M. Kaviany, 2001)

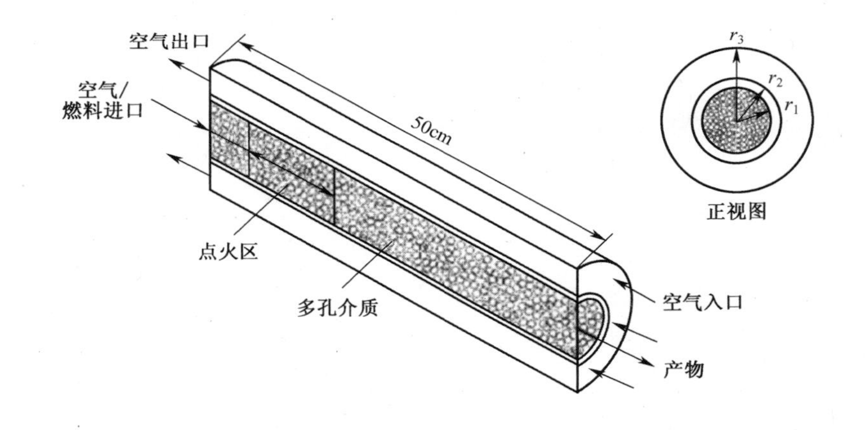

图 11.2　双管空气/多孔介质燃烧室热交换器

(来自 *International Journal of Heat and Mass Transfer*, 52(13 - 14), N. O. Moraga et al., 2009。)

形成产生氮氧化物的热点。燃烧过程受到多孔介质设计特性的极大的影响,如结构尺寸、渗透率及空气-燃料供应与燃烧室之间的压差。有几个研究集中在物理数学模型的实现上,使用该模型能够对采用多孔介质设计的燃烧室进行开发和优化(Bouma et al., 1995; Hsu and Matthews, 1993; Hsu et al., 1993; Malico et al., 2000; Sathe et al., 1990)。

在内燃机领域,类似原理(第 4 章描述的用于斯特林发动机的)也用于柴油机(Ferrenberg, 1994; Hanamura et al., 1997)。在如图 11.3 所示的设计中,一个缸内多孔泡沫回热器,既作为热能存储器(与斯特林发动机类似),又作为柴油机的催化转换器。回热器大部分时间或是在活塞的顶部,或是在缸头。在吸气冲程(再生冷却),回热器向下运动到活塞顶部,冷气由回热器加热后进入燃烧室;在排气冲程(再生加热),回热器向上运动到达缸头,热气通过回热器冷却后离开燃烧室。采用这种设计(12 PPi SiC 泡沫, Oliveira 和 Kaviany, 2001),在同样空气/燃油比条件下,可提高 50%的燃油效率。

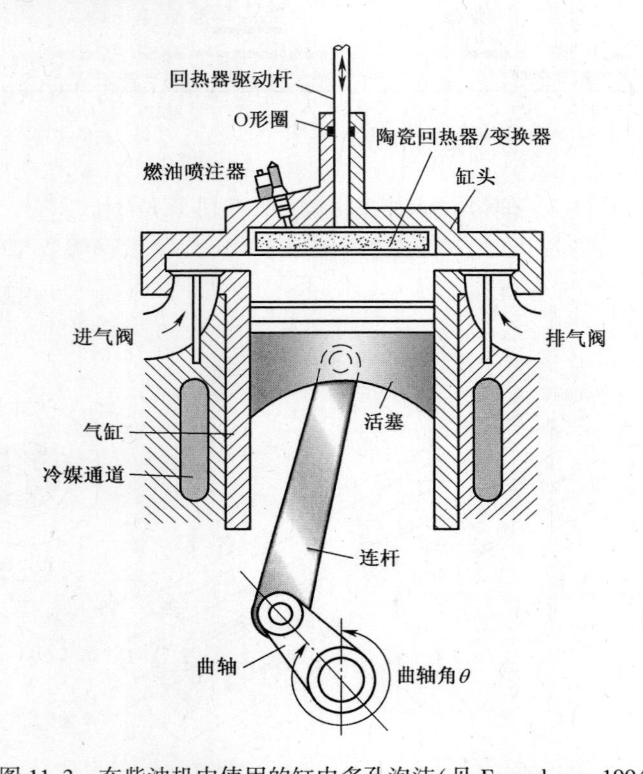

图 11.3　在柴油机中使用的缸内多孔泡沫(见 Ferrenberg, 1994)
(来自 *Progress in Energy and Combustion Science*, 27(5), A. A. M. Oliveira and M. Kaviany, 2001。)

11.3　强化电子制冷中的多孔材料

用多孔材料来强化电子制冷有多种方法。一般情况下,直接将多孔材料插入流道中固然能增加热传递,但同时会增大压力降。因此,在研究/设计每一种特殊的结构布局时,有必要对传热/压力降的比值进行一些优化,确定一个合适的值,既能将制冷能量提高到期望的值,又不至于增加过多的能量消耗来驱动冷媒流动。

Pavel 和 Mohamad(2004)通过数值计算和实验研究了管路中嵌入多孔金属材料的管内恒定热流的强化传热问题。结果表明,插入多孔材料确实能得到更高的传热速率,代价是合理的压力降。同时还表明,在插入多孔材料的情况下,要想得到精确的热传递仿真结果,应该仔细评估有效热传导率。这样一根管子可以作为贯通电子元件的热交换器流体通道的通用模拟物——尽管不能指望这样的电子流道具有与管子一样的均匀横截面。研究确实建议采用带多孔材料热沉的热交换器来强化电子制冷，但代价是增加了冷却流的驱动功率。

Ould-Amer 等(1998)采用数字方法研究了一种结构，这种结构更像是真实的电子冷却结构，如图 11.4 所示。图中的发热模块模拟微芯片一类的电子元件。针对安装在平行板上的发热模块的层流强迫对流冷却情况取得了数字结果。多孔介质中的流动用 Brinkman-Forchheimer 扩展达西模型建立模型，求解了质量、动量和能量方程。在一个很大的达西数和热传导率比范围内，检查了模块壁的当地努塞尔数、平均努塞尔数和模块最高温度等参数。首先计算单个模块，然后计算均匀安装的其他模块。结果表明，插入到模块之间的多孔介质，可以强化模块垂直边的热传递速度(多孔材料的有效传导率必须远高于流体热传导率)。虽然多孔基质降低了模块水平面的热传递，但其平均努塞尔数明显增大，预计可达 50%；与纯流体(无多孔材料)相比，这些被加热块的最高温度也降低了。

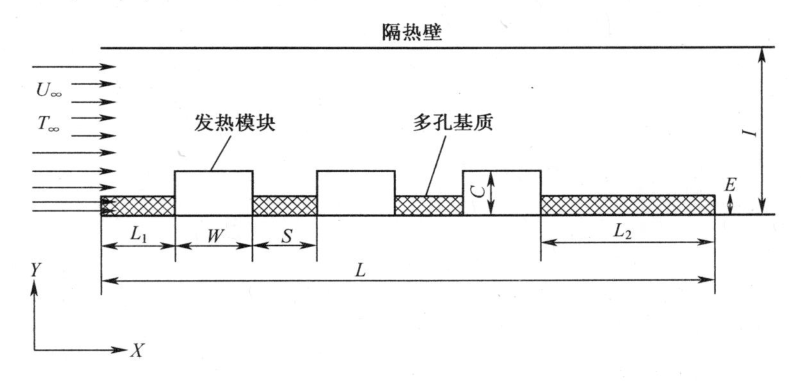

图 11.4　在文献 Amer-Ould 等(1998)中用到的物理域(来自 Y. Ould-Amer et al. ,1998)

Ko 和 Anand(2003)研究了用多孔铝挡板在矩形通道中强化传热，其实验装置如图 11.5 所示(这只是从实验装置截出来的一节，真实的实验装置更长，有多个挡板)。实验在雷诺数为 20000~50000 时进行。通过将文献中的数据与没有挡板的直通通道的数据进行比较，证实了实验方法是有效的。实验表明，在第七个模块的下游，流动和传热周期性地达到完全发展状态。对于这个研究要考察的独立参数范围，应该可以给出如下结论性的意见：强化传热比随雷诺数增大而减小，随孔密度增大而增大。对于本研究涵盖的参数范围，强化传热比达到 300% 的最大值。对于更高、更厚的挡板，强化传热比也更高。泵功率每增加一个单位导致的强化传热比小于 1。摩擦因子随雷诺数增加略有减小，随挡板厚度和孔密度增加而增加。注意，用多孔材料代替同尺寸的实心挡板，一般会减小压力降损失，但也会减少传热。

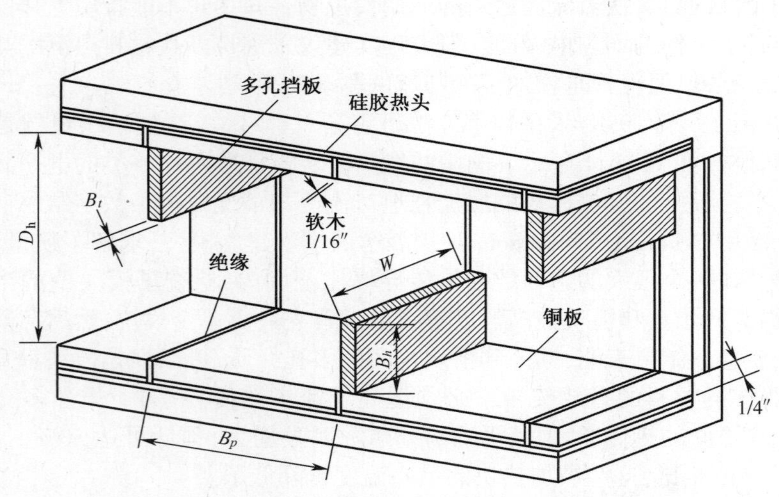

图 11.5 Ko 和 Anand(2003)使用的测试装置
(来自 K. Ko and N. K. Anand, 2003。)

11.4 热管中的多孔材料

热管是一种有效的两相传热装置(Dunn 和 Reay,1994),利用蒸发/凝结过程中的潜热将热量从热源输送到冷阱。工质的输送是依靠毛细作用力。

电子设备如笔记本电脑等广泛使用热管。当然,在电子制冷应用领域,传统的热管设计有其局限性。其背后的原因是:蒸发器和冷凝器几乎处于同一个水平位置,并且彼此靠得很近。这就引起了大部分的压力损失,这种损失与所谓的夹带损失有关(Faghri, 1995)。这些损失,既与通过多孔夹芯的流动(沿热管的整个长度)有关,又与两相之间(液体和蒸气)的阻尼作用相关。

热管技术的进一步开发是引入所谓的环路热管(Loop Heat Pipe, LHP)(Ku, 1999; Maydanik and Fershtater, 1997)。这种新设计将液体从蒸汽相中分离出来,只在蒸发段设置毛细结构。这样将毛细结构与蒸发器集成起来,能够将毛细结构设计得更好,产生足够的毛细作用力来驱动 LHP 运转。

在紧凑型制冷装置领域,研究了迷你型 LHP(mLHP)(Bienert et al.,1999; Hoang et al.,2003;Kiseev et al.,2003;Singh,2006;Singh et al.,2007)。在 mLHP 设计中,有几个影响环路系统工作特性的参数需要考虑,如材料(塑料还是金属)、孔尺寸、扩散率、孔隙率等。Singh 等(2004)考察了聚乙烯夹心,展示了一个设计:孔尺寸 8~20μm,孔隙率小于 38%。这么低的孔隙率限制了 mLHP 的热容量。至于金属夹心,镍(Maydanik et al.,1992)、钛(Baumann and Rawal,2001;Pastukhov et al.,1999)、不锈钢(Khrustalev and Semenov,2003)和铜(Maydanik et al.,2005)

等都是常用的材料。这些金属热导率低,能打出很多细小的孔(孔径小到2μm而孔隙率能达到55%~75%),因而很有吸引力。在这种情况下,就用单孔夹心(即其孔径尺寸分布类似泊松分布,其特性可用平均孔径尺寸来刻画)。

在高性能热管的多孔夹心设计中,需要高孔隙率以使通过蒸发区时寄生热泄漏最小,需要高渗透率以减小通过多孔介质时的压力损失,夹心要有足够的毛细力以保证流体连续循环。最近,Wang和Catton(2004)引入了双重多孔夹心概念,即在大尺寸的多孔颗粒中又有小孔。实验证明(Yeh et al.,2008):不管设备在重力场中怎么定向,用双重多孔夹心都能改善LHP蒸发器的传热特性。

近来,热管中多孔夹心的热物理性质吸引了大量的研究工作者的关注(Semenic et al.,2008;Singh et al.,2009)。这些多孔夹心由30~100μm小尺寸铜或镍颗粒组成。在这个领域,由颗粒烧结成的小块金属称为单一多孔块,而由纤维束烧结成的则称为双重多孔块。图11.6示出了一个双重多孔夹心的扫描电镜照片,其中纤维束尺寸为586μm,粉末尺寸为74μm。

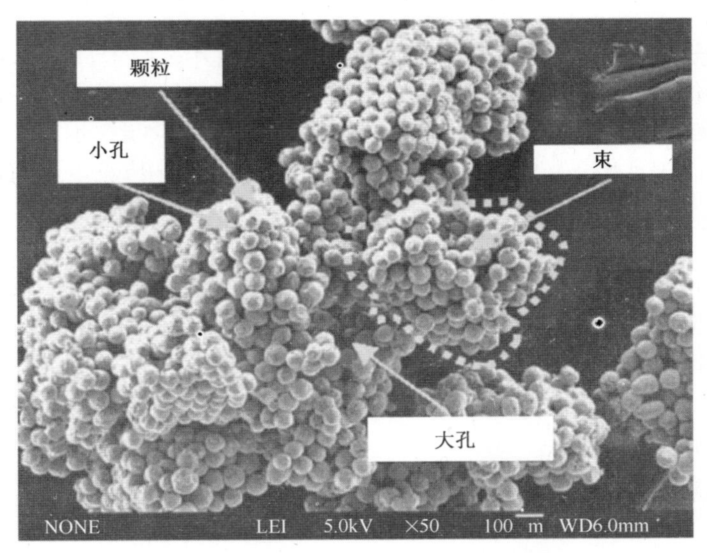

图11.6　586/74双重多孔介质蒸发器扫描电镜照片,50倍
(来自Semenic,T., Lin, Y.-Yu, and Catton, I., 2008)

不同的研究者都能够用有两个不同特征尺寸的双重多孔夹心来替代单一多孔夹心,达到提高去除热量速率的目的(Cao et al.,2002;Konev et al.,1987;North et al.,1995;Semenic and Catton,2006)。

不同参数(Semenic et al.,2008)能够影响热管的热性能,如通过纤维束的流体的质量流率、蒸发器半径、粒子直径、粒子之间的孔和纤维束的直径。改变这些参数,就会改变流体和蒸汽的渗透率和孔隙率,毛细压力,粒子与粒子之间的结合面积。Semenic等(2008)考察了3种纤维束直径和5种颗粒直径的15种不同组合。

他们第一次在一个很宽的颗粒和纤维束尺寸范围内测量了双重多孔介质的热传导率,并将测试结果与具有相似热传导通道的材料的热传导率进行了对比。他们获得了一系列关系式:流体和蒸汽的渗透率,毛细压力,以及单一多孔基质和双重多孔介质的平均热传导率。这些关系式将双重多孔介质蒸发器临界热通量与其热物理特性关联起来,可用于优化模型中。

Singh 等(2009)在预定用于电子制冷的 mLHP 原型机上测试了不同类型的夹心结构。他们发现,铜毛细管比镍要好,双重多孔毛细管比单一多孔毛细管传热性能更好。小孔为液体提供流道,大孔为蒸汽提供流道,这样一种毛细管结构极大地提高了蒸发特性。

微热管是 Cotter(1984)在 1984 年才开始使用的一个术语,代表一类直径 30μm~1mm、长度 1~5mm 的器件。这种器件背后的原理在自然界扮演着重要的角色,如植物叶子的热调节过程(Reutskii 和 Vasiliev,1981)、动物的汗腺(Dunn and Reay,1976),等等。这些器件可以成功地用到热调节系统、微电子器件、热泵和冰箱中。

与传统热管相反,开式微热管能够达到几十甚至几百厘米长(Vasiliev,1993)。在毛细力起作用的地方,重力都扮演着重要角色。开式微热管通过多孔膜运走一部分液体,剩下的液体以蒸汽和膜的形式在体内循环。图 11.7 示出了开式微热管的纵剖面。图中示出了位于两端的水封膜(1)和(2),液体从左边进、右边出,热量(Q)从标记为(Q)的地方进来、发散出去。

这种开式微热管的原理也已得到实验验证(Luikov and Vasiliev,1970)。Vasiliev 等(1991)更细致地讨论了带多孔膜的微流道中存在相变(蒸发/凝结)时流体流动和传热情况。在他们的工作中,显示了多孔结构是如何增强凝结/蒸发过程的热传递的。

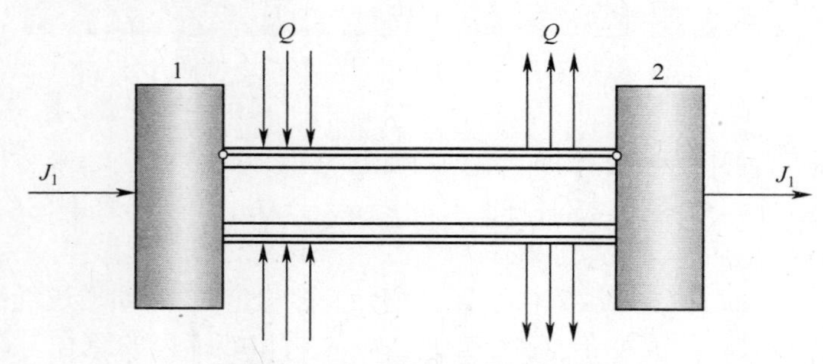

图 11.7 开式微热管的纵剖面

来源:Vasiliev,L. L.,1993。

第 12 章　总结和结论

NASA 和美国能源部正在为长达 14 年的行星飞越和空间科学任务开发放射性同位素斯特林发动机/发电机。多年来,能源部一直在支持地面应用的蝶式太阳能斯特林系统的斯特林发动机开发工作。回热器是斯特林发动机和制冷机中 3 个热交换器之一(另 2 个是吸热器和散热器),卓越的回热器性能是一台好发动机的关键,更是制冷机性能的决定性因素。能源部和 NASA 先后资助了回热器的研究工作,从学习高性能回热器的基本原理,到试图开发比旧设计更优越的新回热器。研究工作从现有回热器(即丝网和毛毡回热器)的测试和 CFD 仿真开始。

对于斯特林发动机性能来说,回热器的性能是关键性因素,因为在每个发动机循环中,存储在回热器基质中并释放回工质的热量,可以达到通过吸热器/加热器进入循环的热量的 4 倍之多,因此,需要近乎完美的回热器热性能(99%甚至更高的热效率)。100%回热器效率需要非常大或者说无限大的基质热容,非常大或者说无限大传热系数(振荡流动的气体与回热器基质之间)。100%回热器效率还意味着在一个周期内回热器焓流积分(整个循环周期内对时间积分,整个横截面面积对空间积分)为零。在实际回热器中出现的非零焓流,是除有限的基质热容量和有限的气体-固体传热系数之外的非理想因素引起的。这些非理想回热器特性有:垂直于主流动轴线的横截面上的流动不均匀,这是由多种原因所致;回热器壁的孔隙率比芯部低,导致回热器壁泄漏;近壁区和芯部的湍流涡不同,导致流动阻力不同。还有其他热损失,包括:由气体和金属传导带来的轴向传导损失,这是直接穿过回热器的热泄漏,需加到发动机吸收和散发的热量中;除通过气体和基质传导的热量外,还有通过回热器筒或容器传导的热量;从垂直于流动方向的基质纤维或结构上脱落的涡和任何湍流涡,这些涡都会引起热渗透,进一步加强了通过气体的轴向热传导。除回热器热损失外,流过回热器的流体还有流动阻尼损失,或称为压力降损失。所有包含流体流动的热交换器,其设计都需要在阻尼和热损失之间进行折中,以便使整个回热器的损失最小。

丝网回热器比毛毡回热器性能只好一点,但制作成本却高得多,因此,在为商业目的开发的现代斯特林设计中,仍使用毛毡回热器以降低成本。在丝网和毛毡两种回热器中,有许多层纤维垂直于主流道,在纤维下游侧的流动分离会加大压力降损失。在能源部资助的研究中就已认识到这一点。

长期以来研究者就已认识到,与流道平行的平板回热器在理论上具有比丝网和毛毡回热器更高的传热/压力降比值。当然,实现平板或近似平板回热器的努力碰到了一些实际问题。当平行板回热器插入圆形或环形筒中时,平板与筒壁接触或接近的部分的结构在这个筒壁的圆周方向是不同的,这将产生不均匀流动,进而降低回热器的性能。将薄的金属箔卷起来可以形成渐开线箔回热器。不幸的是,在稳态和暂态温度梯度下,这些渐开线金属箔都会变形。采用渐开线金属箔回热器的发动机性能比毛毡还要差,就没有再研究了。平板回热器也碰到了因为温度梯度引起变形的问题(引起这种变形的原因在本书中讨论过了)。

基于在能源部资助阶段获得的关于毛毡/丝网回热器性能研究的经验教训,在NASA资助的后续工作中,克利夫兰州立大学领导的回热器研究团队向NASA提出了设计、微制造新型回热器基质的建议。项目立项后,团队研究了多个方案,并与多个供应商讨论了制造方法。通过评估供应商的投标,将范围缩小到2家,最终选定了一家来实现新设计。

最初的微制造方案之一有点像渐开线箔方案的改进版,在同心箔之间加上了加强筋以防止其变形。当然,进一步的研究表明,这种结构制造难度大,就算做出来,在流动方向上也会有较大的传导损失。

最终,开发了分段渐开线箔方案。在两个方向上实现了真正的分段:在径向,几段渐开线箔由同心环隔开;在轴向,形成一个个厚度约250μm的盘(后来,为节省经费,实际做出来并完成测试的是约500μm的盘,但250μm的性能更好)。

分段渐开线箔组合体在NASA/Sunpower振荡流动测试台上进行了测试,结果表明,与现有的毛毡方案相比,分段渐开线箔要好得多,品质因数(传热与压力损失之比)更高。后来,做出了分段渐开线箔回热器并在Sumpower自由活塞发动机上进行了测试。虽然对发动机做了必要的修改,以便更适合使用分段渐开线箔回热器,但确实没有实现设计优化,其结果就是这台发动机的性能与使用毛毡回热器的发动机的性能差不多,而前期的计算机仿真表明,完全优化设计的分段渐开线箔回热器发动机,其性能要比优化后的毛毡回热器发动机提高6%~9%。

除了可以提升性能外,与毛毡回热器相比,分段渐开线箔回热器还可以降低回热器碎片剥离并逸出回热器进入发动机工作腔的概率。从回热器剥离出来的纤维,可能进入气体轴承中,引起活塞与缸体之间的摩擦,严重危害发动机性能。

基于分段渐开线箔在振荡流动测试台上优异的测试结果及其潜力,并且认定发动机测试结果不好是因为发动机与回热器匹配不佳引起的,可以认为:分段渐开线箔能够提升斯特林发动机的性能。考虑到计划采用的制造技术LiGA技术昂贵,而且用电火花加工不锈钢特别慢,只做了镍渐开线箔(对镍来说,LiGA微制造工艺过程中就不需要电火花加工这道工序了)。因此,分段渐开线箔若要实用,特别是若要商用,必须开发出从期望的材料做出渐开线箔的廉价的制造工艺。

镍虽不是最优的材料,但对于650℃热头的斯特林发动机(渐开线箔回热器测试用)来说,它是可用的。而在850℃的增强版中,镍就不能继续使用了。而且镍的热导率高,导致轴向传导损失超出预期。

本书第10章综述了日本国防研究院的Norboru Kagawa和他的同事及学生的回热器研究和开发工作。他们用化学蚀刻方法制作网板回热器。网板回热器结构某种程度上与丝网回热器类似,带有在金属盘上蚀刻出的方孔和不同类型的沟槽(无沟槽也算一种),用于增强发动机/回热器的性能。与丝网相比,化学蚀刻出来的网板的优势在于,其网板上的微观尺寸可以优化,这也是国防研究院一直为之努力的。相反,丝网就只有有限数目的丝尺寸和配置方式可供选择。本书综述了这些研究、开发和发动机测试工作的结果。我们基于出版的论文、Kagawa本人对几张草图的注释,试图精确描述Kagawa的工作。当然,作者对于在描述日本国防研究院网板研发工作中出现的任何错误负责。

分别采用丝网和网板进行了发动机测试,有些网板比其他的工作得好。使用两种不同的发动机,采用不同类型的网板组合进行了测试,测试结果的广泛讨论,请见第10章。

在克利夫兰团队最初的探索中,化学蚀刻也是纳入考虑的方法之一。当时放弃这个途径的原因,是认为蚀刻出的壁是倾斜的,不适合当时正在论证的方案。这对更薄(250μm,最终要制造、测试的)的渐开线箔盘也许不是问题。也许,Kagawa和他的同事及学生采用的化学蚀刻方法也可以用在分段渐开线箔盘的制造上。

第 13 章　进一步的工作

建议在斯特林回热器领域进一步开展以下工作。

13.1　开发新的斯特林发动机/制冷机

需要从头开始设计空间斯特林发动机/发电机和制冷机，并且在设计之初就采用渐开线箔回热器。只有这样才能完全发挥渐开线箔回热器的优势。

13.2　开发新的回热器方案

有几个设计选项具备改进回热器和发动机/制冷机性能的潜力，如：

(1) 如果能够制造出来，变直径回热器应该能带来些好处。

(2) 在轴向和径向孔隙率可变的基质能提升性能。已经有一些计算和实验方面的尝试。这个领域还没有被完全探索。

(3) 使用纳米技术开发具有独特热性能的材料，如在径向比流动轴向具有更高热传导率的材料，可能提高性能。

(4) 需要开发高温应用（如金星环境）的斯特林回热器。

13.3　进一步研究回热器

在这个方向，我们正在提出以下研究：

(1) 泄漏研究。明尼苏达大学已开展了一些实验研究工作。

(2) 对于不同基质孔隙率，位于回热器端部的集气室厚度有什么影响？我们的发现是，对于高孔隙率基质，其影响可以忽略。这与其他研究者在研究低孔隙率时的发现相反，如汽车斯特林发动机（用氢气作工质）的设计者就认为，回热器集气室(回热器端部容积)的正确设计是保证发动机性能的关键。这些回热器的孔隙率比现代小功率斯特林机的(约90%)要低。

(3) 考察回热器孔隙率对射流向基质中传播的影响。

(4) 直接测量多孔介质中的涡输运。

(5) 通过测量建立回热器基质出口平面处 $\langle \tilde{u}\widetilde{T} \rangle$ 在径向两点之间的空间关系。这将使我们找到空间平均渗透项(多孔介质理论)和时间平均渗透项(湍流理论)之间的数学关系。

13.4 回热器的 CFD 建模

已经开发了几个 CFD 模型用于仿真斯特林回热器。然而,还有很多问题没有得到探索,如:

(1) 在更真实的边界条件下振荡流动中的多孔介质建模,也称多孔介质的二维、三维建模。

(2) 在回热器仿真中应用多孔介质的非平衡模型。

13.5 新回热器的微制造

需要在两个方面进行微制造过程开发:一是开发比镍更耐高温的材料的微制造技术;二是开发更便宜的工艺。NASA 和 Sunpower 正在为空间电源应用开发850℃发动机,金星应用的供电/制冷系统需要回热器材料耐温高达 1200℃。IMT(International Mezzo Technologies,Baton Rouge, Louisiana)公司早期研究过电火花(Electric Discharge Machining,EDM)加工不锈钢,用 LiGA 工艺制作 EDM 工具。这种工艺需要的燃烧时间(与电火花机床设置有关)太大,不具备可行性。对于高温渐开线箔微制造工艺的开发,几个可能的方向如下:

(1) 针对那些 LiGA 工艺不能单独处理的高温材料,优化 EDM 工艺。通过提高 EDM 机床的功率设置(比 IMT 最初使用的高),燃烧时间可大幅度减小,但提高功率后,“过燃烧”(即 EDM 工具和渐开线箔通道的间隔)会增加。

(2) 开发那些 LiGA 工艺单独就能处理并且适合于回热器应用的高温合金或纯金属。纯铂满足这些条件,但铂的热传导率太高,会引起很大的轴向回热器损失,而且非常昂贵。

(3) 适用于高温回热器的陶瓷材料的微制造。陶瓷易碎,其结构特性是一个需关注的因素,陶瓷回热器与金属回热器容器之间的热膨胀系数的匹配好像也是一个问题。

（4）重新审视一下化学蚀刻渐开线箔回热器的可能性也是值得的。最初没有选用这种方法，主要是考虑到蚀刻过程中壁厚度的变化。当然，这个决定是在确定要采用 250μm 量级的薄渐开线箔之前作出的。对于这种薄渐开线箔，蚀刻引起的壁厚变化也许不是问题。另外，日本国防研究院的 Kagawa 和他的同事及学生已在化学蚀刻网板回热器方面取得了很好的进展。这些网板也很薄。在他们的许多论文中，也没有迹象表明，网板壁厚的变化是一个问题。

（5）需要在材料和制造工艺方面取得突破，才能使生产渐开线箔一类的器件的成本变得可接受。

（6）需要进一步开发渐开线箔制造的 LiGA 工艺，以消除飞溅的碎屑和毛边。另外，贯通或几乎贯通通道壁的凹痕也应该消除。

附录A NASA/Sunpower振荡流动压力降和传热测试台

A.1 一般描述

图 A.1 显示的是用于测量在振荡流动中的多孔塞式试样的传热和压力降特性的仪器(Chapman et al. ,1998)。这个仪器是依托振荡流动测试台建造的,而测

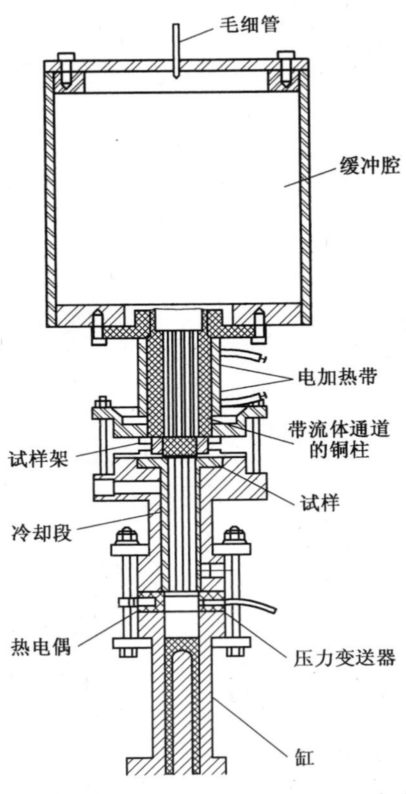

图 A.1 NASA/Sunpower 振荡流动传热和压力降测试台

试台最初是为压力降测量而设计的，并没有传热测量功能，因此进行了改造和完善。流动和试样都是在斯特林发动机或制冷机回热器中碰到的典型。

仪器包含：一套活塞缸组件，冷却段、试样架和加热段，这些组件沿着垂直流道从底向上串行排列整齐。前述组件整个放置在压力箱中，以便可以进行不同压力下的测试。振荡流动由活塞产生，活塞精确安装在活塞缸中，由变行程变频率直线电机驱动。

加热段的底端向试样架的顶端开口，而加热器的顶端向一个相对较大的、固定的绝热缓冲容腔开口，一根毛细管将缓冲容腔与压力箱内的环绕空间相连。

加热段由一个铜柱和固定在其外表面的电加热带组成，铜柱上钻出孔作为流体通道。加热器的电功率由一个商用温度控制器调节。冷却段是一个管壳式热交换器，用温度受控的循环水作为冷媒。5 个细丝热电偶装在试样的表面，安装了热电偶的试样夹到流体扩散器之间，整体装入试样架。

因为容积很大，加上一些设计方面的考虑，活塞缸内的压力变化主要是由试样内和加热、冷却段内由摩擦产生的压力降引起的。因此，在试样内和加热、冷却段内的质量流率几乎就是正弦变化的，其空间分布是均匀的(见图 A. 1)。

在传热工作模式，该仪器用于测量净热能通量，这是斯特林发动机中的一个基本量。工作时，由外力推动活塞运动，同时通过加热手段保持加热段比冷却段高出 200℃，这样就在试样上产生一个温度梯度，形成轴向传导和不完全传热，沿试样产生一个净热通量。这些热量最终散到冷却器中，而热量的测量也在冷却器中进行。虽然通过缸壁和法兰的静态传热及由压力降引起的活塞功，也对冷却器散发的热量有贡献，但这些量都可以通过标定分离出来，因此，仍然可能推断出绝热条件下试样的热性能。

迄今，测试过的试样都是用编织金属丝网和金属毛毡制作的，试样孔隙率变化范围很大，覆盖了所有斯特林发动机回热器的基质。从这些试样实验已经得到了一些通用结果，如摩擦因子、努塞尔数、轴向传导强化比、热流比。最近，测试了两种新型渐开线箔基质，其开发、制造和测试结果在第 8 章、第 9 章讨论。

A. 2 对振荡流动测试台的改进

对位于 Sunpower 公司的 NASA 所有的振荡流动测试台进行了大量改进(Ibrahim et al. ,2004a)。为了缩短状态转换时达到热平衡状态的时间，并解决以前冷却器的气泡问题，设计并制作了一个新的管壳式水冷冷却器。还设计并制作了新的热电偶/扩散盘组件，用 0. 005 英寸线径的铬-镍热电偶测量被测基质任一表面的温度。扩散盘是由 200×200 不锈钢丝网叠成厚度 0. 7mm 的板，放置在冷却器、加热通道和基质之间，在入射射流撞击回热器基质前将其打散。

虽然 NASA 没有提供资助，但测试台的修改仍得到了 NASA 的允许。Gedeon 联合公司在美国能源部资助下完成了设计和预装配工作，Sunpower 公司自己花钱加工了必要的零件，支付了钎焊费用，并完成了最终组装工作。

图 A.2 是新的扩散盘和热电偶组件。在回热器基质的每一个表面上都有一个这种组件。这个组件允许撤掉扩散网，以便扩大明尼苏达大学放大尺寸设备的射流穿透范围，而以前的组件中扩散盘是粘在一起的。

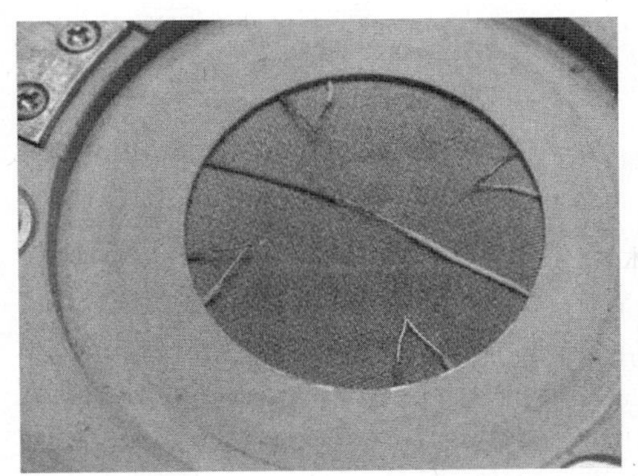

图 A.2　热电偶/扩散盘组件及其工程塑料外壳的特写

回热器测试筒嵌入外部凹槽中，由装夹压力保持位置，筒内用 O 形圈密封，真正的基质直接放在内孔上，孔的下面是扩散盘组件和由 200 目丝网烧结成的厚度 0.7mm 的盘，5 个 0.005 英寸线径的热电偶监测回热器基质和扩散盘之间气体的时间平均温度值。一个这样的组件用螺钉安装到冷却器的入口，另一个安装到加热器的入口，两个都用 O 形圈密封。热电偶永久粘接到工程塑料上，但扩散盘是可移除的。图 A.3 是振荡流动测试台的 CAD 图，图 A.4 是所有修改过的零件的细节图。

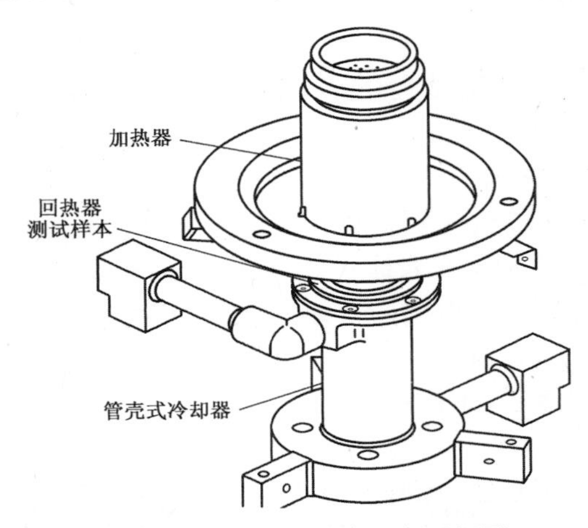

图 A.3　振荡流动测试台局部透视图

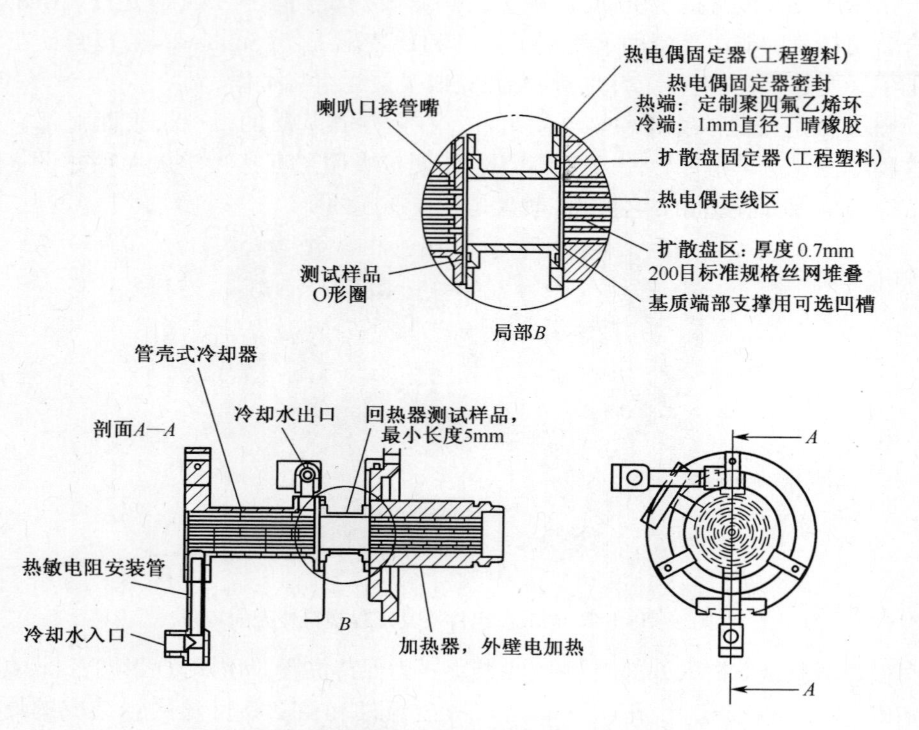

图 A.4　振荡流动测试台所有修改的零件细节图

A.3　对测试台的附加修改

A.3.1　振荡流动测试台的新水表

在对测试台的一系列改进中,我们更新了水表电路,并在涡轮水表(它本身没有改动)下游安装了一段长直管。新的电路可以累积一段时间内的水流量,而不只是显示瞬时流速。这使得水表标定更为容易,也使我们知道,以前的水表标定在低流速的时候有点偏差,更多的信息参见 Ibrahim 等(2009a)。

A.3.2　改进传热测试方法

2006 年,是在传热测试过程中记录原始数据的,这就使得在测试状态转换时,没有足够的时间,让测试台达到热平衡状态。2008 年测试时改进了。

附录B　关于应用于斯特林发动机物理仿真的动力学相似的一些评注

T. W. Simon, Yi Niu, L. Sun

B.1　流体力学

20 世纪 80 年代后期,NASA 资助了一个名为“认识损失”的项目,其目的是强化对斯特林发动机热交换器中振荡流动过程的流体力学特性和热传递特性的理解。最初,Simon 和 Seume(1988)完成了一篇文献综述,讨论了相似性参数 Re_{max}、Va 和 AR。这些参数都来自于关于斯特林发动机热交换器非定常流体力学的文献。下面来看一下如何从动量方程导出 Re_{max} 和 Va。

$$\frac{\partial \boldsymbol{u}}{\partial t} + \boldsymbol{u} \cdot \nabla \boldsymbol{u} = -\frac{\nabla p}{\rho} + v\,\nabla^2 \boldsymbol{u} \tag{B.1}$$

若分别选定多孔介质的水力直径 d_h 作为长度基准、多孔介质内最大平均速度 u_{max} 作为速度基准、$1/\omega$ 作为时间基准,则归一化方程可写为

$$\frac{\omega d_h^2}{4v}\frac{\partial \boldsymbol{u}^*}{\partial t^*} + \frac{1}{2}\frac{u_{max} d_h}{v}\boldsymbol{u}^* \cdot \nabla^* \boldsymbol{u}^* = -\frac{1}{2}\frac{u_{max} d_h}{v}\frac{\nabla^* p^*}{\rho} + v\,\nabla^{*2} \boldsymbol{u}^* \tag{B.2}$$

式中:角标 * 代表无量纲量。于是,可以定义无量纲数:

$$Re_{max} = \frac{u_{max} d_h}{v} \tag{B.3}$$

$$Va = \frac{\omega d_h^2}{4v} \tag{B.4}$$

无量纲频率 Va 称为瓦朗西数,也称运动雷诺数,表达的是非定常惯性效应,而不是阻尼效应。参数 Re_{max} 是雷诺数,代表定常(准定常)惯性效应。在这份报告中,Simon and Seume(1988)给出了斯特林发动机热交换器中这些参数的有代表性的取值范围。他们是在研究了 12 个回热器工作点的数据,并进行了简单的

Schmidt 分析后作出这个结论的。

$$Va=0.06\sim5$$
$$Re=20\sim2000$$

对于不可压缩流体,连续性方程是

$$\nabla\cdot\boldsymbol{u}=0 \tag{B.5}$$

或

$$\frac{\partial u}{\partial x}+\frac{\partial v}{\partial y}+\frac{\partial w}{\partial z}=0 \tag{B.6}$$

归一化方程写为

$$\frac{\partial u^{*}u_{\max}}{\partial x^{*}d_{\mathrm{h}}}+\frac{\partial v^{*}u_{\max}}{\partial y^{*}d_{\mathrm{h}}}+\frac{\partial w^{*}u_{\max}}{\partial z^{*}d_{\mathrm{h}}}=0 \tag{B.7}$$

因此

$$\frac{\partial u^{*}}{\partial x^{*}}+\frac{\partial v^{*}}{\partial y^{*}}+\frac{\partial w^{*}}{\partial z^{*}}=0 \tag{B.8}$$

这意味着,对于结构相似的系统,不论其长度和速度基准怎么选择,其无量纲连续方程都是相同的。如果无量纲形式的微分方程(包括边界条件和初始条件)相同,则其解也会相同。连续方程自动满足这些要求,但只有当发动机和模型的瓦朗西数和雷诺数相同时,动量方程才是相同的。因此,只有当模型的 Va 和 $Re_{\max}$ 与真实发动机的相应值匹配时,动态相似才成立。

B.2 传热

对于传热,Simon 和 Seume(1988)在报告中从归一化能量方程推导出了 Eckert 数:

$$Ec=\frac{U_{\infty}^{2}}{Cp(T_{\mathrm{s}}-T_{\infty})} \tag{B.9}$$

Eckert 数是黏性耗散的热能与流束中的对流热能之比,取决于整个流束的温度差。斯特林发动机 Eckert 数的范围为 0.0066~0.025(Simon and Seume,1988)。这么小的数值表明,黏性耗散对回热器的传热或温度场没有明显影响。因此,在当前的研究中,不必考虑 Eckert 数,即黏性耗散的影响。最近,我们扩大了无量纲数的清单,将一些与回热器有关的参数包含进来。其中之一是傅里叶数 Fo,用来模拟斯特林回热器的传热行为。傅里叶数定义为

$$Fo=\frac{\alpha\tau}{\delta^{2}} \tag{B.10}$$

即周期时间与热穿透距离 δ 所需时间之比。

根据 Cairelli(2002)提供的信息,表 B.1 列出了一些自由活塞斯特林发动机回热器中固体材料的傅里叶数。

表 B.1　自由活塞斯特林发动机回热器的傅里叶数的值

发动机	*Fo*(固相)
RE100	80.4
空间动力研究发动机 SPRE	236.0
部件测试动力热机 CTPC	112.8
斯特林技术公司 STC(现英飞凌公司)	544.0

傅里叶数的值都很大,这说明尽管温度随时间变化,但在纤维上的分布几乎是均匀的。详细的讨论见 B.5 节。

傅里叶数也可以用于流体空间的温度分布,定义:

$$Fo = \frac{\alpha_f \tau}{\delta^2} \tag{B.11}$$

式中:δ 为流体空间的特征长度,也将在 B.5 节讨论。

B.3　自由分子对流

当流动的长度基准非常小时,在分子水平上的流动和热力学已经没有平衡态了。当流体空间的特征长度接近分子的平均自由程时,连续性这个概念就不适用了。这时必须考虑每个分子的动能,即需要采用自由分子对流的概念。下面在分子水平上来近距离观察一下扩散。根据麦克斯韦方程(1860)(Bird et al.,1960):

$$\frac{\tau}{\rho} = \frac{y - \text{diffusion}}{\rho} = -\frac{\bar{c}\lambda}{3}\frac{\partial u}{\partial y} \tag{B.12}$$

式中:$\bar{c}$ 是分子平均速度(与碰撞概率有关);λ 是平均自由程(代表两次碰撞间的距离),则低压气体的扩散率为

$$v = \frac{\mu}{\rho} = \frac{\bar{c}\lambda}{3} \tag{B.13}$$

利用速度与平均自由程之间的玻耳兹曼关系式:

$$\mu = \rho v = \frac{2}{3\pi^{\frac{3}{2}}}\sqrt{\frac{mkT}{d^2}} \tag{B.14}$$

式中:m 是分子质量;k 是玻耳兹曼常数;T 是温度;d 也就是 σ,是有效分子直径(碰撞直径)。

对于单原子气体,这个表达式可以用特征碰撞直径 σ(Å)、分子质量 m(g/mol)、

温度 T(K)、参数 Ω_μ($\frac{KT}{\varepsilon}$ 的弱函数)写成:

$$\mu = 2.6693 \times 10^{-5} \frac{\sqrt{mT}}{\sigma^2 \Omega_\mu} \tag{B.15}$$

黏度系数 μ 的单位为 gm/cm · s。ε 是 Lennard-Jones 模型中相互作用的特征能量:

$$\vartheta(r) = 4\varepsilon\left[\left(\frac{\sigma}{r}\right)^{12} - \left(\frac{\sigma}{r}\right)^{6}\right] \tag{B.16}$$

式中:$\vartheta(r)$ 为排斥力。

这个关系式也成功用到多原子气体的建模中(Bird et al.,1960)。注意,μ 随 T 升高而增大;而只要 p 不大到使气体不能保持"低压"状态或"理想气体"状态,则 μ 与 p 无关。在这个简单状态下,$\mu=\rho v$,$k=\rho c_p \alpha$ 都能算出来。再请注意,这些扩散系数与流体及其状态有关,而与流体流动状态无关,通过湍流涡进行的扩散也是这样。

当压力升高,上述模型失效后,分析就变得非常困难了,必须依赖宏观经验公式,如 $\frac{\mu}{\mu_0}=f\left(\frac{P}{P_c},\frac{T}{T_c}\right)$ (图 1.3.1,P.16,Bird et al.,1960)。下标 0 表示低压,c 表示临界。

当然,更高的压力带来的问题是分子不再规规矩矩地进行弹性碰撞,而是发生相互作用。

现在,我们用玻耳兹曼关系式来讨论连续性条件。对氦气,其分子碰撞直径是:

$$\sigma = 2.576\text{Å}$$

(表 B.1,Bird et al.,1960)。在发动机工况:$T=800$K,$p=150$atm,分子密度为 $n = 1\times10^{27}$ 个/m^3,平均自由程 $\lambda = \frac{1}{\sqrt{2}\pi\sigma^2 n} = 2.5$nm 。按照 Bird 等(1960)的标准,当 $Kn = \frac{\lambda}{L} \ll 1$ 时,认为流体是连续的。因此,当特征尺寸 $L\gg2$nm 时,流体保持其连续性。斯特林发动机里的流动就是这种情况,其最小的特征尺寸是回热器纤维的直径,也达到了 20000nm。

现在来估算一下,在感兴趣的体积内到底要有多大数量的分子,流体才能看起来是连续的。如果在控制体积内需要 10^6 个分子才能满足连续性条件,按上述分析,则容纳这些分子的立方体的边长至少为 90nm。

最后,我们用上述与黏性有关的经验公式,从扩散(黏性)的角度来分析高压力是否会破坏理想气体条件。对于典型发动机的情况,$\frac{p}{p_c}=66$,$\frac{T}{T_c}=152$,$\frac{\mu}{\mu_c}=1$

（外推）。在这些条件下，计算压缩因子 $Z=\frac{pv}{RT}$，得到 $Z=1$（外推）。因此，流体的特性还是理想气体，并且是连续的。

Knudsen 判据的另一个表达式是 $Kn=\frac{\lambda}{L}=\sqrt{\frac{\lambda\pi}{2}}\frac{Ma}{Re}$。由非常低的马赫数、高雷诺数再次得出结论：回热器中的流体是连续的。

B.4 回热器品质

Ruhlich 和 Quack（1999）给出了一个品质的定义：内流中热传递与无量纲压力降的比值，可简化表达为

$$F_R=\frac{4St}{f}\text{或}\frac{St}{C_f} \tag{B.17}$$

式中：St 是 Stanton 数；f 是 Darcy–Weisbach 摩擦因子；C_f 是 Fanning 表面摩擦系数。注意，对圆管内流动或两无限壁之间的流动，$f=4C_f$。文献比较了不同表面的热传递，并找到了最优方式，即在流动方向采用交错重叠方式布置一些细长元件。这种回热器传热性能与堆叠丝网相当，但压力降只有其 1/5。

Gedeon（2003a）提出了一个扩展的品质指标，包含了热扩散的影响：

$$F_R^*=\frac{1}{f\left(\frac{1}{4St}+\frac{N_k}{RePr}\right)} \tag{B.18}$$

式中：N_k 为基于热扩散的有效热传导和气体分子传导之比（见图 8.34 和附录 D）。

B.5 明尼苏达大学（UMN）测试装置设计

为了确定 UMN 设备中测试装置的设计参数，选了一台有代表性的斯特林发动机。设计意图是要在不改变热、液动力行为的前提下，将尺寸尽可能做大，以便能对回热器基质进行细致测量，同时还能模拟真实发动机的时间和空间特性。因此，我们希望能保持所有跟研究有关参数的动力相似。

在回热器设计时，将 6.3mm×6.3mm 方形网板的纤维直径增大为 0.8mm（0.032 英寸），使得 90%孔隙率堆叠丝网的水力直径 d_h 达到 7.3mm。这比按严格动力学相似算出的尺寸要大（从表 B.2 算出的 $d_h=2.5$mm），但更有利于测量操作。为支持特种回热器设计，下面进行动量和传热分析。

表 B.2　代表性元件的无量纲参数(以水力直径为基准)

	回热器		制冷机	
	UMN	实际发动机	UMN	实际发动机
Re_{max}	800	248	20700	20700
Va	2.1	0.23	14.3	14.3
幅值比,AR	3.8	1.0	15.5	15.5
Fo	59.6	136		

将瓦朗西数重写为 $1/2(d_h/\delta_v)^2$,式中 δ_v 是黏性渗透深度,$\delta_v=\sqrt{2v/\omega}$。所谓黏性渗透深度就是表面上覆盖的黏性层的厚度。因此,瓦朗西数(实际上是 $\sqrt{2Va}$)反映的是水力直径与黏性渗透深度之比,代表依靠黏性作用在具备特征尺寸 d_h 的小孔内建立均匀流动的时间(占周期时间的比值)。在公式中,若用 $v+\varepsilon_M$ 代替 v(ε_M 是湍流涡扩散率),则表示黏性和涡输运共同作用。如前所述,实际发动机回热器小孔中的流动应该会受到涡和分子输运的共同影响。在湍流中精确应用的瓦朗西数应该是 $1/2(d_h/\delta_v)^2$,式中 $\delta_v=\sqrt{2(v+\varepsilon_M)/\omega}$。我们以前的实验(Niu et al.,2003a)表明,回热器基质中的涡黏性是分子黏性的 550 倍。用这个数据计算出的黏性渗透深度是 11.4 个水力直径。因此,可以得出结论,不管是测试还是工作中的发动机,只要流动是湍流,孔隙中的流动都能充分混合。用选定的纤维和网孔尺寸给出的水力直径,是简单地按比例缩放计算出的 3 倍(尽管这个比例因子在计算发动机其他特性的时候也用过)。我们做了放大尺寸的回热器,以便进行回热器内部的温度和流动(如湍流)测量。上述分析表明,只要涡输运存在,这样做就不会危害测试的水力相似性。

此外,Gedeon 和 Wood(1992)针对编织丝网在高、低 Va 值条件下做了一些实验。他们观察到,摩擦因子与瓦朗西数有一点点关系,与定常流没有本质差别。多年来,这个假设一直被用来获取回热器设计信息。我们的分析本来也只是说明,当存在涡输运时,这个结论才能够扩展到放大尺寸的回热器中。Gedeon 和 Wood(1992)得出结论,只要瓦朗西数不大于 3.72(他们实验中的最大值),当存在涡输运时,瓦朗西数的影响就可以忽略。我们满足这个判据要求。当只有分子输运时,则需要观察 Va 的影响。

在缩放回热器时还要考虑的另一个重要因素是回热器内的暂态热传递。如同分析瓦朗西数一样,傅里叶数也可重写为 $\pi(\delta_\alpha/d_w)^2$,式中 δ_α 是指定时间周期内渗入纤维内的热渗透深度,$\delta_\alpha=\sqrt{2\alpha/\omega}$。因此,傅里叶数代表在一个周期内的热渗透值(占纤维直径的比值)。只要 Fo 足够大,纤维内部在一个周期内就可以保持近似绝热。在当前讨论的这个设计中,$Fo=14.9$,对保持准热平衡来说足够大了。因此,在表 B.2 中,不管是模型中 $Fo=59.6$ 还是真实发动机中,$Fo=136$,都满足上述条件,固体基质都可以认为是绝热的。

发动机设计的另一个重要参数是回热器的长度与穿过回热器的流体分子的位移量之比(在整个长度上回热器的结构应该是连续的)。被试回热器的长度是其本来长度(即按照发动机尺寸成比例换算得到的长度)的 1/10。当然,由于我们的目的是研究回热器的射流渗透和回热器内消除终端效应后的流动,因此只要回热器足够长,使得从冷却器出来的射流在到达热端(约 25mm)前能完全融合,并且从加热器端出来的流动完全建立起来(约 4mm)即可。

对于制冷机,与发动机尺寸放大一致,所有特征尺寸都放大约 12 倍。工作频率降低到所选发动机工作频率的 1/150,以与冷却器管的瓦朗西数匹配。这种结构参数与工作频率的组合,使得冷却段的雷诺数和瓦朗西数与真实发动机冷却器的几乎一样。对于本项研究来说,冷却段的动力相似是非常重要的特性,它决定了从冷却器喷向回热器的射流的行为。

简单地说,制冷机与真实发动机的动力学特性是相似的。虽然回热器基质的特征尺寸(间隙尺寸和纤维直径)比发动机回热器本身放大后的尺寸要大,但也大得不多,不至于破坏回热器内的热-液力准平衡态(只要存在湍流涡)。

测试过程中,我们在当前正在进行的实验中发现了在一个循环的某一部分存在非平衡态的迹象。这在回热器基质内热传递系数测试中是首次发现。在每一个半周期的开始(从 0°到大约 40°),测到的 Nu 是负的,直到负无穷(见图 B. 1,与图 7. 4 同)。这引导我们进一步观察。我们从测量离开回热器的流体的速度开始,如在缓冲腔内测量的一样(见图 B. 2,与图 7. 7 同)。

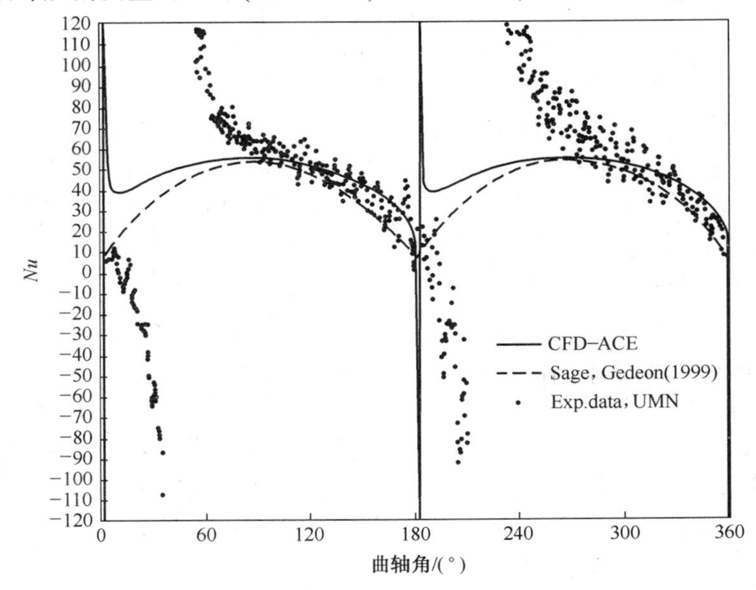

图 B. 1　一个周期内的瞬时 Nu

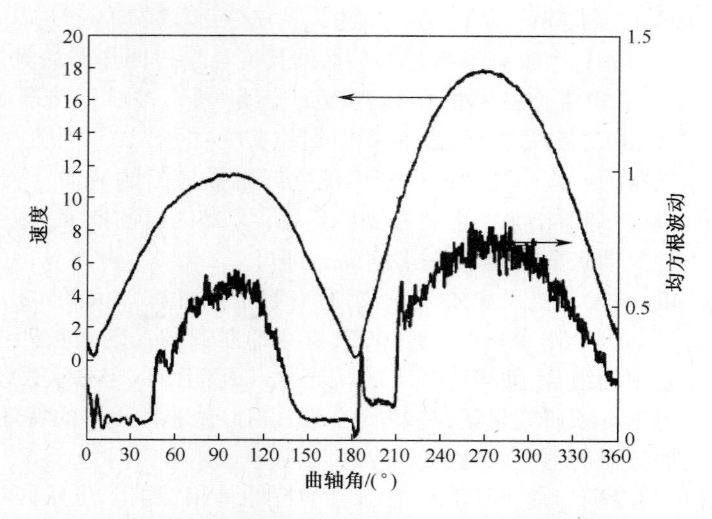

图 B.2　一个周期内缓冲腔内的瞬时速度及其均方根值

从图 B.2 可以看到，均方根波动在曲轴角大约 45°时突跳到一个高值(>0.3m/s)，在周期内的这个时刻，温度差改变了符号。在 45°之前，均方根波动 $\sqrt{\overline{u'^2}}$ 较小，维持在大约 0.1m/s。我们推测，在每个半周期的开始，由于加速度大，涡输运与从 45°到 150°之间的值相比较弱，因此假定动量和热输运仅仅是由分子输运引起的。与湍流涡输运相比，这是一种更低效的输运方式。这带来的结果就是，越过丝网纤维的流体动量与穿过孔隙的流体动量在这个小孔里都不能完全混合。因此，在小孔尺度上，流动就没有进入动量和热效应意义上的平衡态。可以认为，纤维温度与在离开丝网纤维一定距离上测得的温度的差值，并不代表纤维表面上薄膜的温度梯度，而这个温度梯度才是直接参与丝网纤维热传递的。这或许就是在起始加速段出现负传热系数和温度差滞后于热流的原因。如果我们能够在足够靠近纤维的地方安装热电偶，应该能够避免这个滞后。因此，在周期中的这一部分，实验不能代表被试发动机。这种差异给我们提供了一个研究距离效应的机会，这是很有价值的一项工作。

表 B.3 列出了在传热、流体力学和斯特林发动机设计中用到的一些无量纲数。其中许多与我们的工作并不相关，因为对我们的研究来说，无因次参数并不重要。例如马赫数(我们的马赫数低，压力信息的传播速度可以认为是无限大)，或瑞利数(重力被认为可以忽略)，但为了完整性还是将它们纳入进来。其中有些数与斯特林发动机系统相关，但与我们在测试装置中进行的“隔离效应”研究无关。还有一些数反映的是其他效应的组合，因而在前面没有讨论，如斯特劳哈尔数可以用雷诺数和瓦朗西数表达出来。最后，还有一些数假定为雷诺数的倍数，如耗散数。

表 B.4 列出了一些与我们研究密切相关的有量纲参数值(测试用的,还有一些发动机参数)。

表 B.3 可能用到的无量纲数表

幅值比,AR	$\frac{2\times流体分子最大位移}{装置长度}$	一个周期内流体分子位移的 2 倍与装置长度之比
轴向传导强化比,Nu_k	$\frac{Nu_{\varepsilon_H+\alpha}}{Nu_\alpha}$	基于涡和分子热扩散的努塞尔数与仅基于分子热扩散的努塞尔数之比
Beale 数,B	$\frac{P_{brake}}{p_{ref}V_{SW}f}$	发动机功率与 PV 值之比
Bejan 数,Be	$\frac{\Delta PL^2}{\mu\alpha}$	强迫对流条件下发热板的最优间隙值
Biot 数,Bi	$\frac{hL}{k_s}$	固体内部热阻与其表面热阻之比
Brinkman 数,Br	$\frac{\mu U_\infty^2}{k(T_s-T_\infty)}$	耗散热能与传导热能之比
特征马赫数,Ma	$\frac{\omega V_{SW}^{\frac{1}{3}}}{\sqrt{RT_c}}$	活塞线速度(从扫掠过的体积 V_{SW} 计算得出)与声速(基于冷端温度 T_c)之比
Colburn j 因子,j_H	$St\,Pr^{\frac{2}{3}}$	无量纲传热系数
压缩比,r_v	$\frac{最大体积}{最小体积}$	整个循环中工作介质的最大体积与最小体积之比
耗散雷诺数	$\frac{v\eta}{v}$	(=1)基于 Kolmogorov 长度 η 和速度 v
Darcy-Weisbach 摩擦因子,f	$\frac{\Delta P}{\frac{L}{D}\frac{1}{2}\rho U_\infty^2}$	每无量纲长度导管中的压力降与自由流动压头之比
Dean 数,De	$Re_d\sqrt{\frac{d}{2R}}$	对于弯管中的流动,弯曲效应对稳定性的影响与阻尼效应之比
拖曳系数,C_D	$\frac{D}{\frac{1}{2}\rho U_\infty^2}$	阻力(压力加上面剪切力)与自由流动压头之比
Eckert 数,Ec	$\frac{U_\infty^2}{c_p(T_s-T_\infty)}$	自由流中热能耗散与对流热之比
欧拉数	$\frac{P}{\rho U_\infty^2}$	压力与惯性力之比

（续）

Fanning 摩擦因子，C_f	$\dfrac{\tau}{\frac{1}{2}\rho U_\infty^2}$	剪应力与自由流动压头之比
Finkelstein 数，F	$\dfrac{P_{\text{computed}}}{P_{\text{ref}} V_{\text{sw}} f}$	计算发动机功率与 PV 值之比
冲洗体积，FL	$\dfrac{\delta M_{\text{rengen, cycle}}}{M_{\text{regen}}}$	一个周期内流过回热器的流体质量与回热器基质内包含的流体质量之比
傅里叶数，Fo	$\dfrac{\alpha t}{L^2}$	事件时间与通过传导进行的热渗透时间之比
Froude 数	$\dfrac{U_\infty}{\sqrt{gL}}$	惯性力与重力之比
Grashof 数，Gr_{L}	$\dfrac{g\beta(T_{\text{s}} - T_\infty)L^3}{v^2}$	浮力与黏性力之比（g 可以用其他加速度代替，只要合适）
Gortler 数，Gr	$\dfrac{U\theta}{v}\sqrt{\dfrac{\theta}{R_0}}$	对于曲面上边界层内的流动，弯曲效应对稳定性的影响与阻尼效应之比
Knudsen 数，Kn	$\dfrac{\lambda}{L}$	平均自由程长度与特征长度之比
马赫数	$\dfrac{U_\infty}{a}$	流速与声速之比
动量厚度雷诺数，Re_θ	$\dfrac{U_\infty \theta}{v}$	对于梯度为 U_∞/θ 的边界层流动，动量对流速率与动量扩散速率之比
传输单元数，NTU	$\dfrac{StL_{\text{regen}}}{r_{\text{h}}}$	回热器传输单元数（Kays 和 London，1964）
努塞尔数，Nu	$\dfrac{hL}{k_{\text{f}}}$	无量纲热传递系数，传导阻抗与对流层阻抗之比
Peclet 数，Pe_{L}	$Re_{\text{L}} Pr$	顺流方向热对流与横流热扩散之比
孔隙率，β		孔隙体积与总体积之比
Prandtl 数，Pr	$\dfrac{v}{\alpha}$	动量分子扩散与热分子扩散之比
压力比，P_{r}	最大压力/最小压力	整个循环中工作介质的最高压力与最低压力之比
瑞利数，Ra	$\dfrac{g\beta(T_{\text{s}} - T_\infty)L^3}{v\alpha}$	浮力热对流与分子热扩散之比
回热器热传递标度参数，Tr	$\left(\dfrac{L_{\text{r}}}{r_{\text{hr}}}\right)^{\frac{3}{2}}\left(\dfrac{p_{\text{ref}}}{\omega\mu}\right)^{-\frac{1}{2}}$	回热器传热标度因子

（续）

雷诺数，Re	$\frac{U_\infty L}{v}$	动量对流与动量分子扩散之比
Schmidt 数，Sc	$\frac{v}{D_{12}}$	二元混合物中一种物质的动量扩散率与质量扩散率之比
Sherwood 数，Sh	$\frac{h_m D}{cD_{12}}$	无量纲质量传输系数，为分子扩散阻力与质量传输对流层阻力之比
Stanton 数，St	$\frac{h}{\rho U_\infty c_p}$	对流传热与顺气流方向平流热输运之比
斯特林数，SG	$\frac{p_{ref}}{\omega\mu}$	充气压力与剪应力之比
斯特劳哈尔数	$\frac{fL}{U_\infty}$	转换时间与事件时间之比
温度比，TR	$\frac{T_E}{T_C}$	膨胀腔与压缩腔温度之比
比热容，C	$\frac{\rho_\omega c_\omega}{\rho c}$	固体与流体的热容之比
弯曲度	$\frac{A_e}{A_{cs}}$	有效固体传导面积与横截面面积之比
湍流雷诺数，Re_λ	$\frac{\sqrt{\overline{u'^2}}\lambda_g}{v}$	在耗散长度上对流与分子扩散之比
瓦朗西数，Va	$\frac{\omega d_h^2}{4v}$	动量扩散 d_h 距离的时间与周期时间之比
Wormsley 参数，Wo	$\sqrt{Va}$	瓦朗西数的平方根

表 B.4　斯特林发动机和实验中的一些参数

应用	孔隙率	纤维直径（mils）	水力直径（mils）Dh	冷却器管直径 d_{cooler}/mils	加热器管直径 d_{cooler}/mils	Dh/d_{cooler}	Dh/d_{heater}
实验	0.90	32	288	750		0.38	
GPU-3	0.71	1.6	3.9	40	119	0.098	0.033
MOD-I	0.68	1.96	4.2	39.4	677	0.11	0.006
MOD-II	0.68	2.2	4.7	39.4	79.5	0.12	0.06
RE100	0.76	3.5	11.1	35	125	0.310	0.09
SPRE	0.84	1.0	5.25	60	50	0.09	0.10
CTPC	0.728	2	5.35	30.8	40	0.174	0.09
STC	0.90（估计）	0.5（估计）	4.5	63（估计）	212	0.07	0.02

附录C 辐射损失的理论分析

C.1 结果摘要

在 NRA 项目第一阶段结题评审时，要求评价回热器辐射的影响。于是对一种长、薄管辐射进行了简化的理论分析，分析结果通过克利夫兰州立大学 CFD 分析结果进行了验证。长薄管的使用会高估堆叠渐开线箔盘的辐射特性，因为沿长薄管的管长方向存在一个直接通路，而真正的渐开线箔堆叠体则不存在这样的通路（即使将它对着明亮的光源，也不可能看见任何穿透过来的光线）。

沿着长薄管看下去，即使聚焦于远端，看到的也几乎都是管壁。因此，这么一种管子的热端发射出来的射线，几乎都会碰上管壁。只要这种管壁属于漫反射灰色吸收表面（反射率不高），则这些辐射都会被管壁吸收掉。发射出来的射线到达 3.5 倍管子直径的地方时，其中的 99%都会碰到管壁进而被吸收掉（这个结果很容易得到，只要比较一下管子的横截面积和以 3.5 倍管子直径为半径的半球面的面积即可）。一部分辐射被壁面反射后继续前进，但经过多次反射后，最终也全部被吸收了。长薄漫反射灰管的管壁，其作用相当于分布式辐射屏蔽罩。

当微加工堆叠式渐开线箔盘回热器看起来像一束长薄管的时候，它就能阻断辐射传输。这个类比也不算太离谱。从回热器热端往冷端看过去，几乎都是箔的表面，只在很小的一个视角范围内才能看到冷端。因此，沿长薄管辐射损失的定量估计，可以作为估计微加工回热器辐射损失的一个基础。而用通道水力直径代替管直径，可能也行得通。

本节余下部分讨论极限情况，即漫反射黑色管壁，这大概是长、窄通道的合理近似。结果列在表 C.1 中，其数据表明，在上述假定条件下，与其他回热器损失相比，辐射损失可以忽略。

C.1.1 长薄管里的辐射

研究用管，半径 a（直径 d），长度 L，如图 C.1 所示。$\xi = x/d$ 是无量纲轴向坐

表 C.1　100W 级空间动力斯特林回热器的相对损失估计

热端温度/℃	850
冷端温度/℃	100
通道纵横比(L/d)	300
通道壁辐射系数 ε	0.5
冷端辐射流/mW	10
热端辐射流/mW	200
时间平均焓流/mW	13000
固体传导/mW	7000

标。管子的 2 个开口端在 $\xi=0$、$\xi_L=L/d$。管壁假定为漫反射黑色表面(辐射系数 $\varepsilon=1$),壁温固定为 $T(\xi)$,并随 ξ 在 T_0 和 T_L 之间线性变化。管的两端分别处于温度为 T_0 和 T_L 的黑色腔体中。现在研究管截面 $A(\xi)$ 处的辐射热流 $q(\xi)$。

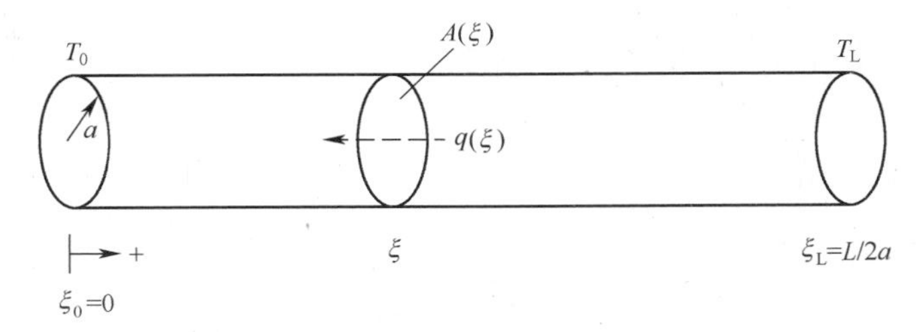

图 C.1　用于研究回热器中辐射传热特性的管

如果辐射热流 $q(\xi)$ 比氦气的时间平均焓流和沿回热器(安装在运行的发动机上)固体传导热流都要小,则辐射对一般的回热器温度分布影响小,温度线性分布的假设成立。

辐射热流与位置有关,是最坏情况下辐射通量的 R 倍:

$$q(\xi)=Rq_{\max} \tag{C.1}$$

式中:$q_{\max}$ 为温度分别为 T_0 和 T_L 的 2 块平行板之间黑体辐射净通量(管长度趋近于零时,通量最大),即

$$q_{\max}=-\sigma(T_L^4-T_0^4) \tag{C.2}$$

常数 σ 是 Stefan-Boltzmann 常数,即 $5.670\times10^{-8}\mathrm{W/(m^2K^4)}$。

一般来说,乘数因子 R 与位置 ξ、温度比 T_0/T_L 和管子的长径比 L/d 有关。采用定制的 Delphi Pascal 程序进行数值计算,针对典型斯特林发动机工况 $T_0/T_L=1/3$,改变管子参数 L/d,结果如图 C.2 所示(冷端位于 $x/L=0.0$)。对于总长 60mm 的渐开线箔回热器,$L/d_f\approx350$。

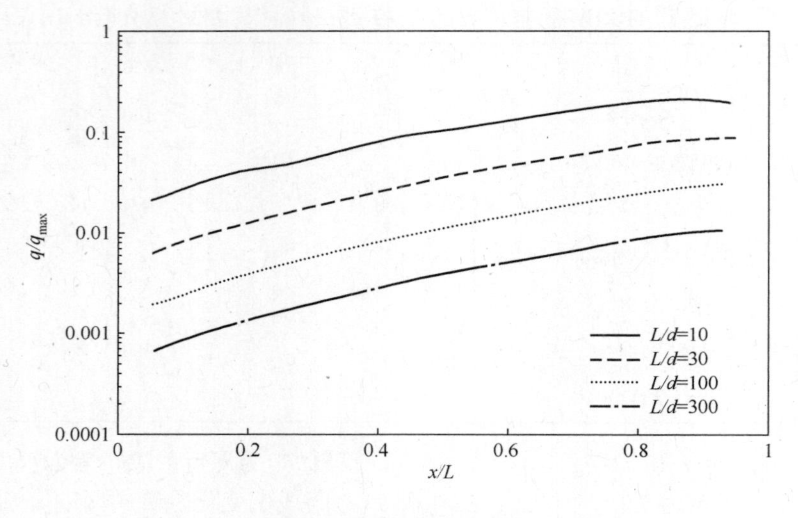

图 C. 2　辐射损失估计

C. 1. 2　黑壁假设的进一步修正

虽然金属回热器材料的真实壁面辐射系数可能更接近 $\varepsilon = 0.5$ 而不是 $\varepsilon = 1$，但长薄管内的多次反射使得任何位置的表观管壁辐射系数都接近 1。表观辐射系数定义为 ε_a，使得总流出辐射(发射+反射)为 $\varepsilon_a \sigma T^4(\xi)$ 。文献 Siegel 和 Howell (2002)第 257 页的图 8. 9 表明,不管真实的辐射系数是多少,在离管入口几个直径的距离内,绝热管的表观辐射系数就达到了 1。特别地,对真实辐射系数 $\varepsilon = 0.5$，在离入口仅仅 2 个管径的位置,表观辐射系数就几乎达到了 1。对于辐射损失分析来说,这意味着将管壁认为是黑色表面并非不合理的。因为不再需要考虑反射,这就大大简化了分析工作。只要在几个管径的距离内壁温没有明显变化,黑壁假设就是有效的,因此,局部辐射环境与绝热管是类似的。

C. 1. 3　回热器分析

对于空间能源发动机，T_L应该是 1200K 量级，T_0应该是 370K 量级($T_L/3$)，算出最坏情况平行板辐射热流 q_{max} 为 $8.9\mathrm{W/cm^2}$。对于 100W 级别的斯特林发动机来说,其回热器的空隙面积(对应于上述分析中的管内部面积)为 $2\mathrm{cm^2}$量级。因此,最坏情况下总辐射热流约为 18W。回热器真实的辐射热流还会减小一些,这是因为在图 C. 2 中 $L/d = 300$ 的线是弯曲的,当 ξ 增加时 $R(\xi)$ 会减小。对于我们正在研究的微制造方案,总长 60mm 的回热器长径比(长度与水力直径之比)约为 350。

结论是:回热器的辐射热流非常小。靠近冷端约为 $6 \times 10^{-4} \times 18\text{W}$,即大约 10mW;靠近热端约为 $1 \times 10^{-2} \times 18\text{W}$,即大约 200mW。对于时间平均焓流(13W)和固体热传导(7W)来说,辐射损失小了 2 个数量级。

C.2 通过小截面管的辐射热流的详细推导(*Gedeon Associates*, *Athens*, *Ohio*)

问题为估算横截面 $A(\xi)$ 处的辐射热流 $q(\xi)$ 。这个值是来自管两端的热流和点 ξ 前后两段管壁表面的热流之和。每一项的计算,都基于文献 Siegel 和 Howell(2002)附录 C 中以表格形式列出的一种辐射热传递结构因子。再加上两端和壁面的黑体发射体的假设,不需要考虑反射,分析是相当直截了当的。

C.2.1 负端贡献

如图 C.3 所示,q_0是从表面 A_0出发穿过表面 $A(\xi)$ 的辐射流,可写为

$$q_0 = \sigma T_0^4 F_{0-\xi} \tag{C.3}$$

式中:$F_{0-\xi}$ 是计算总辐射中从 A_0出发到达表面 $A(\xi)$ 的部分辐射的结构因子。按文献 Siegel 和 Howell(2002)第 826 页的 CASE21:

$$F_{0-\xi} = \frac{1}{2}(G - \sqrt{G^2 - 4}) \tag{C.4}$$

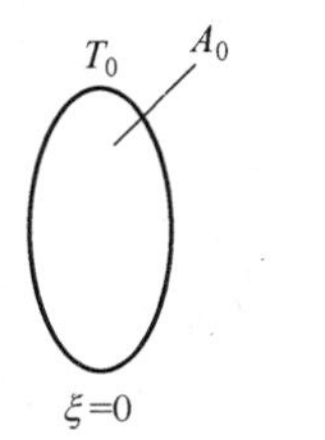

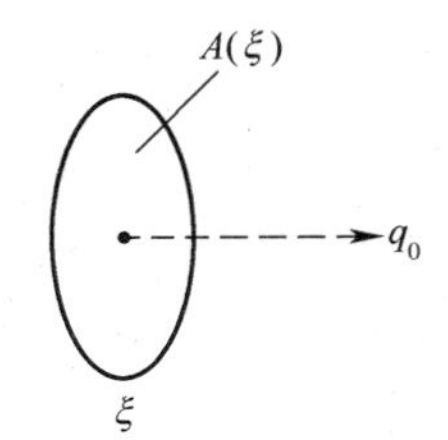

图 C.3 负端贡献

其中,

$$G = 2 + 4\xi^2 \tag{C.5}$$

C.2.2 正端贡献

如图 C.4 所示,q_L是从表面 A_L出发穿过表面 $A(\xi)$ 的辐射流,可写为

$$q_L = -\sigma T_L^4 F_{L-\xi} \tag{C.6}$$

式中:$F_{L-\xi}$ 是计算总辐射中从 A_L出发到达表面 $A(\xi)$ 的部分辐射的结构因子。

与前面情况类似：

$$F_{L-\xi}=\frac{1}{2}(H-\sqrt{H^2-4}) \tag{C.7}$$

式中

$$H=2+4\,(\xi_L-\xi)^2 \tag{C.8}$$

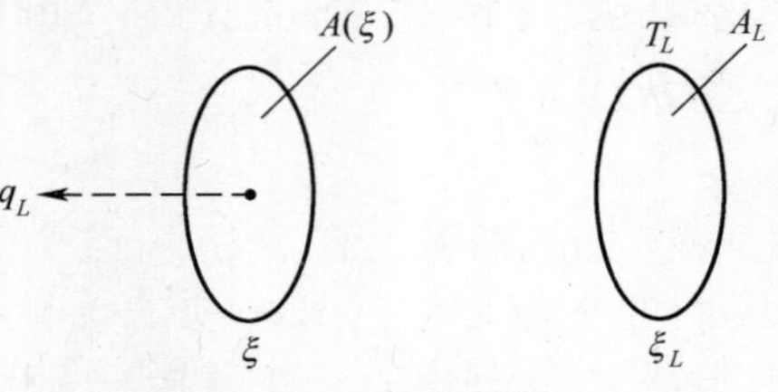

图 C.4　正端贡献

C.2.3　负端管壁贡献

如图 C.5 所示，q_{w-}是从 $\eta<\xi$ 的壁面出发穿过表面 $A(\xi)$ 的辐射流，将不同面单元 dA_η 积分，得出：

$$q_{w-}=\frac{1}{\pi a^2}\sigma\int_0^\xi T\,(\eta)^4F_{d\eta-\xi}^{-}dA_\eta \tag{C.9}$$

代入壁面积单元：

$$dA_\eta=4\pi a^2 d\eta \tag{C.10}$$

则有：

$$q_{w-}=4\sigma\int_0^\xi T\,(\eta)^4F_{d\eta-\xi}^{-}d\eta \tag{C.11}$$

$F_{d\eta-\xi}^{-}$ 是计算总辐射中从 dA_η 出发到达表面 $A(\xi)$ 的部分辐射的结构因子。按文献 Siegel 和 Howell(2002)第 829 页的 CASE30：

$$F_{d\eta-\xi}^{-}=\frac{(\xi-\eta)^2+\dfrac{1}{2}}{\sqrt{(\xi-\eta)^2+1}}-(\xi-\eta) \tag{C.12}$$

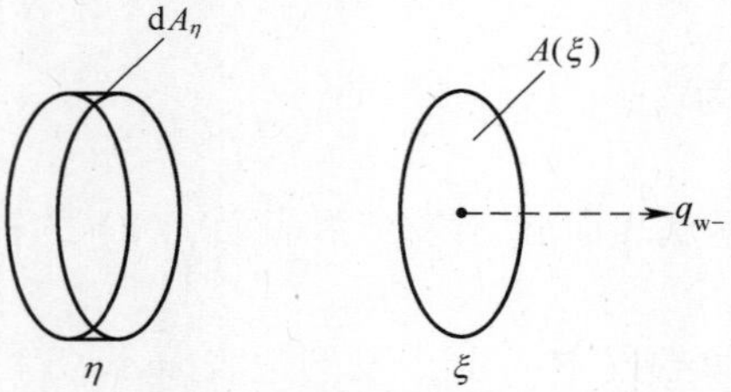

图 C.5　负端管壁贡献

C. 2. 4 正端管壁贡献

如图 C. 6 所示，q_{w+}是从 $\eta > \xi$ 的壁面出发穿过表面 $A(\xi)$ 的辐射流，与 C. 2. 3 节类似：

$$q_{w+} = -4\sigma\int_{\xi}^{\xi_L} T(\eta)^4 F_{d\eta-\xi}^{+} d\eta \tag{C. 13}$$

$F_{d\eta-\xi}^{+}$ 是与 C. 2. 3 节同样的结构因子，只是在公式中 η 和 ξ 需要互换位置：

$$F_{d\eta-\xi}^{+} = \frac{(\eta-\xi)^2 + \dfrac{1}{2}}{\sqrt{(\eta-\xi)^2 + 1}} - (\eta-\xi) \tag{C. 14}$$

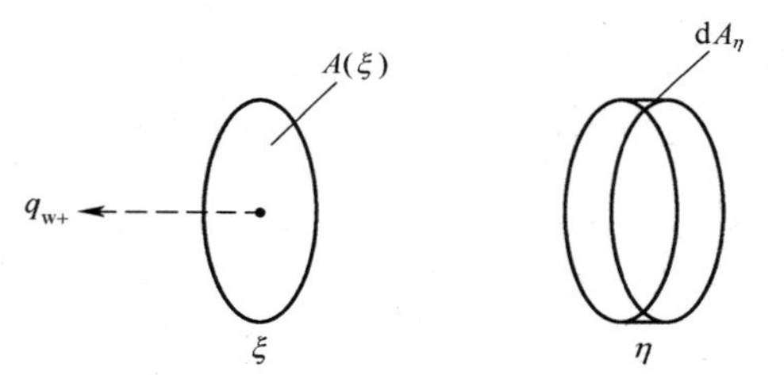

图 C. 6 正端管壁贡献

C. 2. 5 正则化

用 $q_{max} = -4\sigma(T_L^4 - T_0^4)$ 去除上述 4 项热流分量，将其正则化后的辐射热流为

$$\frac{q_0}{q_{max}} = \frac{-(T_0/T_L)^4 F_{0-\xi}}{1-(T_0/T_L)^4} \tag{C. 15}$$

$$\frac{q_L}{q_{max}} = \frac{F_{L-\xi}}{1-(T_0/T_L)^4} \tag{C. 16}$$

$$\frac{q_{w-}}{q_{max}} = \frac{-4\int_{0}^{\xi}(T(\eta)/T_L)^4 F_{d\eta-\xi}^{-} d\eta}{1-(T_0/T_L)4} \tag{C. 17}$$

$$\frac{q_{w+}}{q_{max}} = \frac{4\int_{\xi}^{\xi_L}(T(\eta)/T_L)^4 F_{d\eta-\xi}^{+} d\eta}{1-(T_0/T_L)^4} \tag{C. 18}$$

对于温度线性变化的情况,温度比可以写为

$$\frac{T(\eta)}{T_L} = \frac{T_0}{T_L} + \left(1 - \frac{T_0}{T_L}\right)\frac{\eta}{\xi_L} \tag{C.19}$$

C.2.6 编程

上述计算是由一个定制的 Delphi 程序 RadiationDownTube. pas 完成的。这个程序将所有的辐射分量加起来,生成了上面画出的结果(真正的画图工作用 Excel 完成)。一个自适应积分例程完成了要求的积分运算。程序用 2 个已知答案的测试用例进行了测试:①零管长的辐射流;②温度阶跃分布的辐射流(ξ 之前一直是 $T=T_0$,之后是 $T=T_L$)。这两种情况 $q/q_{max}=1$。

附录D 回热器内部流道变化引起的回热器品质降级

Gedeon Associates, Athens, Ohio

用在平行箔回热器取得的回热器内部流动研究结果，来预估我们的回热器因为片段之间的间隙变化而引起的品质降级。

D.1 背景

为了对回热器基质进行初步排序，选定用下述方程来计算品质因数（Gedeon，2003a）：

$$F_M = \frac{1}{f\left(\dfrac{RePr}{4Nu} + \dfrac{Nk}{RePr}\right)} \tag{D.1}$$

对于箔型回热器，$f=96/Re$，$Nu=8.23$，$Nk=1$。若作为雷诺数的函数（假定 $Pr=0.7$）绘制出图形，则箔型回热器和其他感兴趣的几种回热器的品质因数，如图 D.1 所示。

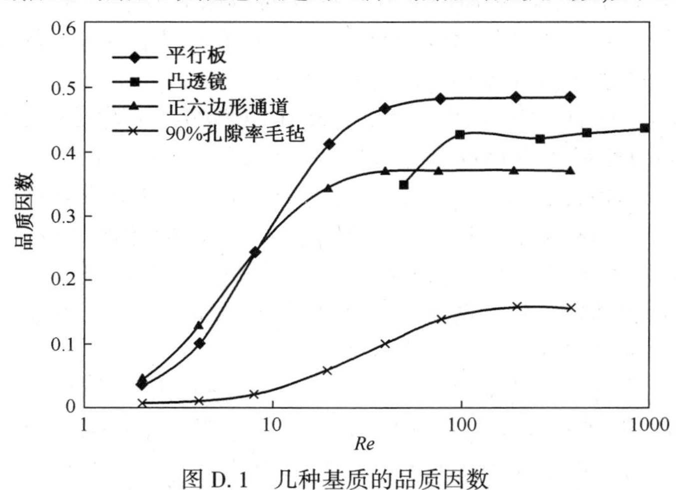

图 D.1 几种基质的品质因数

D.2 间隙变化的影响

箔型回热器分成两部分，作为流道的间隙在一边增大，在另一边就会减小。这就会在两部分之间产生直流环流，降低整个发动机的效率，如先前的文档所述（Gedeon，2004a）。

以前没有报告过间隙变化对组合回热器泵压损失 W_f（Sage 程序输出 AEfric）和周期平均焓流 $\dot{H}$（Sage 输出 HNeg 或 HPos）的影响。因为 W_f 与摩擦因子有关，$\dot{H}$ 与努塞尔数有关，所以这个信息能够用于估计作为间隙变化函数的有效品质因数。特别地，摩擦因子直接正比于 W_f，因此，间隙受到扰动的回热器的有效摩擦因子，会大于（或小于）基准回热器的摩擦因子，其间存在如下关系：

$$\frac{f}{f_0}=\frac{W_{fA}+W_{fB}}{(W_{fA}+W_{fB})_0} \tag{D.2}$$

式中：下标 0 代表基准回热器（流道间隙相等）；下标 A 和 B 代表回热器的两个部分。

因为努塞尔数反比于 $\dot{H}$，所以间隙受扰动的回热器的有效努塞尔数，与基准回热器的努塞尔数之间也存在如下关系：

$$\frac{Nu}{Nu_0}=\frac{(\dot{H}_A+\dot{H}_B)_0}{\dot{H}_A+\dot{H}_B} \tag{D.3}$$

这样算出的有效 f 和 Nu，可以代入以雷诺数为参数的品质因数计算公式中。作为基准回热器，其平均雷诺数为 62。其结果是 2 条品质降级与间隙相对变化之间关系的曲线，1 条对应回热器两部分有良好的热接触，1 条没有热接触。后一种情况更糟糕，因为直流流动的温度偏斜效应，若不能通过两部分之间的热接触得到抑制，就会进一步放大直流流动，如图 D.2 所示。

“偏差 g/g_0”代表一个量，与基准间隙相比，A 部分的间隙高于基准间隙 g/g_0，同时 B 部分的间隙低于基准间隙 g/g_0。换一个说法，这个量就是间隙变化的幅值。标注“良好热连接”的曲线，对应于间隙变化发生在断面有良好热接触的两个回热器部分之间，如相邻的箔层之间，或者就是同一层的邻近区域。标注“无热连接”的曲线，对应于间隙变化发生在相隔较远的回热器部分之间，如因某种系统性的装配误差，导致圆环一边的所有层均被填满，并且伸展到另一边时就会发生这种情况。另外，内、外筒没有对齐，也会发生这种情况。

可以看出，不管哪种情况，都不需要多大的间隙变化量，就可以显著降低箔型回热器的品质。周期焓流增加（两部分的和）是导致性能降级的主要因素。流动摩擦损失很难改变，降低一点点都难。若间隙变化达到±45%，品质因素降低到与

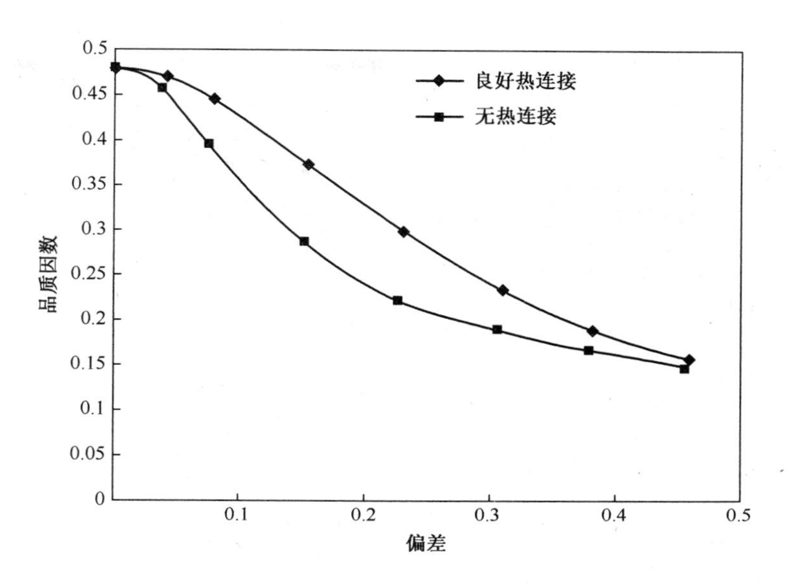

图 D.2　作为流道间隙变化函数的品质因数

90%孔隙率的毛毡差不多（$F_M=0.14$）。这是斯特林发动机回热器的结果。根据 2004 年 1 月 5 日备忘录（Gedeon，2004a）的结论，低温制冷机回热器的性能下降得更快。

将上述结果应用到一般通道型回热器（如蜂巢型）是合理的。在这种情况下，需用水力直径变化替代间隙流道变化，但得到的曲线却是非常相似的。

根据上述分析，我们要为微制造回热器的间隙变化（水力直径变化）制定一个什么样的合理范围呢？或许 ±10% 是合理的。这可以使我们在局部变化或系统性间隙变化两种情况下，都能达到 $F_M=0.4$ 以上的品质。如果系统性变化（大跨度）不是问题，可以将允许范围调到 ±15%，或者再高一点，但不能高太多，以免使我们自己陷入尴尬境地：生产的“改进型”回热器性能与毛毡差不多，成本却要高好几倍。

附录E Sunpower 公司ASC发动机中的箔型微制造回热器具备提升6%~9%输出功率的潜力

Gedeon Associates, Athens, Ohio

E.1 引言

Sunpower 公司的 Gary Wood 一直怀疑以前对微制造回热器的优势估计得过于乐观了(2003 年 8 月 25 日备忘录),他认为那个回热器太长了(133mm),并且低估了箔的固体传导。固体传导乘子 Kmult 设置成 0.1,以近似表达间断的卷曲传导通道的特性。我们正在研究的凸透镜基质就是这种情形。

本备忘录处理这些方面。

一种箔类型插入到 Sunpower 公司最新的 ASC 发动机 Sage 模型中(D25B3.stl),优化了箔间隔,长度最初限制为 70mm,后又改为 60mm。箔设定为 15μm 厚度的不锈钢,模型中按全固体传导计算。

经再次优化后,对 70mm 长箔,在热量输入相同的情况下,PV 功率比基准毛毡回热器增加了 6.6%,60mm 长箔增加了 5.5%。细节介绍如下。

E.2 细节

为此开发了两个 Sage 文件。第一个文件为 D25B3FoilRegen。这个文件的优化结构与 2003 年 12 月 23 日备忘录“Sage Model for ASC Optimization”(SunpASCOptimizationFile. doc)中描述的几乎相同,只是受热器长度限制为 25mm,回热器基质类型为箔,长度限制为 70mm。第二个文件 D25B3FoilRegenL60 除了回热器长度限定为 60mm 外,其他均相同。

这些 Sage 文件优化完成后,所有发动机基本尺寸都做了适应性调整,以便在满足所有尺寸约束的前提下,最好地服务于箔型回热器。最终就演变成了先进斯特林热机(ASC)发动机方案,其目的就是要看与基准毛毡回热器相比,箔型回热器到底能做到多好?同时也想找到一些减小回热器长度的途径。箔间隙优化过了,但箔厚度仍保持为 15μm。

表 E.1 列出了一些主要结果和两种箔型回热器的优化尺寸,并与基准毛毡回热器进行了对比。此表再一次说明,即使长度减小,箔型回热器仍有明显的优势。注意到,两种箔型回热器容器面积减小,使得发动机结构更紧凑,还减小了压力壁传导损失。

对于 60mm 回热器,在整个回热器上取平均的箔固体传导占到 230W 输入热量的 6.7W。若能消除这部分损失,就相当于效率提高了 3%(在给定输入热量下输出功率增加)。对于我们正在研究的回热器板,可能是那些间断的固体传输路径,使我们消除了 6.7W 传导损失的一部分。因此,原来估计的微制造回热器具有 9%左右的性能提升潜力,看起来仍然是合理的。

表 E.1 两种箔型回热器优化的主要结果和参数

	基准毛毡回热器 D25B3	70mm 箔型回热器 D25B3FoilRegen	60mm 箔型回热器 D25B3FoilRegenL60
输入热量/W	230	230	230
PV 功率/W	111.8	119.2	118
增加百分数/%	—	6.6	5.5
箔间隙/μm	—	97.2	92.6
容器面积/cm^2	2.83	2.25	2.06

附录F 电火花（EDM）加工回热器盘——同心渐开线环

Gedeon Associates, Athens, Ohio

F.1 装满一个圆柱

想象一下我们计划在3年内要做的测试回热器，需要提供一种能够装到19mm直径圆柱体内的基质。这个东西会是什么样子呢？

渐开线箔是很有吸引力的方案，只是若要用单个渐开线箔完全填满圆柱体，这些箔必须绕成螺旋线的形式。这是行不通的，因为它与空间电源发动机所用的薄环形回热器的多箔渐开线结构在几何上不相似，而且使得很长的箔没有支撑，这种箔更像是钟表发条，而不是回热器基质。

将渐开线元件装入同心圆环中，圆环之间用薄壁隔开，就能解决这两个问题。每个圆环可以包容一族不同的渐开线（生成圆不同），这样可以做到与薄圆环渐开线几何相似。圆环壁也作为单个渐开线元件的支点，因此增加了刚度。

图F.1和图F.2显示了两种将渐开线组装成同心环的方式。在标注为"几何间隔"的图中，环由相邻直径比相同的一系列圆来定义。几何间隔方式的优点是，圆环内所有渐开线与圆柱半径所成夹角相同，因而在这些情况下都是流体动力相似和结构相似的。其缺点是越往中心，环之间的间隔越小，导致元件变短，流道的长细比减小。标注"均匀间隔"的图，环由直径等间隔增加的一系列圆定义。其优点是渐开线元件的长度变化不大；其缺点是越往中心，渐开线元件与半径的夹角越大，可能使得内外环的流体动力或结构特性不同。

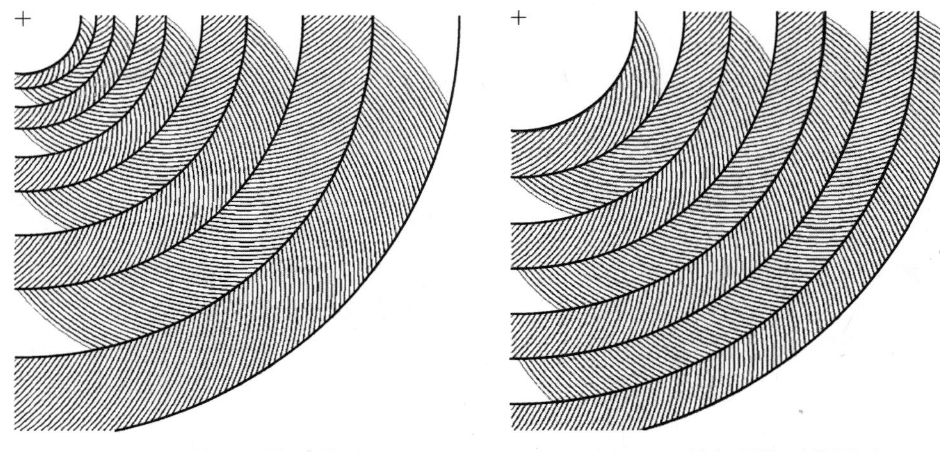

图 F.1　几何间隔渐开线圆环　　　　图 F.2　等间隔渐开线圆环

F.2　尺寸

两幅插图显示的是由 Solid-Edge 计算机辅助设计软件生成的回热器横截面视图。只切出渐开线盘的大约 1/4 进行细节特征的计算，以免 Solid-Edge 不堪重负而停机。两种回热器盘的相同尺寸数据列在表 F.1 中。

表 F.1　两种回热器盘的相同尺寸数据

外径/mm	19.05
渐开线通道宽度（间隙）/μm	86
两条渐开线之间的壁厚/μm	约 14
两个圆环之间的壁厚/μm	20
盘厚/μm	500

随着通道展开，渐开线通道宽度是精确的，但为了适应用圆剖面近似代替渐开线剖面带来的偏差，壁厚略有变化。由此产生的误差稍后进行评估。

F.3　中心孔

在每一种情形，都会遇到渐开线通道无法继续向基质中心延展的情况。这时，可以改用另一种箔型，或者不再延展了，直接用绝热材料将中心孔填上。对于测试用的回热器，用绝热材料填上是可以的。几何间隔基质的中心孔直径为 2.6mm；

等间隔基质的中心孔直径为 5mm。

F.4 变角度渐开线

由前述内容,前、后相继的环里的渐开线角度是交替变化的。这就形成了人字形图案。在每个环里面保持同样的角度也是可能的。在各种情况下,关键是交替翻转回热器盘,使得每一层的角度都发生改变。这样,层之间就不需要旋转对齐了,渐开线壁之间的固体传导通道也被阻断了,也最大化了层之间流动均匀分布的机会。

人字形图案对结构和流动有没有好处,目前还不完全清楚。一种可能的结果是,这种人字形基质流出端缓冲腔内的径向流动都会混合起来,因为从相邻渐开线环里出来的流动倾向于以反方向旋转。我认为这是好事。

F.5 EDM

基于我对 IMT 公司 EDM 工艺的理解,我们描述的回热器盘是有可能做出来的。不足之处是需要打圆渐开线元件与环之间的圆形壁接触处的尖角,这在某种程度上会导致更大的轴向热传递损失。

F.6 结构分析

原则上,应该进行完整的渐开线环型回热器盘的有限元应力分析,但我没有这么做。需要理解清楚的重要事项应该包括:把组成回热器的一叠这样的盘扣在一起的轴向载荷,以及单个渐开线壁元件的变形阻力。

如果我们决定用压力来保持堆叠体在一个固定的地方,轴向扣紧载荷就显得很重要了。我希望轴向扣紧强度要适当,因为每个渐开线流体流道形成一个结构单元,包括了完整连接到端壁的边壁。与端部没有连接的箔层相比,每个结构单元的刚度更好。有大量这样的单元分担载荷。

单个壁元件的变形阻力对保持均匀间隙至关重要。如果没有其他手段,壁就应该足够刚硬,使得已被 EDM 工艺减弱的内部应力不会对间隙变化产生明显的影响。我不确定,但就这一点而言,渐开线壁的曲线形状看起来会起作用。曲率半径变化不能太大,否则会影响由端点壁(内环壁)约束的两个端点间的距离。若元件是直的(径向辐条),在同样的终点约束条件下,它们会偏斜得更厉害。显然,还有很多问题需要思考。

附录G　渐开线数学

David Gedeon of Gedeon Associates, Athens, Ohio

G.1　渐开线数学

流道的每一个环是一个圆形单元流道。在每一个单元流道的中心，是渐开线曲线的一段。渐开线是由一个生成圆和两个边界圆定义的，如图 G.1 所示。

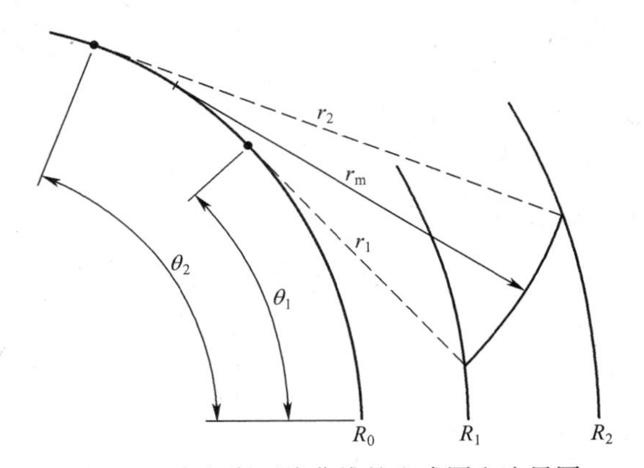

图 G.1　定义渐开线曲线的生成圆和边界圆

生成圆半径为 R_0，两个边界圆的半径分别为 R_1 和 R_2。渐开线线段是 R_1 和 R_2 之间的弧长。按定义，渐开线是由一根细绳从生成圆上退绕下来形成的。虚线指出细线在弧的起点和终点时的位置。在渐开线线段两个端点退绕出来的细线的长度，正好等于生成圆上 θ_1 和 θ_2 所对应的弧长。也写成：

$$r_1 = R_0\theta_1 \tag{G.1}$$

和

$$r_2 = R_0\theta_2 \tag{G.2}$$

r_1 和 r_2 也是渐开线线段两个端点处的局部曲率半径。画几个直角三角形，可以很容易得出 r_1 和 r_2 与几个圆半径的几何关系：

$$r_1 = \sqrt{R_1^2 - R_0^2} \tag{G.3}$$

和

$$r_2 = \sqrt{R_2^2 - R_0^2} \tag{G.4}$$

N 段渐开线可以形成一个环形阵列,这可以看成是初始渐开线绕生成圆圆心每次旋转 $2\pi/N$(弧度)形成的。这个图案也可想象成每次将线缩短 s_0形成的,而 s_0等于生成圆周长除以 N,即

$$s_0 = \frac{2\pi R_0}{N} \tag{G.5}$$

这样看问题的好处是:s_0很明显就是两个渐开线元件之间的法向间隔。解前述方程得到 N,即由距离 s_0分隔开的渐开线元件的数目:

$$N = \frac{2\pi R_0}{s_0} \tag{G.6}$$

上述插图中的弧并不是真正的渐开线曲线长度,而只是一段普通的圆弧,其圆心在生成圆上,半径为

$$r_m = (r_1 + r_2)/2 \tag{G.7}$$

两段圆弧间的法向间隔,也不是准确的 s_0,它变为

$$s \approx s_0 \cos\alpha \tag{G.8}$$

式中:α 是半径 r_m相对其中段的旋转角。这从图 G.2 可以看出来。图 G.2 示出了两段相邻的圆“渐开线”弧,其中心在生成圆上垂直对齐。在前述方程中采用约等于号的原因在于:s_0是相邻两个中心点沿生成圆的弧长,而不是绳长。

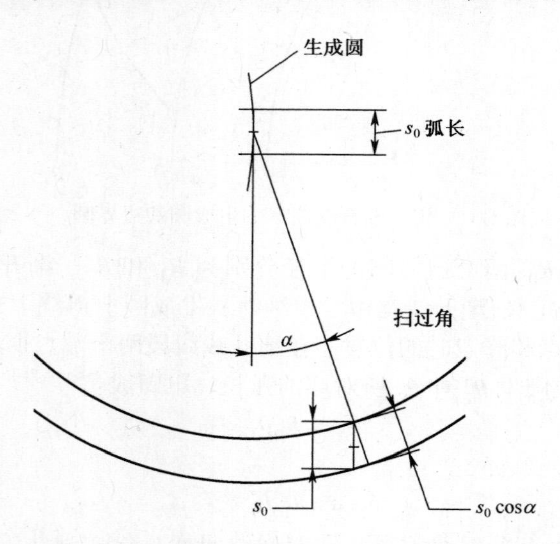

图 G.2　中心在生成圆上垂直对齐的相邻两段圆“渐开线”弧

G.2 截断渐开线

如前所述,像这样产生的渐开线弧段位于流道的中心。生成流道的方法是:将这段弧向两侧各移动一个小量,形成两段同心弧,同时产生截断边界,如图 G.3 显示了两个边界圆之间的单流道。

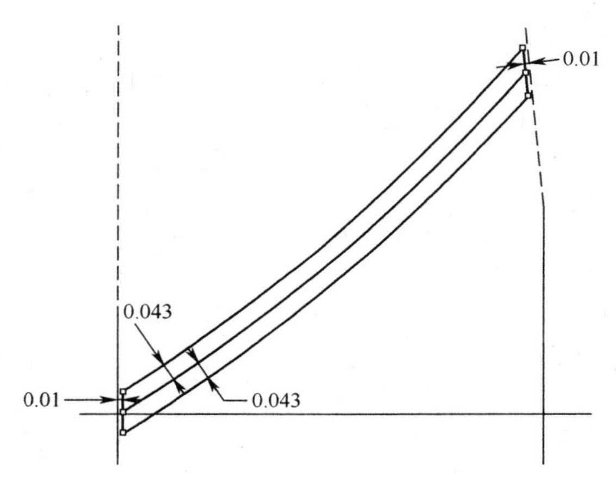

图 G.3 弧段偏置产生截边界

在这种情况下,渐开线弧段向每一边偏移 43μm,构成一个 86μm 宽的通道。截断端从内环边界圆偏离 10μm,与环段之间 20μm 壁厚一致。在圆盘模式中,隔开渐开线弧段的法向距离是 100μm,通道宽度为 86μm,还剩余 14μm 可用于边墙厚度。确实,由于用圆弧来近似代替真正渐开线弧段,边墙厚度略有变化,法向间距也有一点误差,但这个误差只影响边墙厚度。在 CAD 软件的允许范围内,通道宽度是准确的。

G.3 试算表计算

生成渐开线通道需要一系列的边界圆和一系列的生成圆。原则上,这两个系列应该是不同的。如果针对两个目的只用同一系列的圆,则计算起来是最容易的。换句话说,给定任意一系列的圆 $C_i(i=0\sim M)$,其直径 D_i递增,圆 C_0是 C_1和 C_2之间渐开线弧段的生成圆,圆 C_1是 C_2和 C_3之间渐开线弧段的生成圆,依此递推。那么唯一可作的选择是直径 D_i之间的间隔。可选项有几何间隔($D_i/D_{i-1}=$常数)或算术间隔($D_i-D_{i-1}=$常数)。这两个选项都已经阐述过了,其性质也讨论过了。我们最终也想看看其他选项。

为了将过程自动化,我编写了试算表程序,针对以前阐述的 19.05mm 直径回热器盘,计算系列圆和其他有用的信息。事实上有两个试算表,Involute19DiamCyl. xls 用于几何间隔环,Involute19DiamCylEqualSpaced. xls 用于等间隔环。试算表产生了一系列圆,覆盖了期望的直径范围,然后针对每一个同心环结构,基于期望的渐开线通道间的间隙 s_0,计算下面几个量:

(1) 圆盘内的元件数 N(方程式(G.1)圆整到最近的整数)。

(2) 近似渐开线弧段的曲率半径(从方程式(G.2))。

(3) 扫过的角度 α(弧度, $\theta_2 - \theta_1$)。

(4) 端点 $1-\cos\alpha/2$ 处的相对间隔误差(基于方程式(G.3))。

(5) 由于 N 圆整带来的间隔误差。

最后两项用于估计渐开线通道间的壁厚变化是很方便的,例如,针对等间隔环用试算表计算出的值列在表 G.1 中。

表 G.1 用试算表计算出的等间隔环的参数值

圆直径 D_i /mm	模板中的元件数 N	渐开线弧的半径 /mm	扫掠角 α/rad	端点处的相对间隔误差	N 圆整带来的相对间隔误差
19.05					
17.05	472	4.92	0.24	0.007	-0.002
15.05	409	4.62	0.27	0.009	-0.002
13.05	347	4.29	0.30	0.011	0.000
11.05	284	3.94	0.34	0.014	-0.001
9.05	221	3.55	0.40	0.020	-0.002
7.05	158	3.11	0.51	0.033	-0.004
5.05	95	2.60	0.76	0.072	-0.009
3.05					

注意到,内环的相对间隔误差相对来说要大一些(0.072)。这个数乘以 s_0,大约就是通道端点处壁厚减薄的量。对现在的情况,$s_0 = 100\mu m$,壁厚误差的绝对值约为 7μm。当固体边界的每一个因素都考虑到,真实的内环壁厚从端部 10μm 变到弦长中点处的 19μm。其他环的壁厚要更均匀一些。

附录H　真实斯特林发动机中回热器品质因素的含义

David Gedeon of Gedeon Associates, Athens, Ohio

H.1　先导性讨论

我们的回热器品质因素反映的是回热器基质中每单位流阻的热传递。但对真实斯特林发动机(或制冷机)来说,这是什么意思呢?这个问题可以这样来回答:想象一下,将一个品质因数 F_M 可变的回热器装入一个固定的斯特林发动机中,可以得出(在下面进行推导):品质因数与回热器抽气损失 W_p、热损失 Q_t 和回热器平均过流面积 A_f 的平方之积成反比:

$$F_M \propto \frac{1}{W_p Q_t A_f^2}$$

对于过流面积相同的回热器,品质因数与抽气损失和热损失之积成反比。因此,高品质因数就对应于低抽气损失、低热损失,或这两种损失都低。但基于真实发动机中这两种损失值的相对大小和重要性的不同,对发动机效率总的影响是变化的。甚至逻辑上有这种可能,回热器拥有更高的品质因数,但真实发动机的效率却更低。如果将两种损失中不重要的一种减小了,但同时使得更重要的一种损失增加了一点,或者因为过大的无效容积使得发动机功率密度变小,就会出现这种情况。

H.2　重新表述品质因数

我们采用的品质因数定义来自备忘录(Gedeon,2003a):

$$F_M = \frac{1}{\left(\dfrac{RePr}{4Nu} + \dfrac{Nk}{RePr}\right)} \tag{H.1}$$

式中：Nu 为努塞尔数，hd_h/k；N_k 为基于热扩散（分子传导的一部分）的有效气体传导率；Re 为雷诺数，$\rho ud_h/\mu$；Pr 为普朗特数，$c_p\mu/k$；d_h为水力直径。

在方程式（H.1）中，分母中的两项分别代表热传递效应和热扩散效应。另一份备忘录（Gedeon，2003b）讨论了由热传递产生的平均参数焓流和由热扩散产生的微观焓流的等价问题。

那么，品质因数要怎么处理回热器中的损失呢？要回答这个问题，方便的做法是从每单位孔隙过流面积 q_t通过的热能输运（焓和扩散）的时间平均值，以及每单位回热器无效容积 w_r的抽气功率的表达式开始。这些内容来自 1996 年回热器测试台承包商报告（Gedeon 和 Wood，1996）。

$$q_t = -k\frac{\partial T}{\partial X}\left\{\frac{P_e^2}{4Nu} + N_k\right\} \tag{H.2}$$

和

$$w_r = \frac{1}{2d_h}\{f\rho u^2 \mid u \mid\} \tag{H.3}$$

式中：{ } 代表时间平均；Pecket 数 Pe 是 $RePr$ 的简写。用回热器孔隙过流面积 A_f乘以 q_t，将其转化为总热能输运 Q_t：

$$Q_t = -kA_f\frac{\partial T}{\partial x}\left\{\frac{P_e^2}{4Nu} + N_k\right\} \tag{H.4}$$

用回热器孔隙过流体积 A_fL 乘以 w_r，将其转化为总抽气功率 W_p：

$$W_p = \frac{A_fL}{2d_h}\{f\rho u^2 \mid u \mid\} \tag{H.5}$$

为了更清晰起见，引入 $\rho|u|d_h/(\mu R_g)$ 形式的因子，按照 F/Re 的方式将抽气功率表达为

$$W_p = \frac{A_fL\rho^2}{2\mu}\left\{\frac{f}{Re}u^4\right\} \tag{H.6}$$

在前面的方程中，人们已经能够看出品质因数（方程（H.1））的一些特性。将品质因素写成下列形式就更清楚了：

$$F_M = \frac{Pr}{\left(\frac{f}{Re}\right)\left(\frac{R_e^2P_r^2}{4Nu} + N_k\right)} \tag{H.7}$$

因为我们只对比例关系感兴趣，所以忽略时间平均和常数，将温度梯度表达为 $\Delta T/L$，略作简化后，品质因数可以写为

$$F_M \propto \frac{\rho^2 c_p \Delta T(uA_f)}{A_f^2}\frac{1}{W_pQ_t} \tag{H.8}$$

这意味着什么？看右边第一个因子，分子式中的所有量，对任何给定的斯特林

机都是常数：

$$给定气体和充气压力 \Rightarrow c_p 和 \rho 固定$$
$$给定热端和冷端温度 \Rightarrow \Delta T 固定$$
$$给定活塞、配气活塞体积流率 \Rightarrow uA_f 固定$$

作上述假设后，品质因数简化为

$$F_M \propto \frac{1}{W_p Q_t A_f^2} \tag{H.9}$$

或者将抽气功率与热能输运的乘积解出来：

$$W_p Q_t \propto \frac{1}{F_M A_f^2} \tag{H.10}$$

这个有趣的结果提示，回热器过流面积大比较好。对于具有相同品质因数的两个回热器，过流面积大的那个 $W_p Q_t$ 较小。考虑到方程(H.6)给出的抽气功率与速度的4次方有关，这是说得通的。这可能也是在比较不同的基质结构(例如，平行板对毛毡)时 F_M 与发动机效率不完全一致的原因之一。

完全按字面意思去应用方程式(H.10)时，必须注意，该方程并未计入回热器的所有无效容积。发动机的压力波幅进而其功率密度随回热器无效容积反方向变化，虽然不是成比例的，因为整个发动机中还有其他容积。其含义是，如果相对发动机功率的平方来测量 $W_p Q_t$，则 A_f^2 这个因子也许可以部分被对消；但如果是正在比较两个具有相同无效容积的回热器，则不需考虑这个问题。

附录I　用新的96%孔隙率数据更新与孔隙率有关的毛毡关系式

Gedeon Associates, Athens, Ohio

自从发布有关这个主题的上一个备忘录(Gedeon, 2006a)以来,对96%孔隙率毛毡半长样件A的附加测试,得到了比全长样件更低的品质因数。最近对全长样件进行了再测试,结果表明,以前的全长数据(50bar① 氦气工况)有问题(Gedeon, 2006b)。

本备忘录用96%孔隙率半长样件的传热数据,来更新那些与孔隙率相关的主要关系式f,Nu,Nk。相信这些数据更可靠些。

我正计划更进一步,将这些最新的主要关系式嵌入Sage的开发版中,因为96%毛毡的品质因数峰值已经从0.43大幅度下降到了0.28。这对前沿回热器的研究有影响,但对孔隙率在90%量级的传统回热器的分析影响不大。在本备忘录的后面还有一个表,列出了主要关系式的相对误差。

I.1　主要关系式

更新的关系式的形式与以前的一样:

$$f = \frac{a_1}{Re} + a_2 R_e^{a_3} \tag{I.1}$$

$$Nu = 1 + b_1 P_e^{b_2} \tag{I.2}$$

$$Nk = 1 + b_3 P_e^{b_2} \tag{I.3}$$

Re是基于水力直径的雷诺数,$Pe=RePr$是Peclet数。更新的是嵌入在单个系数中的孔隙率数据,如下列($x=\beta/(1-\beta)$,β是孔隙率):

① 1bar=100kPa。

$$\begin{cases} a_1 = 22.7x + 92.3 \\ a_2 = 0.168x + 4.05 \\ a_3 = -0.00406x - 0.0759 \end{cases} \quad (I.4)$$

$$\begin{cases} b_1 = (0.00288x + 0.310)x \\ b_2 = -0.00875x + 0.631 \\ b_3 = 1.9 \end{cases} \quad (I.5)$$

I.2 品质因数

整个品质因数仍然随着孔隙率的增长而增长，只是没以前增得那么多。96%孔隙率时，现在的峰值是 0.28，以前约为 0.43。

I.3 关联孔隙率

画在图 I.1 中的 F_M 数据和本节中的其他素材，都来自修订版的试算表程序 RandomFiberPorosityDependence.xls。

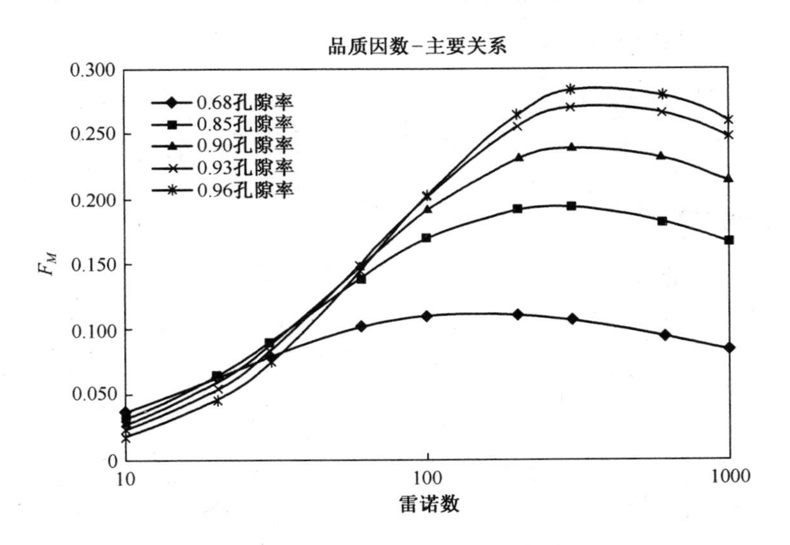

图 I.1 作为孔隙率函数的主要关系——品质因数(2006)

单个回热器测试用的数据建模参数及相应的数据列于表 I.1。与 2006 年 8 月 19 日备忘录(Gedeon,2006a)相比，表中唯一改动的就是 0.96 孔隙率的 *Nu* 和 *Nk*

参数，它们现在的取值是基于半长样件 A 的测试数据。单个参数及其趋势线都画在图 I. 2 中。

表 I. 1 不同孔隙率下的摩擦因子和热传递关系式的参数

β	$\beta/(1-\beta)$	f参数 a_1	a_2	a_3	Nu,Nk 参数 b_1	b_2	b_3
0.688	2.205	128.8	3.858	-0.063	0.499	0.635	3.787
0.820	4.556	248.5	4.889	-0.071	0.945	0.632	2.157
0.850	5.667	233.8	4.15	-0.082	1.552	0.539	1.113
0.897	8.709	211.2	5.139	-0.151	1.287	0.600	1.026
0.900	9.000	321.4	5.138	-0.108	2.323	0.534	0.583
0.930	13.29	380.3	9.906	-0.195	7.447	0.424	1.983
0.960	24.00	651.5	6.627	-0.135	8.600	0.461	2.498

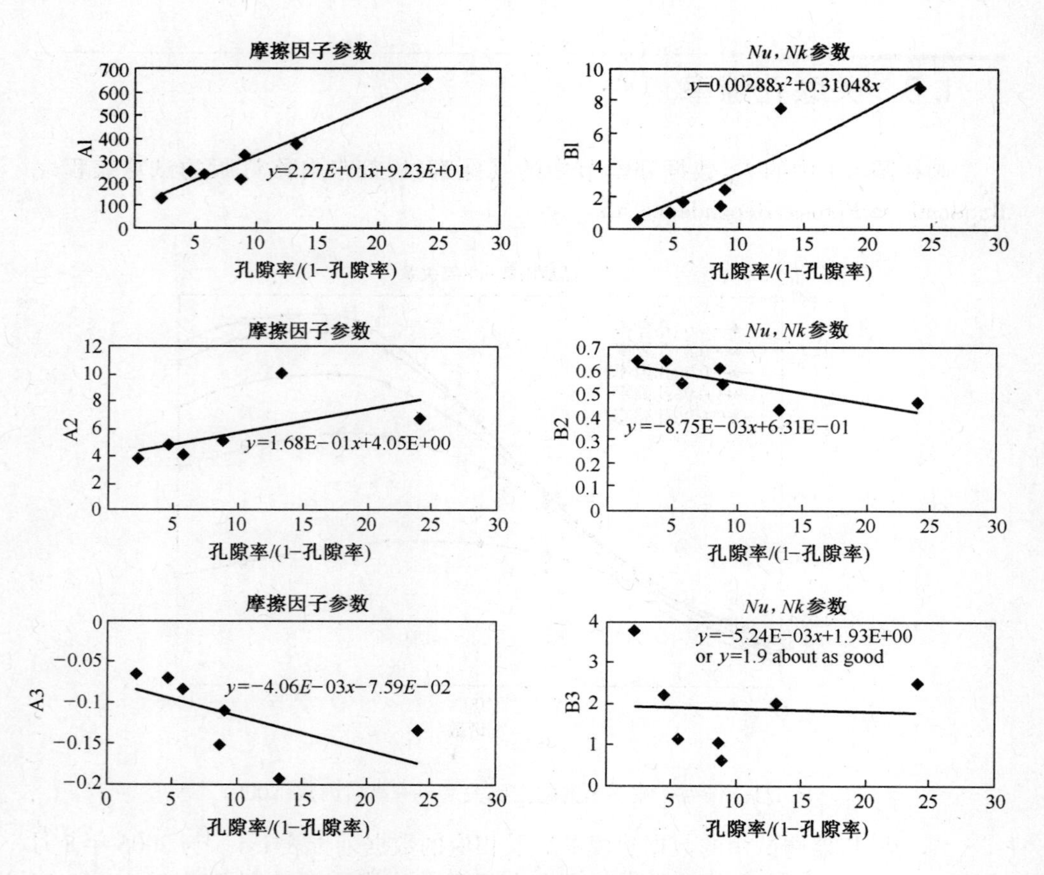

图 I. 2 作为孔隙率/(1−孔隙率)函数的摩擦因子和热传递关系参数的趋势线(数据点也列在表 I. 1 中)

以前用二次曲线来拟合(趋势线)b_1热传递参数(努塞尔数的系数),现在没有明显的必要性了。但与线性趋势线相比,二次曲线确实能减小单个关系式的相对误差,也使得随着孔隙率提高,品质因数的提高更为均匀。Y 轴截距保持为零,以免孔隙率为零时的热传递系数发散($h \propto N_u(1-\beta)/\beta$),就如在 2006 年 8 月 19 日备忘录中论证的(Gedeon,2006a)。

表 I.2 列出了一些感兴趣的关联量与单个量的比值,这些量是取雷诺数 10~1000 范围内的平均值。单个量的值用下标"0"标记。F_M是整个的品质因数。

与 2006 年 8 月 19 日备忘录(Gedeon,2006a,包含了孔隙率 0.93 的数据)中的表相比,孔隙率 0.688~0.85 范围内的品质因数比明显偏高,孔隙率 0.90 时没什么变化,0.93 时小得有点多,孔隙率 0.96 时是用新数据算的。

表 I.2　主要关系相对误差,取雷诺数 10~1000 区间平均值

B	f/f_0	$Nu/Nu0$	$Nk/Nk0$	F_M/F_{M0}
0.688	1.05	1.22	0.47	1.35
0.820	0.83	1.28	0.75	1.52
0.850	1.03	1.40	1.95	1.09
0.897	1.35	1.80	1.47	0.99
0.900	0.99	1.39	3.09	0.99
0.930	0.97	0.93	1.40	0.94
0.960	0.98	0.89	0.66	1.12

表 I.3　Gedeon Associates 公司针对不同回热器样本形成的数据文件

样本	测试时间	孔隙率	DP 文件	HX 文件
2mil,布伦瑞克	1992—1993	0.688	P06-29Scaled	H11-21Scaled
1mil,布伦瑞克	1992—1993	0.82	P11-04Scaled	H11-18Scaled
30μm,贝克特	2006	0.85	DP_85Porosity	HX_85PorosityTrunc
12μm,贝克特	2003	0.897	BekD12P90DP-RetestScaled	BekD12P90HXScaled
30μm,贝克特	2006	0.90	DP_90Porosity	HX_90PorosityTrunc
30μm,贝克特	2006	0.93	DP_93Porosity	HX_93PorosityTrunc
30μm,贝克特	2006	0.96	DP_96Porosity	HX_96PorosityHalfA

I.4　数据文件

参数建模导出的数据文件定义在表 I.3 中(Gedeon Associates 公司生成、维护这些文件)。

附录J 回热器最终设计

Gedeon Associates(Athens,Ohio)公司。

J.1 详细说明

表J.1列出了一个满足频率测试台(FTB)安装要求的回热器设计参数。根据Sage程序计算机仿真,这个设计具有最高效率。

表J.1 频率测试台(FTB)回热器尺寸

通道间隙/mm	0.086(0.001,-0.001)
网壁厚度/mm	0.014(0.001,-0.001)
内、外壁厚度/mm	0.030(0.005,-0.005)

渐开线结构件包括主盘和替换盘,它们在堆叠装配时可以互换。这两种盘的计算机辅助设计(CAD)图如图J.1(a)和图J.1(b)所示。

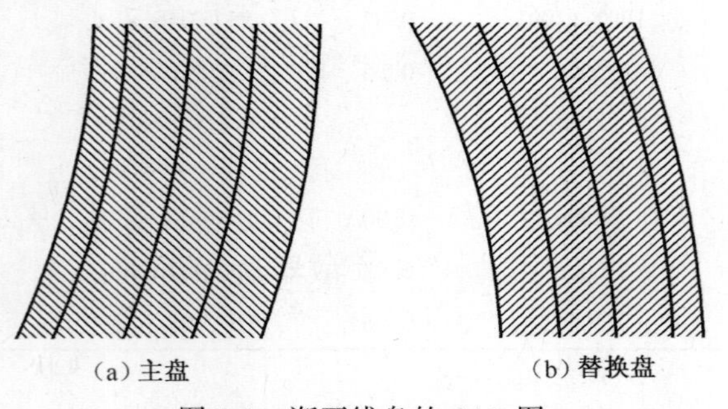

(a)主盘　　(b)替换盘

图J.1 渐开线盘的CAD图

上述盘的水力直径 D_h = 0.159mm,孔隙率 β = 0.837,都与Sage算出的最优值接近。

这些图没有显示出任何被倒圆的尖角。当箔元件碰到隔离圆环时,就会形成一个尖角。为了方便生产,我们决定将尖角倒圆。另外,在阶段II的回热器原型中,圆角的效果更好。尖角区域的流动不均匀,应力集中导致的结构削弱,都是需要关注的。

J.2 射流扩散器设计

毛毡流动扩散器位于回热器的两端,其作用是将从加热器、散热器的热交换器的狭窄通道中出来、要进入回热器的射流摊开来。扩散器原理在图 J.2 中概要说明,其中箭头试图表达扩散器上游和下游气体流场的概念。扩散器设计是在克利夫兰州立大学的二维计算模型支持下进行的,如附录 L。

600g/m^3毛毡材料密度,指的就是以前由 Bekaert 公司(比利时)提供的材料的密度。这是一种成熟的材料。材料压缩到 0.6mm 厚度时,孔隙率β =0.88。

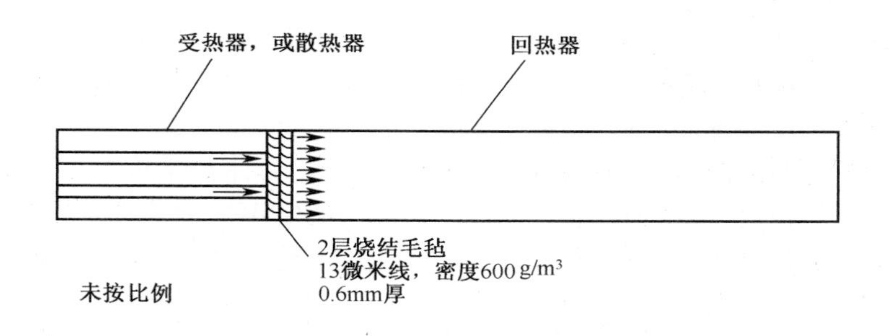

图 J.2 射流扩散器模型简图

除了分散射流以外,扩散器还能理顺 FTB 回热器两端空腔(活塞/配气活塞圆柱外径[OD]和压力壁内径[ID]之间的区域)的不规则流动。在散热端,活塞圆柱的一部分伸进到回热器内 0.8mm,在那里形成一个锥形空腔。在受热器端,在受热器热交换器与压力壁交接的地方,可能会有一些小黄铜片。

扩散器盘额定厚度为 0.6mm,必要时我们打算通过毛毡材料压缩量的大小来调节厚度。回热器额定堆叠高度是由整数个厚度精确为 0.500mm 的回热器盘叠起来的。我们最初在散热器端想用两个扩散器盘(消除活塞圆柱侵入),在受热端用一个扩散器盘。由于抛光过程出现了质量控制问题,回热器盘厚度并非精确的 0.5mm,装配过程就不像预想的那样顺利。回热器盘 ID 和热状态配气活塞圆柱之间的间隙太小,回热器盘不能在圆柱上平顺地滑动。我们从散热器端开始将回热器盘装到配气活塞圆柱上。当工作进行到受热端的时候,我们发现,为了填满回热器面和空腔端之间的剩余间隙,必须拿掉最后一个回热器盘,而采用两个扩散器盘。这样,我们手里就有了一片额外的、没有装到发动机上去的回热器盘(已安装盘的总数是 126)。

J.3 热膨胀和装配问题

回热器所占空间的长度是由热头的外压力壁决定的。计算表明，从室温加热到工作温度，镍回热器和不锈钢压力壁之间的相对热膨胀仅仅只有 0.030mm，并且压力壁膨胀得还多些。热膨胀计算基于表 J.2 给出的数值。

表 J.2 镍和不锈钢的热膨胀系数

材料	热膨胀系数/$\times10^{-6}$/℃)
高纯镍(70~1000F)	15.5
304 不锈钢(32~212F)	17.3

安装后，回热器组合体内无疑具有回弹能力，足以包容预期的膨胀。回热器盘堆叠并不是如有人期望的那样是刚性的，所有的盘也不是都具有平坦的表面，厚度也不是精确的 0.500mm。相反，盘厚度的局部变化会在盘之间产生大量的小随机间隙，这使得回热器可以弹性压缩 0.1mm 或更多，具体数字取决于所施加的压力。毛毡材料也有一定的回弹。Sunpower 公司的室温实验表明，烧结毛毡样件在撤除所施加的外力后，弹性回弹约为 2%。对于毛毡材料来说，总厚度 2mm 的材料，最大弹性回弹达到 0.040mm。这个值足以容纳热膨胀引起的 0.030mm 的变形。

J.4 射流边界条件

表 J.3 列出了射流边界条件，与从 Sage 得到的一样。

表 J.3 射流边界条件

散热器	
压力/Pa，均值，幅值和相角	3.10×10^6+4.1×10^5，-22°
质量流率/(kg/s)，幅值和相角	4.6×10^{-3}，44°
平均温度/℃	43
平均密度 ρ_m /(kg/m^3)	4.8
速度幅值 u_1/(m/s)	9.6
压头幅值 $\rho_m u_1^2/2$/Pa	2.2×10^2
平均射流间隔 $(A_{regen}/N_{jets})^{0.5}$ /mm	1.8

(续)

受热器	
压力/Pa,均值,幅值和相角	$3.10\times10^6+4.0\times10^5$, $-24°$
质量流率/(kg/s),幅值和相角	1.8×10^{-3}, $-12°$
平均温度/℃	624
平均密度 ρ_m (kg/m^3)	1.7
速度幅值 u_1(m/s)	17
压头幅值 $\rho_m u_1^2/2$/Pa	2.5×10^2
平均射流间隔 $(A_{regen}/N_{jets})^{0.5}$ /mm	1.3
散热器射流扩散器层压力降幅值/Pa	1.2×10^3
受热器射流扩散器层压力降幅值/Pa	1.8×10^3
微加工回热器压力降幅值/Pa	16.3×10^3

附录K 估计发电机的效率

David Gedeon of Gedeon Associates, Athens, Ohio

在表 8.28A 中,发电机的效率不是直接测量的,而是从一个用数据校准过的简单的发电机损失模型估计得到的。然后用这个估计的发电机效率去除测量得到的输出电功率,得到输出 PV 功率的一个估计。

采取这种方法的原因,一方面是发动机 PV 功率测量不是非常准确,而且在微加工回热器测试时还没法实施。对于毛毡回热器测试,确实测量了活塞输出的 PV 功率,但电功率测量更精确,因为它是基于真实的积分电功率计算,使用的专用电功率计(Yokogawa)是专为此任务而开发的。另一方面,PV 功率是由压力、活塞位移及它们之间的相位差等数据计算得来的,受到传感器误差的影响,它是一种“向量数学”,而不是真正的时间积分。活塞位置和压力都不是用快速采样数据采集系统记录的。

对于这个备忘录,PV 功率计算仅仅用来校正发电机效率的计算公式。这个公式是电流相角的函数,而电流相角在所有的测试中都能得到。具体地说,只用到了一个数据,即 2004 年 7 月 12 日的那个数据点(见表 8.28、表 8.30)。之所以选择这个数据点,是因为在这个点上,发电机效率最低,这样在 PV 值和电功率之间就有个最大差值,可能也会给出一个发电机效率的最精确测量值。

简化的发电机损失模型相当于发电机电损失 W_{loss} 的一个表征,其数量与发电机作用在活塞上的力相量长度(即图 K.1 中的箭头 F)的平方成正比。这是因为,发电机的力正比于电流,而电损失与电流的平方成正比($W_{loss} \propto I^2R$)。另外,有用电输出 W_e,正比于与活塞同相位的力分量 F_d 长度的平方,因为这就是从活塞上吸收的功率分量。对于给定的功率输出,当电流相角 $\theta = 90°$(相对于活塞运动)时,电损失最小;当电流相角偏离 90°时,发电机的力也要帮助活塞共振,它提供一个与活塞弹簧同相位的分力 F_s。图 K.1 示出了电流相角大于 90°时,发电机力相量的合力 F,驱动力和弹簧力分量 F_d 和 F_s。

对这个模型作一些简单的三角学处理可知,比值 W_{loss}/W_e 正比于 $1/\cos^2(\theta - 90°)$。引入一个校准参数 c,发电机电效率 η_e 有以下关系:

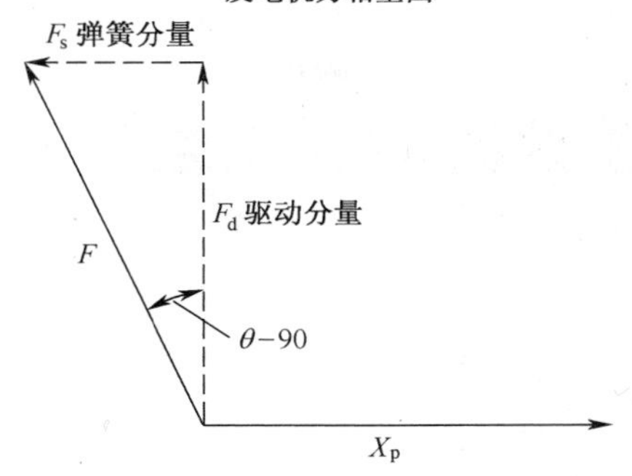

图 K.1　发电机力相量图

$$1 - \eta_e = \frac{W_{loss}}{W_e} = \frac{c}{\cos^2(\theta - 90°)} \tag{K.1}$$

根据 2004 年 7 月 12 日测得的效率(输出电功率/计算 PV 功率)数据点,得出校准参数 c 的值为 0.086(见表 8.28A)。将这个公式应用于其他的电流相角值,得到了表中列出的其他发电机的电效率值。

附录L 射流扩散器的CFD结果

Cleveland State University

L.1 CFD 结构

在早前的讨论中(见图 7.34 和图 7.35),选择平行板的二维结构作为仿真射流扩散器的模型。仿真真实的结构需要三维结构,因此需要更多的 CPU 和存储器。图 L.1 示出了一个二维结构,用来对射流建模。该射流来自频率测试台(FTB)的受热器,进入多孔的毛毡基质中。该基质将受热器和渐开线箔回热器隔开。模型的尺寸按 Gedeon Associates 公司(Athens, Ohio)提供的数据设计,以与 FTB 相匹配(见附录 J 的图 J.2 和表 J.1)。平均射流间隔为 1.3mm(从表 J.3),则 650μm(见图 L.1)等于平均射流间隔的 1/2。另外,从射流出口到渐开线箔入口的距离(600μm,如图 L.1)对应于多孔材料的厚度 0.6mm(图 J.2)。孔隙率是 0.9。

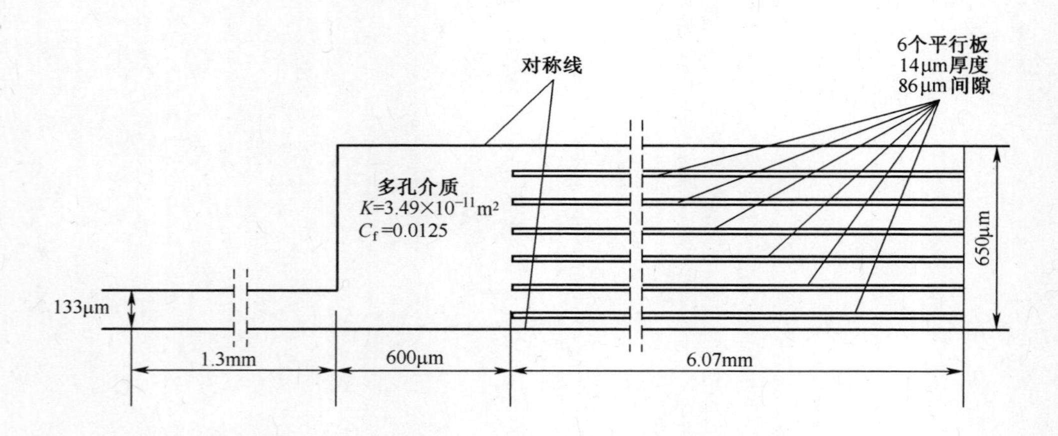

图 L.1 用于多孔介质建模的结构,流动从西向东,顶、底平面为对称线

要注意,射流从西边进入,宽度为 133μm 的 1/2,CFD 域的上、下边界是对称的(如图 L.1 所示)。按照给定的尺寸,6 个平行板放置在离射流出口 0.6mm 的位置,金属板厚度 14μm,间隔 86μm。

L.2 CFD 结果

为了验证上述扩散器尺寸选择的正确性,用 FLUENT 商业软件(FLUENT, 2005)对上述情况进行计算。软件版本 6.3.26,213560 网格,程序在 Dell Precision PWS670(CPU 为 Intel(R) Xeon,2.8GHz)上运行。仿真使用带 $\overline{v^2}\sim f$ 湍流模型的定常流,输入数据列在表 L.1 中。

表 L.1 CFD 射流仿真输入数据,通过多孔介质喷射入模拟的卷绕箔回热器

流体	空气
压力/Pa	101325
温度/K	300
喷射速度/(m/s)	35.41
渗透率/m^2	3.49×10^{-11}
惯性系数	0.0125
孔隙率	0.9

图 L.2~图 L.4 分别示出了 3 种不同状态(在射流出口和渐开线箔入口之间不同的间隙/多孔介质组合)的 CFD 速度矢量图:①没有多孔介质(见图 L.2);②有多孔介质,并且在射流出口和多孔介质之间有 133μm 轴向间隙(见图 L.3);③有多孔

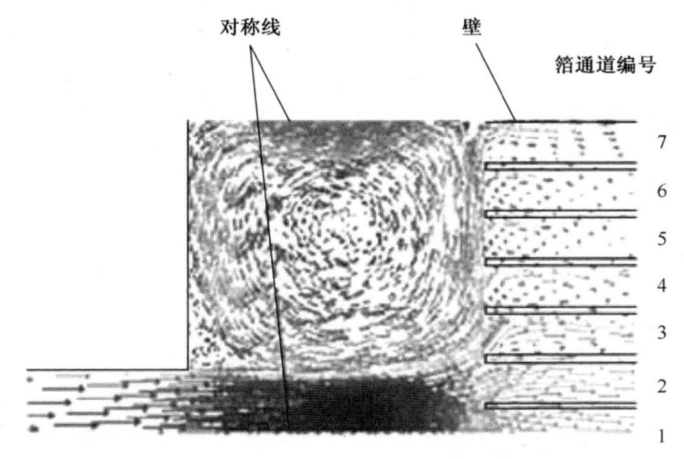

图 L.2 速度矢量图,在射流出口和渐开线箔入口之间没有多孔介质

图 L. 3　速度矢量图，在射流出口和渐开线箔入口之间有多孔介质和 133μm 间隙

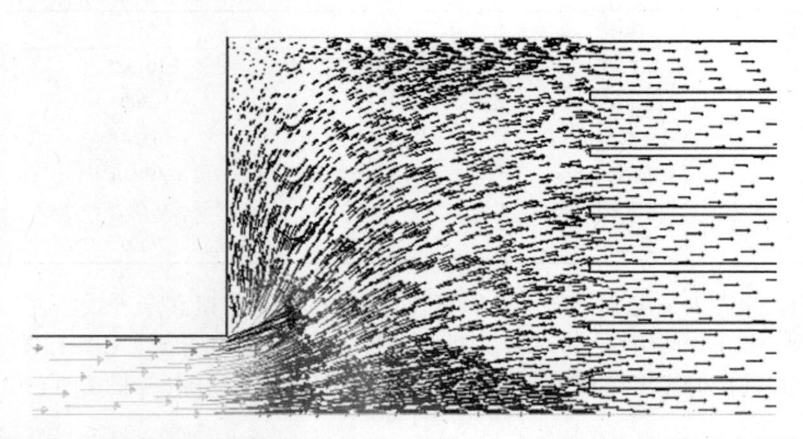

图 L. 4　速度矢量图，在射流出口和渐开线箔入口之间有多孔介质但没有间隙

介质，无间隙（见图 L. 4）。与预料一致，没有多孔介质时，出现了一个大的回流区。在有多孔介质和间隙的情形，流动在进入多孔介质之前会垂直扩展。在有多孔介质但没有间隙的情形，当流动通过多孔介质时没有回流。

图 L. 5 示出了从射流出口开始、沿流动方向的压力分布。在没有多孔材料的情形，在射流出口和渐开线箔入口之间的区域，出现了压力恢复现象（约 156Pa）。多孔材料上游有间隙时，压力降为 1595Pa，无间隙时 2099Pa。

图 L. 6 示出了上面研究的三种情形中，渐开线箔内每个通道的质量流率（用最大流率归一化，最大流率出现在通道 1——通道标志见图 L. 2）。在有多孔介质和间隙的情形，流动一致性最好（这与减小回热器损失直接相关）。这个结果与图 L. 5 示出的压力降结果综合起来表明，就纳入研究的 3 种情形而言，最优状态是多孔材料加 133μm 间隙。这种情形的压力降最小，进入渐开线箔的流场最均匀。

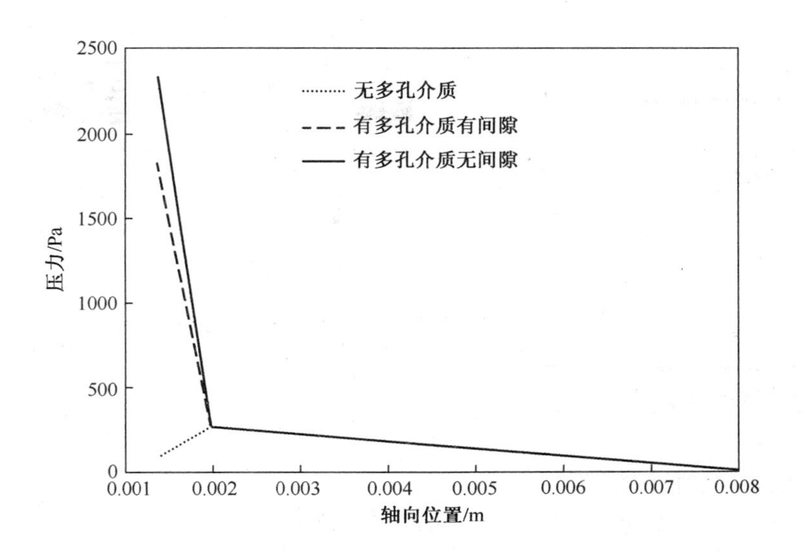

图 L.5　沿流动方向的压力分布,从射流出口开始

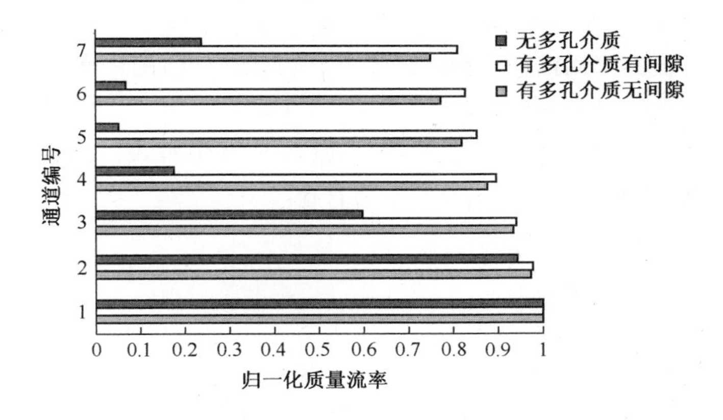

图 L.6　每个通道的归一化质量流率

术 语

物理量名称

A:振幅,幅值,波幅(m)
A_c:射流发生器开口面积(m^2),见式(9.12)①
A_f:回热器平均过流面积(m^2)
A_h:狭槽射流发生器的开口面积(m^2),见式(9.19)
A_{int}:流体和固体之间总的界面面积(m^2),见式(7.22)②
A_R:振幅比,即流体半周期的位移除以管道(或其他元件)的长度,无量纲
A_r:LSMU 箔盘的开口面积(m^2),见方程式(9.16)③
A_{sf}:多孔介质中流体和固体之间的界面面积(m^2),见方程式(2.52)④
A_T:总(净)过流面积(m^2),用于计算水力直径
A_t:切面积(m^2)
A_j:面积(m^2)
a:加速度(m/s^2)
a_{sf}:流体和固体之间的总界面面积,见式(7.30)
a_{total}:回热器/多孔介质中总(固体+流体)横截面面积(m^2)
b:射流宽度(m)
C:无量纲系数,见式(7.17);比热容(J/kg·K),见式(9.24)和式(9.25)
C_1, C_2: $\overline{v^2}-f$ 湍流模型中的常值系数,见式(2.48)
C_D:阻力系数,无量纲,见式(3.27)

① 原书误为式(9.14)
② 原书误为式(7.30)
③ 原书误为式(9.18)
④ 原书误为式(2.33)

C_p:比定压热容(J/kg·K);压力系数(无量纲),见式(3.34)[①]

C_f:惯性系数,无量纲

C_L:升力系数,无量纲,见式(3.28);$\bar{v}^2-f$ 湍流模型中的常值系数,见式(2.48)

$C_{\varepsilon 1}$,$C_{\varepsilon 2}$:标准 k-ε 湍流模型中的常值系数,见式(2.35)

C_η:$\bar{v}^2-f$ 湍流模型中的常值系数,见式(2.48)

C_μ:湍流模型中的常值系数

$C_{\omega 1}$,$C_{\omega 2}$:标准 k-ε 湍流模型中的常值系数,见式(2.43)

C_A:曲柄转角(°)

c:比热(J/kg·K)

D:直径(m)

D_h:水力直径(m),其定义见式(8.3)

D_p:活塞缸筒直径(m)

d_c:喷嘴腔直径(m)

d_h:水力直径(m)

d_i:回热器纤维直径(m)

d_e:回热器平均有效纤维直径

d_w:线径(m);扩散深度(m)

E:单位质量的内能(kJ/kg)

e:单位质量的内能(kJ/kg)

E_t:单位体积的内能(kJ/m^3)

$erfc$:余误差函数

F:完全未参与流体热交换的基体分数,无量纲

F_D:阻力(N),见式(3.27)

F_L:升力(N),见式(3.28)

F_o:傅里叶数,无量纲

F_M:回热器品质因数

f:摩擦因子,无量纲;频率(rad/s)

f_D:摩擦因子,无量纲,见式(2.59)、式(8.28)

f_F:正在发展的流动的水动力摩擦因子,见式(3.12)、式(3.22)

f_K:摩擦因子,无量纲,见图7.8

f_r:摩擦因子,无量纲,见式(8.1)

f_x,f_y,f_z:x、y、z 方向的摩擦因子,无量纲

---

① 原书有误

g:渐开线箔间隙,见图 8.27

H:结构单元尺寸(m)

h:对流传热系数(W/m^2·K);特征尺寸(m);焓(kJ/kg)

h_{sf}:多孔介质中横跨固-液界面的对流传热系数(W/m^2·K)

J_0:零阶贝塞尔 J 函数

J_1:一阶贝塞尔 J 函数

K:热导率(W/m·K);渗透率(m^2)

k:热导率(W/m·K)

k_0:滞止热导率(W/m·K)

k_{dis}:热扩散热导率(W/m·K),见式(7.39)

k_e:总有效热导率

k_f: 液体热导率(W/m·K)

k_r:回热器排出端的气体热导率(W/m·K),见式(6.17)

k_s:砂粒粗糙度;固体热导率(W/m·K)

k_y:横流热扩散率(W/m·K)

k_x:顺气流方向热扩散率(W/m·K)

k_{fe}:液体有效热导率(W/m·K)

k_{se}:固体有效热导率(W/m·K)

k_{tor}:弯管热导率(W/m·K)

$k_{eff,\ s+f}$:多孔介质中液体和固体集总有效热导率(W/m·K),见式(2.69)

$k_{f,eff}$:液体有效热导率(W/m·K)

$k_{f,stag}$:液体滞止热导率(W/m·K)

$k_{s,eff}$:固体有效热导率(W/m·K)

L:长度,或特征长度(m)

L_c:分段渐开线箔中流道长度(m),见图 8.27

L_{hy}:发展流的水动力入口长度(m),见式(3.11)

$L_{th,H}$:恒定热流条件下,热发展流,或水力和热力同时发展流的入口长度(m)

$L_{th,T}$:恒定壁温条件下,热发展流,或水力和热力同时发展流的入口长度(m)

m:质量(kg)

N:点数;网板层数

N_k:热扩散强化的有效热导率比,即(分子传导+热扩散涡传导)/(分子传导),无量纲

N_{ue}:有效努塞尔数,无量纲

Nu:努塞尔数,无量纲

Nu_H:恒定壁热流努塞尔数,无量纲

$Nu_{x,H}$:恒定热流条件下热发展流,或水力和热力同时发展流的努塞尔数,无量

纲，见式(3.16)、式(3.20)

$Nu_{x,T}$：恒定壁温条件下热发展流，或水力和热力同时发展流的努塞尔数，无量纲，见式(3.14)、式(3.18)

Nue：有效努塞尔数，无量纲

Nu_m：平均努塞尔数，无量纲

Nux：当地努塞尔数，无量纲

$\boldsymbol{n}$：表面法矢量

p：压力(Pa)

Pe：Peclet 数，无量纲

Pr：普朗特数，无量纲

P_{wet}：湿周(m)

Q：发热功率(W/m)

Q_{in}：发动机输入热(W)

$\dot{q}$：传热速率(W/m^2)

$\dot{q}_w$：热流(W/m^2)

$\dot{q}''$：热流(W/m^2)

$\dot{q}'''$：热流(W/m^3)

R：热阻($1/m^2$)；径向位置(m)；管半径(m)

R_i：内半径(m)

R_O：外半径(m)

Re：雷诺数，无量纲

Re_0：当摩擦因子偏离 Hagen - Poiseuille 理论值时的雷诺数，无量纲，见式(8.2)

Re_d：基于直径的最大雷诺数(无量纲)，($u_{max}d/\nu$)

Re_H：基于单元高度和入口速度的最大雷诺数(无量纲)

Re_K：基于渗透率的最大雷诺数(无量纲)，($u_{max}\sqrt{K}/\nu$)

Re_{max}：最大雷诺数(无量纲)，($u_{max}d/\nu$)

Re_ω：动力雷诺数，无量纲，与瓦朗西数相同

$Re_{\omega,dh}$：基于水力直径的动力雷诺数(无量纲)，($\omega d_h{}^2/\nu$)

r：径向距离(m)

r_h：水力半径，即浸润面积/浸润周长(m)

S：网线间距(m)；制冷机管两两间间距(m)

S_t：斯特劳哈尔数，无量纲，$\left(\frac{L}{Ut}\right)$

s:渐开线箔元件基本间距,即间隙加壁厚(m),见图 8.27

T:温度(K)

T_{ACCEPT}:受热器热交换器的温度(K)

T_{REJECT}:放热器热交换器的温度(K)

T^{+}:无量纲温度,见式(2.39)

T_{c}:冷端温度;回热器内中心点温度(K),见式(6.17)

T_{h}:热端温度(K)

T_{r}:回热器放热端,即温度高的一端的温度,见式(6.17)

t:时间(s)

U:Darcy 速度(无多孔介质时回热器的流速,即回热器入口流速)(m/s);x 方向速度分量(m/s)

U_{c}:圆形射流发生器过流面积上的平均流速(m/s),见式(9.14)①

U_{h}:狭缝射流发生器过流面积上的平均流速(m/s),见式(9.19)②

U_{p}:活塞速度(m/s),见式(9.14)

U_{r}:放大尺寸实体模型板间流速,见式(9.16)③

u:速度(m/s);x 方向速度分量(m/s)

u^{+}:标准 $k-\varepsilon$ 湍流模型中的无量纲速度,见式(2.37)

u_{max}:回热器内最大平均体积流速(m/s)

$\sqrt{\overline{u'^2}}$:轴向流速波动的均方根(m/s)

$\overline{u'v'}$:湍流剪应力(m^2/s^2)

V:体积元 (m^3)

V:体积(m^3)

V_{α}:α 相体积,即液态或固态相的体积(m^3);瓦朗西数(无量纲)

Va:瓦朗西数(无量纲),与动力雷诺数相同,($wd^2/4v$)

v:y 方向速度分量(m/s)

W:渐开线箔流道宽度,见图 8.27;微小量(任何量纲)

w:z 方向速度分量(m/s)

W_{PV}:PV 功率,视在功率,发动机预计功率(W)

W_{T}:总湿周(m),用于计算水力直径

W_{dis}:额外的配气活塞驱动功率(W)

X_{c}:射流发生器管内分子位移幅值(m)

---

① 原书误为式(9.14)

② 原书误为式(9.21)

③ 原书误为式(9.18)

X_p:活塞位移(m)

X_r:回热器内分子位移幅值(m)

X_{max}:最大分子位移幅值(m)

x:顺气流方向距离(m)

x':顺气流方向无量纲位置(基于水力直径)

x_m:顺气流方向热扩散乘数(无量纲)

x_p:射流穿透深度(m)

y:横流方向距离(m)

y':横流方向无量纲位置(基于以水力直径)

y^+:标准 $k-\varepsilon$ 湍流模型中相对壁面的无量纲位置,见式(2.38)

y_T^+:无量纲热(子)层厚度,见式(2.40)、式(2.41)和讨论

y_v^+:标准 $k-\varepsilon$ 湍流模型中的无量纲黏性(子)层厚度,见式(2.37)、式(2.38)和讨论

y_m:横流热扩散乘数(无量纲)

z:极坐标系中顺气流方向距离(m)

希腊语符号

α:热扩散率(m^2/s)

β:孔隙率,即多孔介质空隙体积/多孔介质总体积(无量纲)

B_{cte}:热膨胀系数(1/K)

γ:扩散比(无量纲);比热比(对于氦气 $c_p/c_v=1.67$)

Δ:差分,即距离、速度等量的变化,其量纲与变化量相同

ΔP_1:压力降相量的幅值,见式(6.17)

δ:穿透深度(m);克罗内克德尔塔函数(无量纲);振荡流动的幅值(m),见表6.11;回热器端部气层名义厚度(m)

ε:涡输运项,绝对粗糙度;涡扩散率,湍流动能耗散率($N/(s\cdot m^2)$)

ε_M:涡扩散率(m^2/s),见式(7.2)

ζ:特征常数(量纲与用法有关)

η:相似变量(量纲与用法有关)

Θ:无量纲积分变量

θ:曲柄位置(°);无量纲温度

κ:积分变量(s);体积黏滞系数(kg/m·s),见式(2.10)

λ:系数;特征值;涡流扩散系数,见式(7.4)和式(7.6)

$\overline{\lambda}$:扩散常数张量

μ:动力黏度(kg/m·s)

μ':第二黏滞系数(kg/m·s)

μ_r:回热器排放端气体黏性(kg/m·s),见式(6.17)

ν:运动黏度(m^2/s)

$\overline{v^2}$:$\overline{v^2}\sim f$湍流模型的法向应力参数,见式(2.47)和讨论

ξ:特征常数(量纲与用法有关)

Π:应力张量(N/m^2)

π:圆周率

ρ:密度(kg/m^3)

σ:斯忒藩-玻耳兹曼常数($W/m^2\cdot K^4$);

σ_k:标准$k-\varepsilon$和$k-\omega$湍流模型中的常系数(在2个模型中取不同值),见式(2.34)和式(2.42)

σ_ε:标准$k-\varepsilon$湍流模型中的常系数,见式(2.35)

σ_ω:标准$k-\omega$湍流模型中的常系数,见式(2.43)

τ:剪应力张量(N/m^2);涡脱落周期(s);振荡流动周期(s);特征周期(s)

Φ:无量纲温度;耗散函数,即流体变形过程中因为黏性而发生的机械能耗散的速率(W)

ϕ:孔隙率,即多孔介质中流体相的体积除以总体积;无量纲温度

ω:角频率,或旋转速度(rad/s);$k-\omega$湍流模型参数,见式(2.43)

无量纲参数

AR:幅值比

Er:能量比

Fo:傅里叶数

Pr:普朗特数

Pr_t:湍流普朗特数

Re:雷诺数

Re_ω:动力雷诺数,同瓦朗西数

St:斯特劳哈尔数

Va:瓦朗西数

下标

∞:无穷

AC:交流电
air:空气
ambient:环境
cr:临界的
d:散布
dc:“直流”流动,振荡流动的分量,见式(6.14)~式(6.16)
dis:散布
eff:有效的
f:流体相
g:流体相
H:热
h:液压,水力
hx:热交换器
i:内部
M:动量
matrix:多孔介质的固体相
max:最大
min:最小
n:索引变量
o:外部
regen:回热器
s:固体相
stg:滞止
thermal:热
tor:弯曲
w:壁;线

上标

s:固体
f:流体
‘:相对平均值的偏差

上画线或其他在代数字母或标志上直接使用的符号

~:在平均值上的波动,张量

-:时间平均,见式(7.9);空间平均,见式(6.11);矢量
→:矢量

算子

⟨ ⟩:体积平均
$\langle \rangle^{f,s}$:本征平均(多孔介质流体和固体部分的体积平均)
•:点积
∇:梯度
$\frac{\partial}{\partial x}$:$x$ 方向偏导数,或者一维梯度算子
Imag.( ):复数的虚部
Real( ):复数的实部

缩略词

1-D, 2-D, 3-D:一维、二维、三维
4-215:福特飞利浦汽车发动机
4L23:通用汽车发动机
AE:可用能
AMS-02:阿尔法磁谱仪2(NASA空间任务仪器)
ASC:先进斯特林热机(发动机和直线发电机)
CAD:计算机辅助设计
CFD:计算流体力学
CFD-ACE:一种特殊商业计算流体力学软件
COP:加热、制冷的性能系数(热泵、冰箱等的无量纲品质因素)
CSU:克利夫兰州立大学
CTPC:部件测试用动力热机(特种自由活塞斯特林发动机/线性发电机)
DOE:能源部
EDM:电火花加工
EFAB:电化学加工
EM:机械技术公司
FEA:有限元分析
FTB:频率测试台(热机,或发动机和直线发电机)
Genset:太阳能源公司3 kW发电机
GPU-3:地面电站3(一种特别的菱形驱动斯特林发电机,由通用汽车公司为

美国陆军开发)

GRC:NASA 格伦研究中心

ID:内径

LiGA:德语词,一种微加工工艺,包含 X 射线模板光刻和电镀等

LSMU:(渐开线箔的)放大尺寸的实体模型

M1, M2, etc:网板回热器元件的不同类型(由 Norboru Kagawa 教授和他的学生及其在日本国防研究院的同事开发)

M87:一种特殊的斯特林低温制冷机(由俄亥俄州雅典的太阳能源公司开发)

MEMS:微机电系统

MOD I:机械技术公司的汽车斯特林发动机

MOD II:早期四缸双作用曲柄驱动汽车斯特林发动机的改进版

MTI:机械技术公司,为美国能源部和 NASA 开发了 MOD II, SPDE, SPRE 和 CTPC

NASA:美国国家航空航天局

NRA:NASA 研究奖金

NS03T:一种特殊的曲柄驱动斯特林发动机(日本开发)

N-S:纳维斯托克斯方程

OD:外径

P40:联合斯特林 AB 发动机

PMMA:一种有机玻璃,在 LiGA 工艺中用作掩模

PR:一种光刻胶,用于 LiGA 工艺

RE1000:太阳能源公司早期自由活塞发动机

RTV:室温硫化

SEM:扫描电子显微镜

SERENUM05:一种特殊的曲柄驱动斯特林发动机(日本开发)

SES:斯特林发动机系统公司

SPDE:空间能源演示发动机(一种特殊的自由活塞斯特林发动机/直线发电机组合)

SPDE-D:SPDE 实验参数

SPDE-O:SPDE 预定操作

SPDE-T:SPDE 实验参数

SPRE:空间能源研究发动机(一种特殊的自由活塞斯特林发动机/直线发电机组合)

STES:丹麦技术大学发动机

SU-8:用于微电子机械(MEMS)应用的负环氧型近紫外光刻胶

TCR:接触热阻

UMN:明尼苏达大学

UV:紫外线

参考文献

Adolfson, D. (2003). Oscillatory and Unidirectional Fluid Mechanics Investigationsin a Simulation of a Stirling Engine Expansion Space, M. S. Thesis, MechanicalEngineering Department, University of Minnesota.

Atwood, C. L., Griffith, M. L., Schlienger, M. E., Harwell, L. D., Ensz, M. T., Keicher, D. M., Schlienger, M. E., Romera, J. A., and Smugeresky, J. E. (1998). LaserEngineered Net Shaping (LENS): A Tool for Direct Fabrication of Metal Parts, *Proceedings of ICALEO '98*, Orlando, FL, November 16-19.

Ayyaswamy, P. S. (2004). University of Pennsylvania, Private communication.

Backhaus, S. N., and Swift, G. W. (2001). Fabrication and Use of Parallel-Plate Regenerators in Thermoacoustic Engines, *Proceedings of the 36th Intersociety Energy Conversion Engineering Conference*, Savannah, GA, 29 July-2 August.

Backhaus, S., and Swift, G. W. (2000). A Thermoacoustic-Stirling Heat Engine Detailed Study, *J. Acoust. Soc. Am.*, 107(6): 3148-3166.

Baumann, J., and Rawal, S. (2001). Viability of Loop Heat Pipes for Space Solar Power Applications, American Institute of Aeronautics and Astronautics Paper no. 2001-3078.

Beavers, G. S., and Sparrow, E. M. (1969). Non-Darcy Flow through Fibrous Porous Media, *J. Appl. Mech.*, 36(4): 711-714.

Berchowitz, D. M. (1993). *Miniature Stirling Coolers*, Sunpower Inc. Web site: www. sunpower. com/lib/sitefiles/pdf/publications/Doc0049. pdf.

Bienert, W. B., Krotiuk, W. J., and Nikitkin, M. N. (1999). Thermal Control with Low Power Miniature Loop Heat Pipes, *Proceedings of the 29th International Conference on Environmental Systems*, Denver, CO, July 12-15, SAE Paper No. 1999-01-2008.

Bird, R. B., Stewart, W. E., and Lightfoot, E. N. (1960). *Transport Phenomena*, Wiley, New York.

Boomsma, K., and Poulikakos, D. (2001). On the Effective Thermal Conductivity of a Three-Dimensionally Structured Fluid-Saturated Metal Foam, *Int. J. Heat Mass Transfer*, 44: 827-836.

Bouma, P., Eggels, R., Goey, L., Nieuwenhuizen, J., and Van Der Drift A. (1995). A Numerical and Experimental Study of the NO-Emission of Ceramic Foam Surface Burners, *Combust. Sci. Tech.*, 108: 193-203.

Bowman, L. (1993). A Technical Introduction to Free-Piston Stirling Cycle Machines: Engines, Coolers, and Heat Pumps, Sunpower Inc. Web site: www. sunpower. com/lib/sitefiles/pdf/publications/Doc0050. pdf.

Bowman, R. (2003). Oxidation of a Type 316L Stainless Steel Stirling Convertor Regenerator, NASA, Glenn Research Center, Cleveland, OH, NASA-TM-2003- 212117.

Bucci, A., Celata, G. P., Cumo, M., Serra, E., and Zummo, G. (2003). Water Single-Phase Fluid Flow and Heat Transfer in Capillary Tubes, *Therm. Sci. Eng.*, 11(6): 81-89.

Burmeister, L. (1993). *Convective Heat Transfer*, John Wiley and Sons, New York.

Cairelli, J. (2002). Information Regarding Solid Material in the Regenerators of Some Free-Piston Stirling engines, Private communication.

Cairelli, J. E., Thieme, L. G., and Walter, R. J. (1978). Initial Test Results with a Single-Cylinder Rhombic-Drive Stirling Engine, DOE/NASA/1040-78/1, NASA TM-78919.

Cao, X. L., Cheng, P., and Zhao, T. S. (2002). Experimental Study of Evaporative Heat Transfer in Sintered Copper Bidispersed Wick Structures, *J. Thermophys. Heat Transfer*, 16(4): 547-552.

CFD-ACE User Manual. (1999). CFD Research Corporation, 215 Wynn Drive, Huntsville, AL 35805.

Chan, Jack, Wood, J. Gary, and Schreiber, Jeffrey G. (2007). Development of Advanced Stirling Radioisotope Generator (ASRG) for Space Applications, NASA/TM 2007-214806.

Chapman, D. M., Gedeon, D., and Wood, J. G. (1998). Oscillating-Flow Heat-Transfer and Pressure-Drop Test Rig, NASA Tech Brief.

Chen, R. Y. (1973). Flow in the Entrance Region at Low Reynolds Number, *J. Fluids Eng.*, 95: 153-158.

Churchill, S. W., and Ozoe, H. (1973a). Correlations for Laminar Forced Convection with Uniform Heating in Flow over a Plate and in Developing and Fully Developed Flow in a Tube, *J. Heat Transfer*, 95: 78-84.

Churchill, S. W., and Ozoe, H. (1973b). Correlations for Laminar Forced Convection in Flow over an Isothermal Flat Plate and in Developing and Fully Developed Flow in an Isothermal Tube, *J. Heat Transfer*, 95: 416-419.

Cohen, A., Zhang, G., Tseng, F., Mansfield, F., Frodis, U., and Will, P. (1999). EFAB: Rapid Low-Cost Desktop Micromachining of High Aspect Ratio True 3-D MEMS, *Proceedings of IEEE MicroElectroMechanical Systems Workshop*, January 17-21.

Cotter, T. M. (1984). Principles and Prospects of Micro Heat Pipes, *Proceedings of the 5th International Heat Pipes Conference*, Tsukuba, Japan, pp. 328-335.

Danila, D. (2006). CFD Investigation of Fluid Flow and Heat Transfer in an Involute Geometry for Stirling Engine Applications, M. S. Thesis, Cleveland State University, OH, December.

Deckard, C., and Beaman, J. J. (1988). Process and Control Issues in Selective Laser Sintering, *Sensors and Controls for Manufacturing*, 33: 191-197.

Dhar, M. (1999). Stirling Space Engine Program, Volume 1—Final Report, NASA/ CR— 1999- 209164/VOL1.

Dunn, P. D., and Reay, D. A. (1994). *Heat Pipes*, Pergamon, London.

Durbin, P. A. (1995). Separated Flow Computations with the $k-\varepsilon-v^2$ Model, *AIAA J.*, 33(4): 659-664.

Dyson, R. W., Wilson, S. D., and Demko, R. (2005a). On the Need for Multidimensional Stirling Simulations, *Proceedings of 3rd International Energy Conversion Engineering Conference*, Paper no. AIAA-2005-5557, San Francisco, CA.

Dyson, R. W., Wilson, S. D., and Demko, R. (2005b). Fast Whole-Engine Stirling Analysis, *Proceedings of 3rd International Energy Conversion Engineering Conference*, Paper no. AIAA - 2005 - 5558, San Francisco, CA.

Faghri, A. (1995). *Heat Pipe Science and Technology*, Taylor and Francis, London.

Ferrenberg, A. J. (1994). Low Heat Rejection Regenerated Engines a Superior Alternative to Turbocompounding, SAE Trans., SAE Paper no. 940946, DOI: 10.4271/940946.

Finegold, J. G., and Sterrett, R. H. (1978). Stirling Engine Regenerators Literature Review, Jet Propulsion Laboratory Report no. 5030-230, Pasadena, California Institute of Technology. FLUENT, Inc. (2005). Fluent 6.3-User Guide.

Franke, R., Rodi, W., and Schönung, B. (1995). Numerical Calculation of Laminar Vortex-Shedding Flow Past

Cylinders, *J. Wind Engng. Ind. Aerodyn.*, 35: 237-257.

Fraser, P. R. (2008). Stirling Dish System Performance Prediction Model, Master's Thesis, University of Wisconsin.

Fried, E., and Idelchik, I. E. (1989). *Flow Resistance: A Design Guide for Engineers*, Hemisphere, Washington, DC.

Friedmann, M., Gillis, J., and Liron, N. (1968). Laminar Flow in a Pipe at Low and Moderate Reynolds Number. *Appl. Sci. Res.*, 19: 426-438.

Furutani, S., Matsuguchi, A., and Kagawa, N. (2006). Design and Development of New Matrix with Square-Arranged Hole for Stirling Engine Regenerator, Paper AIAA 2006-4017, *Proceedings of 4th International Energy Conversion Engineering Conference*, San Diego, CA, 26-29 June 2006.

Gedeon, D. (1986). Mean-Parameter Modeling of Oscillatory Flow, *ASME J. Heat Transfer*, 108: 513-518.

Gedeon, D. (1992). Advection-Driven vs Compression-Driven Heat Transfer, NASA Report under PO C-23433-R, Task 2. Gedeon, D. (1997). DC Gas Flows in Stirling and Pulse-Tube Cryocoolers, In R. G. Ross, Editor, *Cryocoolers 9*, Pages 385-392. Plenum, New York.

Gedeon, D. (1999). Sage Stirling-Cycle Model-Class Reference Guide, 3rd edition, Gedeon Associates, Athens, OH.

Gedeon, D. (2002). Recipes for Calculating Viscous and Thermal Eddy Transports, Internal memorandum, April 4.

Gedeon, D. (2003a). Regenerator Figures of Merit, (CSUMicrofabFiguresofMerit. tex), Unpublished memorandum to Microfabrication Team, August 6.

Gedeon, D. (2003b). Digression on Regenerator Figure of Merit Calculations, (CSUMicrofabFMeritConsistency. tex), Unpublished memorandum to Microfabrication Team, December 12.

Gedeon, D. (2004a). Intra-regenerator Flow Streaming Produced by Nonuniform Flow Channels, Unpublished memorandum to Microfabrication Team (CSUmicrofabIntraRegenFlows. doc), January 5.

Gedeon, D. (2004b). Intra-Regenerator Flow Streaming Theory, Unpublished memorandum (Csuintraregenstreamingtheory. Pdf), also See Appendix D of this Report, Gedeon Associates, Athens, OH.

Gedeon, D. (2005). Flow Circulations in Foil-Type Regenerators Produced by Non-Uniform Layer Spacing, *Cryocoolers 13*, by Springer U. S.

Gedeon, D. (2006a). NASA Random Fiber Master Correlations, 8-19-06 Unpublished memorandum (NASARandomFiberMasterCorrelations. doc).

Gedeon, D. (2006b). Two Unpublished Memoranda on NASA Random Fiber Correlations, 10-20-06 memorandum NASARandomFiberMysteryLengthDep. doc and 11-1-06 memorandum NASARandomFiberReasonsLengthDep. doc.

Gedeon, D. (2007). Private communication.

Gedeon, D. (2009). Sage Stirling-Cycle Model-Class Reference Guide, 5th edition, Gedeon Associates, Athens, OH.

Gedeon, D. (2010). Sage User's Guide, Electronic Edition for Acrobat Reader, Sage v7 Edition, available on Web site: http://sageofathens. com/Documents/ SageStlxHyperlinked. pdf, Gedeon Associates, Athens, OH.

Gedeon, D., and Wood, J. G. (1992). Oscillating-Flow Regenerator Test Rig: Woven Screen and Metal Felt Results, Ohio University Center for Stirling Technology Research, Status Report for NASA Lewis contract NAG3-1269.

Gedeon, D., and Wood, J. G. (1996). Oscillating-Flow Regenerator Test Rig: Hardware and Theory with Derived Correlations for Screens and Felts, NASA Contractor report 198442, February 1996.

Hanamura, K., Bohda, K., and Miyairi, Y. (1997). A Study of Super-adiabatic Combustion Engine *Energy Conversion and Management*, 38(10-13, July-September): 1259-1266, International Symposium on Advance Energy Conversion Systems and Related Technologies.

Hargreaves, C. M. (1991). *The Phillips Stirling Engine*, Elsevier Science, New York.

Hinze, J. O. (1975). *Turbulence*, 2nd ed., McGraw-Hill, New York.

Hoang, T. T., O'Connell, T. A., Ku, J., Butler, C. D., and Swanson, T. D. (2003). Miniature Loop Heat Pipes for Electronic Cooling, ASME Paper no. 35245, 2003.

Hornbeck, R. W. (1965). An All-Numerical Method for Heat Transfer in the Inlet of a Tube. *Am. Soc. Mech. Eng.*, Paper no. 65-WA/HT-36.

Hsu, C. T. (1999). A Closure Model for Transient Heat Conduction in Porous Media, *J. Heat Transfer*, 121: 733-739.

Hsu, C. T., and Cheng, P. (1990). Thermal Dispersion in a Porous Medium, *Int. J. Heat Mass Transfer*, 33 (8): 1587-1597.

Hsu, P., Evans, W., and Howell, J. (1993). Experimental and Numerical Study of Premixed Combustion within Nonhomogeneous Porous Ceramics, *Combust.* Sci. Tech., 90: 149-172.

Hsu, P., and Matthews, R. (1993). The Necessity of Using Detailed Kinetics in Models for Premixed Combustion within Porous Media, *Combust. Flame* 93: 157-166.

Hunt, M. L., and Tien, C. L. (1988). Effects of Thermal Dispersion on Forced Convection in Fibrous Media, *Int. J. Heat Mass Transfer*, 31: 301-308.

Ibrahim, M. B., Tew, R. C., and Dudenhoefer, J. E. (1989). Two-Dimensional Numerical Simulation of a Stirling Engine Heat Exchanger, *Proceedings of the 24th Intersociety Energy Conversion Engineering Conference*, The Institute of Electrical and Electronics Engineers, 6: 2795-2802, Washington, DC, August.

Ibrahim, M. B., Bauer, C., Simon, T., and Qiu, S. (1994). Modeling of Oscillatory Laminar, Transitional and Turbulent Channel Flows and Heat Transfer, *10th International Heat Transfer Conference*, Vol. 4, pp. 247-252, Brighton, England, August 14-18.

Ibrahim, M. B., Zhang, Z., Wei, R., Simon, T. W., and Gedeon, D. (2002). A 2-D CFD Model of Oscillatory Flow with Jets Impinging on a Random Wire Regenerator Matrix, *Proceedings of the 37th Intersociety Energy Conversion Engineering Conference*, The Institute of Electrical and Electronics Engineers, Paper no. 20144, Washington, DC.

Ibrahim, M. B., Rong, W., Simon, T. W., Tew, R., and Gedeon, D. (2003). Microscopic Modeling of Unsteady Convective Heat Transfer in a Stirling Regenerator Matrix, *Proceedings of the 1st International Energy Conversion Engineering Conference*, Portsmouth, VA, August 17-21.

Ibrahim, M., Simon, T., Gedeon, D., and Tew, R. (2004a). Improving the Performance of the Stirling Convertor: Redesign of the Regenerator with Experiments, Computation and Modern Fabrication Techniques, Final Report to the U. S. Department of Energy, no. DE-FC36-00GO10627.

Ibrahim, M. B., Veluri, S., Simon, T., and Gedeon, D. (2004b). CFD Modeling of Surface Roughness in Laminar Flow, Paper no. AIAA-2004-5585, *Proceedings of the 2nd International Energy Conversion Engineering Conference*, Providence, RI, August 16-19.

Ibrahim, M. B., Rong, W., Simon, T., Tew, R., and Gedeon, D. (2004c). Simulations of Flow and Heat Transfer inside Regenerators Made of Stacked Welded Screens Using Periodic Cell Structures, *Proceedings of 2nd International Energy Conversion Engineering Conference*, Paper no. AIAA-2004-5599, Providence, RI.

Ibrahim, M., Simon, T., Mantell, S., Gedeon, D., Qiu, S., Wood, G., and Guidry, D. (2004d). Developing the Next Generation Stirling Engine Regenerator: Designing for Application of Microfabrication Techniques and for Enhanced Reliability and Performance in Space Applications, Phase I Final Report on work done under Radioisotope Power Conversion Technology NRA Contract NAS3-03124, Prepared for NASA Glenn Research Center (published September 2004).

Ibrahim, M., Mittal, M., Jiang, N., and Simon, T. (2005). Validation of Multi-Dimensional Stirling Engine Codes: Modeling of the Heater Head, *Proceedings of 3rd International Energy Conversion Engineering Conference*, Paper no. AIAA- 2005-5654, San Francisco, CA.

Ibrahim, M. B., Danila, D., Simon, T., Mantell, S., Sun, L., Gedeon, D., Qiu, S., Wood, J. G., Kelly, K., and McLean, J. (2007). A Microfabricated Segmented-Involute- Foil Regenerator for Enhancing Reliability and Performance of Stirling Engines: Phase II Final Report for the Radioisotope Power Conversion Technology NR AContract NAS3- 03124, NASA Contractor Report, NASA/CR-2007-215006.

Ibrahim, M. B., Gedeon, D., Wood, G., and McLean, J. (2009a). A Microfabrication of a Segmented-Involute-Foil Regenerator for Enhancing Reliability and Performance of Stirling Engines, Phase III Final Report for the Radioisotope Power Conversion Technology NRA Contract NAS3-03124, NASA Contractor Report, NASA/CR-2009- 215516.

Ibrahim, M., Gedeon, D., and Wood, G. (2009b). Actual-Scale Regenerator Experiments for Improved Design and Manufacturing Practices, Final Report for NASA Grant NNX07AR53G, March 2009.

Idelchick, I. E. (1986). *Handbook of Hydraulic Resistance*, 2nd ed. Hemisphere, New York.

Kagawa, N. (2002). Experimental Study of 3-kW Stirling Engine, *Propulsion and Power*, 18(2): 696-702.

Kagawa, N., Matsuguchi, A., Furutani, S., Takeuchi, T., Araoka, K., and Kurita, T. (2007). Development of a Compact 3-kW Stirling Engine Generator, *Proceedings of the 13th International Stirling Conference*, Tokyo, September 24-26.

Kagawa, N., Sakamoto, M., Nagatomo, S., Komakine, T., Hisoka, S., Sakuma, T., Aral, Y., and Okuda, M. (1988). Development of a 3 kW Stirling Engine for a Residential Heat Pump System, *Proceedings of 4th International Conference on Stirling Engines*, Japan Society of Mechanical Engineers, Tokyo, pp. 1-6.

Kalpakjian, S., and Schmidt, S. R. (2003). *Manufacturing Processes for Engineering Materials*, Pearson Education, Upper Saddle River, NJ.

Kaviany, M. (1995). *Principles of Heat Transfer in Porous Media*, 2nd ed., Mechanical Engineering Series, Springer-Verlag, New York.

Kays, W., and London, A. (1964). *Compact Heat Exchangers*, 2nd ed., McGraw-Hill, New York.

Kays, W. M., and London, A. L. (1984). *Compact Heat Exchanger*, 3rd ed., McGraw-Hill, New York.

Khrustalev, D., and Semenov, S. (2003). Advances in Low Temperature Cryogenic and Miniature Loop Heat Pipes, *Proceedings of the 14th Spacecraft Thermal Control Workshop*, El Segundo, CA.

Kiseev, V. M., Nepomnyashy, A. S., Gruzdova, N. L., and Kim, K. S. (2003). Miniature Loop Heat Pipes for CPU Cooling, *Proceedings of the 7th International Heat Pipe Symposium*, Jeju, Korea.

Kitahama, D., Takizawa, H., Kagawa, N., Matsuguchi, A., and Tsuruno, S. (2003). Performance of New Mesh Sheet for Stirling Engine Regenerator, Paper AIAA 2003-6015, *Proceedings of 1st International Energy Conversion Engineering Conference*, Portsmouth, Virginia, 17-21 August.

Knisely, C. W. (1990). Strouhal Numbers of Rectangular Cylinders at Incidence: A Review and New Data, *J. Fluids Struct.*, 4: 371-393.

Ko, K., and Anand, N. K. (2003). Use of Porous Baffles to Enhance Heat Transfer in a Rectangular Channel, *Int. J. Heat Mass Trans.*, 46(22): 4191-4199.

Konev, S. V., Polasek, F., and Horvat, L. (1987). Investigation of Boiling in Capillary Structures, *Heat Transfer-Sov. Res.*, 19(1): 14-17.

Ku, J. (1999). Operating Characteristics of Loop Heat Pipes, *Proceedings of the 29t hInternational Conference on Environmental Systems*, Denver, CO, July 12-15, SAE Paper no. 1999-01-2007.

Kurzweg, U. H. (1985). Enhanced Heat Conduction in Oscillating Viscous Flow swithin Parallel-Plate Channels, *J. Fluid Mech.*, 156: 291-300.

Kuwahara, F., Shirota, M., and Nakayama, A. (2001). A Numerical Study of Interfacial Convective Heat Transfer Coefficient in Two-Energy Equation Model for Convection in Porous Media, *Int. J. Heat and Mass Trans.*, 44(6): 1153-1159.

Lage, J. L., Delemos, M. J. S., and Nield, D. A. (2002). Modeling Turbulence in Porous Media, Chapter 8 in *Transport Phenomena in Porous Media II*, edited by Ingham, D. B. and Pop, I., Pergamon, Oxford.

Lange, C. F., Durst, F., and Breuer, M. (1998). Momentum and Heat Transfer from Cylinders in Laminar Cross-Flow at 10-4 ≤Re≤200, *Int. J. Heat Mass Trans.*, 41: 3409-3430.

Launder, B. E. (1986). Low Reynolds Number Turbulence Near Walls, UMIST Mechanical Engineering Department, Rept. TFD/86/4, University of Manchester, England, UK.

Launder, B. E., and Spalding, D. B. (1974). The Numerical Computation of Turbulent Flows, *Comp. Methods for Appl. Mech. Eng.*, 3: 269-289.

Luikov, A. V., and Vasiliev, L. L. (1970). Heat and Mass Transfer at Low Temperature (in Russian), Minsk, pp. 5-23.

Malico, I., Zhou, X., and Pereira, J. (2000). Two-Dimensional Numerical Study of Combustion and Pollutants Formation in Porous Burners, *Combust. Sci. Tech.*, 152: 57-79.

Masuoka, T., and Takatsu, Y. (1996). Turbulence Model for Flow through Porous Media, *Int. J. Heat Mass Trans.*, 39(13): 2803-2809.

Masuoka, T., Takatsu, Y., and Inoue, T. (2002). Chaotic Behavior and Transition to Turbulence in Porous Media, *Microscale Thermophysical Engineering*, 6(4), October/November/December.

Matsuguchi, A., Kagawa, N., and Koyama, S. (2009). Improvement of a Compact 3-kW Stirling Engine with Mesh Sheet, *Proceedings of the International Stirling Engine Conference (ISEC)*, Groningen, The Netherlands, November 16-17.

Matsuguchi, A., Aizu, Y., Nishishita, Y., and Kagawa, N. (2008). Performance Analysis of New Matrix Material for the Stirling Engine Regenerator (in Japanese, except for abstract, figure, and table captions), *Proceedings of the Japan Society of Mechanical Stirling*, Vol. 11, 2008.

Matsuguchi, A., Moronaga, T., Furutani, S., Takeuchi, T., and Kagawa, N. (2005). Design and Development of New Matrix for Stirling Engine Regenerator, Paper AIAA 2005-5595, *Proceedings of 3rd International Energy Conversion Engineering Conference*, San Francisco, CA, 15-18 August.

Maydanik, Y. F., and Fershtater, Y. G. (1997). Theoretical Basis and Classification of Loop Heat Pipes and Capillary Pumped Loops, *Proceedings of the 10th International Heat Pipe Conference*, Stuttgart, Germany, September 21-25.

Maydanik, Y. F., Fershtater, Y. G., and Pastukhov, V. G. (1992). Development and Investigation of Two Phase Loops with High Pressure Capillary Pumps for Space Applications, *Proceedings of the 8th International Heat Pipe Conference*, Beijing, China, September 14-18.

Maydanik, Y. F., Vershinin, S. V., Korukov, M. A., and Ochterbeck, J. M. (2005). Miniature Loop Heat Pipes- A Promising Means for Cooling Electronics, *IEEE Trans. Compon. Packag. Technol.*, 28 (2): 290-296.

McFadden, G. (2005). Forced Thermal Dispersion within a Representative Stirling Engine Regenerator, M. S. Thesis, Mechanical Engineering Department, University of Minnesota.

Metzger, T. , Didierjean, S. , and Maillet, D. (2004). Optimal Experimental Estimation of Thermal Dispersion Coefficients in Porous Media, *Int. J. Heat Mass Trans.* , 47(14-16): 3341-3353.

Mitchell, M. P. , and Fabris, D. (2003). Improved Flow Patterns in Etched Foil Regenerators, *Cryocoolers 12*, Kluwer Academic/Plenum, New York, pp. 499-505.

Mitchell, M. , Gedeon, D. , Wood, G. , and Ibrahim, M. (2005). Testing Program for Etched Foil Regenerator, Paper AIAA 2005-5515, *Proceedings of 3rd International Energy Conversion Engineering Conference*, San Francisco, CA, August 15-18.

Mitchell, M. P. , Gedeon, D. , Wood, G. , and Ibrahim, M. (2007). Results of Tests of Etched Foil Regenerator Material. *Cryocoolers 14*, Springer U. S. *Proceedings of International Cryocooler Conference*, Boulder, CO.

Miyabe, H. , Takahashi, S. , and Hamaguchi, K. (1982). An Approach to the Design of Stirling Engine Regenerator Matrix Using Packs of Wire Gauzes, *Proceedings of the 17th Intersociety Energy Conversion Engineering Conference* (IECEC Paper 829306), pp. 1839-1844, Piscataway, NJ, Institute of Electrical and Electronics Engineers.

Moraga, N. O. , Rosas, C. E. , Bubnovich, V. I. , and Tobar, J. R. (2009). Unsteady Fluid Mechanics and Heat Transfer Study in a Double-Tube Air-Combustor Heat Exchanger with Porous Medium, *Int. J. Heat Mass Trans.* , 52(13-14): 3353-3363.

Mudaliar, A. V. (2003). 2-D Unsteady Computational Analysis of Cylinders in Cross-Flow and Heat Transfer, M. S. Thesis, Cleveland State University.

Munson, B. , Young, D. , and Okiishi, T. (1994). *Fundamentals of Fluid Mechanics*, 2nd ed. , John Wiley and Sons, New York.

Nakayama, A. and Kuwahara, F. , (2000). Numerical Modeling of Convective Heat Transfer in Porous Media Using Microscopic Structures, *Handbook of Porous Media*, edited by Vafai, K. , Marcel Dekker, New York, pp. 441-488.

Nightingale, N. P. (1986). Automotive Stirling Engine, Mod II Design Report, DOE/ NASA/0032-28, NASA CR-175106, MTI86ASE58SRI.

Nikuradse, J. (1933). Strönungsgesetze in rauhen Rohren, VDI-Forschungsch (no. 361).

Niu, Y. , Simon, T. W. , Ibrahim, M. , and Gedeon, D. (2002). Oscillatory Flow and Thermal Field Measurements at the Interface between a Heat Exchanger and a Regenerator of a Stirling Engine, *Proceedings of the 37th Intersociety Energy Conversion Engineering Conference*, Paper no. 20141.

Niu, Y. , Simon, T. W. , Ibrahim, M. , Tew, R. , and Gedeon, D. (2003a). Thermal Dispersion of Discrete Jets upon Entrance of a Stirling Engine Regenerator under Oscillatory Flow Conditions, *6th ASME/JSME Thermal Engineering Joint Conference*, Pape rno. TED- AJ03-641, Hawaii.

Niu, Y. , Simon, T. W. , Ibrahim, M. , Tew, R. , and Gedeon, D. (2003b). Measurements of Unsteady Convective Heat Transfer Rates within a Stirling Regenerator Matrix Subjected to Oscillatory Flow, *Proceedings of the 1st International Energy Conversion Engineering Conference*, Paper no. AIAA-2003-6013.

Niu, Y. , Simon, T. W. , Ibrahim, M. , Tew, R. , and Gedeon, D. (2003c). Jet Penetration into a Stirling Engine Regenerator Matrix with Various Regenerator-to-Coole rSpacings, *Proceedings of the 1st International Energy Conversion Engineering Conference*, Paper no. AIAA-2003-6014.

Niu, Y. , Simon, T. , Gedeon, D. , and Ibrahim, M. (2004). On Experimental Evaluation of Eddy Transport and Thermal Dispersion in Stirling Regenerators, *Proceedings of the 2nd International Energy Conversion Engineering Conference*, Paper no. AIAA- 2004-5646, Providence, RI.

Niu, Y. , McFadden, G. , Simon, T. , Ibrahim, M. , and Wei, R. (2005a). Measurement sand Computation of Thermal Dispersion in a Porous Medium, *Proceedings of the 3rd International Energy Conversion Engineering*

Conference, Paper no. AIAA-2005- 5578, San Franciso, CA.

Niu, Y., McFadden, G., Simon, T., Ibrahim, M., and Rong, W. (2005b). Measurements and Computation of Thermal Dispersion in a Porous Medium, *Proceedings of the 3rd International Energy Conversion Engineering Conference*, AIAA-2005-37923, San Francisco, CA, August 15-18.

Niu, Y., Simon, T., Gedeon, D., and Ibrahim, M. (2006). Direct Measurements of Eddy Transport and Thermal Dispersion in High-Porosity Matrix, *AIAA J. of Thermophysics Heat Trans.*, 20(1), January-March.

Norberg, C. (1993). Flow Around Rectangular Cylinders: Pressure Forces and Wake Frequencies, *J. Wind Engng. Ind. Aerodyn.*, 49: 187-196.

North, M. T., Rosenfeld, J. H., and Shaubach, R. M. (1995). Liquid Film Evaporation from Bidisperse Capillary Wicks in Heat Pipe Evaporators, *Proceedings of the 9th International Heat Pipe Conference, Albuquerque*, NM, May 1-5.

Okajima, A., Nagahisa, A., and Rokugoh, A. (1990). A Numerical Analysis of Flow around Rectangular Cylinders, *JSME Int. J. Ser. II*, 33: 702-711.

Oliveira, A. A. M., and Kaviany, M. (2001). Nonequilibrium in the Transport of Heat and Reactants in Combustion in Porous Media, *Progress in Energy and Combustion Sci.*, 27(5): 523-545.

Organ, A. J. (1997). *The Regenerator and the Stirling Engine*, Wiley, New York.

Organ, A. J. (2000). Two Centuries of Thermal Regenerator, Proceedings of the Institute of Mechanical Engineering, Part C, *J. Mech. Eng. Sci.*, 214(NoC1): 269-288.

Ould-Amer, Y., Chikh, S., Bouhadef, K., and Lauriat, G. (1998). Forced Convection Cooling Enhancement by Use of Porous Materials, *Int. J. Heat Fluid Flow*, 19(3): 251-258.

Pastukhov, V. G., Maydanik, Y. F., and Chernyshova, M. A. (1999). Development and Investigation of Miniature Loop Heat Pipes, *Proceedings of the 29th International Conference on Environmental Systems*, Denver, CO, Paper no. 1999-01-1983.

Paul, B. K., and Terhaar, T. (2000). Comparison of Two Passive Microvalve Designs for Microlamination Architectures, *J. Micromechanics Microeng.*, 10: 15-20.

Pavel, B. I., and Mohamad, A. A. (2004). An Experimental and Numerical Study on Heat Transfer Enhancement for Heat Exchangers Fitted with Porous Media, *Int. J. Heat Mass Trans.*, 47: 4939-4952.

Peacock, J. A., and Stairmand, J. W. (1983). Film Gauge Calibration in Oscillatory Pipe Flow, *J. Phys. E: Sci. Instrum.*, 16: 571-576.

Qiu, S., and Augenblick, J. (2005). Thermal and Structural Analysis of Micro-Fabricated Involute Regenerator, The Space Technology and Applications International Forum, STAIF2005, Albuquerque, NM.

Reutskii, V. G., and Vasiliev, L. L. (1981). Dokl. Akad. Nauk BSSR, 24(11): 1033-1036.

Ritsumei. (2004). www.ritsumei.ac.jp/se/~sugiyama/research/re_5.2e.html. Ritsumeikan University. Rong, W. (2005). Cleveland State University, Private communication.

Ruhlich, I., and Quack, H. (1999). Investigations on Regenerative Heat Exchangers, *Cryocoolers 10*, edited by R. G. Ross, Jr., Kluwer Academic/Plenum, New York, pp. 265-274.

Sachs, E., Cima, M., Williams, P., Brancazio, D., and Cornie, J. (1992). Three Dimensional Printing: Rapid Tooling and Prototypes Directly from a CAD Model, *Transactions of the ASME*, 114: 481-488.

Samoilenko, L. A., and Preger, E. A. (1966). Investigation of Hydraulic Resistance of Pipelines in the Transient Mode of Flow of Liquids and Gases, *Issled, Vodosnabzhen, Kanalizatsii* (*Trudy LISI*): Leningrad. pp. 27-39.

Sandia. (2004). www.sandia.gov/mst/technologies/Meso-Machining.html. Sathe, S., Peck, R., and Tong, T. (1990). Flame Stabilization and Multimode Heat Transfer in Inert Porous Media, *Combust. Sci. Tech.*, 70: 93-109.

Schlichting, H. (1979). *Boundary-Layer Theory*, McGraw-Hill, New York.

Schlunder, E. U. (1975). Equivalence of One- and Two-Phase Models for Heat Transfer Processes in Packed Beds: One-Dimensional Theory, *Chem. Eng. Sci.*, 30: 449-452.

Semenic, T., and Catton, I. (2006). Heat Removal and Thermophysical Properties of Biporous Evaporators, Paper no. IMECE2006-15928, pp. 377-383; DOI:10.1115/ IMECE2006-15928. ASME 2006 International Mechanical Engineering Congress and Exposition (IMECE2006) November 5-10, Chicago, IL, Sponsor: *Heat Transfer Division Heat Transfer*, Volume 2.

Semenic, T., Lin, Y-Yu, and Catton, I. (2008). Thermophysical Properties of Biporous Heat Pipe Evaporators, *ASME J. Heat Trans.*, 130, 022602-1-to-10. Seume, J. R., Friedman, G., and Simon, T. W. (1992). Fluid Mechanics Experiments in Oscillating Flow Volume I-Report, NASA Contractor Report 189127.

Shah, R. K. (1975). Thermal Entry Length Solutions for the Circular Tube and Parallel Plates, *Proc. Natl. Heat Mass Transfer Conf.*, *3rd*, *Indian Inst. Technol.*, Bombay, I, Paper no. HMT-11-75.

Shah, R. K. (1978). A Correlation for Laminar Hydrodynamic Entry Length Solutions for Circular and Noncircular Ducts, *J. Fluids Eng.*, 100: 177-179.

Shah, R. K., and London, A. L. (1978). *Laminar Flow Forced Convection in Ducts*, Academic Press, New York.

Shirey, K., Banks, S., Boyle, R., and Unger, R. (2006). Design and Qualification of the AMS-02 Flight Cryocoolers, *Cryogenics 46* 142-148.

Siegel, R., and Howell, J. R. (2002). *Thermal Radiation Heat Transfer*, 4th ed., Taylor and Francis, Boca Raton, FL.

Simon, T. W., and Seume, J. R. (1988). A Survey of Oscillating Flow in Stirling Engine Heat Exchangers, NASA Contractor Report 182108.

Simon, T. W., Ibrahim, M., Kannaparedy, M., Johnson, T., and Friedman, G. (1992). Transition of Oscillatory Flow in Tubes: An Empirical Model for Application to Stirling Engines, *Proceedings of the 27th Intersociety Energy Conversion Engineering Conference*, Vol. 5, pp. 495-502, Paper no. 929463.

Simon, T. (2003). University of Minnesota, Private communication.

Simon, T., McFadden, G., and Ibrahim, M. (2006). Thermal Dispersion within a Porous Medium Near a Solid Wall, *Proceedings of 13th International Heat Transfer Conference*, Sydney, Australia, Paper no. 1198.99, August 13-18.

Singh, R. (2006). Thermal Control of High-Powered Desktop and Laptop Microprocessors Using Two-Phase and Single-Phase Loop Cooling Systems, Ph. D. thesis, RMIT University, Melbourne, Australia.

Singh, R., Akbarzadeh, A., Dixon, C., and Mochizuki, M. (2004). Experimental Determination of the Physical Properties of a Porous Plastic Wick Useful for Capillary Pumped Loop Applications, *Proceedings of the 13th International Heat Pipe Conference*, Shanghai, China, September 21-25.

Singh, R., Akbarzadeh, A., Dixon, C., Mochizuki, M., Nguyen, T., and Reihl, R. R. (2007). Miniature Loop Heat Pipes with Different Evaporator Configurations for Cooling Compact Electronics, *Proceedings of the 14th International Heat Pipe Conference*, April 22-27, Florianopolis, Brazil, pp. 176-181.

Singh, R., Akbarzadeh, Aliakbar, and Mochizuki, Masataka. (2009). Effect of Wick Characteristics on the Thermal Performance of the Miniature Loop Heat Pipe. *ASME J. Heat Trans.*, 131/082601-1 to 10.

Sohankar, A., Norberg, C., and Davidson, L. (1995). Numerical Simulation of Unsteady Flow Around a Square Two-Dimensional Cylinder, *Proceedings of the 12th Australasian Fluid Mechanics Conference*, Sydney, pp. 517-520.

Sohankar, A., Norberg, C., and Davidson, L. (1996). Numerical Simulation of Unsteady Low-Reynolds Number Flow around a Rectangular Cylinder at Incidence, *Proceedings of the 3rd Int. Colloq. on Bluff Body Aerodynam-*

ics and Applications, Blacksburg, VA, July 28–August 1.

Sohankar, A. , Norberg, C. , and Davidson L. (1998). Low–Reynolds Number Flow Around a Square Cylinder at Incidence: Study of Blockage, Onset of Vortex Shedding and Outlet Boundary Condition, *Int. J. Num. Meth. in Fluids*, 26: 39–56.

Stephan, K. (1959). Warmeubergang und druckabfall bei nicht ausgebildeter Laminarstromung in Rohren und in ebenen Spalten, *Chem. –Ing. –Tech.* , 31: 773–778.

Stine, W. B. , and Diver, R. B. (1994). A Compendium of Dish/Stirling Technology, SAND93– 7026 UC–236.

Sun, L. , Mantell, S. C. , Gedeon, D. , and Simon, T. W. (2004). A Survey of Microfabrication Techniques for Use in Stirling Engine Regenerators, Paper no. AIAA – 2004 – 5647, *Proceedings of the 2nd International Energy Conversion Engineering Conference*, Providence, RI.

Swift, G. W. (1988). Thermacoustic Engines, J. Acoust. Soc. Am. , 84(4): 1145 – 1180. Takahachi, S. , Hamaguchi, K. , Miyabe, H. , and Fujita, H. (1984). On the Flow Friction and Heat Transfer of the Foamed Metals as the Regenerator Matrix, *Proceedings of the 2nd International Conference on Stirling Engines*, Paper 3–4, Shanghai, The Chinese Society of Naval Architecture and Marine Engineering and the Chinese Society of Engineering Thermophysics.

Takahata, K. , and Gianchandani, Y. (2002). Batch Mode Micro–Electro–Discharge Machining, *J. Microelectromechanical Sys.* , 11(2): 102–110.

Takeuchi, T. , Kitahama, D. , Matsugchi, A. , Kagawa, N. , and Tsuruno, S. (2004). Performance of New Mesh Sheet for Stirling Engine Regenerator, Paper AIAA 2004–5648, A Collection of Technical Papers, *2nd International Energy Conversion Engineering Conference*, Providence, RI, 16–19 August.

Takizawa, H. , Kagawa, N. , Matsuguchi, A. , and Tsuruno, S. (2002). Performance of New Matrix for Stirling Engine Regenerator, Paper 20057, *Proceedings of 37th Intersociety Energy Conversion Engineering Conference*, Washington, DC, 29–31 July.

Tannehill, J. C. , Anderson, D. A. , and Platcher, R. H. (1997). *Computational Fluid Mechanics and Heat Transfer*, 2nd ed. , Taylor and Francis, Boca Raton, FL.

Taylor, D. R. , and Aghili, H. (1984). An Investigation of Oscillating Flow in Tubes, *Proceedings of the 19th Intersociety Energy Conversion Engineering Conference*, Paper 849176, pp. 2033–2036, American Nuclear Society.

Tew, R. C. Jr. ; Thieme, L. G. , and Miao, D. (1979). Initial Comparison of Single Cylinder Stirling Engine Computer Model Predictions with Test Results, SAE Paper 790327, DOE/NASA/1040 – 78/30, NASA TM–79044.

Tew, R. C. , Simon, T. W. , Gedeon, D. , Ibrahim, M. B. , and Rong, W. (2006). An Initial Non–Equilbrium Porous–Media Model for CFD Simulation of Stirling Regenerators, NASA/TM–2006–214391.

Tew, R. C. , Ibrahim, M. B. , Danila, D. , Simon, T. , Mantell, S. , Sun, L. , Gedeon, D. , Kelly, K. , McLean, J. , Wood, J. G. , and Qiu, S. (2007). A Microfabricated Involute–Foil Regenerator for Stirling Engines, NASA/TM–2007–214973.

Thieme, L. G. (1979). Low–Power Baseline Test Results for the GPU–3 Stirling Engine, DOE/NASA/1040–79/6, NASA TM–79103.

Thieme, L. G. (1981). High–Power Baseline and Motoring Test Results for the GPU–3 Stirling Engine, DOE/NASA/51040–31, NASA TM–82646.

Thieme, L. G. , and Tew, R. C. Jr. (1978). Baseline Performance of the GPU 3 Stirling Engine, DOE/NASA/1040–78/5, NASA TM–79038.

Tong, L. S. , and London, A. L. (1957). Heat Transfer and Flow–Friction Characteristics of Woven–Screen and

Cross-Rod Matrices, *Trans. ASME*, pp. 1558-1570.

Tuchinsky, L., and Loutfy, R. (1999). Novel Process for Cellular Materials withOriented Structure, *Proceedings of the 1st Proceedings of the First International Conference on Metal Foams and Porous Metal Structures* (MetFoam' 99), Bremen (Germany).

Urieli, I., and Berchowitz, D. M. (1984). Stirling Cycle Engine Analysis, Adam Hilger

Ltd., London. Unger, R. Z., Wiseman, R. B., and Hummon, M. R. (2002). The Advent of Low Cost Cryocoolers, *Cryocoolers 11*, Springer U. S., pp. 79-86.

Vasiliev, L. L. (1993). Open-Type Miniature Heat Pipes, *J. Eng. Physics Thermophysics*, 65(1). Vasiliev, L. L., Khrustalev, D. K., and Kulakov, A. G. (1991). Highly Efficient Condenser with Porous Element, *21st Int. Conf. on Environmental Systems*, San Francisco, CA.

Walker, G. (1980). *Stirling Engines*, Oxford University Press, New York, July 15-18.

Walker, G., and Vasishta, V. (1971). Heat-Transfer and Flow-Friction Characteristics of Dense-Mesh-Wire-Screen Stirling Cycle Regenerators, In: K. D. Timmerhaus, Editor, *Advances in Cryogenic Engineering*, Vol. 16, pp. 302-311, Plenum Press, New York.

Wang, J., and Catton, I. (2004). Vaporization Heat Transfer in Biporous Wicks of Heat Pipe Evaporators, *Proceedings of the International Heat Pipe Conference*, Shanghai, China, September 21-25.

Ward, J. C. (1964). Turbulent Flow in Porous Media, J. Hydraulics Division, 90(HY5): 1-12.

Watson, E. J. (1983). Diffusion in Oscillatory Pipe Flow, J. Fluid Mech., 133: 233-244. West, C. D. (1986). *Principles and Applications of Stirling Engines*, Van Nostrand Reinhold, New York.

Wilcox, D. C. (1998). *Turbulence Modeling for CFD*, DCW Industries, La Canada, CA. Williamson, C. H. K. (1996). Vortex Dynamics in the Cylinder Wake, *Annu. Rev. FluidMech.*, 28: 477-539.

Wilson, S. D., Dyson, R. W., Tew, R. C., and Demko, R. (2005). Experimental and Computational Analysis of Unidirectional Flow through Stirling Engine Heater Head, *3rd International Energy Conversion Engineering Conference*, Paper no. AIAA-2005-5539, San Francisco, CA.

Wong, W. A., Wood, J. G., and Wilson, K. (2008). Advanced Stirling Convertor(ASC)—From Technology Development to Future Flight Product, NASA /TM—2008-215282.

Wood, J. G., Carroll, C., and Penswick, L. B. (2005). Advanced 80 W Stirlin gConvertor Development Progress, *Space Technology Applications International Forum* (*STAIF*) paper.

Yeh, C. C., Liu, B. H., and Chen, Y. M. (2008). A Study of Loop Heat Pipe with Biporous Wicks, *Heat Mass Transfer*, 44: 1537-1547.

Zhao, T. S., and Cheng, P. (1996). Oscillatory Pressure Drops through a Woven-Screen Packed Column Subjected to a Cyclic Flow, *Cryogenics 36*, pp. 333-341.

Zhang, J., and Dalton, C. (1998). A Three Dimensional Simulation of Steady Approach Flow Past a Circular Cylinder at Low Reynolds Number, *Int. J. Num. Meth. In Fluids*, 26: 1003-1022.

Zhdanok, S. A., Dobrego, K. V., and Futko, S. I. (2000). Effect of Porous Media Transparency on Spherical and Cylindrical Filtrational Combustion Heaters Performance, *Int. J. Heat Mass Trans.*, 43: 3469-3480.